铁路轨道工程

主编　张鹏飞　罗　锟
主审　雷晓燕

中南大學出版社
www.csupress.com.cn

图书在版编目(CIP)数据

铁路轨道工程/张鹏飞，罗锟主编．—长沙：中南大学出版社，2017.4

ISBN 978－7－5487－2768－2

Ⅰ.①铁... Ⅱ.①张...②罗... Ⅲ.①轨道(铁路)－铁路工程 Ⅳ.①U21

中国版本图书馆 CIP 数据核字(2017)第 092289 号

铁路轨道工程

张鹏飞　罗　锟　主编

□责任编辑　刘颖维
□责任印制　易红卫
□出版发行　中南大学出版社
社址：长沙市麓山南路　邮编：410083
发行科电话：0731－88876770　传真：0731－88710482
□印　装　长沙印通印刷有限公司

□开　本　787×1092　1/16　□印张 21.5　□字数 546 千字　□插页
□版　次　2017 年 4 月第 1 版　□印次　2017 年 4 月第 1 次印刷
□书　号　ISBN 978－7－5487－2768－2
□定　价　50.00 元

总 序

土木工程是促进我国国民经济发展的重要支柱产业。近30年来，我国公路、铁路、城市轨道交通等基础设施以及城市建筑进入了高速发展阶段，以高速、重载和超高层为特征的建设工程的安全性、经济性和耐久性等高标准要求向传统的土木工程设计、施工技术提出了严峻挑战。面对新挑战，国内外土木工程行业的设计、施工、养护技术人员和科研工作者在工程实践和科学研究工作中，不断提出创新理念，积极开展基础理论和技术创新，研发了大量的新技术、新材料和新设备，形成了成套设计、施工和养护的新规范和技术手册，并在工程实践中大范围应用。

土木工程行业日新月异的发展，对现代土木工程专业技术人才培养提出了迫切需求。教材建设和教学内容是人才培养的重要环节。为面向普通高校本科生全面、系统和深入阐述公路、铁路、城市轨道交通以及建筑结构等土木工程领域的基础理论和工程技术成果，由中南大学出版社、中南大学土木工程学院组织国内土木工程领域一批专家、学者组成"普通高校土木工程专业系列精品规划教材"编审委员会，共同组织编写这套系列教材。通过多次研讨，确定了这套土木工程专业系列教材的编写原则：

1. 系统性

本系列教材以《土木工程指导性专业规范》为指导，教材内容满足城乡建筑、公路、铁路以及城市轨道交通等领域的建筑工程、桥梁工程、道路工程、铁道工程、隧道与地下工程和土木工程管理等方向的需求。

2. 先进性

本系列教材与21世纪土木工程专业人才培养模式的研究成果密切结合，既突出土木工程专业理论知识的传承，又尽可能全面反映土木工程领域的新理论、新技术和新方法，注重各门内容的充实与更新。

3. 实用性

本系列教材针对90后学生的知识与素质特点，以应用性人才培养为目标，注重理论知识与案例分析相结合，传统教学方式与基于现代信息技术的教学手段相结合，重点培养学生的工程实践能力，提高学生的创新素质。这套教材不仅是面向普通高校土木工程专业本科生的课程教材，还可作为其他层次学历教育和短期培训的教材和广大土木工程技术人员的专业参考书。

4. 严谨性

本系列教材的编写出版要求严格按国家相关规范和标准执行，认真把好编写人员遴选关、教材大纲评审关、教材内容主审关和教材编辑出版关，尽最大努力提高教材编写质量，力求出精品教材。

根据本套系列教材的编写原则，我们邀请了一批长期从事土木工程专业教学的一线教师负责本系列教材的编写工作。但是，由于我们的水平和经验所限，这套教材的编写肯定有不尽如人意的地方，敬请读者朋友们不吝赐教。编委会将根据读者意见、土木工程发展趋势和教学手段的提升，对教材进行认真修订，以期保持这套教材的时代性和实用性。

最后，衷心感谢全套教材的参编同仁，由于他们的辛勤劳动，编撰工作才能顺利完成。真诚感谢中南大学校领导、中南大学出版社领导和编辑们，由于他们的大力支持和辛勤工作，本套教材才能够如期与读者见面。

余志武

2014 年 7 月

前　言

铁路是交通运输体系中的骨干，在我国国民经济和社会发展中起到了重要作用。近年来，铁路特别是高速、重载铁路在我国得到了快速发展。截至2016年底，我国铁路运营里程达12.4万km，其中高速铁路里程达2.2万km。中国铁路坚持原始创新、集成创新和引进消化吸收再创新相结合，系统地掌握了时速250 km和时速350 km及以上速度等级的涵盖设计施工、装备制造、系统集成、运营管理等高速铁路成套技术，构建了具有自主知识产权和世界先进水平的高速铁路技术体系。中国已经成为世界上高速铁路技术最全、集成能力最强、运营里程最长、运行速度最高、在建规模最大的国家。我国幅员辽阔、资源丰富、煤炭和矿石等大宗货物运量占有较大比重，发展重载铁路势在必行。目前，重载铁路在我国已初具规模，其技术水平位居世界重载运输前列。

伴随着铁路的发展，一些新材料、新技术、新设备和新工艺不断得到应用，拓宽了铁路轨道工程的知识体系和教学需求空间。本书以铁路轨道的基本知识、基本原理和基本技能为基础，将近年来轨道结构创新成果纳入其中，编写过程中力求内容全面、层次分明，并且在结构上体现理论与实践的有机融合。

本书由华东交通大学张鹏飞、罗锟主编，全书由雷晓燕教授主审。编写分工为：张鹏飞负责编写第1章、第4章、第6章、第7章和第8章，罗锟负责编写第2章、第3章、第5章和第9章，最后统稿工作由张鹏飞完成。潘鹏、桂昊、朱勇、欧开宽、曾钦娥、孙茂堂、吴神花和黄辉等协助完成了部分章节的整理及修改。

本书在编写过程中参考了国内外相关教材、文献及新近颁布的相关规范，对其作者表示感谢。

本书主要适用于铁道工程专业本科生和相关专业高职学生的教学，也可以作为铁道工程领域技术人员和高等院校教师的参考用书。

限于作者水平，书中难免存在差错和不足之处，敬请读者批评指正。

作者

2017年1月

目　录

第1章 绪论

1.1 世界铁路发展概况

铁路是现代文明的一项巨大工业成就，是一种有轨运输工具。在水路、铁路、公路、航空四大运输体系中，铁路的历史仅次于水路，与其他运输方式相比，铁路具有运量大、速度快、能耗低、运价低、安全可靠、对环境污染小以及全天候运输等优点，因此，铁路运输在整个运输体系中一直处于主导地位。

1825年，英国在大林顿(Darlington)至斯托克顿(Stockton)间建成了世界上第一条公用商业铁路，从此拉开了世界铁路轰轰烈烈的发展序幕。从那时起，铁路经历了初建时期、筑路高潮时期、基本稳定时期和现代化时期。

在利物浦(Liverpool)至曼彻斯特(Manchester)的铁路上，当机车以22 km/h的速度牵引17 t货物时，人们看到了铁路运输的巨大潜力。此后，法国、美国、德国、比利时、俄国、意大利等国家纷纷修建铁路；到19世纪50年代初期，印度、埃及、巴西、日本等国也开始修建铁路。到1860年，世界铁路已经修建了10.5万km。

从1870年到1913年第一次世界大战前，铁路发展突飞猛进，世界每年平均要修建2万km以上。如1881—1890年这10年中，美国平均每年要新建铁路1万km以上。在第一次世界大战前，美国、英国、法国、德国、意大利、比利时、西班牙等国先后建成了本国的铁路网，铁路成了这些国家工业化的先驱，并奠定了工业化的基础。到1913年，世界铁路的营业里程达110.4万km，其中80%集中在美国、英国、法国、德国和俄罗斯5个国家。铁路垄断了陆上的交通运输行业，其所承担的运输量占全世界总运输量的80%以上。

20世纪10~50年代，世界各国的经济因两次世界大战的影响都遭受了严重的破坏，铁路也不例外。20世纪后期，由于其他交通运输方式的兴起，特别是高速公路和民航的挑战，使得铁路在此期间遭受了历史性的重创，客货运量锐减，铁路营业亏损严重。很多发达国家的铁路基本停止发展甚至出现封闭或拆除的情况。

第二次世界大战后，苏联和第三世界国家的铁路有所发展，截至1970年，全世界的铁路营业里程达127.9万km。

20世纪60年代末期，世界铁路的发展又开始复苏，特别是20世纪70年代中期世界石油危机后，铁路因其能耗低、运输能力大、安全可靠、污染小等优势，重新回到了陆上交通运输的骨干地位，很多国家都将发展铁路作为交通产业政策调整的重点。近年来，以信息技术、自动化技术、制造技术和材料科学为代表的当代高新技术在铁路行业的广泛运用，使铁路运输在高速、重载等方面实现了历史性的跨越。

高速铁路是在与高速公路、民用航空竞争中逐步发展起来的。在近一百年来，世界主要发达国家都经历了高速列车的研究、试验和应用阶段。1964 年 10 月 1 日，日本东海道新干线东京至大阪高速铁路正式开通投入商业运营。这是世界上第一条完全按照高速行车技术条件建造的铁路，其安全运营的最高时速达 210 km。东海道新干线的建成通车，标志着铁路进入高速时代。经过 50 多年的发展，目前世界上已经有中国、西班牙、日本、法国、德国、瑞典、英国、意大利、俄罗斯、土耳其、韩国、比利时、瑞士、荷兰等国家建成运营高速铁路。据统计，截至 2015 年底，世界高速铁路营业里程约为 3.1 万 km，其中中国达 1.9 万 km，占 60% 以上。

在发展高速铁路的同时，重载铁路技术也在快速发展。世界重载铁路运输起步于 20 世纪 50 年代，伴随着牵引动力和线路、轨道结构的现代化改造，重载列车牵引质量不断增加，最高牵引质量的世界纪录已突破 10 万 t，最大轴重达 39 t。随着重载运输的发展，国际重载协会(IHHA)于 2005 年对重载铁路的标准作出了最新的修订，重载铁路必须满足下列三条标准中的两条：①重载列车牵引质量至少达 8000 t；②列车轴重 27 t 及以上；③在至少 150 km 的线路区段上年运量达到 4000 万 t 及以上。60 多年来，重载铁路在中国、美国、加拿大、澳大利亚、巴西、南非等幅员辽阔、矿产资源和粮食丰富的国家得到快速发展，成为世界铁路发展的一个重要趋势。

1.2 中国铁路发展概况

1.2.1 旧中国铁路发展历程

1876 年第一条营业铁路——吴淞铁路建成通车，吴淞铁路是英国商人在清政府不知情的情况下修建的，全长约 15 km，轨距为 762 mm，钢轨每米重 13 kg，运营不足 1 年便被清政府以 28.5 万两白银购回，并拆除。1881 年我国自主修建了唐山至胥各庄的唐胥铁路，这条铁路长 9.7 km，轨距为 1435 mm，后展筑至天津，称为唐津铁路，1890 年自唐山展筑至山海关，称为关内外铁路。京张铁路在詹天佑主持下，历时四年于 1909 年建成，全长201 km，是我国以自己的技术力量建成的第一条铁路。

1912—1937 年，国民党政府先后建成了粤汉铁路株洲至韶关段、陇海、浙赣、同蒲、江南(南京—芜湖)、淮南(田家庵—裕溪口)等铁路。1931 年九一八事变后，日本在东北先后修建了吉长(吉林—长春)、四洮(四平—洮南)、四辑(四平—辑安)、图佳(图们—佳木斯)、锦承(锦州—承德)、叶赤(叶柏寿—赤峰)等铁路。

1937—1945 年，铁路员工用废旧线路拆卸下来的铁路器材，修建了湘桂铁路的衡(阳)来(宾)段、黔桂铁路的柳(州)都(匀)段、叙(府)昆(明)铁路的昆沾(益)段，以及宝(鸡)天(水)线等铁路。

1876—1949 年，这一时期的铁路事业带有半封建、半殖民地性质，它的建设、发展和经营都被控制在帝国主义、封建主义和官僚资本主义手里。

旧中国的铁路有如下特点：①发展速度非常缓慢，平均每年修建铁路仅 320 km；②分布极不合理，多集中在东北与沿海各省，而西北、西南的广大地区却几乎没有铁路；③设备简陋，标准低。

1.2.2 新中国成立初至改革开放前中国铁路的发展历程

从1949年新中国成立到改革开放前，我国的铁路建设有了很大的发展，无论是在路网建设、线路状况、技术装备方面，还是运输效率等方面，都取得了很大的成就。

1953—1957年建成的新干线有：成都至重庆、天水至兰州、来宾至凭祥、丰台至沙城、集宁至二连浩特、兰村至烟台、黎塘至湛江、宝鸡至成都以及鹰潭至厦门等铁路；1958—1962年建成的新干线有：萧山至穿山、包头至兰州、南平至福州、北京至承德、兰州至西宁等铁路，并重建了柳州至贵阳的铁路；1963—1965年先后建成的新干线有：兰州至乌鲁木齐、贵阳至重庆等铁路；1966—1970年修建的新干线有：贵阳至昆明、通辽至让湖路、成都至昆明等铁路；1971—1975年修建的新干线有：北京至原平、焦作至枝城、通县至古冶、株洲至贵阳等铁路；1976—1980年修建的新干线有：阳平关至安康、太原至焦作等铁路；1981年又建成北京至通辽、襄樊至重庆等铁路，枝城至柳州以及芜湖至贵溪等铁路亦相继完成。

截至1981年底，全国大陆上铁路营业里程是50181 km，另有地方铁路3725 km。到1981年，中国铁路承担的年客运量为9.53亿人，占当年全国现代化旅客运输的24.3%，为1949年的9.2倍；承担的年货运量为10.77亿t，占当年全国现代化货物运输的49.4%，为1949年的19.2倍。

1.2.3 改革开放以来中国铁路的大发展

1. 完善路网建设

到目前为止，我国基本建成了贯通东西南北的铁路路网。南北干线主要有：哈大、京沈、京沪、京九、京广、太焦—焦枝—枝柳、宝成—成昆、成渝—川黔—黔桂—湘桂等线；东西干线主要有：滨州—滨绥、京秦—京包—包兰、石太—石德—胶济、新焦—新荷、兖石、陇海—兰新、沪杭—浙赣—湘黔—贵昆、广梅汕—三茂等线。

在高速铁路方面，已经基本建成了“四纵四横”高速铁路网。“四纵”是指：京沪、京广、京哈及沿海通道；四横是指：青岛—太原、徐州—兰州、上海—成都及沪昆客专。2016年7月，国务院批准了新调整的《中长期铁路网规划》（简称《规划》），进一步描绘了中国高速铁路发展的美好蓝图。根据《规划》，到2020年，中国高速铁路规模将达到3万km，到2025年，将达到3.8万km。届时，中国将建成以“八纵八横”主通道为骨架、区域连接线衔接、城际铁路补充的现代高速铁路网。

2. 完成繁忙干线六次提速

1997年以前我国的铁路运输的需求，主要集中在五大繁忙干线上，而这五大干线的客货运量已接近饱和，提高客车速度就会压缩货车的开行数量，影响货运任务的完成，但是不提高客车的速度，客流量就会损失。我们国家从长远的角度考虑，把提高旅客列车的速度作为一项别无选择的战略性措施。同时，通过提速，也实现了铁路技术创新，为今后的铁路建设提供了良好的技术储备。既有繁忙干线提速，是选择既有线条件比较好的区段，通过改造，加强线路的养护，更换基础设备，把列车的运行速度提高。这种做法既能快速见效，又可节省投资，是一种多快好省的办法。

我国铁路从1997年开始，先后进行了6次较大规模的既有线提速，铁路运输事业取得了很大发展。2007年4月18日，我国成功实施了既有线第6次大面积提速，时速200 km线路延展里程达到6003 km，分布在京哈、京沪、京广、陇海、武九、浙赣、胶济、广深等干线，其中时速250 km的“和谐号”动车组(图1－1)线路达1019 km，分布在京哈、京广、京沪、胶济线部分区段。

图1－1 第6次大提速中的动车组

图1－2 从虹桥站驶出的“和谐号”动车组

3. 高速铁路实现跨越式发展

近年来，中国在高速铁路领域发展迅速，取得了举世瞩目的成就。截至2016年底，中国高速铁路运营里程突破2万km，稳居世界第一。目前，已经开通运营的有秦沈客运专线、京津城际、胶济、合武、石太、温福、甬台温、京广、郑西、沪宁、沪杭、京沪、广深港、哈大、杭南长、郑徐等客运专线或高速铁路。其中，京津城际是世界上第一条运营速度达到350 km/h的铁路，也是我国第一条高标准的高速铁路客运专线；京沪高速全长1318 km，是我国投资规模最大、技术含量最高的一项工程(图1－2)；哈大高铁是我国目前在严寒地区设计建成的标准最高的一条客运专线；兰新高铁是中国首条在高原和戈壁荒漠地区修建的高速铁路，也是世界上一次性修建里程最长的高速铁路，全长1776 km。

中国铁路坚持原始创新、集成创新和引进消化吸收再创新相结合，系统地掌握了时速250 km和时速350 km及以上速度等级涵盖设计施工、装备制造、系统集成、运营管理等高速铁路成套技术，构建了具有自主知识产权和世界先进水平的高速铁路技术体系。中国已经成为世界上高速铁路系统技术最全、集成能力最强、运营里程最长、运行速度最高、在建规模最大的国家。

4. 大力发展重载铁路运输

重载铁路运输因其运能大、效率高、运输成本低而受到世界各国铁路的广泛重视，目前，重载铁路运输在世界范围内迅速发展，已被国际公认为铁路货运发展的方向，成为世界铁路发展的重要趋势。我国幅员辽阔，资源丰富，煤炭和矿石等大宗货物运量占有较大比重，发展重载铁路势在必行。

1984年11月，我国在大同—沙城—丰台—秦皇岛间开行了由两列普通货物列车合并的重载列车，随后又在沈山线、石德线和平顶山—江岸西间开行了7000～7600 t的组合列车。

1992年，我国建成了全长653.2 km的大同—秦皇岛铁路(大秦铁路)，它是我国第一条双线电气化重载单元列车的运煤专线。大秦铁路是中国重载运输发展的重要标志。2006年3月28日在大秦线正式开行了2万t重载组合列车，使我国铁路重载运输技术水平跨入了世界先进行列；2009年完成运量目标3.8亿t；2010年12月26日，大秦铁路提前完成年运量4亿t的目标，是原设计能力的4倍；2014年，大秦线累计完成货物运输量4.5亿t。

2007年4月18日，全国铁路第6次大面积提速后，京沪、京广、京哈等繁忙提速干线将重载列车牵引定数由5000 t提升到了5500～5800 t，进一步提高了繁忙干线的运输能力。这种客货共线运行，速度、密度、载重三者并举的运输组织模式是世界铁路运输史上的一项重大创举。

此外，新建山西中南部铁路通道是我国“十一五”铁路建设重点工程，是我国第一条按30 t轴重设计的重载铁路，是国家中长期铁路网规划的重要组成部分，该线路已于2014年12月30日建成通车。

重载铁路占据了我国货运市场54.6%的份额，取得了显著的经济效益，为我国经济建设和社会发展作出了巨大的贡献。

5. 牵引动力升级换代

20世纪80年代以来，我国机车工业有了很大发展，蒸汽机车停产，大功率电力、内燃机车发展迅速，机车的牵引性能和动力制动性能大大提高，牵引动力全面升级。

在动车组方面，我国先后研制成功了“春城号”“中原之星”“先锋号”“中华之星”“长白山号”等动车组。2003年以来，铁道部党组找到了推进技术装备现代化进程的新路子，明确了“引进先进技术、联合设计生产、打造中国品牌”的基本原则。

2006年7月31日，国内首列国产化时速250 km动车组下线；2007年4月18日，动车组全面上线投入运营；2008年底，国内首列时速350 km动车组问世；2015年6月30日，具有完全自主知识产权、时速350 km的中国标准动车组，在中国铁道科学研究院环形试验基地正式展开试验工作；2015年11月9日，中国标准动车组在大西客运专线开展型式试验，最高试验速度达到时速385 km；2016年7月15日，我国自行设计研制、全面拥有自主知识产权的两辆中国标准动车组，以420 km的时速进行交会试验，这也是世界上首次利用拟运营动车组进行时速400 km以上的试验。

6. 修建高难度铁路——青藏铁路

2006年7月1日，举世瞩目的青藏铁路全线开通，结束了西藏自治区不通铁路的历史，体现了党中央对藏区人民的关怀，改善了青藏高原的交通条件和投资环境，极大地促进了西藏地区的资源开发和经济的快速发展。

青藏铁路是世界海拔最高、线路最长的高原铁路，是实施西部大开发战略的标志性工程，是中国新世纪四大工程之一。青藏铁路从西宁至拉萨全长1956 km，其中西宁至格尔木814 km已于1979年铺通，1984年投入运营。格尔木至拉萨段全长1142 km，其中新建铁路(南山口至拉萨)1110 km，线路经过海拔4000 m以上的地段有960 km，在唐古拉山口线路最高处达5072 m(图1－3)，经过多年冻土地段550 km。青藏铁路从设计规划到施工一直侧重于生态环境保护，在建设过程中应用了多项新技术(如以桥代路，图1－4)，完成了多项科研攻关，完善了我国修建高寒、高原地区铁路的成套技术体系。

图 1－3　青藏铁路海拔最高点（最高点 5072 m）

图 1－4　青藏铁路以桥代路地段

7. 轨道结构不断创新

为适应高速、重载的需要，轨道结构在铁路交通发展过程中也在不断地进行技术革新，如积极采用新工艺、新技术，强化轨道自身结构，重视运行后的保养维修，保障轨道的平顺性等。近年来，我国轨道结构方面的创新和发展主要体现在以下几点：

①钢轨的重型化、强韧化和纯净化。

②高标准的有砟轨道在高速铁路上得以应用。

③无砟轨道的大量铺设及病害整治技术。

④高性能的扣件被广泛采用。

⑤大面积推广无缝线路，特别是跨区间无缝线路。

⑥提速道岔、高速道岔的研制及铺设。

⑦工务维修管理的现代化。

8. 中国高速铁路“走出去”取得重要进展

中国高速铁路具有技术先进、安全可靠、兼容性强和性价比高等特点，在国际市场中具有很强的竞争优势。中国铁路总公司按照国家“一带一路”建设的战略部署，本着互利共赢的原则，充分发挥企业层面牵头作用，加强国际铁路交流合作，加快推动铁路“走出去”重点项目，取得了一系列成果。

目前，中国铁路“走出去”项目遍及亚洲、欧洲、美洲和非洲。印尼雅万高铁项目建设进展顺利，各项工作正在有序推进；中老铁路万象站及相关工程已于 2015 年 12 月开工，现场施工组织有序推进，前期设计工作基本完成，具备全线开工条件；莫斯科—喀山高铁项目逐步推进，中国铁路总公司、俄罗斯铁路股份公司、中国中车集团、俄罗斯西纳拉集团已签署四方合作意向书；匈塞铁路塞尔维亚段已于 2015 年 12 月举行了启动仪式，中国与匈牙利两国政府于 2015 年 11 月正式签署了《关于匈塞铁路匈牙利段开发、建设和融资合作协议》；中泰铁路进展顺利，双方就政府间协议修订、先行段开工等达成共识，共同制订了总体建设工作计划。同时，中国铁路总公司还牵头国内相关企业，重点跟踪或推进了马新高铁、英国高铁、美国加州高铁、两洋铁路、坦赞铁路、摩洛哥铁路等境外铁路项目，均取得积极进展。

综上，中国的铁路事业经历了新、旧两个根本性质不同的社会，其命运和前途也是迥然各异的。

旧中国的铁路事业，带有半殖民地、半封建的性质，它的建设、发展和经营都被控制在帝国主义、封建主义和官僚资本主义手里，发展缓慢、经营惨淡、满目疮痍。新中国的铁路事业在长达60多年的发展历程中，也并不是一帆风顺的，它经历了由小到大、由少到多和由弱变强的渐进过程。

改革开放以来，中国铁路取得了世界瞩目的辉煌成就，截至2016年底，我国铁路通车总里程突破12.4万km，跃居世界第二；高速铁路通车里程突破2.0万km，跃居世界第一。

1.3　轨道的作用、特点及类型

轨道的作用是引导机车车辆的运行，直接承受来自列车的荷载，并将荷载传至路基或者桥隧结构物。轨道结构应具有足够的强度、稳定性和耐久性，并具有固定的几何形位，保证列车安全、平稳、不间断地运行。因此，可以说轨道结构的性质和状况决定了列车的运行品质。

轨道最早是由两根木轨条组成，后改用铸铁轨，再发展为现在的工字形钢轨。20世纪80年代，世界上多数铁路采用的标准轨距为1435 mm，较此窄的称为窄轨铁路，较此宽的称为宽轨铁路。轨道自上而下由钢轨、轨枕、碎石道床组成。钢轨、轨枕、道床是一些不同力学性质的材料以不同的方式组合起来的。轨枕一般为横向铺设在道床内，用木或钢筋混凝土、钢制成。道床采用碎石、卵石、矿渣等材料。钢轨与钢轨用联结部件相互连接，钢轨与轨枕用扣件连接成轨排铺于碎石道床之上。这种传统的轨道结构我们称为有砟轨道，已有上百年的历史，目前仍然在广泛地使用。

轨道结构是长大的工程结构物，受地理、外界环境因素影响较大。处于轨道最上层的钢轨由特殊的高碳钢组成，承受车辆施加的巨大压力，通过本身的挠曲，将荷载向下传递给轨枕。轨枕是钢轨的支撑，由钢筋、混凝土制成。当轮载由钢轨传递到轨枕时，相邻的轨枕会共同承担，传到轨枕的压力约减小1/2，且因为钢轨与轨枕之间接触面积增大，轨枕的应力一般不会超过其强度极限。道床通常指的是轨枕下面，路基面上铺设的道砟垫层，其主要作用是支承轨枕，把来自轨枕上部的巨大荷载，均匀地分布到路基面上，大大减少了路基的变形。另外，道床的弹性还能吸收机车车辆的冲击和振动，使列车运行比较平稳，而且大大改善了机车车辆和钢轨、轨枕等部件的工作条件，延长了使用寿命。轨枕与道床之间的接触面积是钢轨与轨枕的接触面积的数倍，散体材料堆积而成的碎石道床应力与轨枕应力相比有所减小。经道床的扩散，最后传递到路基、桥隧结构物的应力更小。从静力学角度看，传力机理非常合理。另外，轨枕底面和道砟颗粒间的摩擦阻力又为轨道提供了很大的纵、横向阻力，保障了轨道结构的坚固和稳定。

为了保证机车车辆安全平稳地运行，轨道必须给车轮提供连续平顺的接触表面，为此要求轨道具有一定的几何形位(如轨距、水平、轨向等)。两根钢轨在高低方面和左右方向与钢轨理想位置几何尺寸的偏差称为轨道不平顺。轨道不平顺对机车车辆系统是一种外部激扰，是产生机车车辆系统振动的主要根源，是导致列车事故的基本原因。

轨道结构的特点决定了轨道几何形位很难准确控制，轨道不平顺是客观存在的。轨道不平顺可分为周期性轨道不平顺、随机不平顺和局部不平顺。周期性轨道不平顺是由于轨道接缝形成的以轨长为波长的不平顺。随机不平顺是由于轨道的铺设、养护维修产生的误差和轮轨磨耗所产生的不平顺，它因时因地而有所不同。局部不平顺是由于线路的特定结构(如道岔、转让线、侧线、缓和曲线、分岔线、桥梁等)或偶然地点(如线路的局部病害)产生的不平顺。

列车在轨道上运行时，由于客观存在的轨道不平顺、车轮不圆顺、车辆的蛇行运动等原因，使轮轨系统产生冲击和振动。轮轨不平顺是轮轨系统的激振源，不平顺的波长、波深、出现位置都有很大的不确定性，因此，振动及振动产生的荷载是随机的。轨道不平顺随机变化规律的函数描述是机车车辆与轨道系统动力分析的重要基础资料，这种动力分析是现代机车车辆和轨道设计、养护和质量评估的重要手段。

表 1－1 所示为我国目前根据运营条件确定轨道类型的标准。

表 1－1　轨道结构类型

<table>
<tr><td colspan="5">项目</td><td>单位</td><td>特重型</td><td colspan="3">重型</td><td>次重型</td><td>中型</td><td>轻型</td></tr>
<tr><td rowspan="2">运营条件</td><td colspan="4">年通过总质量</td><td>Mt</td><td>>50</td><td colspan="3">25～50</td><td>15～25</td><td>8～15</td><td><8</td></tr>
<tr><td colspan="4">路段旅客列车设计行车速度</td><td>km/h</td><td>160～120</td><td>160～120</td><td colspan="2">≤120</td><td>≤120</td><td>≤100</td><td>≤80</td></tr>
<tr><td rowspan="10">轨道结构</td><td colspan="4">钢轨</td><td>kg/m</td><td>75</td><td>60</td><td colspan="2">60</td><td>50</td><td>50</td><td>50</td></tr>
<tr><td rowspan="2">轨枕</td><td colspan="2" rowspan="2">混凝土枕</td><td>型号</td><td>—</td><td>Ⅲ</td><td>Ⅲ</td><td>Ⅲ</td><td>Ⅱ</td><td>Ⅱ</td><td>Ⅱ</td><td>Ⅱ</td></tr>
<tr><td>铺枕根数</td><td>根/km</td><td>1667</td><td>1667</td><td>1667</td><td>1760</td><td>1667 或 1760</td><td>1660 或 1680</td><td>1520 或 1640</td></tr>
<tr><td rowspan="4">碎石道床厚度</td><td rowspan="2">土质路基</td><td rowspan="2">双层</td><td>表层道砟</td><td>cm</td><td>30</td><td>30</td><td colspan="2">30</td><td>25</td><td>20</td><td>20</td></tr>
<tr><td>底层道砟</td><td>cm</td><td>20</td><td>20</td><td colspan="2">20</td><td>20</td><td>20</td><td>15</td></tr>
<tr><td>土质路基</td><td>单层</td><td>道砟</td><td>cm</td><td>35</td><td>35</td><td colspan="2">35</td><td>30</td><td>30</td><td>25</td></tr>
<tr><td>硬质岩石路基</td><td>单层</td><td>道砟</td><td>cm</td><td>30</td><td>30</td><td colspan="2">—</td><td>—</td><td>—</td><td>—</td></tr>
<tr><td rowspan="3">无砟轨道</td><td colspan="2">板式轨道</td><td rowspan="3">混凝土底座厚度</td><td rowspan="3">cm</td><td colspan="7" rowspan="2">≥15</td></tr>
<tr><td colspan="2">轨枕埋入式</td></tr>
<tr><td colspan="2">弹性支撑块式</td><td colspan="7">≥17</td></tr>
</table>

注：年通过总质量包括净载、机车和车辆的质量，其中单线按往复总质量计算，双线按每一条线的通行总质量计算。

1.4　轨道结构与运营条件的关系

确定对轨道结构要求的列车运营参数有三项：轴重、速度、运量。根据线路运营条件的不同，各参数的权重有所差别。如重载线路，线路结构主要由轴重和运量确定；对于高速铁路，线路结构主要由速度确定。

1.4.1　轴重的影响

轴重，又称轴载，是指包括车体、车体内的装载物、转向架等整辆车的质量分配给每一根轴的荷载。如 100 t 的四轴车辆，则每轴轴重就是 25 t(250 kN)。轮载是轴重的一半。由于世界各国采用的车辆不同，所以轴重的大小也存在差异。

从运输能力角度考虑，轴重越大，则单车的载重量越大，每米车辆的质量也就越大，有利于提高运输效益。北美和澳大利亚的重载铁路就是采用提高车辆的载重量，增加列车编组的方法，使列车的牵引质量达万吨以上，从而提高运输效益的。但轴重增大，轨道结构受到的应力也会增大。有研究表明，轴重增大，使轮轨接触应力增大，对钢轨的疲劳损伤、钢轨裂纹的形成和发展都产生很大的不利影响，并且会使轨头塑性变形增大，恶化了轮轨接触条件，从而恶化了列车的运行品质。为了保证列车运行品质不下降，则必须增加对线路养护维修工作的投入。

所以，提高轴重，必须对轨道结构及线路下部结构如桥梁进行加强，钢轨采用 75 kg/m 的重型轨，采用强度更大的轨枕(如我国目前的Ⅲ型轨枕)和优质道砟。在机车车辆方面，应采用动力性能较好的转向架，以降低轮轨之间的动力作用。

1.4.2 速度的影响

速度高低是衡量铁路技术水平的重要指标之一。提高列车的行车速度是扩大铁路运能，提高铁路在运输市场竞争能力的有效手段之一。

速度的提高，首先表现为轮轨动力作用的增大。从理论分析可知，当轨道绝对平顺时，无论列车速度多高，轮轨之间也无动力作用。但轨道几何形位总是存在不平顺的，当列车速度提高时，轮轨之间的动荷载以线性关系增大。机车动力性能不同，动力增大系数也不一样。图 1－5 所示为轮轨冲击动荷载系数，P_1 为高频动荷载系数，P_2 为低频动荷载系数。不同的轨道不平顺，不同的轨道结构动力性能，对 P_1 和 P_2 的影响是不一样的。随着列车速度的提高，在同样轨道不平顺和轨道结构动力性能的条件下，P_1 和 P_2 大大增大。车轮扁瘢对轮轨动力有较大的影响，有研究表明，当列车速度小于 50 km/h 时，车轮扁瘢对动力作用的影响会急剧增大；当列车速度超过 50 km/h，这一影响减缓。世界各国铁路在提高列车速度的同时，也在提高轨道的平顺度和车轮的圆顺度，改善车辆和轨道结构的动力性能，力争在提高列车速度的前提下，减小轮轨动荷载系数。

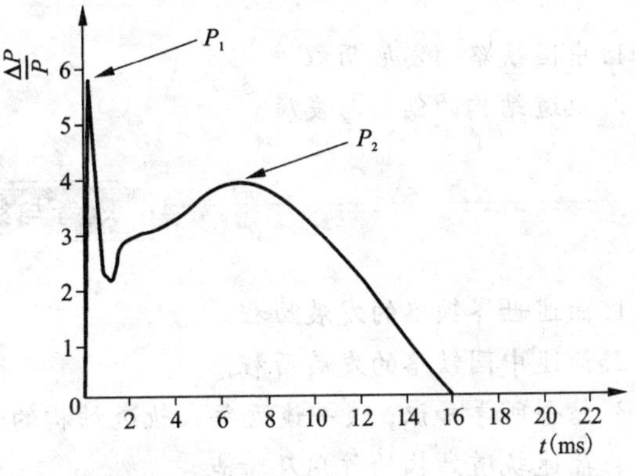

图 1－5　动荷载增大系数

列车速度提高，钢轨、轨枕、道床的振动加速度相应增大，直接后果是造成联结零件的松动，道床的坍塌，使得轨道几何形位的平顺性下降，轨道养护维修的工作量增大。

列车速度提高，除轮轨垂向力 P 增大外，轮轨横向力 Q 也相应增大，脱轨系数 $K = Q/P$ 增大，导致列车运行的安全储备下降，脱轨危险性增大。

为保证列车安全平稳地运行，必须提高轨道的平顺性，提高轨道结构的减振隔振性能，加强对线路养护维修的管理，减少轨道激振源。

1.4.3 运量的影响

运量是指单位时间内在该段线路所有通过列车牵引质量的总和。运量是机车车辆荷载大小与作用次数对轨道结构共同作用的综合指标。运量也是机车车辆的通过总质量，通常用机车车辆的轴重与通过总次数的乘积表示。通过总次数相同，轴重越大，运量则越大；轴重相同，通过总次数(行车密度)越多，运量则越大。

运量对轨道结构的影响主要表现在对轨道结构伤损的积累和永久变形的积累。钢轨磨耗是决定钢轨寿命的主要因素之一，运量越大，在单位时间内通过的车轮数就越多，钢轨磨耗就越快。除钢轨磨耗外，钢轨的伤损与运量也密切相关，运量越大，钢轨伤损发生的概率也越大，所以我国铁路以运量决定线路的大修周期。一般 60 kg/m 钢轨的允许通过运量为 7×10^{8} t，50 kg/m 钢轨无缝线路允许通过的运量为 5.5×10^{8} t。

轨道几何形位的变化与道床的永久变形积累密切相关。随着运量的增加，道床的密实度增大，同时由于道砟的磨损及外部物质的侵入，道床污脏程度增大，道床弹性下降，进一步增大轮轨作用力，轨道部件伤损和几何形位变形积累速率加快，所以必须对线路进行养护维修，以恢复线路的弹性和轨道几何形位平顺性。

重点与难点

1. 中国铁路的发展历程。
2. 轨道结构的创新与发展。

思考与练习

1. 简述世界铁路的发展历程。
2. 简述中国铁路的发展历程。
3. 结合所学知识，谈一谈近年来轨道结构的创新与未来发展。
4. 简述轨道结构的作用及特点。
5. 轨道结构与哪些运营参数有关？
6. 高速、重载铁路对轨道结构有哪些要求？
7. 达到重载铁路的标准是什么？
8. 根据你的理解，谈一谈我国高速铁路“走出去”的优势。

第 2 章

有砟轨道

2.1　有砟轨道结构的组成及特点

有砟轨道结构由钢轨、轨枕、联结零件、道床、道岔及防爬设备等组成。线路的轨道断面构造如图 2－1、图 2－2 所示。

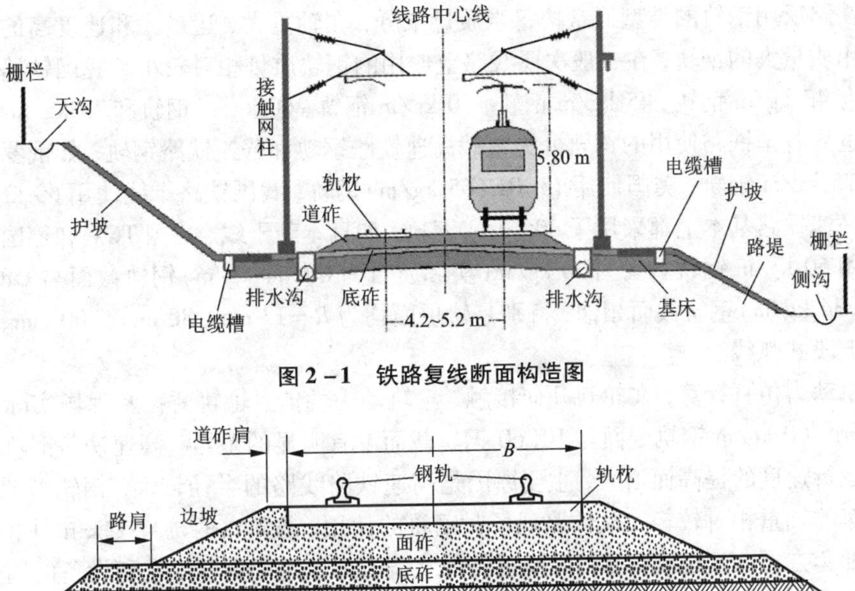

图 2－1　铁路复线断面构造图

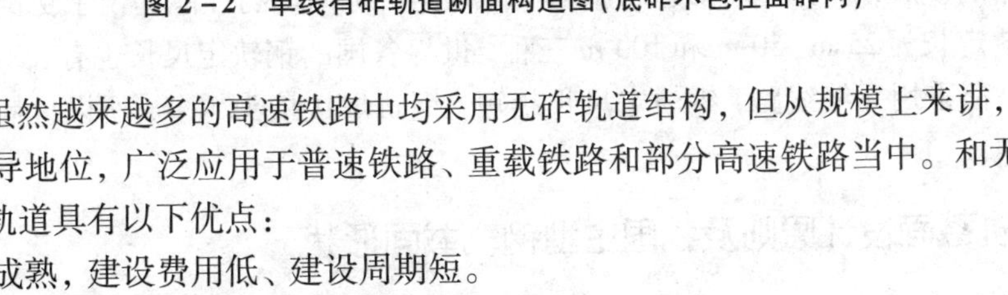

图 2－2　单线有砟轨道断面构造图(底砟不包在面砟内)

当前，虽然越来越多的高速铁路中均采用无砟轨道结构，但从规模上来讲，有砟轨道的仍然处于主导地位，广泛应用于普速铁路、重载铁路和部分高速铁路当中。和无砟轨道结构相比，有砟轨道具有以下优点：

①技术成熟，建设费用低、建设周期短。

②道砟层具有良好的减振降噪性能，振动噪声传播范围小。

③破坏时修复时间短、自动化及机械化维修效率高。

④轨道超高和几何状态调整简单。

2.2 钢轨

2.2.1 钢轨的功用和类型

不管铁路采用何种形式的轨道结构，钢轨都是铁路的重要部件之一。由于钢轨与机车车辆车轮直接接触，钢轨质量直接关系到行车的安全性和平稳性。为了保证线路能按照设计速度运行，钢轨必须具备以下功能：

①为车轮提供连续、平顺和阻力较小的滚动面，引导机车车辆前进。车辆要求钢轨表面光滑，以减小轮轨阻力。另外，机车牵引力受到黏着牵引力的限制，这又要求轮轨之间有较大的摩擦力，以发挥机车的牵引力。

②钢轨要承受来自车轮的巨大垂向压力，并向轨枕传递。钢轨轨面除承受极大的垂向力外，还承受横向力和纵向力的作用。在这些力的作用下，钢轨会产生弯曲、扭转、爬行等变形，轨头的钢材将产生塑性流动、磨损等。

③为轨道电路提供导体。

世界铁路所用钢轨的类型通常按每米质量来分，在轴重大、运量大和速度高的重要线路上通常采用质量大的钢轨，在一般次要线路上使用的钢轨质量相对较小。我国铁路所使用的钢轨类型有 43 kg/m 钢轨、45 kg/m 钢轨、50 kg/m 钢轨、60 kg/m 钢轨和 75 kg/m 钢轨。

目前世界各国铁路使用的钢轨分为重载高速铁路钢轨和普速铁路钢轨，如俄罗斯的重载铁路使用 75 kg/m 钢轨；美国使用 136RE(65 kg/m)钢轨；我国铁路干线使用 60 kg/m 钢轨。世界各国高速铁路基本上都采用了 60 kg/m 钢轨，如日本新干线、法国 TGV 和德国 ICE 高速铁路均采用 60 kg/m 钢轨。我国 60 kg/m(实际质量为 60.64 kg/m)钢轨截面与 UIC60(实际重量为 60.34 kg/m)钢轨截面相似，特别是轨顶面均为 $R=13$ mm、80 mm、300 mm、80 mm和 13 mm 的五段式弧线。

经轮轨动力仿真计算，在轮轨几何接触、轮轨动力性能、轮轨磨耗及现场实际使用效果等方面，国产 60 kg/m 钢轨截面与 UIC60 钢轨截面没有明显的差异。高速铁路钢轨的质量没有随列车运行速度的提高而增大，主要原因是高速铁路线路的半径较大，钢轨磨耗减轻，另外高速列车的轴重相对较轻。从铁路现场对钢轨的使用、管理、钢轨与接头扣件、中间扣件及道岔的配套方面、工务维修部门维修备件的装备方面、钢厂生产工艺和设备的简化及生产短轨的利用方面等综合考虑，我国高速铁路也倾向于采用 60 kg/m 钢轨。

随着铁路的发展，世界各国修建高速和重载铁路，对钢轨的性能提出了更高的要求。我国目前的钢轨定长为 25 m、50 m 和 100 m 三种，世界各国的钢轨定尺长也有长有短。由于高速、重载铁路都采用无缝线路，钢轨定尺长越短，钢轨焊接接头越多，所以世界各国都大力发展长尺钢轨。

2.2.2 钢轨截面设计原则及我国主型钢轨截面形状

从构件截面的力学特性可知，工字形截面的构件具有较好的抗弯曲性能。线路上铺设的钢轨通常可看成连续弹性地基梁，或连续点支承地基梁。在轮载的作用下，钢轨主要承受垂向弯曲，所以一般将钢轨截面设计成工字形，如图 2-3 所示。钢轨截面由轨头、轨腰和轨底三部分组成，相互之间用圆弧连接，以便安装钢轨接头夹板和减少截面突变引起的应力集中。

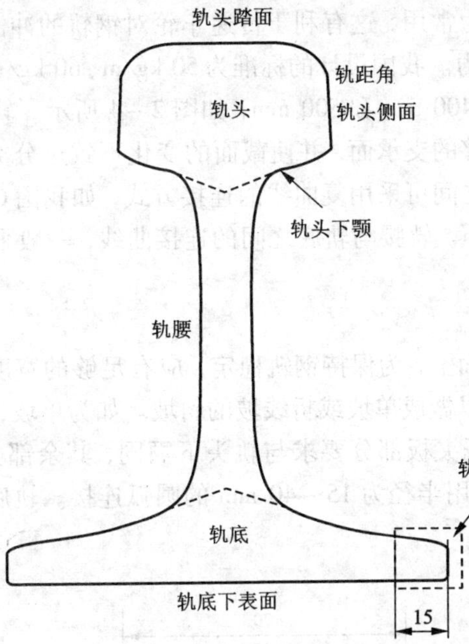

图 2-3　钢轨截面形状

根据钢轨的受力特点，对轨头、轨腰和轨底三部分的要求如下：

(1)轨头

轨头宜大而厚，并具有与车轮踏面相适宜的外形，以改善轮轨接触条件，提高抵抗压陷的能力，同时具有足够的支承面积以备磨耗。钢轨顶面在具有足够宽度的同时，为使车轮传来的压力更为集中于钢轨中心轴，顶面形状为隆起的圆弧形。圆弧的半径不能太小，轮轨作用时需要尽量使压力集中于钢轨中心轴，但又不至于使轮轨间的接触面积太小造成过大的接触应力。实践表明，钢轨顶面被车轮长期滚压以后，顶面近似于半径为 200 ~ 300 mm 的圆弧，因此我国铁路上较轻型的钢轨顶面常由一个半径为 300 mm 圆弧组成，而较重型的钢轨顶面则由三个半径分别为 80 mm、300 mm、80 mm 或 80 mm、500 mm、80 mm 的复合圆弧组成。轨头侧面形式在不增加轨顶面宽度的同时又能扩大轨头下部宽度，使夹板与钢轨之间有较大的接触面，使轨头下颚与轨腰之间用较大半径的圆弧连接起来，在有利于改善该处应力集中的前提下，宜采用向下扩大的形式。

钢轨顶面与侧面的连接圆弧半径为 13 mm(75 kg/m 钢轨为 15 mm)。这比机车车辆轮的轮缘内圆角的半径 16 mm 和 18 mm 略小些。如此值再大，轮缘就有爬上钢轨的危险，若再小，将加速轮缘的磨耗。轨头底面称为轨头的下颚，是和夹板顶面相接触的部分，其斜坡坡度常用1∶2.75、1∶3 和 1∶4。这个斜坡不宜过于平缓也不宜过于陡峻，过于平缓则使夹板受到过大的动力作用，加速了夹板螺栓的松动和磨耗，过于陡峻则螺栓所受的拉力过大而容易折断。轨头下角也应做成圆弧，以免应力过分集中，但又不使夹板的支承宽度减小过多，一般圆弧的半径为 2 ~4 mm。

(2)轨腰

轨腰必须有足够的厚度和高度，也应具有较大的承载和抗弯能力。轨腰的两侧或为直线，或为曲线，而以曲线最为常用，这有利于传递车轮对钢轨的冲击动力作用，减少钢轨轧制后因冷却而产生的残余应力。我国设计的标准为50 kg/m、60 kg/m 和75 kg/m 钢轨的轨腰圆弧半径分别采用350 mm、400 mm 和500 mm，如图 2 - 4 所示。轨腰与钢轨头部及底部的连接，必须保证夹板能有足够的支承面，并使截面的变化不致过分突然，以免产生过大的应力集中。为此，轨腰与轨头之间可采用复曲线的连接方式，如我国 60 kg/m 标准钢轨采用的复曲线半径为 25 mm 和 8 mm。轨腰与轨底之间的连接曲线，一般采用单曲线，半径为 14 ~ 20 mm。

(3)轨底

轨底直接支承在轨枕顶面上，为保持钢轨稳定，应有足够的宽度和厚度，并具有必要的刚度和抗锈蚀能力。轨底可以做成单坡或折线坡的斜坡。如为单坡，则要求与轨头下颚的斜坡相同。如为折线坡，则支托夹板部分要求与轨头下颚同，其余部分可采用较平缓的斜坡，如 1∶9 ~ 1∶6。两斜面之间，用半径为 15 ~ 40 mm 的圆弧连接。轨底的上、下角也应做成圆角，半径一般为 2 ~4 mm。

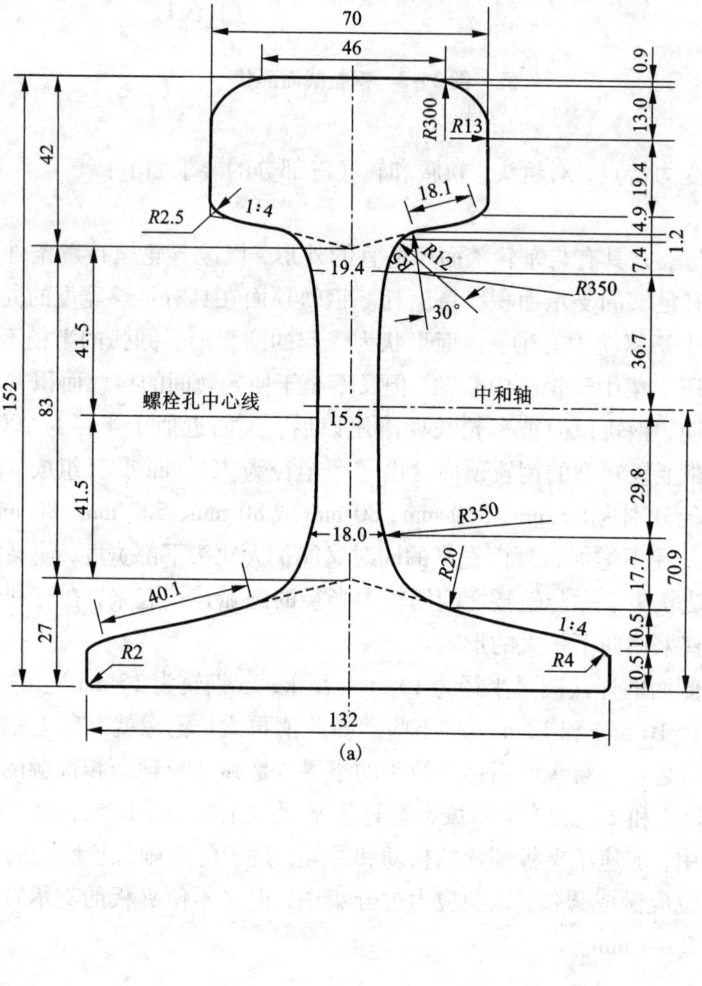

(a)

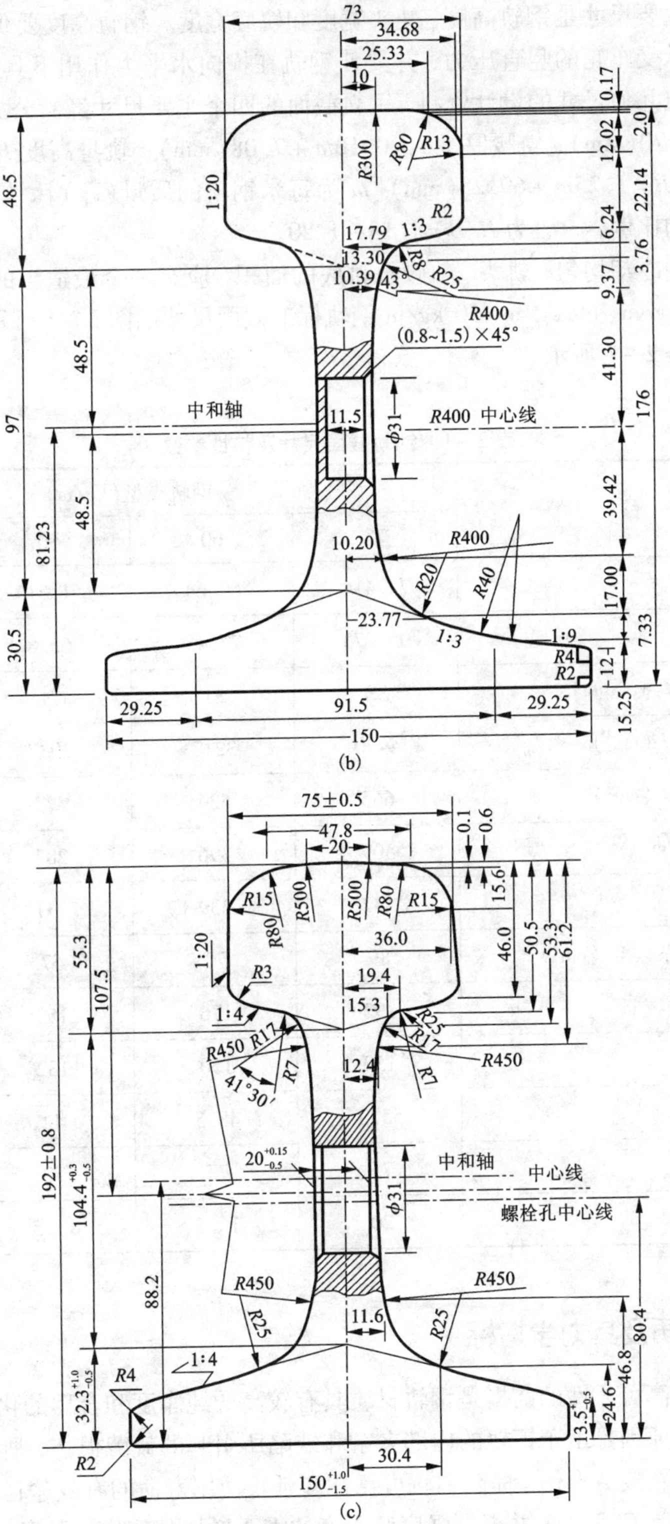

图 2-4　我国三种主要钢轨的截面尺寸

(a)50 kg/m 钢轨；(b)60 kg/m 钢轨；(c)75 kg/m 钢轨

钢轨的三个主要尺寸是钢轨高度、轨头宽度和轨底宽度。钢轨高度要保证有足够的惯性矩和截面系数来承受车轮的竖直压力，并要使钢轨在横向水平力作用下具有足够的稳定性。根据多种类型钢轨几何尺寸的设计资料，钢轨截面的四个主要尺寸经验公式为：轨头顶面宽度 $b=0.34m+51.70$(mm)；轨腰厚度 $t=0.16m+7.08$(mm)；轨身高度 $H=1.92m+54.16$(mm)；轨底宽度 $B=1.25m+69.25$(mm)[m 为每米钢轨的质量(kg)]。轨身高与轨底宽之间应有一个适当的比例，一般为 $H/B=1.15\sim1.20$。

为使钢轨轧制冷却均匀，轨头、轨腰及轨底的面积，应有一个最适当的比例。根据上述要求，我国的 75 kg/m、60 kg/m、50 kg/m 钢轨标准截面尺寸如图 2-4 所示，其余部分的截面尺寸及特征如表 2-1 所示。

表 2-1 钢轨截面尺寸及特性参数

项目	钢轨类型(kg/m)			
	75	60	50	45
每米质量 m(kg/m)	74.414	60.64	51.514	44.653
截面面积 F(cm^2)	95.073	77.45	65.8	57
重心距轨底面的距离 y_1(mm)	88	81	71	69
对水平轴的惯性矩 J_x(cm^4)	4490	3217	2037	1489
对竖直轴的惯性矩 J_y(cm^4)	665	524	377	260
底部截面系数 W_1(cm^3)	509	396	287	217
头部截面系数 W_2(cm^3)	432	339	251	208
轨底横向挠曲截面系数 W_y(cm^3)	89	70	57	46
钢轨高度 H(mm)	192	176	152	140
轨底宽度 B(mm)	150	150	132	111
轨头高度 h(mm)	55.3	48.5	42	42
轨头宽度 b(mm)	75	73	70	70
轨腰厚度 t(mm)	20	16.5	15.5	14.5

2.2.3 钢轨材质及其力学指标

要使钢轨具有高可靠性的前提是钢轨材质具有较高的纯净度和合理的化学成分。钢轨出现质量问题的主要原因是由于钢轨的内部夹杂和缺陷所引起的疲劳损伤，所以提高钢轨材质的纯净度是减少钢轨疲劳损伤、提高钢轨可靠性和延长使用寿命的有效途径之一。

钢的主要元素是 C 和 Fe，并根据强度和硬度的需要增加其他化学元素，同时限制 P 和 S 等有害元素的含量。同一种类型的钢轨中，不同炉号和生产批次，其化学元素也有一些差别，所以钢轨中的化学元素含量是一个范围。C 是影响钢轨抗拉强度的主要因素，一般含量为0.65%，但一般小于0.82%。如含C量过大，则会使钢轨的伸长率、断面收缩率和冲击韧性下降。Mn可提高钢轨强度和韧性，并去除有害的氧化铁和硫类夹杂物，如钢材中的含Mn量超过1.2%，则称为高锰钢，钢材的硬度、抗冲击性和耐磨性能能得到较大的提高。Si易与氧结合除去钢中的气泡，增加钢的致密度，如在钢轨中的含Si量较高，则也能提高钢轨的耐磨性能。P是有害成分，如钢轨中含P过多，则就会出现冷脆性，在严寒地区，易造成钢轨断裂。S也是有害成分，如钢材中含S过多，则当钢轨温度达到800～1200℃时易出现热脆性，造成钢轨轧制或热加工过程中钢轨断裂，出现大量废品。一般要求P和S的含量都小于0.04%。此外，目前世界各国也在生产合金轨，即在钢轨中加入V、Cr、Mo等，以提高钢轨材质满足高速铁路的要求。我国和世界各国主要钢轨的化学成分如表2－2所示。

表2－2　中国和世界主要钢轨化学成分(%)

项目	C	Si	Mn	P	S	Al	σ_b(MPa)	δ_s(%)
京沪技术条件	0.65～0.75	0.10～0.50	0.80～1.30	≤0.025	0.008～0.025	0.004		
$U_{71}Mn$	0.65～0.77	0.15～0.35	0.10～0.15	≤0.04	≤0.04	—	883	8
$U_{71}MnSi$	0.65～0.75	0.85～1.15	0.85～1.15	≤0.04	≤0.04	—	883	8
U75V(PD3)	0.71～0.80	0.50～0.80	0.70～1.05	≤0.03	≤0.03	V0.04～0.12	900	
UIC 900A	0.60～0.80	0.10～0.50	0.80～1.30	≤0.040	≤0.040	—	880～1030	10
TGV	0.60～0.80	0.10～0.50	0.80～1.30	≤0.035	≤0.030	≤0.004		
EN规定(液) (固)	0.62～0.80 0.60～0.82	0.15～0.58 0.13～0.60	0.70～1.20 0.65～1.25	≤0.025 ≤0.030	≤0.025 ≤0.030	≤0.0004 ≤0.004		
JISE1101	0.63～0.75	0.15～0.30	0.70～1.10	≤0.030	≤0.025	—		

注：EN为欧洲标准协会；JISE1101为日本工业标准1101－1993；σ_b为抗拉强度；δ_s为伸长率；U75V轨Al一栏内的V代表钒。

表2－3列出了对残留元素上限值的规定，可以看出为了提高钢轨材质的纯净度，在化学成分上对P、S、Al、H、O等有害元素的含量进行了更严格的限制，并对残留元素的含量做了规定。京沪技术条件中的化学成分主要是参考了法国TGV及德国ICE使用UIC900钢种的经验及TGV和EN标准对UIC900A标准的部分补充和修订，并考虑到提高焊接性能的需要而对C的含量作了小量调整之后而提出的，它综合了国外高速铁路钢轨的生产经验，因而具有更优良的性能。为了提高国产钢轨的纯净度，在冶炼和轧制过程中必须引入铁水预处理、碱性氧气转炉或电弧冶炼、炉外精炼、真空脱气、连铸、高压水除磷等先进技术。

表 2－3　钢轨残留元素上限（%）

项　目		Cr（铬）	Mo（钼）	Ni（镍）	Cu（铜）	Sn（锡）	Sb（锑）	Ti（钛）	Nb（铌）	V（钒）	Cu + 10Sn	Cr + Mo + Ni + Cu + V
京沪技术条件		0.15	0.02	0.10	0.15	0.040	0.020	0.025	0.01	0.03	0.35	0.35
TGV	平均值 偏差	0.028 0.010	0.004 0.002	0.036 0.005	0.026 0.010	0.011 0.007	微量	微量	微量	微量	—	0.35
EN		0.15	0.15	0.10	0.15	0.04	0.02	0.025	0.01	0.03	0.35	0.35

钢轨的力学性能也是钢轨的主要特性，包括强度极限 σ_b、屈服极限 σ_s、疲劳极限 σ_r、延伸率 δ_s、断面收缩率 ψ、冲击韧性 a_k 及布氏硬度（HB）等指标。这些指标对钢轨的承载能力、磨耗、压溃、断裂及其他伤损有很大的影响。高速铁路钢轨还对裂纹扩展速度、残余应力和落锤性能等提出了比普通铁路更高的要求。

近年来，我国钢轨制造技术和工艺都有较大进步。京沪高速铁路根据世界各国高速铁路对钢轨的力学性能要求提出了相应的技术条件（表 2－4），表 2－4 中的各项指标值是参照 UIC900A 和 EN 标准制订的。

表 2－4　钢轨的力学指标

参数	σ_b（MPa）	δ_s（%）	硬度（HB）	疲劳寿命（次）（$r=-1$，应变幅 1350 Hz）	K_{1c}（MPa · $m^{1/2}$）		da/dN（m/GC） ΔK（MPa · $m^{1/2}$）		残余应力（MPa）	落锤（1 t，高 9.1 m）
					最小值	平均值	10	13.5		
指标	≥880	≥10	260～300	5×10^6	26	29	17	≤250	1	–

钢轨的硬度是一项重要指标，高硬度的钢轨一般较耐磨（要与车轮的硬度相匹配），其使用寿命也相应提高。对于普通的高碳钢钢轨，一般 HB 为 280～300，但低的 HB 也有 260。对于有些特殊要求的钢轨，如曲线钢轨，当钢轨在 800℃以上时，采用水雾冷却，使钢轨的 HB 达 355～390。

通常，热处理是一个较好的能使钢轨具备优良性能的方法，其原理是通过细化轨钢组织中的珠光体片间距及原奥氏体晶粒尺寸，以提高钢轨强度改善其韧塑性能。目前，对钢轨的热处理分两种：一种是离线淬火，即钢轨轨头重新加热到奥氏体化温度，采用压缩空气冷却淬火；另一种是在线淬火，利用钢轨轧制后的余热进行轨头淬火，又称在线热处理。在线余热淬火技术由于在生产效率、生产成本和产品性能方面具有明显优势，目前在国外已基本取代了离线热处理。在国内，原铁道部运输局于 2011 年发文，明确规定不得在大铁路建设中采购和使用离线热处理钢轨。

2.2.4　钢轨尺寸允许偏差及平直度要求

钢轨截面尺寸偏差和平直度也是钢轨质量的一项重要指标。为保证列车运行的平稳性，要求轨道的几何形位稳定，轨头的轮轨接触光带位置及宽度稳定，而要达到这一点，高精度的外形尺寸和高平直度的钢轨是必不可少的。表 2－5 列出了我国京沪高速铁路技术条件、国外高速铁路 UIC860、JISE1011、TGV、EN 及我国的 GB 2585 和 TB/T 2344 各项标准所规定的钢轨尺寸允许偏差。表 2－6 列出了上述各项标准对钢轨平直度所作出的规定。

表2-5 世界主要高速铁路钢轨尺寸允许偏差(mm)

项　目	京沪技术条件	UIC860	JISE1011	TGV	EN(A)	EN(B)	GB 2585	TB/T 2344
钢轨高度	±0.5	±0.6	±1.0	±0.5	±0.6	±0.6	+0.8，-0.5	±0.5
轨头宽度	±0.5	±0.5	±0.8，-0.5	±0.5	±0.5	±0.5	0.5	—
轨腰厚度	±1.0，-0.5	±1.0，-0.5	±1.0，-0.5	±1.0，-0.5	±1.0，-0.5	±1.0，-0.5	±1.0，-0.5	±1.0，-0.5
鱼尾板支撑表面	±0.35	±1.0，-0.5	间隙 外侧≤1.5	±0.35	±0.35	—	腰高 ±0.5	腰高 ±0.5
鱼尾板安装高度	±0.6	±0.6	间隙 内侧≤0.5	±0.6	±0.6	—		
轨底宽度	±1.0	±1.0，-0.5	±0.8	±0.8	±1.0	±1.0	+1.0，-2.0	+1.0，-2.0
轨底边缘厚度	+0.75，-0.5	—	—	—	+0.75，-0.5	+0.75，-0.5	—	—
轨底平整度	凹陷≤0.3	—	不平≤0.4	—	凹陷≤0.3	凹陷≤0.3	凸出≤0.5	凸出≤0.5
断面不对称	头≤0.5 底≤1.0	±1.5	头对底偏移 ≤0.5	±1.5	±1.2	±1.2	头≤0.5 底≤1.0	头≤0.5 底≤1.0
端面垂直度	≤0.6	≤0.6	≤0.5	≤0.6	≤0.6	≤0.6	≤1.0	≤1.0

注：GB—中国国家标准；TB—中国铁路标准。

表2-6 世界主要高速铁路钢轨平直度规定(mm)

部位	项目	京沪技术条件	UIC860	JISE1101	TGV	EN(A)	EN(B)	GB2585	TB/T2344
轨端	垂直平直度(向上)	0.4/2，0.3/1	0.7/1.5	1.7/1.5	0.4/2，0.3/1	0.4/2，0.3/1	0.5/1.5	0.8/1	0.5/1
	垂直平直度(向下)	0.2/2	0	0	0.2/2	0.2/2	0.2/1.5	0.2/1	0.2/1
	水平平直度	0.5/2，0.4/1	0.7/1.5	0.5/1.5	0.5/2，0.4/1	0.6/2，0.4/1	0.7/1.5	0.8/1	0.5/1
轨身	垂直平直度	0.3/3，0.2/1	—	—	0.3/3，0.2/1	0.3/30.2/1	0.4/3，0.3/1	—	—
	水平平直度	0.45/1.5	—	—	0.45/1.5	0.45/1.5	0.6/1.5	—	—
重叠部位	垂直平直度	0.3/2	—	—	—	0.3/2	0.4/1.5	—	—
	水平平直度	0.6/2	—	—	—	0.6/2	0.6/1.5	—	—
全长	上弯曲和下弯曲	≤5	—	10/10	≤5	≤5	≤5	0.5%	0.5%
	侧弯曲	$R>1500000$	—	10/10	$R>1500000$	$R>1500000$	$R>1500000$		
端部	扭曲	0.455/1	0.4/1	—	—	0.455/1	0.455/1	—	—
全长	扭曲	2500	—	1000	—	2500	2500	0.1%	0.1%

总体来看，EN 标准的项目检查，其指标值 EN(A)与 TGV 大体相近，可作为时速为 250 ~ 300 km/h时的参考。EN(B)与 UIC860、JISE 大体相近，可作为时速为 200 ~ 250 km/h 时的参考。我国 GB 2585 和 TB/T 2344 标准与高速铁路的要求尚有很大差距，必须在钢轨轧制、冷却、校直等生产环节引入先进技术，如万能法轧制、立卧复合矫直、压力机补矫等，才能逐步缩小差距，满足高速铁路对钢轨几何尺寸的偏差要求。

由于钢轨焊缝材质、金相组织、硬度和韧度等与钢轨母材的差别，以及焊接设备的精度，操作工人的技术熟练程度的差异等，都是造成钢轨焊接接头处的轨面不平整的影响因素。常用的钢轨焊接方法包括接触焊、气压焊和铝热焊等。

为保证高速列车的高速、平稳地运行，减少轮轨之间的动力作用，铁路部门对钢轨接头焊接质量、平直度等提出了比以往更高的要求。表 2 - 7 列出了中国和世界主要高速铁路焊接接头的平直度标准。

表 2 - 7 高速铁路焊接接头平直度标准(mm)

部位	项目	京沪技术条件	TGV	日本新干线	TB/T 1632—91
顶面	接触焊	+0.2/1 m，-0/1 m	+0.2/1 m，-0/1 m	+0.3/1 m，-0/1 m	+0.3/1 m，-0/1 m
	铝热焊 气压焊	+0.2/1 m，-0/1 m	+0.2/1 m，-0/1 m	+0.3/1 m，-0/1 m	+0.3/1 m，-0/1 m
内侧工作面	接触焊	+0.2/1 m，-0/1 m	+0.2/1 m，-0/1 m	+0.3/1 m，-0/1 m	+0.3/1 m，-0/1 m
	铝热焊 气压焊	±0.3/1 m	±0.3/1 m	±0.3/1 m	±0.3/1 m

2.2.5 钢轨伤损

钢轨是轨道结构的重要部件。由于机车车辆的动力作用、自然环境和钢轨本身的质量等原因，钢轨经常发生裂纹、折断和磨耗等现象。钢轨伤损是铁路上一个较为突出的问题，并严重影响行车的安全。根据行业标准 TB/T 1778—2010，我国伤损分类采用五位数字表示：

第一位数字，有 0 ~ 7 和 9 共 9 个数字，分别表示伤损在钢轨长度上的起始位置；

第二位数字，有 0 ~ 6 共 7 个数字，分别表示伤损在钢轨横截面上的起始位置；

第三位数字，有 0 ~ 9 共 10 个数字，分别表示不同的伤损状态；

第四位数字，表示对伤损状态的细化，细化顺序以 1，2，3，4，…，依此类推，没有细化的编号为 0；

第五位数字，有 1 ~ 4 共 4 个数字，分别表示不同的伤损程度。

钢轨伤损分类编号如表 2 - 8 所示。

以下介绍几种常见的钢轨伤损。

表 2-8　钢轨伤损分类编号表(TB/T 1778—2010)

第一位数字	第二位数字	第三位数字	第四位数字	第五位数字
伤损在钢轨长度的位置	伤损在钢轨横截面上的位置	伤损状态	伤损状态的细化	伤损程度
0—钢轨全长范围(或全长的大部分) 1—轨身的局部区域 2—夹板接头(轨端、螺栓孔和夹板长度范围的钢轨区域) 3—焊补区域 4—接续线焊接区域 5—闪光焊接头(含电极灼伤部位) 6—铝热焊接头 7—气压焊接头 9—其他形式焊接的焊缝和热影响区	0—整个钢轨截面或外表面 1—轨头表面(踏面、轨距角、轨头侧面) 2—轨头内部 3—轨头下颚 4—轨腰 5—螺栓孔 6—轨底(轨底下表面、轨底边缘或轨底角侧面)	0—弯曲变形 1—磨耗、压溃、压陷(或凹陷) 2—波浪磨耗 3—接触疲劳裂纹(剥离裂纹)及其引起的掉块和疲劳断裂 4—内部裂纹或内部缺陷及其引起的疲劳断裂 5—表面缺陷及其引起的疲劳断裂 6—外伤及其引起的疲劳断裂 7—锈蚀及其引起的疲劳断裂 8—没有明显疲劳裂纹的脆性断裂 9—其他	0—没有细化 1—曲线上股轨头磨耗超限 2—曲线下股轨头全长压溃和辗边 3—直线钢轨交替不均匀侧面磨耗 4—轨距角处鱼鳞状剥离裂纹、掉块和疲劳断裂 5—轨头塌面处斜线状裂纹、局部凹陷和疲劳断裂 6—曲线下股轨头塌面剥离裂纹和浅层剥离掉块	1—不到轻伤 2—轻伤 3—重伤 4—折断

注：1. 凡属于与夹板接头质量及焊接接头质量有关的伤损，在伤损编号中按在夹板接头和焊接接头区域形成的伤损进行分类和登记；凡属于与轨身相同原因形成的伤损，在伤损编号中，按轨身形成的伤损进行分类和登记。2. 闪光焊电极灼伤也属于焊接接头伤损范围。

(1)钢轨接头螺栓孔裂纹和焊接接头裂纹

在普通线路上，钢轨接头无法避免，一般在轨腰中和轴附近钻孔，以便安装接头螺栓。由于轨腰钻孔，强度被削弱，钢轨在应力传递过程中，在螺栓孔周围产生应力集中，同时由于车轮通过接头时产生冲击，螺栓孔周围应力集中现象更为严重。研究结果表明，轮轨高频冲击荷载 P_1 和低频冲击荷载 P_2 决定轨端第一螺栓孔的应力水平，P_2 决定第二螺栓孔的应力水平。在轮轨冲击荷载作用下，螺栓孔周围先产生肉眼看不见的45°斜向(与主应力垂直方向)细微裂纹，也称裂纹萌生期，在列车荷载的进一步作用下，裂纹进一步扩展并产生断裂，如图 2-5 所示。

有研究表明，裂纹萌生期远大于扩展期，一般情况下是4倍左右，所以控制裂纹萌生期是延长螺栓孔裂纹发展的有效措施。一般措施有：提高钢轨接头区轨道结构的弹性；降低轮轨冲击荷载 P_1 和 P_2，螺栓孔应力可减小30%左右；提高螺栓孔表面的加工光洁度和在孔口倒棱；对螺栓孔表面进行硬化、防锈等处理，提高螺栓表面的强度。

由于焊缝(主要是铝热焊接头)材料与钢轨母材不一致，造成焊缝处钢轨的磨损与母材不一致而产生轨面不平顺，增大了轮轨冲击荷载，从而造成钢轨焊接接头的断裂，如图 2-6 所示。

图 2-5　钢轨接头螺栓孔裂纹

图 2-6　钢轨焊接接头的断裂

(2)轨头核伤

轨头核伤是对行车威胁最大的一种钢轨伤损。在列车荷载的反复作用下，在轨头内部出现极为复杂的应力分布和应力状态，使细小裂纹横向扩展成核伤，直至核伤周围的钢材强度不足以抵抗轮载作用下的应力，钢轨发生猝断，如图 2-7 所示。

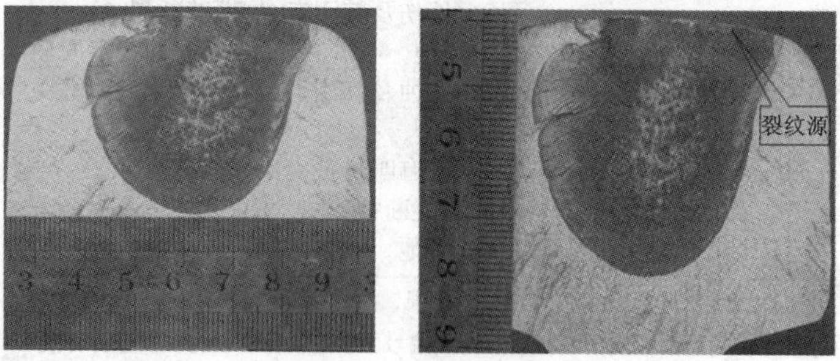

图 2-7　轨头核伤

轨头核伤的内因是由于钢轨在制造过程中，钢轨中有非金属夹杂物或微小气泡，外因是在列车荷载作用下，产生巨大的接触应力，使钢轨接触疲劳破坏。有研究表明，轴载与轨头横向裂纹发展的关系为：$d \propto P^2$（当钢轨内部最大夹杂物直径小于 0.15 mm 时）和 $d \propto P^{3.3}$（当钢轨内部最大夹杂物直径大于 0.15 mm 时）（d 为夹杂物直径，P 为轴载）。通常，防止和减缓核伤的发生和发展的措施有：提高钢轨的纯净度，减少钢轨中的非金属夹杂物；提高钢轨的接触疲劳强度；提高轨道结构的弹性，减小轮轨冲击荷载。

(3)轨头剥离

轨头剥离是当今重载铁路运输中经常出现的一种钢轨伤损，主要发生在轨头内侧圆角处。发生的主要原因是由于在轨头内侧圆角处的轮轨接触应力最大，钢轨表面下几毫米处的剪应力使得钢轨产生剪切疲劳，产生裂纹后，钢轨表面掉块。剥离的最初阶段，钢轨表面出现间距呈规律的 45°细微斜裂纹，裂纹方向与行车方向相反，如图 2-8 所示。之后轨头表面下出现微裂纹，当裂纹在表面下发展几毫米后，几乎呈水平裂纹，当裂纹面积达到一定程度后，裂纹顶层在列车车轮碾压下产生塑性变形，最后断裂，轨面出现凹坑，如图 2-9 所示。

钢轨剥离的主要原因是接触应力过大，钢轨强度不足；钢轨材质有缺陷；车轮和轨道的维修工作不良等。钢轨剥离使得轮轨接触区产生较大变化，如细微裂纹下向发展，就有可能形成轨头核伤，造成钢轨断裂。

图 2-8　轨头圆角处 45°细微斜裂纹

图 2-9　钢轨表面的剥离掉块

(4)钢轨磨耗

钢轨磨耗分为顶面垂直磨耗、轨头侧面磨耗和波浪形磨耗。不管在直线还是在曲线轨道上，都存在垂直磨耗。垂直磨耗与轮轨之间的垂直力和轮轨之间的蠕滑、摩擦等因素有关，随着线路通过总质量的增大，垂直磨耗也相应增大。

钢轨侧面磨耗主要发生在曲线轨道的外股钢轨。随着电力、内燃机车的应用和机车牵引功率的增大，钢轨侧磨的情况更加严重。钢轨侧磨直接影响到曲线钢轨的使用寿命，特别是在半径为 800 m 以下的曲线钢轨，这一情况更加严重，在半径为 600 m 的曲线钢轨上，运量达到 1 亿 t 就需要更换钢轨。

图 2-10　钢轨侧磨及测量

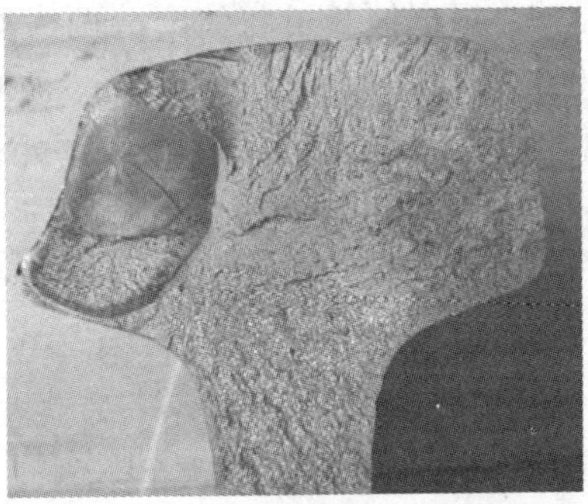

图 2-11　钢轨侧磨及轨头侧面核伤

钢轨侧磨使得轨头宽度变窄，如图 2-10 所示。钢轨在侧磨过程中，轨头下侧钢材产生塑性变形，产生裂纹，严重时形成核伤等病害，如图 2-11 所示。

钢轨侧磨的主要原因是机车车辆通过曲线时，作用在外股钢轨轨头内侧的轮缘力和轮轨冲击角。而轮缘力和轮轨冲击角的大小受机车车辆的动力性能、转向架固定轴距的长短、曲线半径的大小、轨道的动力性能、轨道几何参数设置等诸多因素影响。工务方面减缓曲线轨道钢轨侧磨的措施有：合理调整轨道结构参数，如轨距、轨底坡、超高等；改善轨道结构的动力性能，如改变轨道结构弹性、钢轨侧面涂油等。

我国把钢轨磨耗分为轻伤和重伤两类，如表 2-9 所示。总磨耗量为垂直磨耗加上一半侧面磨耗。垂直磨耗在轨顶距标准断面作用边 1/3 处测量，侧面磨耗在钢轨标准断面的轨顶面下 16 mm 处测量，如表 2－9 所示。工务部门要求对轻伤钢轨要加强观测，对重伤钢轨必须及时更换。

表 2－9　钢轨头部磨耗的轻、重伤标准

钢轨类型(kg/m)	轻伤标准						重伤标准	
	总磨耗(mm)		垂直磨耗(mm)		侧面磨耗(mm)		垂直磨耗(mm)	侧面磨耗(mm)
	正线及到发线	其他站线	正线及到发线	其他站线	正线及到发线	其他站线		
CHN75	16	18	10	11	16	18	12	21
CHN60～75	14	16	9	10	14	16	11	19
CHN50～60	12	14	8	9	12	14	10	17
CHN43～50	10	12	7	8	10	12	9	15
CHN43 以下	9	10	7	8	9	11	8	13

钢轨波浪形磨耗(简称波磨)是指钢轨投入运行后在钢轨表面上出现的有一定规律的周期性磨损和塑性变形，如图 2－12 所示。钢轨的波磨问题一直是制约铁路高速重载发展的重要因素，其发生和发展规律的机理相当复杂，至今仍未被人们所掌握。根据波长可将波磨分两大类：波长为 30～80 mm，波深为 0.1～0.5 mm，波峰亮、波谷暗，规律明显，此类波磨称为波纹磨耗；波长大于 150 mm，波深为 0.5～5 mm，波峰、波谷都发亮，波浪界线不规则，此类波磨称为长波磨耗。

图 2－12　钢轨波浪形磨耗

波磨一般出现在曲线地段，在半径为 300～4500 m 的曲线上都可能发生波磨。列车制动地段的波磨出现概率和磨耗速率都较大。直线地段出现波磨的情况很少。波磨的成因十分复杂，有钢轨材质原因，也有机车车辆动力性能的原因，还有列车运行工况的原因。防止和减缓钢轨波磨的措施有：提高轨道结构的弹性；合理设置曲线轨道的参数；钢轨表面打磨等。

(5)钢轨探伤

根据钢轨探伤设备的工作原理，分电磁探伤和超声波探伤两大类。我国和大多数国家铁路使用超声波钢轨探伤仪器。超声波在固体和液体中具有不同的传播速度，但在空气中则几乎不能传播。超声波探伤就是利用这一特性进行工作的。当超声波射入钢轨的核伤、裂纹或其他伤损时，在钢与空气的界面上受阻，产生反射波，经过电子仪器的接收并显示，就能发现钢轨内部存在的伤痕，还可以根据超声波发射与反射的时间间隔及其在钢轨内的传播速度，判断伤痕的深度。

钢轨探伤设备的主要元件是超声波探头，探头是一个能量转换装置，它可以将电能转换为声能，也可把声能转换为电能。在每一探头盒内装有两片压电换能器，一片发射超声波，一片接收超声波。探头有各种角度发射晶片，不同的探伤仪使用不同声波角度的探头，一般有0°、30°、35°、50°、70°探头。图2－13所示为一个6通道的超声波探头排列，这种排列方式可探测轨头和轨腰的水平、垂向裂纹，螺栓孔裂纹和角度达20°的轨头核伤。

线路上的探伤设备有手推式探伤小车和大型探伤车两种。世界各国有各种形式的钢轨探伤小车，但原理基本相同。图2－14所示为以色列ScanMaster Systems公司生产的SRI－10手推钢轨探伤小车。一般钢轨探伤小车由车架、仪器、水箱及其他一些附件组成。水箱的作用是给轨面刷水，使得探头与轨面接触良好，减少杂波的产生。

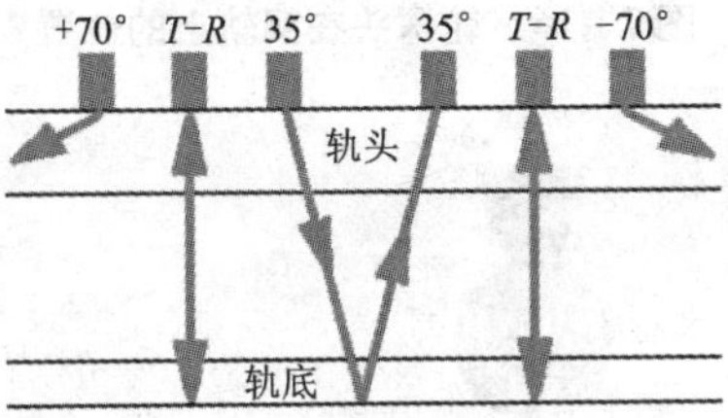

图2－13　6个超声波探头的排列

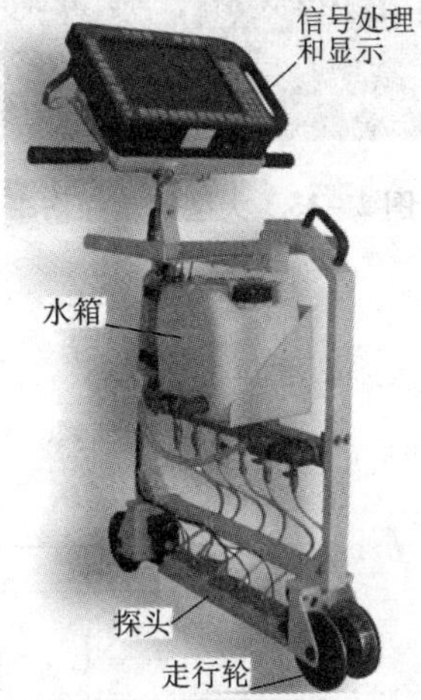

图2－14　SRI－10手推钢轨探伤小车

探伤小车的效率通常较低，工人劳动强度较大，所以近年来越来越多地使用大型探伤车（图2－15）。大型钢轨探伤车通常是指能同时对两股钢轨进行快速探测，并能实时分析、处理和记录探测结果的钢轨探伤设备。钢轨探伤车主要由动力、供电、车辆行走、制动等系统以及钢轨探伤检测系统和生活设施等部分组成。

我国从1989年开始尝试引进大型钢轨探伤车。第一台探伤车是从澳大利亚GEMCO公司引进的，但是该设备一直未能达到合同要求的技术指标。1993年开始从美国Pandrol Jackson公司引进SYS－1000型探伤车，于1994年成功投入使用，检测速度为40 km/h；2000年以后，SPERRY公司在SYS－1000型检测系统基础上开发了Frontier型检测系统，检测速度达60 km/h；近年来，SPERRY公司针对中国铁路最新开发了1900型检测系统，在声学设计上借鉴我国铁路小型钢轨探伤仪的技术特点，增加偏转70°超声波探头，以期提高对轨头核伤的检测能力；探轮直径由6.5 in① 改为9 in，以减小超声波轮内声程。

2000年以来，我国铁路探伤车的应用日益成熟，管理逐步规范。根据2010年的统计数据，全路探伤总里程2836万km，单车年均检测里程超过1万km，运用效率大大超过欧美铁路。大型钢轨探伤车通常采用超声波的探伤方式，每根钢轨采用3个轮探头（图2－16），超声波波束如图2－17所示。

① 1 in＝2.54 cm。

图 2-15 大型钢轨探伤车

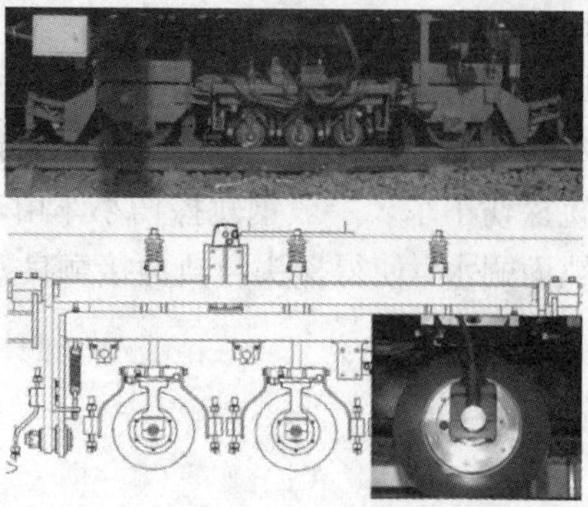

图 2-16 轮探头在钢轨上的位置

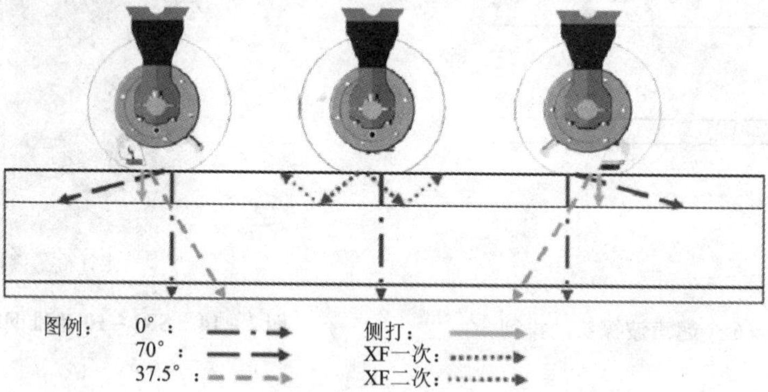

图 2-17 超声波波束示意图

2.3 轨枕

2.3.1 轨枕的功能

轨枕是轨下基础的重要部件之一，它的功能是支承钢轨，保持轨距和方向，并将钢轨对它作用的各向压力传递到道床上，因此轨枕必须具有坚固性、弹性和耐久性。根据轨枕使用材料不同，轨枕可以分为木枕、混凝土枕和钢枕等。其中，混凝土枕由于料源充分、轨道结构稳定、弹性均匀，是目前高速和重载铁路的首选轨枕类型，我国铁路的技术政策也规定，新建铁路都应使用混凝土轨枕。

2.3.2 木枕

在铁路发展初期，由于当时经济发展和技术都处于较低水平，而木材资源丰富，所以铁路均使用木枕（图 2-18）。到目前为止，北美国家铁路仍然以木枕为主，然而，由于木枕有其不可避免的一些缺陷，如易腐烂、轨道稳定性差和弹性不均匀等，所以在高速铁路上基本不使用木枕轨道。

木枕也分普通木枕、岔枕和桥枕。我国铁路的普通木枕长为2.5 m，有160 mm(高)×220 mm(宽)和145 mm×200 mm(宽)两种规格。在不同的道岔部位，岔枕长度也不一样，最短为2.6 m，最长为4.85 m，级差为0.15 m，岔枕截面为160 mm×240 mm(宽)。桥枕的截面高度为220～300 mm，宽度为200～240 mm。

通常，可做木枕的树种包括红松、落叶松、马尾松、云杉和冷杉等。

图2－18　木枕轨道

2.3.3　混凝土轨枕

混凝土轨枕的结构形式有整体式、组合式和短枕式三种，如图2－19所示。整体式轨枕主要是预应力混凝土轨枕。

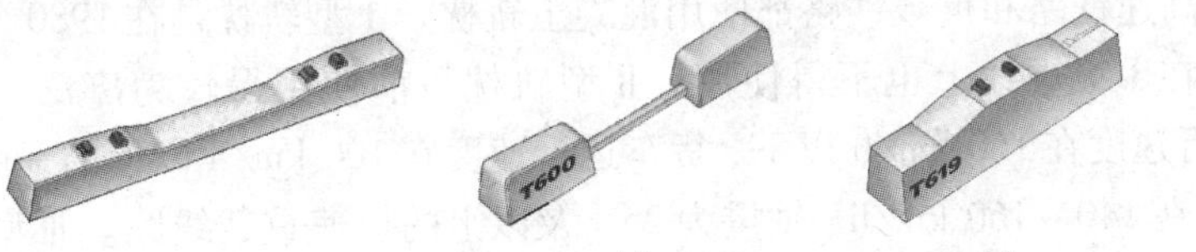

(a)　(b)　(c)

图2－19　混凝土轨枕外形

(a)整体式；(b)组合式；(c)短枕式

轨枕要承受钢轨传来的动荷载，由于道床支承状态的不同，使得轨枕的受力条件有很大的变化。首先轨枕的轨座要有足够的面积承受钢轨的压力，保证在轮载作用下轨座不产生压溃；由于道床的弹性，使得轨枕要承受弯矩，轨枕的轨下截面和枕中截面的弯矩大小不一，有时弯矩的方向也不一致，要保证轨枕截面有足够承受弯矩的能力，轨枕受力如图2－20所示。为了减小道床顶面的压力，轨枕与道床之间应有足够的接触面积；为了保证轨道结构的稳定性，要求轨枕与道床之间能提供足够的纵、横向阻力。对于高速铁路，要求轨枕具有较大的质量，以便使轨枕振动的惯性力减缓轮轨冲击荷载对道床的影响，并且降低轨枕的自振频率。

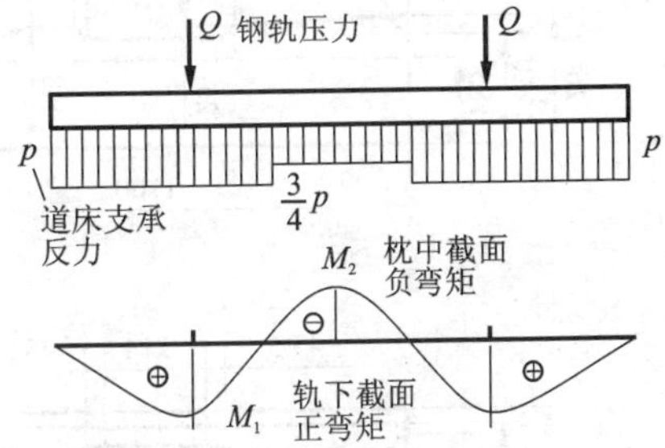

图2－20　混凝土轨枕的受力状态

世界各国使用的混凝土轨枕基本上都为预应力混凝土轨枕。在设计混凝土轨枕时，主要从以下几个方面考虑轨枕的长度：轨枕长度越长，轨下截面的下弯矩越大；枕中截面的负弯矩越小，甚至为正弯矩，所以轨枕长度要合理，使得轨枕的受力最佳。轨枕太短，轨枕端部的长度不足以锚固预应力筋，轨下截面的抗弯能力达不到要求。轨枕长度较短，道床支承面积减小，使得道床应力增大和阻力减小，影响轨道的稳定性。对于标准轨距轨道，世界各国的混凝土轨枕长度一般为2.2～2.7 m。

轨枕截面尺寸与轨枕的受力有关，首先轨枕顶部要有一定的宽度，在轨座压力的作用下不被压溃，一般承轨台的宽度为 185 ~ 190 mm。在轨枕长度确定的情况下，枕底宽度要考虑道床的承载能力，一般枕底宽度为 250 ~ 330 mm。考虑到轨枕制造时脱模的方便，也要将轨枕截面设计成梯形。

混凝土轨枕在长度方向的高度是不一致的，轨下部分截面高度较高，中间截面高度相对较低，主要原因是轨枕的纵向预应力筋为直线配置，且在轨枕通长上配筋一致，轨下截面承受正弯矩，所以要求预应力筋的重心在截面形心以下。枕中截面一般承受负弯矩，所以要求预应力筋重心在截面形心之上，如图 2 – 21所示。

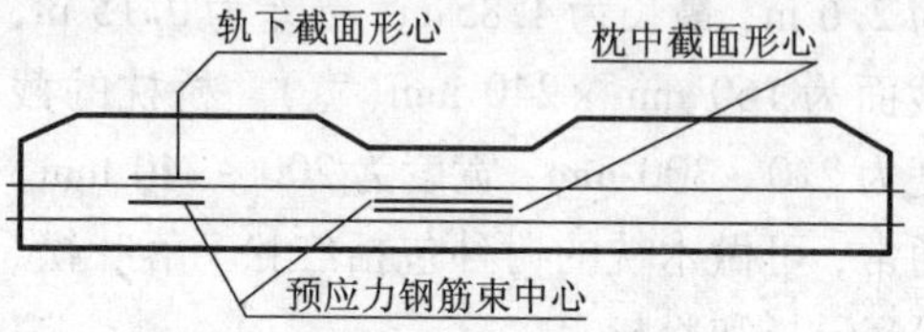

图 2 – 21　混凝土轨枕截面形心与钢轨重心之间关系

我国铁路中使用的混凝土轨枕自 19 世纪 50 年代开始研究、制造和使用。目前，各大既有铁路干线、高速铁路和重载铁路都使用混凝土轨枕。Ⅰ型轨枕是在 1980 年以前制造，目前已停止生产，在Ⅰ级干线上也不得使用；Ⅱ型轨枕目前使用得较为广泛，主要用于轴重为 23 t、客车运行速度在 160 km/h 以下、货车运行速度在 100 km/h 以下的一般线路；Ⅲ型轨枕主要用于速度在 140 ~ 160 km/h、轴重为 25 t 及以上的提速重载线路。Ⅲ型轨枕的外形和尺寸如图 2 – 22 所示，我国三种类型轨枕的主要设计参数如表 2 – 10 所列。

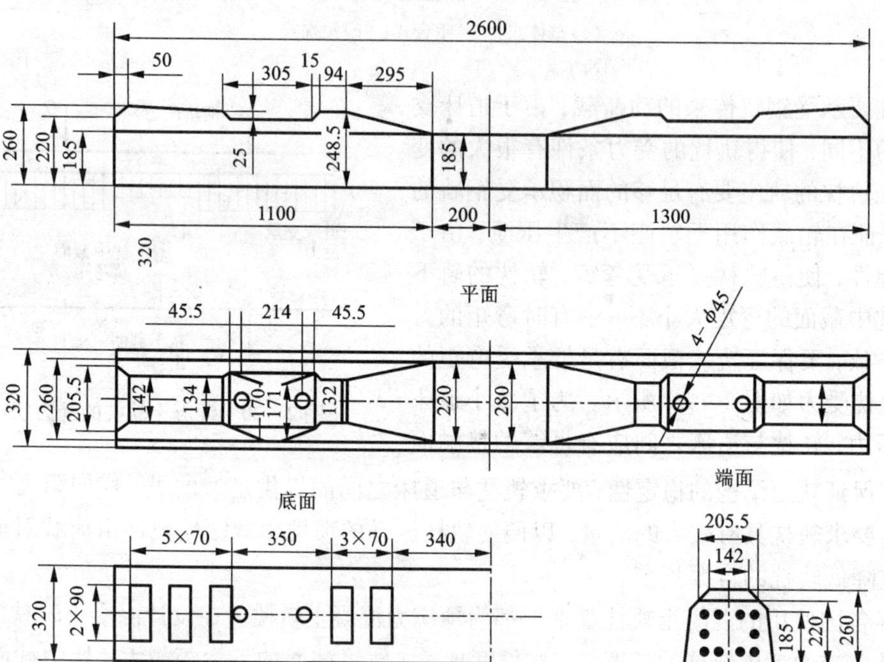

图 2 – 22　Ⅲ型混凝土轨枕

表 2－10　我国各类轨枕的主要设计参数

轨枕类型	Ⅰ型		Ⅱ型		Ⅲ型	
轨枕长度(mm)	2500		2500		2600	
轨枕重量(kg)	250		251		320 、340	
轨枕底面积(cm^2)	6588		6588		7720	
端头面积(cm^2)	490		490		590	
截面位置	轨下	中间	轨下	中间	轨下	中间
高度(mm)	201	175	201	165	230	185
表面宽度(mm)	165	155	165	161	170	200
底面宽度(mm)	275	250	275	250	300	280
设计承载弯矩(kN·m)	11.9	－8.0	13.3	－10.5	19.05	－17.30
抗裂弯矩(kN · m)	17.7	－11.9	19.3	－14.0	27.90	22.50
扣件类型	70 型扣板式 Ⅰ型弹条		Ⅰ型弹条		有挡肩轨枕用Ⅱ型弹条 无挡肩轨枕用Ⅲ型弹条	

世界各国采用的轨枕设计方法也不一样，如欧洲国家采用极限理论和塑性理论设计轨枕，而日本采用容许应力计算方法。

图 2－23　混凝土轨枕轨道

图 2－23 所示为铺设整体式混凝土轨枕的线路。为了适应高速及大轴重铁路的要求，世界各国都在积极开发研究新型的有砟轨道结构。轨道结构的稳定是保证列车高速运行的前提之一，而混凝土轨枕由于其自重远大于木枕，且与道砟之间有较高的摩阻力，所以混凝土轨枕可以给轨道提供更大的纵、横向阻力以保证轨道结构稳定。另外，由于混凝土轨枕不怕虫蛀、腐烂，自然因素对混凝土轨枕的损害较小，所以混凝土轨枕具有较长的使用寿命。而且混凝土轨枕有较大的自重，使得线路在列车荷载作用下的变形相对较小，所以相应的维修工作量少。再则，混凝土制品厂生产的轨枕形状、尺寸、性能都比较标准、均一，为钢轨支承的均匀性和轨面的动态平顺性提供了更可靠的条件，因而世界各国高速铁路有砟轨道均采用混凝土轨枕。

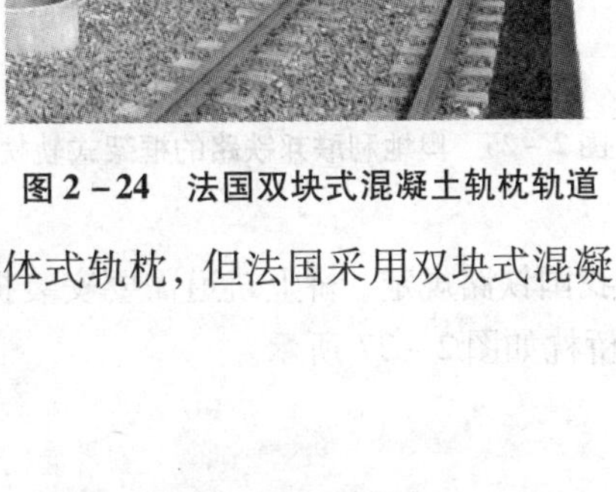

图 2－24　法国双块式混凝土轨枕轨道

国外高速铁路混凝土轨枕的结构形式及适用速度范围列于表 2－11。世界大多数国家都采用整体式轨枕，但法国采用双块式混凝土轨枕。法国的双块式混凝土轨枕线路如图 2－24 所示。

表 2-11 国外主要高速铁路混凝土轨枕的结构形式及运用速度范围

国别	轨枕形式	轨枕型号	长度(mm)	轨下截面尺寸		中间截面尺寸		枕底面积(mm^2)	质量(kg)	列车最高速度(km/h)
				高度(mm)	底宽(mm)	高度(mm)	底宽(mm)			
日本	整体式	3T	2400	190	283	175	230	6430	260	210 以下
		3H	2400	220	310.5	195	250	7040	325	210~270
		4H	2400	220	310.5	195	250	7040	325	
德国	整体式	B70W	2600	210	300	175	220	5930	304	250
		B90W	2600	210	320	180	240	6680	330	
		B75	2800	240	330	200	290	7560	380	
法国	双块式	U31	2245	220	290	块长	680	3944	218	160
		U41	2415	220	290		840	4872	248	300

为提高线路的横向阻力，增大曲线轨道的稳定性，奥地利联邦铁路(Austrian Federal Railways)开发了一种带翼轨枕，该轨枕在轨座处有两翼，成十字形。奥地利联邦铁路还开发了新型的框架式轨枕(frame-sleeper-track)，如图 2-25 所示。铺设轨道时，轨枕与轨枕靠在一起，并在框架中部填满道砟，这样大大提高了轨道的稳定性，降低了道床顶面应力，延长了轨道的维修养护周期。

日本近几年开发了梯子式轨道，类似于纵向轨枕，主要是用于重载铁路，如图 2-26 所示。通过美国 FAST 试验中心的试验表明，该轨道结构的线路稳定，维修养护工作量少，而且这种轨道结构的混凝土和钢材的用量与普通轨枕线路基本相同，所以梯子式轨道结构具有较好的发展前景。

图 2-25 奥地利联邦铁路的框架式轨枕

图 2-26 日本的梯子式轨道(ladder track)

我国铁路规定，桥上轨道需要安装护轮轨，所以在工作轨内侧需要有安装护轮轨的螺栓孔，桥枕如图 2-27 所示。

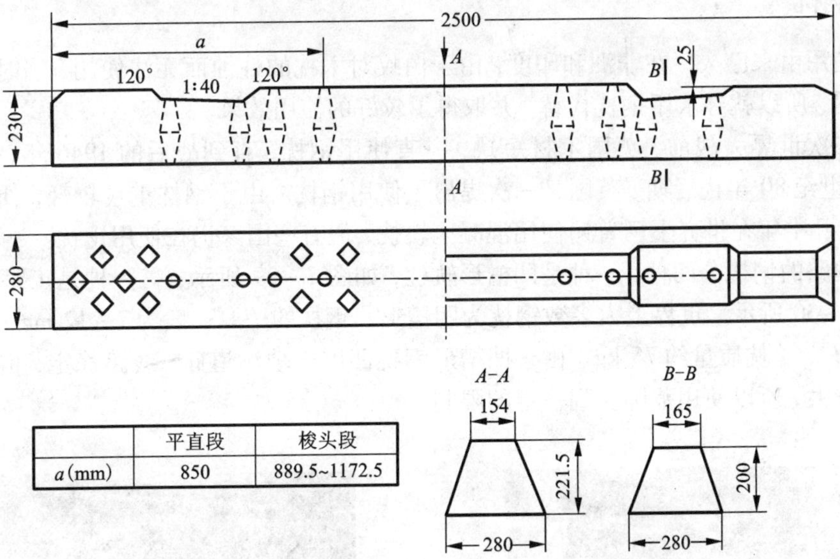

	平直段	梭头段
a(mm)	850	889.5~1172.5

图 2－27　混凝土桥枕

岔枕与桥枕不同，在道岔的不同部位，岔枕的长度不一样，最短与区间线路的轨枕长度相同，最长为 4.9 m。岔枕上需要安装四根工作轨，在不同的道岔部位，工作轨在岔枕上的位置也不一样。列车直向通过时，两根工作轨受力，当列车侧向通过时，则另两根工作轨受力，所以岔枕的受力条件更加复杂。混凝土岔枕如图 2－28 所示。

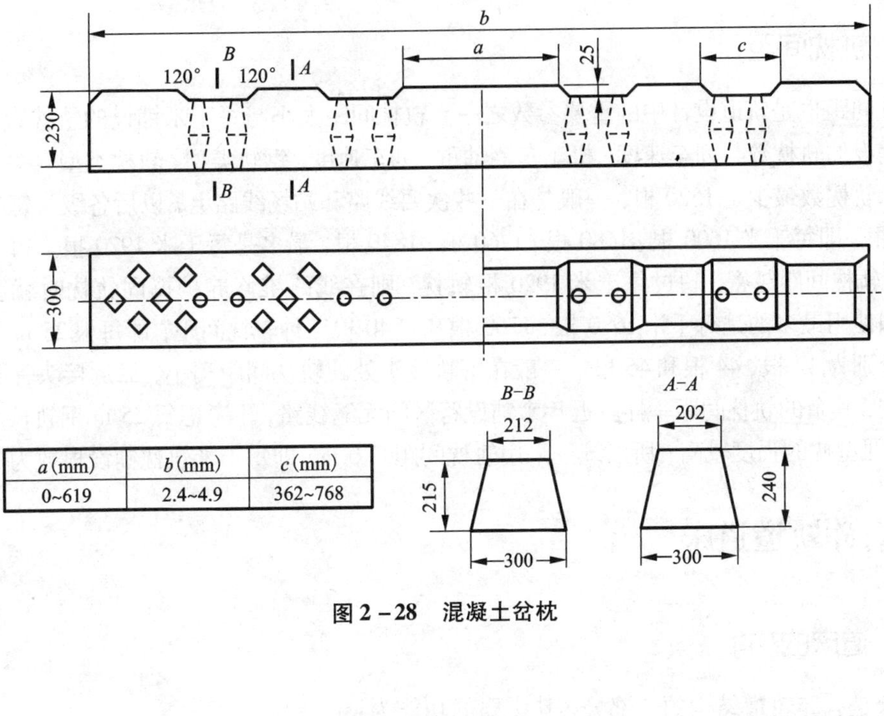

a(mm)	b(mm)	c(mm)
0~619	2.4~4.9	362~768

图 2－28　混凝土岔枕

2.3.4 钢枕

钢枕使用由来已久。在非洲和印度，由于白蚁对木枕的蛀蚀而无法使用，当时混凝土轨枕尚未发明，所以就寻求用钢枕代替，并取得了较好的使用效果。

在第二次世界大战前，英国木材短缺，一直使用钢枕，直到战后的1946年，仍使用钢枕。到20世纪80年代后期，英国又一次提出了使用钢枕。由于钢枕重量较轻，便于捆扎码堆，虽然近几十年在世界上已普遍使用混凝土轨枕，但有些国家仍在使用钢枕。

世界铁路的钢枕分两种，一种是凹槽形轨枕，如图2－29所示，另一种是工字钢Y形钢枕，如图2－30所示。世界上大多数钢枕为凹槽形。钢枕的壁厚一般为7～12 mm，截面高度115 mm左右，单枕质量约75 kg。由于凹槽形钢枕凹腔内填满道砟，线路稳定，但每米线路的用钢量较大，所以使用范围受到一定的限制。

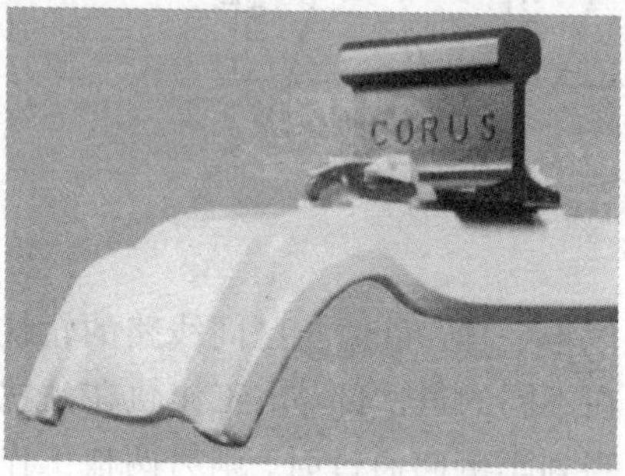

图2－29 CORUS公司的凹槽形钢枕

图2－30 德国铁路工字钢Y形钢枕

2.3.5 轨枕间距

轨枕间距也是轨道设计中的重要参数之一。轨枕间距大小与每千米铺设的轨枕数有关，而每千米铺设的轨枕数与列车速度、机车车辆轴重、列车速度、钢轨类型、轨枕类型有关。我国铁路每千米轨枕数最少是1520根，一般是在一些次要线路和站场线路上，以后各级为每千米增加轨枕80根，即每千米1600根、1680根、1760根、1840根，最多是每千米1920根。每千米轨枕数越多，轨枕间距越密，超过每千米1920根轨枕，则在线路维修养护捣固轨枕时就会产生困难。我国使用最多的是每千米1680根、1760根和1840根三种轨枕间距，即每根25 m长钢轨的轨枕数分别为42根、44根和46根。一般在钢轨接头处的轨枕间距稍小，靠近接头一孔的轨枕间距次之，其余的轨枕间距一样。近年来铺设跨区间无缝线路，不考虑每25 m钢轨长度的轨枕数，而且Ⅲ型枕的强度较高，所以统一采用轨枕间距0.6 m，即每千米轨枕铺设根数为1667根。

2.4 有砟轨道道床

2.4.1 道床的功能

道床是有砟轨道结构的一部分，其主要的功能为：

①机车车辆的荷载通过钢轨、轨枕传递给道床，道床将荷载扩散，然后再传给路基，从而减小路基面上的荷载压强，起到保护路基顶面的作用。

②道床为轨排提供纵、横向阻力，起到保持轨道几何形位稳定的作用，这对无缝线路尤为重要。

③道床具有良好的排水作用，减少轨道的冻害和提高路基的承载能力。

④道床的弹性和阻尼可吸收轮轨之间的冲击振动。

⑤有砟轨道碎石道床作业简单、方便，使得轨道几何形位的调整较为容易。

2.4.2 道砟材质、级配及清洁度

为了满足以上的道床功能，道砟应质地坚硬，有弹性，不易压碎和捣碎，排水性能良好，吸水性差，不易风化，不易被风吹动和被水冲走。

道砟的材料有各种石质的碎石、天然级配卵石、筛选卵石、粗砂、中砂和熔炉矿砟等。根据铁路运量、列车速度和机车车辆轴重选用合理的道砟材料。

目前我国铁路道砟分为面砟和底砟，面砟材料一般为级配碎石，道砟质量划分为一级和二级，并规定在特重型、重型轨道地段应优先采用一级道砟。京沪高速铁路特级碎石道砟和普通干线使用的一级和二级碎石道砟材质标准见表2-12。

表2-12 碎石道砟标准

<table>
<tr><th>性能</th><th>参数</th><th>特级道砟</th><th>一级道砟</th><th>二级道砟</th><th colspan="2">评价方法</th></tr>
<tr><td rowspan="3">抗磨耗、抗冲击性能</td><td>洛杉矶磨耗率 LAA(%)</td><td>≤20</td><td>≤27</td><td>$27\leq LAA<32$</td><td rowspan="3">若3个指标分属2个等级，则以2个指标为准，若3个指标分属3个等级，则划为中间等级</td><td rowspan="12">道砟的最终等级以性能1、2、3中的最低等级为准，并应满足4、5、6三项性能的要求</td></tr>
<tr><td>标准集料冲击韧度 IP</td><td>≥100</td><td>≥95</td><td>$80<IP\leq95$</td></tr>
<tr><td>石料耐磨硬度系数 $K_{干磨}$</td><td>>18</td><td>>18</td><td>17~18</td></tr>
<tr><td rowspan="2">抗压碎性能</td><td>标准集料压碎率 CA(%)</td><td>$CA<9$</td><td>$CA<9$</td><td>9~14</td><td rowspan="2">若2个指标分属2个等级，则定为低等级</td></tr>
<tr><td>道砟集料压碎率 CB(%)</td><td>$CB<18$</td><td>$CB<18$</td><td>18~22</td></tr>
<tr><td rowspan="4">渗水性能</td><td>渗透系数 P_m (10^{-6} cm/s)</td><td>$P_m>4.5$</td><td>$P_m>4.5$</td><td>3~4.5</td><td rowspan="4">4个指标中，以其中2个指标最高的等级为准，若这2个指标的等级不在同一级别，则定为低一级</td></tr>
<tr><td>石粉试模件抗压强度 σ(MPa)</td><td>$\sigma<0.4$</td><td>$\sigma<0.4$</td><td>0.4~0.55</td></tr>
<tr><td>石粉液限 LL(%)</td><td>$LL>20$</td><td>$LL>20$</td><td>16~20</td></tr>
<tr><td>石粉塑限 PL(%)</td><td>$PL>11$</td><td>$PL>11$</td><td>9~11</td></tr>
<tr><td>抗大气压腐蚀破坏</td><td>硫酸钠溶液浸泡损失率(%)</td><td><10</td><td><10</td><td><10</td><td></td></tr>
<tr><td rowspan="2">稳定性能</td><td>密度 g(cm^3)</td><td>>2.55</td><td>>2.55</td><td>>2.55</td><td rowspan="2"></td></tr>
<tr><td>容重 g(cm^3)</td><td>>2.50</td><td>>2.50</td><td>>2.50</td></tr>
<tr><td>软弱颗粒</td><td>饱和单轴抗压强度 M</td><td>≤20</td><td>≤20</td><td>≤20</td><td colspan="2">含量少于10%(质量比)</td></tr>
</table>

碎石道砟属于散粒体，其级配是指道砟中不同大小粒径颗粒的分布。道砟级配对道床的物理力学性能、养护维修工作量有重要影响。现有的道砟级配标准如表 2－13 所示。

表 2－13　道砟级配标准

方孔筛边长(mm)	16	25	35.5	45	56	63
过筛质量百分率(%)	0～5	5～15	25～40	55～75	92～97	97～100

道砟颗粒形状对道床质量也有较大影响，一般要求道砟颗粒棱角分明，近于立方体，扁平状和针状道砟颗粒容易破碎。道砟颗粒长度大于平均粒径 1.8 倍的称为针状，厚度小于平均粒径 0.6 倍的称为片状。我国道砟标准规定针状和片状指数均不大于 50%。

道砟中的污脏物，如污泥、土团和粉末等对道床的承载力是有影响的。污脏物降低道砟颗粒间的摩擦力，道砟粉末会加速道床板结，影响道床排水。标准规定黏土团及其他杂质含量的质量百分率不大于 0.5%，粒径为 0.1 mm 以下的粉末含量的质量百分率不大于 1%。

2.4.3　道床底砟材料

底砟的功能是隔离面砟层的颗粒与路基面直接接触，截断地下水的毛细管作用，并降低地面水的下渗速度，阻止雨水对路基面的侵蚀。底砟材料可取自天然砂、砾材料，也可由开山块石或天然卵石、砾石经破碎、筛选而成。底砟材料的粒径级配应符合表 2－14 规定，且 0.5 mm 以下的细集料中通过 0.075 mm 筛的颗粒含量应小于等于 66%。

表 2－14　底砟粒径级配

方孔筛边长(mm)	0.075	0.1	0.5	1.7	7.1	16	25	45
过筛质量百分率(%)	0～7	0～11	7～32	13～46	41～75	67～91	82～100	100

在粒径大于 16 mm 的粗颗粒中带有破碎面的颗粒所占的质量百分率不少于 30%。粒径大于 1.7 mm 集料的洛杉矶磨耗率不大于 50%，其硫酸钠溶液浸泡损失率不大于 12%。粒径小于 0.5 mm 的细集料的液限不大于 25%，其塑性指数小于 6%。

2.4.4　道床断面

道床断面包括道床厚度、顶面宽度和边坡坡度三个主要特征。

道床厚度是指在直线上钢轨或曲线上内股钢轨中心线与轨枕中心线相交点处，轨枕底面至路基顶面的距离。道床厚度应根据作用在道床顶面上的轨枕压力在道床内部的传递特性及路基的承载力来决定。从试验研究可知，道床中的应力与深度成反比，所以要求道床厚度能保证道床应力传递至路基顶面时，压应力基本均匀。我国铁路的道床厚度为 250～350 mm。

道床宽度为轨枕长度加上 2 倍的道床肩宽，道床宽度与所要求的轨道横向阻力、轨枕长度有关。道砟在轨枕头部的伸出部分称为道床肩宽。一般情况下的道床肩宽为 200～300 mm，在无缝线路上定为 400～500 mm，为提高道床的横向阻力，还需将砟肩堆高 150 mm。

自道床顶面引向路基顶面的斜坡称为道床边坡，其大小对道床的稳定性有十分重要的意义。道床边坡的大小与道砟材料的内摩擦角和黏聚力有关。我国铁路的道床顶面宽度和边坡坡度如表 2－15 所示。

表 2－15　道床顶面重及边坡坡度

线路类别		顶面宽度（m）	曲线外侧道床加宽		砟肩堆高（m）	边坡坡度
			半径（m）	加宽（m）		1∶1.75
正线	无缝线路	3.4	＞600		0.15	1∶1.75
		3.5	≤600		0.15	1∶1.75
	普通线路	3.1	≤800	0.10		1∶1.75
	年通过总重密度小于 8×10^6 t·km/km	3.0	≤600	0.10		1∶1.75
站线		2.9				1∶1.50

2.4.5　道床变形

为了了解道床的变形机理，国内外学者都对道砟进行过三轴试验，并得出了道砟的变形积累曲线，如图 2－31 所示。不管是轴向变形，还是横向变形，在第一次荷载作用后，三轴试验试样的弹性变形都很小，但残余变形都很大，随着荷载作用次数的增加，每次荷载作用后的残余变形逐渐减小，加载到 1000 次后，道砟变成弹性体，每次加载、卸载后的残余变形量近似为零。道砟变形与荷载作用次数之间的关系可用下式表示

$$e_n = e_1(1 + 0.2\lg n) \qquad (2-1)$$

式中：e_1，e_n 分别为第一次和第 n 次加载的永久轴向应变。

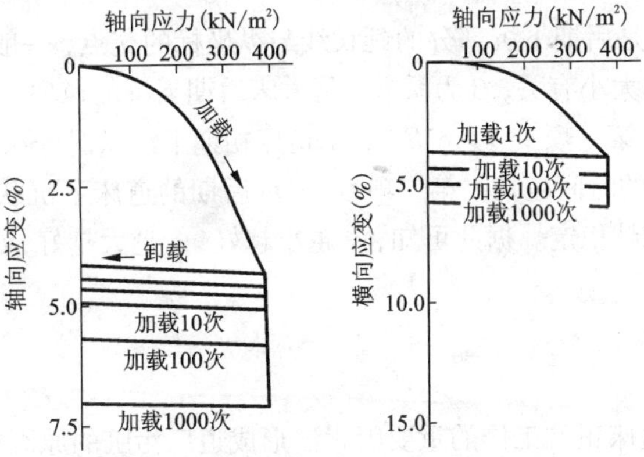

图 2－31　道砟三轴试样的应力与应变关系

道床是道砟的集合体，所以也具有道砟的变形特性。测量荷载作用下道床的永久变形，其变化规律与道砟三轴试验的变化规律是一致的，即在荷载的作用下道床产生弹塑性变形，当荷载消失后，弹性变形部分恢复，塑性变形部分成为永久变形，造成轨道的几何形位不平顺。

道床的下沉是道床塑性变形随荷载作用而逐渐累积的过程。关于道床的下沉规律，各国铁路都进行了许多研究，各国的研究资料得出的道床下沉量与列车通过总质量的关系曲线如图2－32所示。

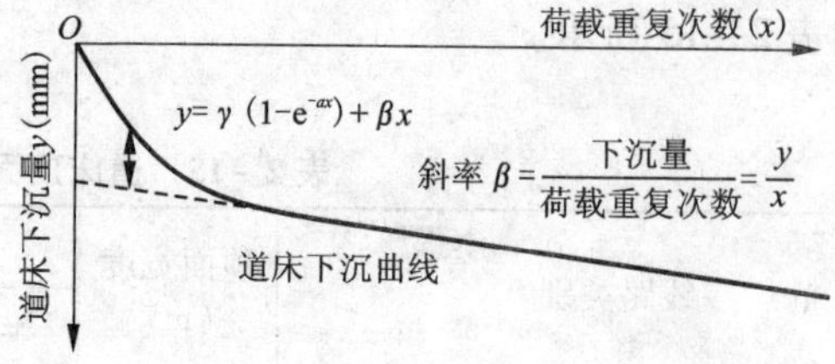

图2－32

道床下沉，特别是不均匀下沉，是轨道结构破坏的主要形式之一。轨道结构在列车动荷载作用下，都会不同程度地产生振动，道床的振动加速了其下沉的速率。为了降低道床的下沉速率，一般对钢轨和道床的振动加速度也要加以控制。当列车通过次数较多时，钢轨和道床的振动加速度限制值分别为200g和15g，当列车通过次数较少时，钢轨和道床的振动加速度限制值分别为400g和25g（g为重力加速度）。

道床下沉大体可分为初期急剧下沉和后期缓慢下沉两种情况。

初期急剧下沉是道床压实阶段。道床在列车荷载作用下，道砟的密实度提高，道砟的颗粒重新排列，孔隙率减小。这个阶段道床下沉量的大小和持续时间与道砟材质、粒径、级配、捣固和夯拍的密实状况、车辆轴重等有关，一般在通过总质量超过2 t即可完成这一阶段的道床下沉。道床初期下沉量的大小还与道床应力和道床振动加速度的大小有关。

后期缓慢下沉是道床的正常工作阶段。在列车荷载作用下，此时道床仍有少量下沉，主要是由于枕底道砟颗粒克服相互之间的摩擦力，道砟向两侧流动的过程。这一阶段的下沉量与运量之间有直接关系，这一阶段的时间越长，则道床就越稳定，所以道床后期下沉的速率是衡量道床稳定性高低的指标，也是确定道床养护维修的重要依据。日本试验的道床下沉曲线用下式表示

$$y=\gamma(1-e^{-ax})+\beta x \tag{2-2}$$

式中：γ为初期下沉量是后期下沉部分的延长线与纵坐标的交点，一般为2.5～5 mm；a为系数，与初期下沉的速率大小有关；β为系数，是道床后期下沉的速率；x为荷载作用次数。

式(2－2)分两项，第一项$\gamma(1-e^{-ax})$表示道床初期下沉状况，γ越小，初期下沉量越小，a越小，完成初期下沉的时间越长。第二项βx表示后期的道床下沉状况，β越小，后期下沉积累的速率越慢，道床越稳定。据此可知，γ越小越好，a越大越好，β越小越好。

2.4.6 道床污脏

道床污脏是影响道床正常工作的重要因素。形成道床污脏的原因很多，有来自外界的脏污物的侵入，如从运输矿石和煤炭车上落下的碎矿石和碎煤屑；也有来自于道砟颗粒因重复荷载、振动、摩擦和磨耗等形成的碎粒，以及来自于底砟的颗粒。上述污物侵入道砟中，轻则堵塞道床孔隙形成道床积水，重则形成翻浆冒泥或道床板结。在这种情况下，道床便失去了弹性和降低了稳定性，严重影响道床的正常工作。因此，道床的脏污率达到一定程度时，必须部分或全部进行清筛或更换道砟。我国铁路规定碎石或筛选卵石道砟的脏污率达35%时，道砟应全部清筛或更换。

2.5　有砟轨道扣件

扣件是联结钢轨和轨枕的中间联结零件，其作用是将钢轨固定在轨枕上，保持轨距和阻止钢轨相对于轨枕的纵、横向移动。在混凝土轨枕的轨道上，由于混凝土轨枕的弹性较差，扣件还需提供足够的弹性。为此，扣件必须具有足够的强度、耐久性和一定的弹性，并可有效地保持钢轨与轨枕之间的可靠联结。此外，还要求扣件零件少、安装简单、便于拆卸。

2.5.1　木枕扣件

木枕扣件有混合式和分开式两种。

混合式扣件较为简单，且在木枕轨道上也用得较多。扣件由铁垫板和道钉所组成。铁垫板上有5个方形孔，勾头道钉为方形，从铁垫板孔中打入枕木后，既扣住钢轨，又固定住铁垫板，但这种道钉的扣压力较小，为防止钢轨纵向爬行，需要较多的防爬器配合使用，如图2－33(a)所示。为了提高扣件弹性，避免钢轨上翘时拔松道钉，有些铁路使用弹簧道钉，如图2－33(b)所示。

(a)

(b)

图2－33　木枕混合式扣件

(a)勾头道钉；(b)弹簧道钉

分开式扣件是将固定钢轨和固定铁垫板的螺栓或道钉分开。一般用螺旋道钉将铁垫板固定在枕木上，铁垫板有承轨槽，固定钢轨的螺栓安装在铁垫板上，然后用弹条或扣板将钢轨固定住。分开式扣件如图2－34所示，一般用在桥上线路。分开式扣件具有扣压力强，垫板振动得到减缓，并且能有效地制止钢轨的纵、横向移动，更换钢轨时，不需要松开铁垫板，对枕木的伤损小，组装轨排方便，但分开扣件的零件较多，用钢量大，相应成本也较大。

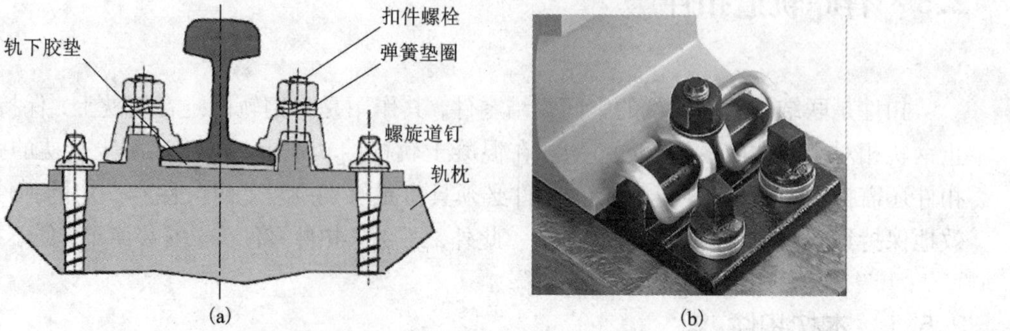

图 2－34 木枕分开式扣件

(a) K 式扣件；(b) vossloh 公司的 KS 弹条扣件

2.5.2 混凝土轨枕扣件

混凝土轨枕由于质量大、刚度大等特点，所以对扣件的扣压力、弹性和可调性等均提出了较高要求。对扣件的扣压力的要求是为了保证钢轨和轨枕之间具有可靠的联结，同时要求一组扣件(两个)的纵向阻力要大于一根轨枕的道床阻力。我国铁路每根轨枕的纵向阻力为 10 kN，一组扣件的纵向阻力为 15～25 kN，相应扣件的扣压力为 10 kN。对扣件弹性的要求是为了减小轮轨之间的冲击荷载，提高行车平稳性，降低轨道结构部件所受的应力水平，提高轨道结构的使用寿命。对扣件可调性的要求是为了方便调整轨距和水平，保证轨道几何形位满足规范要求。

由于混凝土轨枕使用越来越广泛，对扣件的要求也越来越多，世界各国也开发了各种各样的混凝土轨枕扣件，其中较有名的是英国 Pandrol 公司开发的扣件。本节只对我国常用的混凝土扣件和国外的几种主要扣件进行介绍。

我国初期的混凝土轨枕扣件只有扣板式和拱形弹片式两种。拱形弹片式扣件由于其强度低，扣压力小，易变形折断，已在我国主要干线上淘汰；扣板式扣件仍在一些次要干线上使用。目前我国用得最多的混凝土轨枕扣件是弹条扣件。

1. 扣板式扣件

扣板式扣件由扣板、螺纹道钉、弹簧垫圈、铁座及缓冲垫板组成，如图 2－35 所示。螺纹道钉用硫磺水泥砂浆锚固在混凝土轨枕承轨台的预留孔中，然后利用螺栓将扣板扣紧。扣板能将钢轨所受的横向力传递给轨枕。扣板的弹性由弹簧垫圈提供，弹性有限。为调整轨距，共有 10 种不同尺寸的号码扣板，利用不同号码扣板的搭配，可满足不同钢轨和轨距调整的需要。扣板式扣件用于 50 kg/m 及以下钢轨的轨道。

2. 弹条扣件

我国使用的弹条扣件有Ⅰ型、Ⅱ型和Ⅲ型。

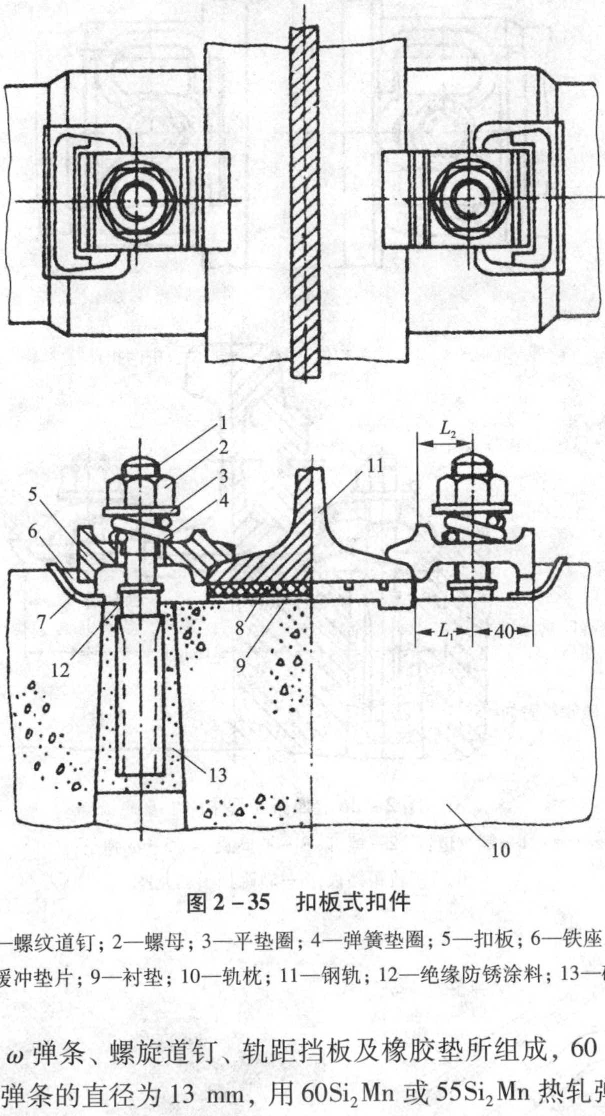

图 2－35　扣板式扣件

1—螺纹道钉；2—螺母；3—平垫圈；4—弹簧垫圈；5—扣板；6—铁座；
7、8—绝缘缓冲垫片；9—衬垫；10—轨枕；11—钢轨；12—绝缘防锈涂料；13—硫磺锚固剂

Ⅰ型弹条扣件由 ω 弹条、螺旋道钉、轨距挡板及橡胶垫所组成，60 kg/m 钢轨的弹条扣件如图 2－36 所示。弹条的直径为 13 mm，用 $60Si_2Mn$ 或 $55Si_2Mn$ 热轧弹簧钢制造。Ⅰ型弹条扣件分 A 型、B 型两种，A 型用于 50 kg/m 钢轨，B 型用于 60 kg/m 钢轨。轨距挡板的作用是传递横向力和调整轨距，所以也有多种号码，以满足轨距调整的需要。轨距挡板尼龙座也有多种号码，两斜面的厚度不一样，可翻转使用，与轨距挡板配合使用，加大轨距的调整量。

随着我国铁路提速和重载运输的发展，Ⅰ型弹条扣件的扣压力不足，弹程偏小。Ⅱ型弹条扣件的外形与Ⅰ型弹条扣件相同，弹程不小于 10 mm。选用了 $60Si_2CrVA$ 合金钢作为弹条材料，屈服强度和抗拉强度分别提高了 42% 和 36%。

Ⅲ型弹条扣件为无挡肩扣件，适合于重载大运量、高密度的运输条件，如图 2－37 所示。我国Ⅲb 型混凝土轨枕、60 kg/m 钢轨的线路采用此类扣件。Ⅲ型弹条扣件由弹条、预埋铁件、绝缘轨距块和橡胶垫组成。绝缘轨距块有 7－9 和 11－13 两种，用不同绝缘轨距块搭配调整轨距。

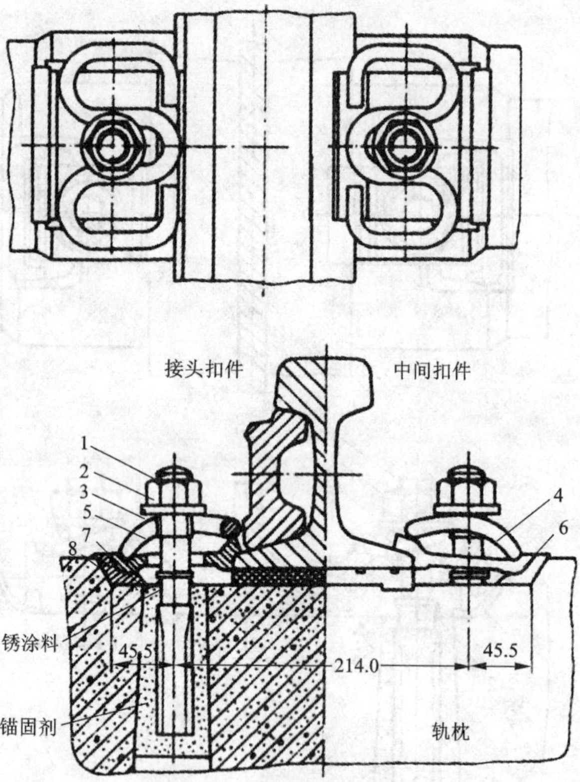

图 2－36　弹条Ⅰ型扣件

1—螺纹道钉；2—螺母；3—平垫圈；4、5—ω 弹条；
6、7—轨距挡板；8—轨距挡板尼龙座

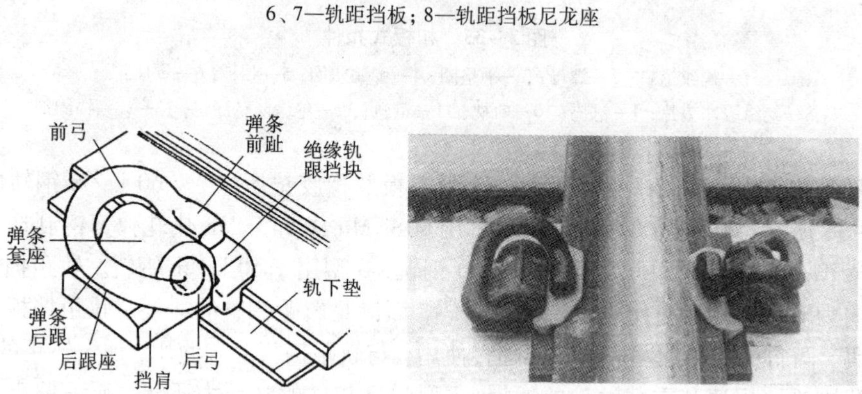

图 2－37　Ⅲ型弹条扣件

Ⅲ型弹条扣件具有扣压力大、弹性好等优点，特别是取消了混凝土挡肩，消除了轨底在横向力作用下发生横向移动导致轨距扩大的可能性。因此有较强的保持轨距的能力，又由于该扣件采用无螺栓联结，大大减小了扣件的维修养护工作量。

我国各类混凝土轨枕扣件技术指标如表 2－16 所示。

表 2-16　我国各类轨枕扣件技术指标

扣件名称	70 扣板型	Ⅰ型弹条（B 型）	调高型Ⅰ型弹条（A 型）	大秦线分开式（B 型）	Ⅱ型弹条	Ⅲ型弹条
单个弹条初始扣压力(kN)	7.8	8.9	8.2	8.9	≥10	≥11
弹条变形量(mm)	刚性	8	9	8	10	13
纵向防爬阻力(kN)	12.5	14.3	13.1	14.3	16	17.6
扣压节点垂直静刚度(kN/mm)	110～150	90～120	90～120	60～80	60～80	60～80
轨距调整量(mm)	0～+16	-4～+8	-4～+8	-12～+8	-8～+12	-8～+4
调高量(mm)	0	≤10	≤20	≤15	≤10	0

3. 轨下橡胶垫

为了增加扣件的弹性，一般混凝土轨枕都采用弹性橡胶垫。轨下橡胶垫的厚度常为 10 mm左右，也有薄的厚度为 6 mm，也有厚的厚度为 14 mm。有时为了提高轨道结构的弹性，采用高弹性橡胶垫，但不同的铁路，采用不同的轨下橡胶垫。城市轨道交通的轨下橡胶垫一般较软，刚度取 40～60 kN/mm，有时取得更小，只有 25～40 kN/mm。对于普通铁路和高速铁路，一般轨下橡胶垫刚度取 60～80 kN/mm。轨下橡胶垫较软，在提供轨道弹性的同时，也增大钢轨的垂向和横向位移，所以对轨下橡胶垫的刚度必须有一个合理的选择。为了提高列车的运行平稳性，要求轨下橡胶垫在轨道纵向弹性均匀一致。图 2-38(a)所示是英国 Pandrol 公司开发的轨下橡胶垫，图 2-38(b)所示是我国Ⅲa 型混凝土轨枕的轨下橡胶垫，图 2-38(c)所示是Ⅲb 型轨枕的轨下橡胶垫。

(a)　(b)　(c)

图 2-38　混凝土轨枕轨下橡胶垫

(a) Pandrol 轨下橡胶垫；(b) Ⅲa 型轨枕的轨下橡胶垫；(c) Ⅲb 型轨枕的轨下橡胶垫

4. 国外铁路扣件形式及其主要参数

国外铁路主要使用的扣件类型很多，如图 2-39 所示。使用得最多的是 Pandrol e 型弹条扣件，我国的Ⅲ型弹条扣件与此弹条扣件相类似。有砟轨道轨枕扣件主要分两大类：一类是普通地段所用的一般扣件，此类扣件要求满足轨道的稳定性受力等力学指标，轨下橡胶垫的刚度一般都在 60 kN/mm 以上，扣件的结构相对简单，如 Nabla 扣件；另一类是专门为一些有特殊减振降噪要求地区设计的高弹性扣件，此类扣件除了与一般地段的轨道扣件有相同要求外，还要求扣件具有较高的弹性，以吸收轨道结构振动和降低轮轨噪声，此类扣件的结构相对复杂，一般要增加轨下橡胶垫的弹性。德国 Vossloh 公司开发的弹条扣件类似于我国的 ω

弹条扣件。近几年英国 Pandrol 公司开发研制了 Vanguard 扣件，是专门为对减振降噪要求较高的地段研制的，如在市区的铁路桥梁线路，使用这种扣件取得了较好的效果。国外主要高速铁路的扣件形式和参数如表 2－17 所示。

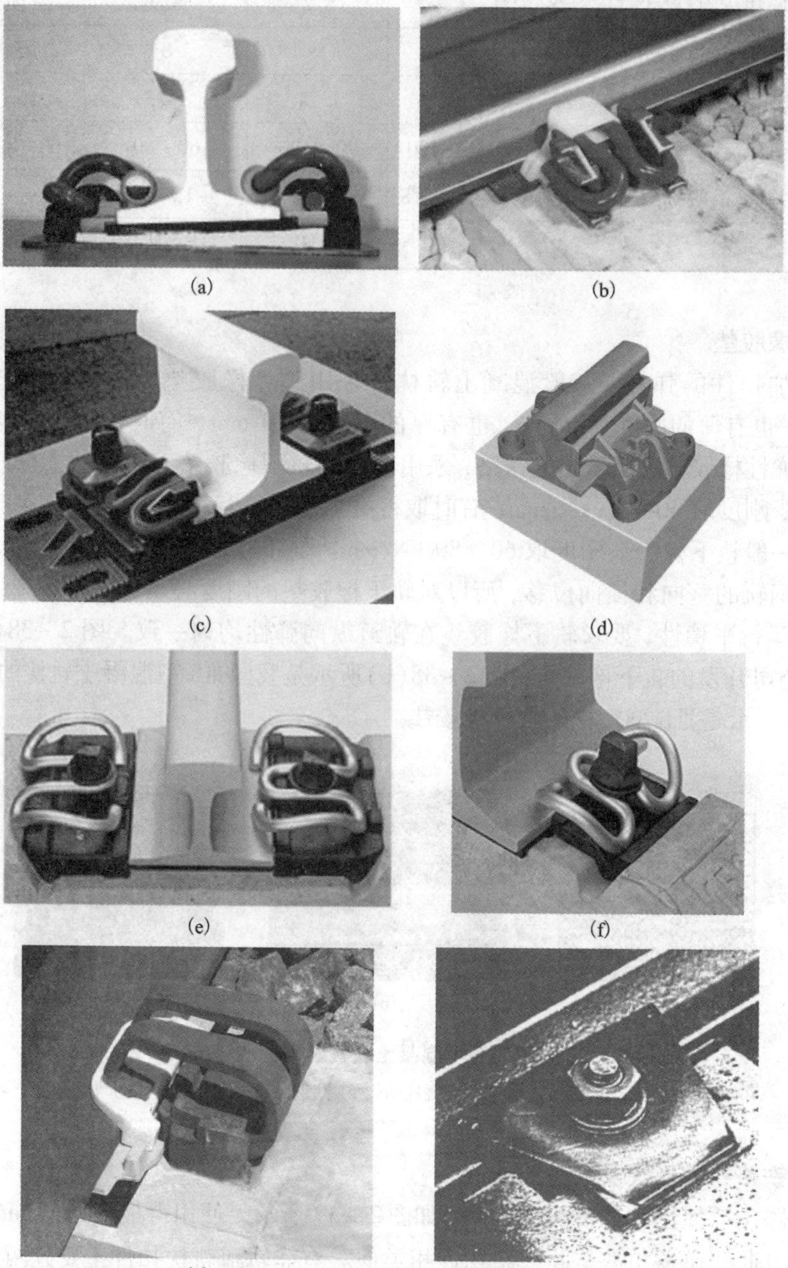

图 2－39　国外铁路常用的扣件

(a) Pandrol e 形弹条扣件；(b) 混凝土轨枕 Pandrol Fastclip 扣件；(c) 木枕的 Pandrol Fastclip 扣件；(d) Pandrol Vanguard 减振扣件；(e) Vossloh W14 扣件；(f) Vossloh system300 扣件；(g) 德国铁路的扣件；(h) 法国 Nabla 扣件

表 2-17　国外主要高速铁路扣件形式和参数

国名	线路	扣件形式	扣压力(kN)	胶垫		弹性件弹程(mm)
				厚(mm)	静刚度(kN/mm)	
日本	东海道山阳	120 双重弹性	6	10	60	—
法国	TGV	Nabla	11	9	70	8.1~9.1
德国	曼海姆—斯图加特	HM	11	—	70~80	14
英国	—	Pandrol	11	10	30~50	12

2.5.3　扣件的工作特性

由于钢轨扣件的形状较为复杂，用一般材料力学的方法较难计算扣件刚度，所以一般用实验方法测得扣件和轨下橡胶垫的刚度，通过实验还可测得轨道结构的动刚度、阻尼和振动质量。

扣件是钢轨与轨枕的联结零件。对于无缝线路，为了保证钢轨不爬行和保证长轨条中温度力的均匀，对扣件的扣压力有较高的要求。而扣件刚度与轨下橡胶垫刚度的良好配合是保证轨道结构整体弹性要求、保证轨道结构稳定性的前提。

混凝土轨枕扣件的阻力应大于道床阻力，如钢轨两侧扣件的扣压力为 P_c，则每组扣件的单位长度阻力为

$$r = P_c(f_1 + f_2)/a \tag{2-3}$$

式中：f_1 为扣件与钢轨之间的摩擦系数，一般取 0.25；f_2 为钢轨与轨下橡胶垫之间的摩擦系数，一般取 0.65；a 为轨枕间距。

当钢轨上作用荷载时，扣件弹簧和轨下橡胶垫弹簧所产生的位移相等，所以可以看成是扣件弹簧 K_f 和轨下橡胶垫弹簧 K_p 并联，如图 2-40 所示，于是可得算式

$$K_{fv} = K_f + K_p \tag{2-4}$$

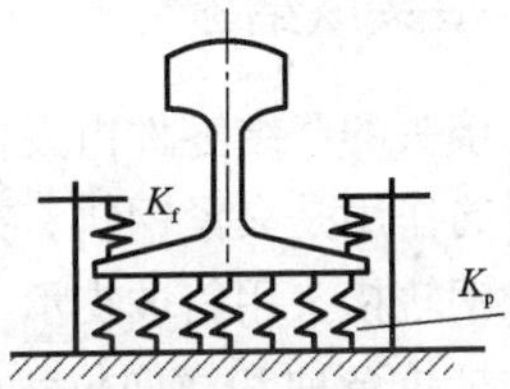

图 2-40

扣件并联弹簧与一般的弹簧并联不一样，对于一般的并联弹簧，当弹簧有作用力时，两弹簧同时压缩或拉伸，但对于扣件和轨下橡胶垫弹簧，当轨下橡胶垫受压时，扣件弹簧受拉(即扣压力减小)；当轨下橡胶垫压力减小时，则扣件弹簧受压增大，两者受力方向相反。为了保证在车辆轮载作用下钢轨不产生过大的爬行量，要求当钢轨上作用有轮载或无轮载时，扣件弹簧和轨下橡胶垫弹簧都处于受压状态。

当钢轨上没有轮载时，扣件和轨下橡胶垫都处于压缩状态，此时作用于钢轨扣件和轨下橡胶垫上的初始压力为 P_{c0}，此时扣件和轨下橡胶垫的压缩量分别为

$$y_{f0} = P_{c0}/K_f,\ y_{p0} = P_{c0}/K_p$$

当钢轨上作用有荷载时，则扣件的压缩量减小为 Δy_f，相应的扣压力减小为 $\Delta P_f = K_f \Delta y_f$，扣件的实际扣压力为 $P_f = P_{c0} - \Delta P_f$，而轨下橡胶垫的实际受压为 $P_p = P_{c0} - \Delta P_f + P_w$($P_w$ 为作用在轨下橡胶垫上的车轮荷载)。

为保证钢轨上作用有荷载时扣件的扣压力不为零，则要求

$$y_{f0} \geqslant \Delta y_f$$

轨下橡胶垫的压缩增量为 $\Delta y_p=(P_w-\Delta P_f)/K_p$，由于 $\Delta P_f=K_f\Delta y_f$，所以

$$\Delta y_p=(P_w-K_f\Delta y_f)/K_p$$

由 $y_{c0}=y_{f0}=P_{c0}/K_f$，可得 $\Delta y_p=\Delta y_f$，于是可导得

$$\Delta y_f=P_w/(K_f+K_p)$$

从以上分析可得扣件刚度与轨下橡胶垫刚度之间的关系

$$P_{c0}/K_f\geqslant P_w/(K_f+K_p)\text{，即：}K_p/K_f\geqslant(P_w-P_{c0})/P_{c0} \tag{2-5}$$

2.6 钢轨接头及联结零件

钢轨长度决定于轧制、运输、铺设。在两根定长的钢轨之间，用夹板连接成连续的轨线，称为钢轨接头。钢轨接头的存在容易致使线路在运行过程中产生各种病害，为了减少钢轨接头数量，应尽量采用长的钢轨，但钢轨长度越长，长轨条内的温度力越大，增加了铺设和养护的难度，所以各国铁路的钢轨长度都限制在一定的范围以内。如苏联的标准钢轨长度为25 m，德国的标准钢轨长度为45 mm、60 mm、70 mm 三种，美国的标准钢轨长度为11.89 m和23.96 m，日本的标准钢轨长度为25 m，我国的标准长度为25 m、50 m 和 100 m。用于普通线路的钢轨轨端需淬火，并有工厂加工的夹板螺栓孔，而用于无缝线路的钢轨轨端不淬火，也不钻孔。

随着无缝线路的出现，铁路上的钢轨长度已远远长于标准轨长度，大量地减少了钢轨接头数量，为改善列车运行提供了有利条件。

2.6.1 接头联结零件

钢轨接头的联结零件由夹板、螺栓、螺母和弹簧垫圈组成。

夹板的作用是夹紧钢轨。夹板分斜坡支承型和圆弧支承型两种，如图 2-41 所示。我国目前标准钢轨接头用斜坡支承型双头对称式夹板。这种夹板的优点是在竖直荷载作用下，具有较大的抵抗弯曲和横向位移的能力，夹板上、下两面的斜坡，能楔入轨腰空间，但不黏住轨腰。这样，当夹板稍有磨耗，以致联结松弛时，仍可重新旋紧螺栓，以保持接头联结的牢固。夹板有 4 孔和 6 孔，我国铁路使用的夹板上有 6 个螺栓孔，圆形与长圆形孔相间布置。圆形螺栓孔的直径较螺栓直径略大，长圆形螺栓孔的长径较螺栓头下长圆形短柱体的长径略

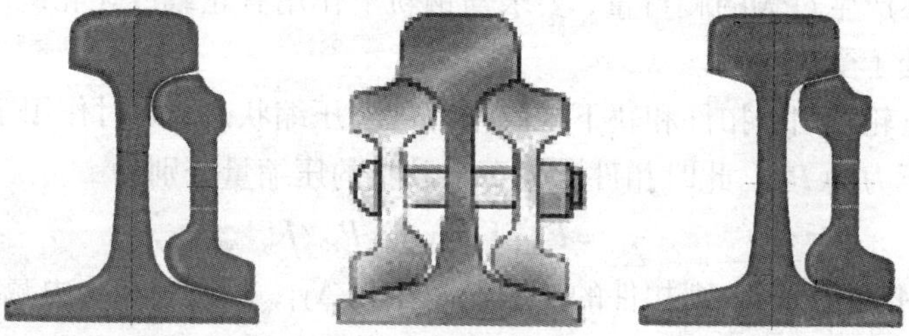

(a) (b)

图 2-41 夹板的支承形式

(a)斜坡支承型；(b)圆弧支承型

大，当夹板就位后，螺栓头部的长圆形柱体部分与夹板的长圆孔配合，拧螺母时螺栓就不会转动。依靠钢轨圆形螺栓孔直径与螺栓直径之差，以及夹板圆形螺栓孔直径与螺栓直径之差，就可以得到所需要预留的轨缝。夹板的 6 个螺栓头部交替布置，以免列车脱轨时，车轮轮缘将所有的螺栓剪断。

我国铁路使用的夹板和螺栓如图 2 – 42 所示。夹板的主要尺寸如表 2 – 18 所示。

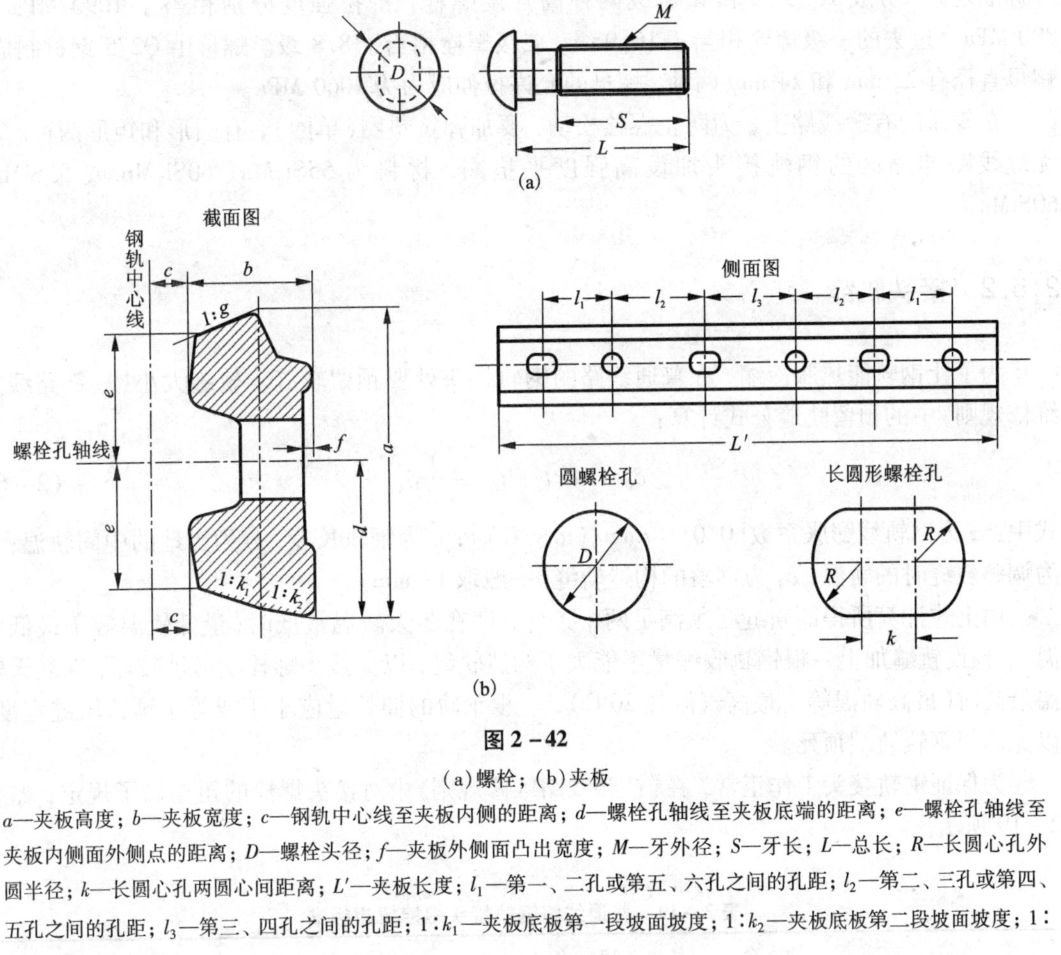

图 2 – 42

(a) 螺栓；(b) 夹板

a—夹板高度；b—夹板宽度；c—钢轨中心线至夹板内侧的距离；d—螺栓孔轴线至夹板底端的距离；e—螺栓孔轴线至夹板内侧面外侧点的距离；D—螺栓头径；f—夹板外侧面凸出宽度；M—牙外径；S—牙长；L—总长；R—长圆心孔外圆半径；k—长圆心孔两圆心间距离；L'—夹板长度；l_1—第一、二孔或第五、六孔之间的孔距；l_2—第二、三孔或第四、五孔之间的孔距；l_3—第三、四孔之间的孔距；$1:k_1$—夹板底板第一段坡面坡度；$1:k_2$—夹板底板第二段坡面坡度；$1:g$—夹板顶面坡度

表 2 – 18　夹板的主要尺寸(mm)

尺寸	a	b	c	d	e	f	$1:g$	$1:k_1$, $1:k_2$	L'	l_1	l_2	l_3	D	R	k
75 kg/m 钢轨	129.4	45.5	14.5	63.1	21.0	3.0	1:4	1:4	1000	130	220	202	26	13	8
60 kg/m 钢轨	125.5	45.0	14.0	64.3	20.0	11.0	1:3	1:3, 1:20	820	140	140	160	26	13	8
50 kg/m 钢轨	106.8	46.0	13.0	56.2	19.0	6.0	1:4	1:4	820	140	150	140	26	13	8

螺栓需要有一定的直径，螺栓直径越大，紧固力越强，但加大螺栓直径势必会加大钢轨及夹板上的螺栓孔直径，这将削弱轨端与夹板的强度，因此宜用高强度碳素钢制成的螺栓，并加以热处理，以提高螺栓的紧固力和耐磨、耐腐蚀性能。

螺栓按其力学性能来划分等级。1985 年前，将螺栓分为一、二、三级，它们的抗拉强度分别为 882 MPa、686 MPa、490 MPa，一级用于无缝线路，二、三级用于普通线路。为按照国际标准划分，分成 10.9 级和 8.8 级两种高强度螺栓，抗拉强度分别相当于 1090 MPa 和 880 MPa。过去的一级螺栓相当于 10.9 级，二级螺栓相当于 8.8 级。螺母由 Q275 钢材制成，螺母直径有 22 mm 和 24 mm 两种，螺母的允许拉伸应力为 1060 MPa。

在普通的有缝线路上，为防止螺栓松动，要加弹簧垫圈(单圈)，有圆形和矩形两种。在无缝线路伸缩区的钢轨接头加设高强度平垫圈，材料为 $55Si_2Mn$、$60Si_2Mn$ 或 55SiMn、60SiMn。

2.6.2 接头轨缝

为了让钢轨能热胀冷缩，在普通线路的钢轨接头处要预留轨缝。轨缝大小按《铁路线路维修规则》中的预留轨缝公式计算：

$$\delta_0 = \alpha L(t_z - t_0) + \frac{1}{2}\delta_g \tag{2-6}$$

式中：α 为钢轨线膨胀系数[0.0118 mm/(m · ℃)]；L 为钢轨长度；t_z 为当地的中间轨温；t_0 为调整轨缝时的轨温；δ_g 为钢轨的构造轨缝(一般取 18 mm)。

由上式计算所得的轨缝必须满足两个条件，即在冬天轨温最低时(最低轨温等于最低气温)，预设轨缝加上一根钢轨收缩量不能大于构造轨缝，以免接头螺栓受剪被破坏；在夏天轨温最高时(最高轨温等于最高气温加 20℃)，一根钢轨的伸长量应小于或等于预留轨缝宽度，以免两根钢轨轨端顶死。

为保证钢轨接头工作正常，在《铁路线路维修规则》中对接头螺栓的扭矩做了规定，如表 2－19 所示。

表 2－19　普通线路钢轨接头螺栓扭矩标准

项目	25 m 钢轨						12.5 m 钢轨	
	最高、最低轨温差＞85℃			最高、最低轨温差≤85℃				
钢轨类型	≥60(kg/m)	50(kg/m)	43(kg/m)	≥60(kg/m)	50(kg/m)	43(kg/m)	50(kg/m)	43(kg/m)
螺栓等级	10.9	10.9	8.8	10.9	8.8	8.8	8.8	8.8
扭矩(N·m)	700	600	600	500	400	400	400	400
c(mm)	6			4			2	

注：1. c 为接头阻力及道床阻力限制钢轨自由伸缩的数值；2. 小于 43 kg/m 钢轨按 43 kg/m 钢轨办理；3. 高强度绝缘接头螺栓扭矩不小于 700 N · m。

2.6.3 接头布置

钢轨接头相对于轨枕的承垫形式可分为两种：悬空式和承垫式，如图2-43所示。单枕承垫式因车轮通过时使轨枕左右摇晃而稳定性较差，故目前很少采用。双枕承垫式在正线绝缘接头使用较多。我国铁路采用悬空式钢轨接头。

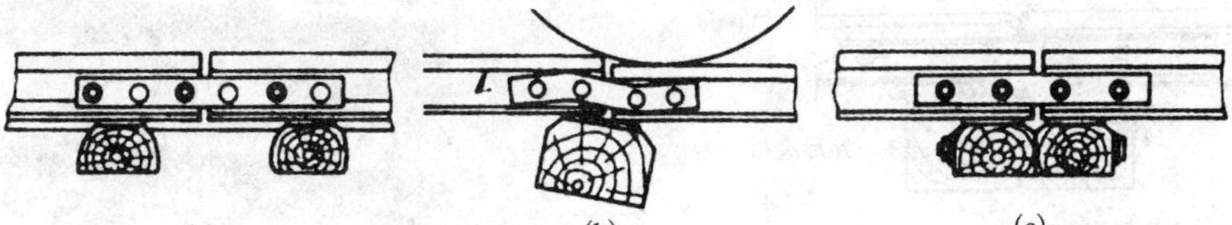

图2-43 钢轨接头的承垫方式

(a)悬空式；(b)单枕承垫式；(c)双枕承垫式

按两股钢轨接头的位置可分为相对式和相错式，如图2-44所示。相错式的缺点是车轮轮流冲击接头，如轨道状态不良，加剧了车辆的摇晃。在轨道铺设时，也不能采用单根钢轨长度的轨排铺设，不利于机械化施工。美国铁路多采用相错式钢轨接头，我国铁路采用相对式钢轨接头。

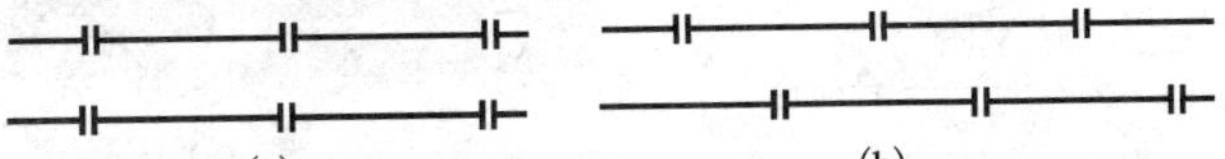

图2-44 相对式和相错式钢轨接头布置

(a)相对式钢轨接头；(b)相错式钢轨接头

2.6.4 接头类型

按钢轨接头的功能可分为普通接头、异形接头、导电接头、胶接绝缘接头、伸缩接头和焊接接头等。

钢轨异形接头是用于连接两种不同型号的钢轨，如75 kg/m钢轨与60 kg/m钢轨连接，60 kg/m钢轨与50 kg/m钢轨连接，但不能60 kg/m钢轨与45 kg/m或43 kg/m钢轨连接，即相邻等级钢轨之间方可用异形接头连接。由于不同等级的钢轨高度，轨腰高度都不一致，所以夹板也随两种钢轨而变化，如图2-45所示。

由于钢轨表面和夹板表面生锈，导致接头电阻较大，为了减少轨道电路的电流损失，需要在轨端钻孔连接导电线。由于在轨头钻孔影响钢轨的疲劳强度，现在的导电接头一般用喷焊连接导电线，如图2-46所示。

绝缘接头用在自动闭塞区段闭塞分区两端的钢轨接头上，起到隔断电流的作用。以往是在夹板与轨腰之间用尼龙绝缘板，在轨缝中也用一块与钢轨截面形状相同绝缘板，接头螺栓也用尼龙套管绝缘，但这种结构形式的钢轨接头由于尼龙绝缘层的存在，在列车冲击轮载作用下，接头螺栓容易松动。近年来，由于高分子胶接技术的发展和铺设跨区间无缝线路的需要，胶接绝缘接头的应用越来越广泛。如道岔区域内的绝缘接头采用胶接接头，取得了较好的效果。胶接接头具有较高的强度，在强大力的作用下也能保证钢轨与夹板不发生相对移动，所以胶接接头区的轨道养护条件也与无缝线路的养护条件相同。胶接接头的夹板与普通接头夹板不同，胶接接头夹板内侧与轨腰形状一致，夹板与轨腰之间用尼龙条隔开，螺栓拧紧后注入合成胶，如图 2－47 所示。

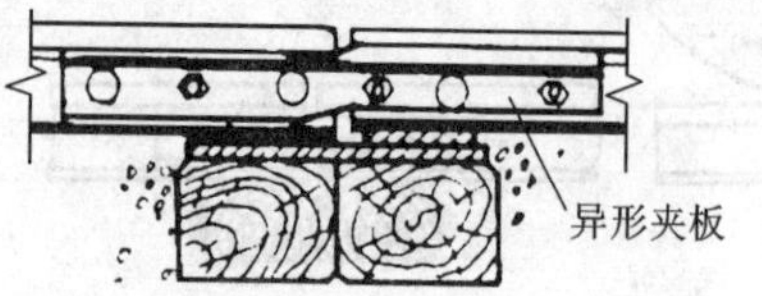

图 2－45 承垫式钢轨异形接头

图 2－46 承垫式导电钢轨接头

图 2－47 钢轨胶接接头

(a)钢轨胶接接头；(b)铺设在线路上的钢轨胶接接头

伸缩接头又称温度调节器，可以有 150～1200 mm 的伸缩量，伸缩量的大小可以根据需要设计。我国一般在跨度大于 100 m 的桥上使用伸缩接头，原因是普通钢轨接头的伸缩量难以满足钢轨伸缩的要求，另外我国在铺设跨区间无缝线路时，在桥梁的活动端也铺设温度调节器。日本、法国的高速铁路上也使用钢轨伸缩接头。

钢轨伸缩接头分基本轨和尖轨，尖轨固定不动，基本轨向轨道外侧伸缩，这样保证了基本伸缩时轨距保持不变，如图 2－48 所示。由于伸缩接头结构复杂，基本轨的伸缩量影响轨

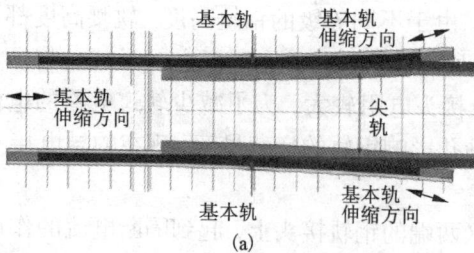

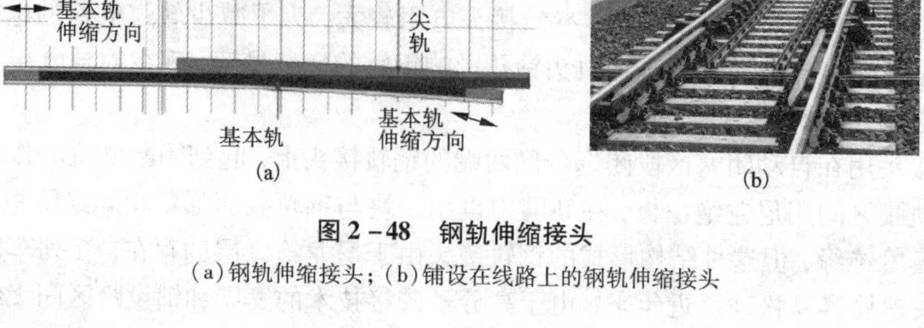

图 2－48 钢轨伸缩接头

(a)钢轨伸缩接头；(b)铺设在线路上的钢轨伸缩接头

道几何形位的变化，也影响列车运行的平稳性，所以我国在设计高速客运专线时考虑尽量不用伸缩接头。

2.6.5　钢轨接头不平顺及受力

钢轨接头是轨道结构的薄弱环节之一，接头虽然能保持轨道的几何形位，但在一定程度上破坏了轨道结构的连续性，这主要表现在钢轨接头的轨缝、台阶和折角三个方面，如图 2-49所示。

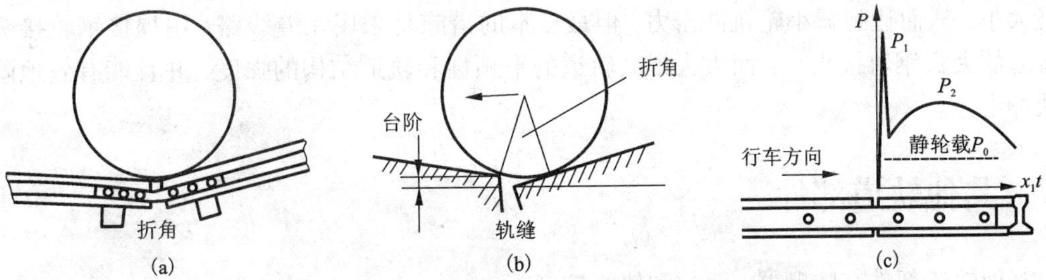

图 2-49　钢轨接头的折角、台阶和轨缝及接头受力特点

(a)接头折角；(b)接头折角、台阶和轨缝；(c)接头的高频冲击荷载

由于钢轨接头存在折角、台阶和轨缝，车轮通过时会产生很大的轮轨冲击荷载。英国铁路总局(BRB)的 Lyon 和 Jenkins 等人于 1972 年成功建立了低接头轨道动力分析模型，并提出了轮轨冲击力 P_1 和 P_2 的计算公式。

$$P_1 = P_{st} + 2av\sqrt{\frac{k_H m_e}{1+\dfrac{m_e}{m_u}}} \tag{2-7}$$

$$P_2 = P_{st} + 2av\sqrt{\frac{m_u}{m_u+m_t}}\left(1-\frac{C_t\pi}{4k_t\sqrt{m_u+m_t}}\right)\sqrt{k_t m_u} \tag{2-8}$$

式中：2α 为钢轨接头总折角(弧度)；m_u 为车轮簧下质量(kg)；m_e 为有效轨道质量(kg)，一般取 0.4m，m 为一根当量弹性地基础梁的分布轨道质量，$m=m_r+m_s/a$；m_r 为钢轨单位长度质量(kg/m)，m_s 半根轨枕质量(kg)；a 为轨枕间距(m)；m_t 为轨道的集中质量(kg)，$m_t=\dfrac{3}{2\beta}m$；刚比系数 $\beta=\sqrt[4]{\dfrac{k}{4EI}}$，$k$ 为轨道分布刚度(N/m)，EI 为钢轨的抗弯刚度；k_H 为线性化的轮轨接触刚度；k_t 为轨道的集中刚度(N/m)，$k_t=\dfrac{2}{\beta}k$；C_t 为轨道的集中阻尼(N · s/m)，$C_t=\dfrac{2}{\beta}C$，C 为轨道分布阻尼(N · s/m)；v 为列车速度(m/s)；P_{st}为静态轮载(kN)。

P_1 为轮轨瞬态冲击力，也称高频冲击力，出现在车轮越过接头后 0.25～0.5 ms，高频率相当于车轮簧下质量与钢轨质量用赫兹接触刚度弹簧联结时的自振频率。P_2 又称为低频力，出现在车轮越过接头 7 ms 后，当列车速度为 160 km/h 时，P_2 的位置约在接头驶入端的第一根轨枕位置。除钢轨接头外，当车轮存在扁瘢或钢轨表面有擦伤等较短的不平顺时，车轮通过时同样会出现轮轨冲击的 P_1 和 P_2。

P_1 的作用很快被钢轨和轨枕的惯性反作用力所抵消，故 P_1 对钢轨头部有较大的破坏作用。P_2 对钢轨、轨枕、道床及路基都有破坏作用，其作用与静荷载基本相同。在 P_1 和 P_2 的作用下，易产生钢轨接头区的轨头被打塌和剥离、鞍形磨耗、螺孔裂纹、夹板弯曲等病害。另外，在 P_1 和 P_2 的作用下，道床会产生较大的振动加速度，接头区的道床也较难保持稳定，其后果是钢轨接头低塌，道床翻浆冒泥、板结等。轨道状态的恶化将进一步加大轮轨之间的动力作用，对轨道的破坏进一步加大。

为减小轮轨之间的冲击力，首先是要求钢轨等轨道部件有较好的强度，如对钢轨淬火，提高钢轨的耐冲击性能。增加接头区轨道结构的弹性，提高接头区的轨面平顺性，严格控制轨缝大小，从而达到减小轮轨冲击力，但最根本的措施是采用无缝线路，用焊接钢轨接头代替普通的夹板钢轨接头，从而大大提高轨道的平顺性和轨道结构的强度，并且能有效地降低轮轨冲击力。

2.7 其他轨道部件

其他轨道部件有防爬器、轨撑和轨距拉杆等。

防爬器主要用于木枕轨道，但我国对大坡度的混凝土轨枕线路有时也使用防爬器，以增大钢轨与扣件之间的阻力。我国木枕线路的穿销式防爬器如图 2－50 所示，这种防爬器的阻力可达 20 kN。为了使得几根轨枕的阻力参与抵抗防爬器的阻力，在轨枕间用木撑或石撑顶住轨枕，使得上一根轨枕的力能传递给下一根轨枕，如图 2－51 所示。

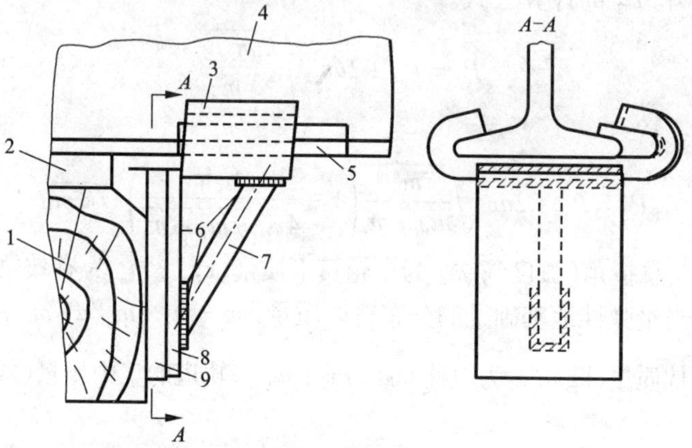

图 2－50　穿销式防爬器

1—枕木；2—垫板；3—轨卡；4—钢轨；5—穿销；6—焊缝；7—斜撑；8—挡板；9—木制承力板

国外使用得较多的是弹簧防爬器，如图 2－52 所示。这种防爬器的阻力相对较小，一般只稍大于一根枕木的道床阻力，所以就不用木撑将轨枕连起来。

为了有效地抵抗轮轨的横向冲击力，通常在钢轨外侧安装轨撑。轨撑一般安装在小半径曲线轨道外股钢轨的外侧，以防止列车通过曲线时，过大的横向冲击力造成轨道横向位移过大，甚至造成钢轨翻倒。一般轨撑用于木枕轨道较多。在大多数道岔尖轨部位，在基本轨外侧也安装轨撑，以提高钢轨的横向刚度，轨撑的形状也较多，图 2－53 所示为国外铁路轨道上所用的轨撑。

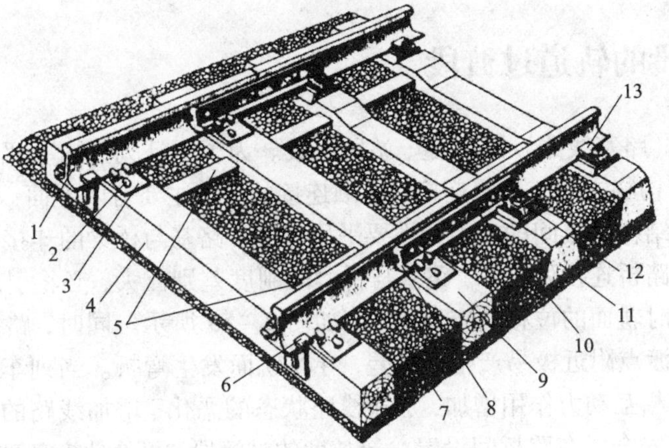

图2-51　穿销式防爬器及木撑

1—钢轨；2—道钉；3—铁垫板；4、9—轨枕；5—防爬木撑；
6—防爬器；7—道砟；8—接头夹板；10—接头螺栓；11—混凝土枕；12、13—扣件

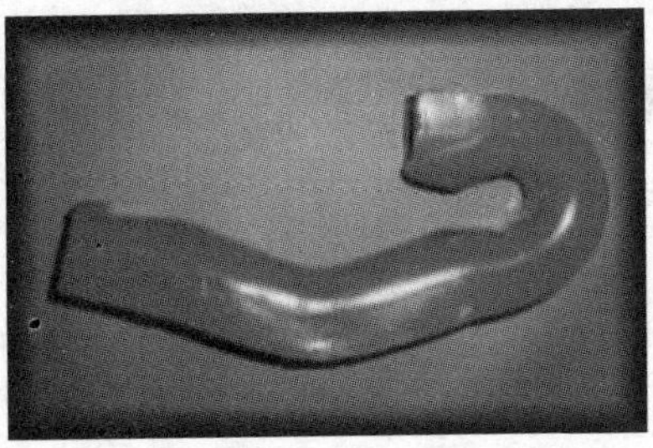

图2-52　国外铁路使用的弹簧防爬器图

图2-53　尖轨处基本轨外侧的轨撑

轨距拉杆是用一根杆件在轨底将两根钢轨连接起来，以提高钢轨的横向稳定性，提高轨道保持轨距的能力，轨距拉杆如图2-54所示。有些线路有轨道电路，轨距拉杆当中用绝缘零件隔开，如图2-54(a)、(b)所示拉杆，有些线路无轨道电路，故无需拉杆中间绝缘，如图2-54(c)所示拉杆。

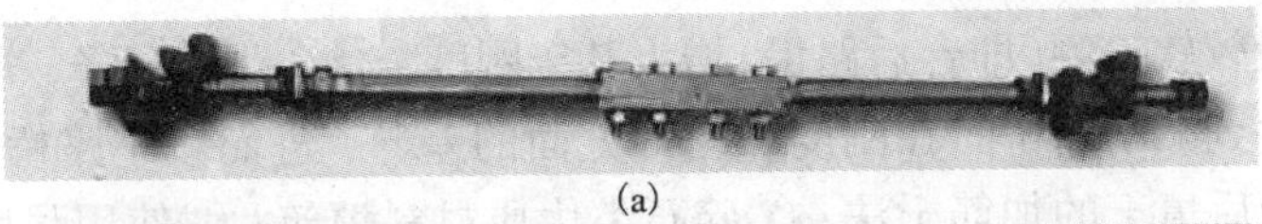

(a)

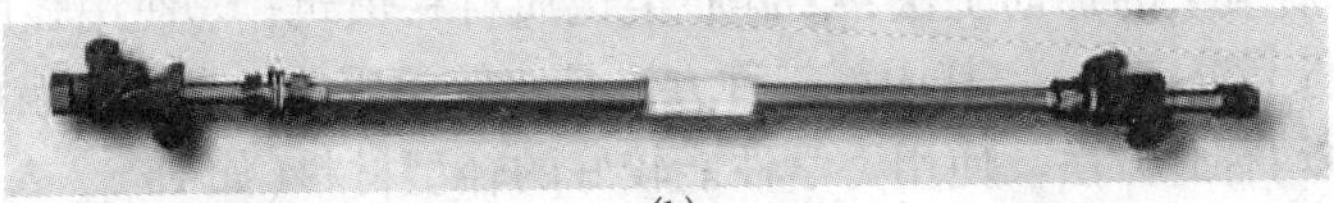

(b)

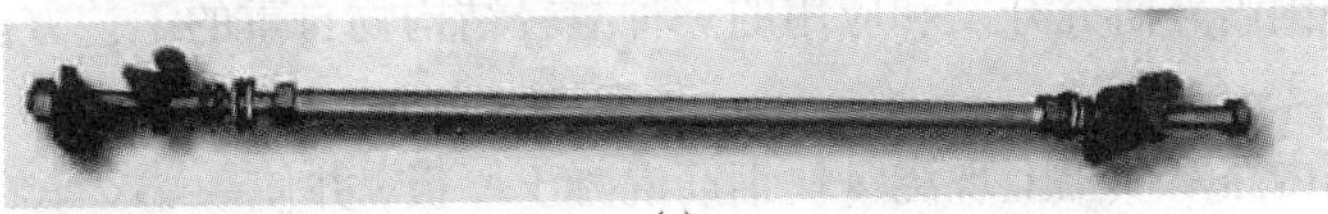

(c)

图2-54　轨距拉杆

2.8 特殊地段的轨道过渡段

线路结构由线(路基线路)、桥、隧、站所组成。为了保证列车安全平稳的运行,要求动力学性能不同的结构物之间应平顺连接。平顺连接的要求主要有两方面:一是几何形位的平顺连接;二是不同结构物之间的动力特性要平稳过渡。路基与桥梁的连接在几种轨下结构连接中较为典型,在路桥连接处,由于路基与桥梁的刚度差别巨大,必将引起轨道纵向刚度变化,引起列车过桥时轨面的位移响应不一致,如图 2-55 所示。同时,路基与桥台的沉降也不均匀,在桥路过渡点附近极易产生变形差,导致轨面发生弯折。当列车高速通过时,必然会引起车辆与线路相互动力作用增加,加速线路状态的恶化,增加线路的养护维修费用,严重时甚至危及行车安全。在路桥间设置一定长度的过渡段,可使轨道基础刚度逐渐变化,并最大限度地减小路桥间的变形差,以达到保证列车安全、平稳、舒适运行的目的。

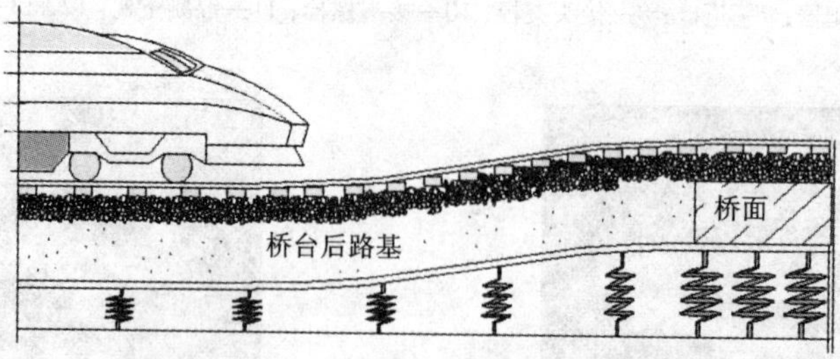

图 2-55 列车通过路桥过渡段时的轨面位移响应

根据路桥过渡段线路不平顺的发展规律,路桥过渡段的处理应包含两个方面的内容:①受列车荷载影响较大范围内(基床以上部分)线路结构抵抗动载变形的能力,即轨道基础刚度的平顺过渡和多次重复荷载作用下累积下沉不均匀的控制问题;②刚性桥台与柔性路基间工后沉降差引起轨面弯折变形的限值问题。这两个方面都对列车的运行产生影响,但产生的原因各不相同,影响程度也不一样,必须区别对待,有针对性地进行处理,才能达到较好的效果。

2.8.1 路桥过渡段的路基处理方法

为了在过渡段较软一侧(即台后路堤)增大基床刚度,减小路堤沉降,常用的处理方法是通过加强路基来达到减小路桥间在刚度和变形方面的差异,进而减小路桥间的轨道不平顺。常用方法有:①台后填土的加筋土法;②碎石类优质材料填筑;③使用强度高,变形小的优质材料填筑(如低标号混凝土)。其中第三种方法是比较常用的一种处理措施,几乎在各国高速铁路设计规范中均有此方法。使用力学性能较好的轻型材料(如 EPS,人工气泡混凝土等)填筑过渡段是近年国内外研究开发和应用的一种减轻结构物自重的工艺方法。路基过渡段的一般结构形式如图 2-56 所示。

在过渡段范围内路基填土上现浇一块钢筋混凝土厚板,并使一端支承在刚性基础(桥台)上,利用钢筋混凝土厚板的抗弯模量来增大轨道基础刚度,但一旦混凝土厚板断裂,则修复困难,如图 2-57 所示。

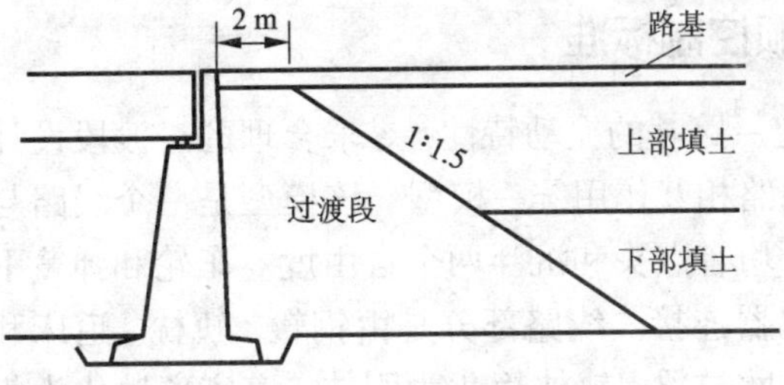

图 2－56　路基过渡段的一般结构形式

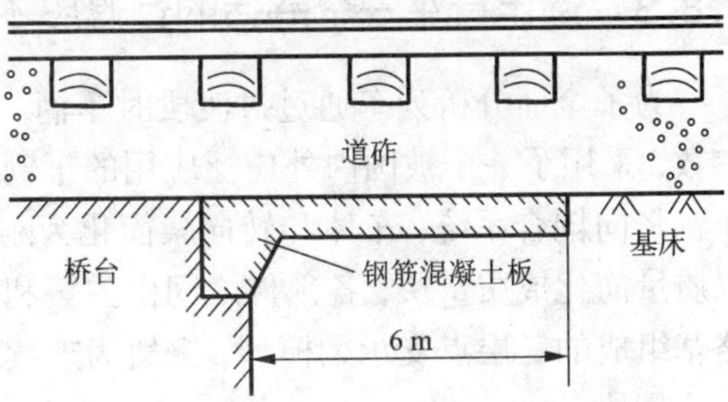

图 2－57　过渡段路基面铺设刚性混凝土板

2.8.2　过渡段轨道的常用处理方法

1. 在过渡段较软一侧增大轨道竖向刚度

该类处理方法的主要目的是通过提高轨道竖向刚度来减小路桥间的轨道基础刚度变化率，但不能解决由路桥间沉降差引起的轨面弯折问题，具体处理方法是在过渡段范围内调整轨枕长度和间距来提高轨道基础刚度，通过使用逐步增长的超长轨枕和减小轨枕间距可实现轨道基础刚度的逐步过渡。使用这一方法要与线路养护维修方法相协调，如轨枕间距太小，影响大型线路养路机械的作业。另外也可以在轨下垫硬胶垫，增大轨道总刚度。

2. 过渡段较硬一侧减小轨道竖向刚度

桥上过渡段轨道的处理方法与路基上过渡段轨道的处理方法相对应。一般在桥上轨道的轨下垫较软的轨下橡胶垫；在枕下垫高弹性大胶垫；在桥面上铺设道砟垫；增加桥上道砟厚度。在具体应用这些方法时，对轨下和枕下胶垫，道砟垫的力学、抗磨损、抗老化等性能需经过分析测试，要注意刚度的合理匹配，以保持轨道结构的动态稳定性。

对于桥上或隧道内为无砟轨道结构的，则可通过调整轨下垫板的刚度和使用弹性轨枕块，使轨道基础刚度与较软一侧轨道基础刚度相匹配。

3. 设置辅助轨提高轨道结构框架刚度

可通过增大轨排抗弯模量来增加轨道基础刚度，德国 ICE 高速铁路的 Muhlberg 隧道入口处采用了这种方法，其隧道内是板式轨道结构，隧道外为有砟混凝土轨枕线路。过渡段长度约为 30 m，由四根附加在轨枕上的钢轨组成，两根在运行轨之间，两根在运行轨外侧，图 2－58所示为路桥过渡段设置两根辅助轨的轨道结构状态。

图 2－58

2.8.3 满足行车安全舒适的过渡段不平顺控制标准

为了全面分析列车通过过渡段时车辆－轨道－路基的振动特性，寻求合理的过渡段设计参数，采用了一个被国内外广泛应用的车辆－线路相互作用统一模型。该模型是一个线路与车辆竖向耦合系统，车体和转向架简化为刚体，均有点头和沉浮两个自由度。车轮和弹簧下以质量简化成质量块，各部件之间由弹簧和阻尼器连接。线路部分是由钢轨、轨枕、道床和路基组成的三层点支承梁模型，钢轨为连续支承欧拉梁，轨枕简化为刚体，道床离散化为集中质量块。

过渡段的不平顺考虑了两种类型共三种情况：①轨面平顺，路桥间轨道基础刚度变化如图2－59 所示；②轨面产生了如图2－60 所示的弯折，路桥间刚度差为零(即轨道基础刚度均匀)；③过渡段轨面既产生了弯折，同时路桥间轨道基础刚度又有变化。

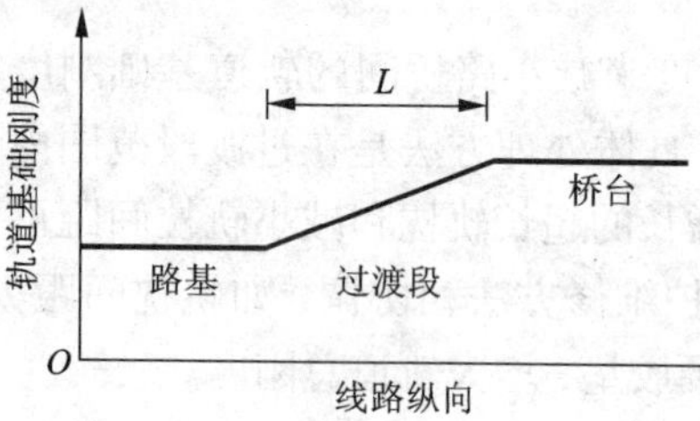

图2－59 过渡段轨道基础刚度变化

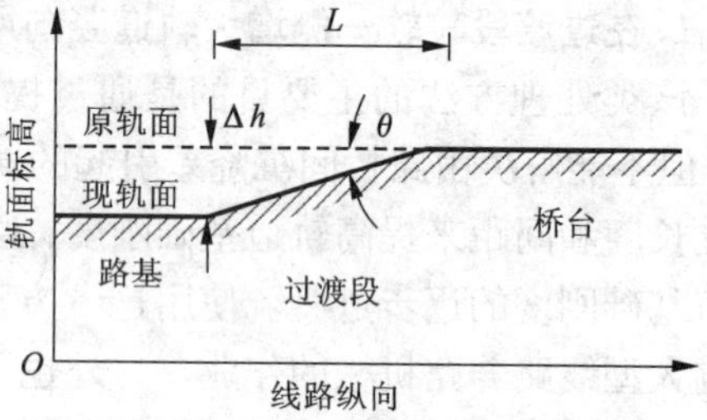

图2－60 过渡段轨面弯折变形

情况①主要模拟过渡段轨道经起道、拨道调整后，仅由路桥间刚度差引起轨道基础刚度变化对高速行车的影响；情况②主要模拟在过渡段区域，假设轨道基础刚度是均匀的(即路桥间刚度差为零)，仅由路桥间的沉降差引起轨面弯折对高速行车的影响；情况③是路桥过渡段不平顺的实际工况，主要模拟轨面弯折与轨道基础刚度变化对高速行车的综合影响。

影响动力学性能的因素有：

①列车速度提高和路桥间刚度变化，均对车体振动加速度和轮轨接触力等指标存在不同程度的影响，但与舒适安全标准相比还有相当大的距离。同时还发现，过渡段长度增加，对车体振动加速度和轮轨接触力等指标均产生较为有利的影响，当过渡段增加到一定长度后，车体振动加速度和轮轨接触力等数据变化较小，这说明存在一个合理的过渡长度问题。

②车体振动加速度和轮轨接触力等指标对 θ 变化非常敏感。当 θ 大于某一数值时，就可能对列车的舒适性产生严重影响。路桥间刚度的变化，对行车的影响远不及轨面弯折的作用。轨面产生弯折是过渡段影响高速列车安全平稳运行的主要因素。

③过渡段轨道基础刚度变化和轨面弯折的综合影响稍大。轨道基础刚度和轨面弯折综合作用对振动加速度和轨轮接触力等指标影响稍大，对轨面平顺度要求稍严，如表2－20所列。

目前，我国还未建立起一个权威的车辆与线路相互作用的动力学性能评价体系，一般认为，任何评价指标与控制标准都是为了保证车辆运行平稳、舒适、安全以及减少轮轨各部件的伤损和阻止线路状态的恶化。正常情况下，当线路不平顺对行车的影响满足平稳性、舒适性指标时，也能满足安全性指标。也就是说，对乘坐的平稳性、舒适性要求最严格，成为控制条件。

表2-20　过渡段轨道基础刚度(m)变化和轨面弯折(θ)的综合影响

θ(‰)	P(kN)					a_v(m/s²)				
	$m=0$			$m=1$	$m=2$	$m=0$			$m=1$	$m=2$
	$v=160$	$v=250$	$v=350$	$v=350$		$v=160$	$v=250$	$v=350$	$v=350$	
0	95	95	96	96	96	0.03	0.03	0.03	0.04	0.04
2.5	131	149	181	186	204	0.46	1.04	1.49	1.49	1.49
5.0	167	202	259	282	325	0.93	2.09	3.20	3.21	3.21
7.5	203	259	339	379	453	1.39	3.15	4.78	4.78	4.78
10.0	239	315	438	493	592	1.85	4.20	6.10	6.10	6.11
12.5	277	371	530	612	728	2.36	5.29	9.20	9.22	9.22

注：1. 桥台刚度/路基刚度 $=1.0\times10^{m}$；2. v 为行车速度(km/h)，

相关规范规定，车体振动竖向加速度的舒适性控制标准为 $a_v\leqslant0.13g$。根据动力学分析的计算数据，当列车速度分别为160 km/h、250 km/h、350 km/h时，由路桥结构工后变形不均匀引起轨面弯折的不平顺限值分别为 $\theta\leqslant6‰$、$\theta\leqslant3‰$、$\theta\leqslant2‰$。该限值与日本的研究成果有较好的一致性。

2.9　有砟轨道结构对高速铁路的适应性

由于有砟轨道结构具有建设费用低、噪声传播范围小、建设周期短、破坏时修复时间短、自动化及机械化维修效率高、轨道超高和几何状态调整简单等优点，因此被国内外广泛使用，但随着铁路运营速度的不断提高，对有砟轨道适应性问题，特别是轨道临界速度、桥上道床稳定性、维修工作量、道砟飞散以及道砟资源等问题需要进行技术经济分析。

2.9.1　高速铁路有砟轨道结构特点

高速铁路有砟轨道正向着重型化方向发展，其目的是为了提高轨道的稳定性，如表2-21所示，具体表现为：

①采用60 kg/m钢轨。其中，中国采用CHN60钢轨，日本采用JIS60钢轨；欧洲除德国采用UIC60E2钢轨外，其余国家都采用UIC60E1钢轨。

②采用跨区间无缝线路。

③采用长度不小于2.6 m的预应力混凝土枕，单根质量不小于300 kg，轨枕间距不大于600 mm，轨底有效支撑面积不小于3000 cm²。

④采用弹性垫层。日本轨下垫板刚度为60 kN/mm；欧洲国家轨下垫板刚度一般为500 kN/mm，并出现降低趋势，其中法国为150 kN/mm，德国降低到60 kN/mm，西班牙马德里—巴塞罗那高速铁路降低到100 kN/mm。但有研究认为，即使将垫板刚度降低到60~70 kN/mm，仍然不能解决轨道结构稳定性差这一根本问题。

⑤采用硬质碎石道砟，道床厚度不小于300 mm，道床系数为0.3~0.5 N/mm²。

⑥道床与路基间铺设德国式防冻层或日本式防水保护层。

关于钢轨，欧洲高速铁路总体上已达成共识，即在不同速度的线路上没有必要采用不同的轨型，对300 km/h和350 km/h线路来说，推荐采用UIC60E11轨型、强度等级900 A、欧洲标准A级标准。

高速铁路有砟轨道轨枕情况如表2－22所示，为提高轨道稳定性，增加轨枕长度，提高轨枕质量，特别是增加轨枕的有效支承面积非常重要。意大利第一期高速铁路(罗马—佛罗伦萨)使用的轨枕长2.3 m，质量只有215 kg，为适应速度不小于300 km/h列车的需要，在该段高速线上铺设了长2.6 m、质量为315 kg轨枕试验段，通过试验，确定在第二期高速铁路(罗马—那不勒斯、佛罗伦萨—米兰、都灵—米兰等)上使用。同时，为进一步提高轨道稳定性，还专门设计研制了一种质量达400 kg的重型混凝土枕。德国汉诺威—柏林高速铁路新建线路只有170 km，铺设无砟轨道95 km，有25 km有砟轨道采用B75轨枕，扣件为Vossloh300型，垫板静刚度为27 kN/mm，轨枕间距为630 mm，道床高度为400 mm，使用效果非常好，自1998年开始运营到现在没有进行过维修。

表2－21　高速铁路轨道结构

国家	轨道结构类型	钢轨	轨枕	扣件	道床
日本	有砟	60 kg/m	整体式 2.4 m，325 kg	扣压力6 kN，垫板厚度10 mm，刚度60 kN/mm	颗粒级配10/63，厚度300 mm
	无砟		板式无砟轨道	扣压力取决于扭矩，垫板厚度10 mm，刚度30 kN/mm	
德国	有砟	60 kg/m	整体式 2.4 m，325 kg	扣压力11 kN，垫板厚度10 mm，刚度60 kN/mm	颗粒级配22.4/60，厚度350 mm
	无砟		以轨枕埋入式无砟轨道为主	扣压力10 kN，垫板厚度10 mm，刚度22.5 kN/mm	
法国	有砟	60 kg/m	双块式/整体 2.4 m，248 kg/290 kg	扣压力11 kN，垫板厚度9 mm，刚度150 kN/mm	颗粒级配25/50，厚度300 mm
西班牙	有砟	60 kg/m	整体式 2.6 m，320 kg	扣压力11 kN，垫板厚度6 mm，刚度500 kN/mm	颗粒级配30/60，厚度300 mm
意大利	有砟	60 kg/m	整体式 2.6 m，315 kg	扣压力14 kN，垫板厚度100 mm，刚度100 kN/mm	颗粒级配30/60，厚度350 mm
韩国	有砟	60 kg/m	整体式 2.6 m，300 kg	扣压力14 kN，垫板厚度10 mm，刚度65～95 kN/mm	颗粒级配22.4/63，厚度350 mm

表2－22　高速铁路有砟轨道轨枕情况

国家	法国		德国		意大利		西班牙		比利时	STI*草案
速度(km/h)	300	350	300	300～350	300	300～350	300	350	350	350
类型	双块/整体	双块/整体	整体	整体	整体	整体	整体	整体	整体	—
配置(根/km)	1666	1666	1666	1587	1666	1666	1666	1666	1666	1600
质量(kg)	245～290	245～290	330	380	400	400	300	320	330	>200
长度(mm)	2415～2500	2415～2500	2600	2800	2600	2600	2600	2600	2500	>2250
宽度(mm)	290	290	320	330	300	300	300	300	300	—
高度(mm)	220	220	180	200	220	220	222	242	200～215	—
轨枕有效接触面积(cm^2)	2436～3944	2436～3944	3340	3780	3900	3900	3010	3010	3688	—

*：STI表示欧洲通用规范。

限制或减小轨下垫板刚度、提高轨道弹性是高速铁路轨道结构的一种趋势，西班牙甚至将其作为开行350 km/h高速列车的措施之一。STI规定，有砟轨道下胶垫的动态刚度应不大于600 kN/mm，无砟轨道总体动态刚度应不大于150 kN/mm。轨下橡胶垫由橡胶或复合弹性材料制成，垂向刚度是其主要参数。降低垂向刚度在桥上、隧道内和无砟轨道上至为关键。各国家现有轨下橡胶垫标准见表2－23。

表2－23 轨下橡胶垫标准

国家	法国		德国	意大利		西班牙		比利时
速度(km/h)	300	350	300	300	350	300	350	320
厚度(mm)	9	9	10	10	10	6	7	10
垂向静刚度(kN/mm)	100	100	27①	100	100②	500	100	50～100

①垂直刚度。扣件形式Vossloh300－1，轨下橡胶垫：20～27 kN/mm(自然温度下，≤1 Hz)；20～40 kN/mm(自然温度下，<40 Hz)；最小16 kN/mm(+50℃，0～40 Hz)；最大30 kN/mm(－20℃，0 Hz)、50 kN/mm(－20℃，40 Hz)。②需应用道砟垫或枕下弹性垫层。

各个国家高速铁路道床厚度均不小于300 mm，用于高速铁路有砟轨道的最小粒径没有大的差别(表2－24)。要特别注意的是，道砟中细颗粒和粉末对道床弹性和渗水性能影响较大，需要进行清洗(有时要清洗两遍)，还应避免中间贮存环节，减少离析(最小颗粒沉到底部)带来的颗粒级配的变化，应尽量提高道砟材料特性，对硬度(洛杉矶磨耗率、集料冲击韧度、耐磨硬度系数等)、耐磨能力、抗压碎性能和粉化率等指标应严格规定。

表2－24 高速铁路道床特征

国家	法国	德国	意大利	西班牙		比利时
速度(km/h)	300～350	300	300	300	350	350
粒径分布(mm)	25～50	22.4/63	30/60	32/63	32/63	7
道床厚度(mm)	300	350(推荐400)	350	300	350	100
底砟最小厚度(mm)	外形300～700 底层200	外形300 抗冻层400	20 mm沥青底砟， 300 mm压实底层	250	300	外形500～700 底层200

2.9.2 轨道临界速度

当列车在线路上运行时，在动轮载作用下，轨道－路基系统要产生振动，形成体波(压缩波、剪切波)和表面波(瑞利波)，它们分别以各自的速度传播，从而形成两个临界波速，即在有砟轨道内传播的剪切波临界速度和在路基内传播的瑞利波临界速度，前者称为轨道临界速度，后者称为路基临界速度，两者相差10%左右，统称为轨道临界速度。

大量观测结果表明，轨道临界速度实质上是轨道－路基系统变形传播的一种极限速度，即：当列车速度小于轨道临界速度时，轨道－路基系统变形传播是一个稳态过程；当列车运行速度接近或大于轨道临界速度时，轨道－路基系统变形传播将趋向或处于失稳状态，导致轨道几何状态恶化，并引发行车安全问题，增加轨道维修工作量和费用。所以，轨道临界速度是线路运营速度的基础。欧洲的研究认为，要实现运营速度目标，轨道临界速度必须达到1.5～2倍的运营速度。也就是说，没有轨道临界速度作为保障，很难实现预期的运营速度，而要提高轨道临界速度，就必须在设计阶段考虑采取科学合理的手段。

轨道临界速度的计算公式为

$$V_{cr}=\sqrt[4]{\frac{4kEI}{m^2}} \tag{2-9}$$

其中：EI 为钢轨抗弯模量；m 为单位长度上的轨道质量；k 为轨道基础等效刚度。

通过对临界速度的分析可知，对于有砟轨道来说，可通过增加路基或基础的刚度或减少单位长度上的轨道质量的方法来提高轨道临界速度。其中，改善轨道基础刚度的措施包括以下三个方面：

①采用合理的路基结构。一般情况下，路基结构自上而下由基床表层、基床底层和路基本体组成，变形模量和压实系数自上而下逐渐递减。日本和德国还在基床表面之上设置了一层变形模量很大的保护层。其中，日本新干线的保护层为厚50～100 mm的沥青混凝土，变形模量达到300 MPa；德国高速铁路的保护层为厚200～300 mm的水硬性材料（素混凝土），夯实系数为1.03，变形模量为120 MPa。保护层的作用之一是增强其结构作用，类似于荷兰铁路在道砟下增设的混凝土板。荷兰的试验表明，在道砟下设置混凝土板后，轨道下沉15 mm可降低到1.5 mm。

②采用优良的填料、合理的加固方法、先进的填筑技术和严格的标准。毋庸赘言，这是增大路基刚度的根本措施。

③采取以桥代路的措施。例如，在荷兰高速铁路南段（HSL－S），地质条件为海相沉积，土质极软，为建设高速铁路，铺设了一段500 m的路基试验段。测试结果表明，采用一般方法填筑的路基，轨道临界速度只能达到206 km/h，采用桩基和土工布加固路基以及硬石膏－水泥混合桩加固路基，轨道临界速度可达到360 km/h 和 440 km/h。但要实现运营速度300 km/h的目标，轨道临界速度应达到450 km/h以上，所以，采取路基加固措施，仍达不到如此高的轨道临界速度。这样，只能摒弃路基方案，专门设计了如图2－61所示的梁－桩结构，使轨道临界速度达到500 km/h。据估算，其效益要好于挖土换填，并能获得良好的环保效果。

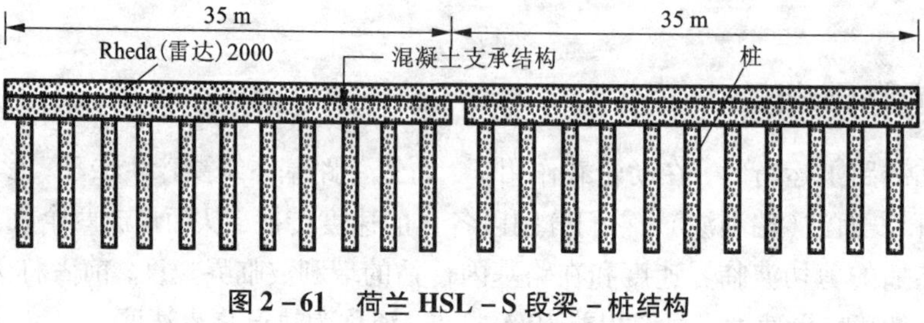

图2－61 荷兰HSL－S段梁－桩结构

减少轨道单位长度质量的办法实质上是有砟轨道难以做到的，因为从理论上来说，作为弹性地基梁，有砟轨道的梁的质量是钢轨、轨枕和道床质量的和。为实现高速目标，保证轨道结构的稳定性，有砟轨道要求增加钢轨、轨枕质量和道床厚度，也就是说，速度越快，要求梁的质量越大，对提高轨道临界速度是不利的。所以，从轨道临界速度来说，对有砟轨道提出了更高的要求。这种要求对路基说，除了实现静态的工后沉降标准已经不够，还需要满足动态变形稳定的要求。

2.9.3　桥上道床的稳定性

桥上有砟轨道道床常出现两类问题：一是粉化严重，导致道床脏污，失去弹性，并影响排水性能；二是出现道砟液化现象。

道砟液化是指当列车速度达到 200 km/h 以上时，桥上有砟轨道的道砟出现趋于液体般流动现象。道砟液化将导致轨道不稳定和几何状态恶化，给列车运营带来危险。

观测表明，桥梁垂向振动加速度超过 $0.7g$ 时，将会引起道砟液化现象。避免道砟液化的对策有：

①在有砟桥梁设计时，必须进行动力检算，校核结构的动态参数(如刚度、自然频率、阻尼等)，控制垂向加速度应不超过 $0.35g$(安全系数为 2)，频率要低于 20 Hz。

②为了减少振动，建议在道砟下铺设弹性垫层，即道砟垫(图 2－62)。道砟垫的铺设从理论上来说，对减少道砟粉化和桥梁振动是有利的，但是道砟垫的铺设减少了道砟与桥面间的摩擦力，一旦桥梁达到振动临界值，液化现象将更加严重。

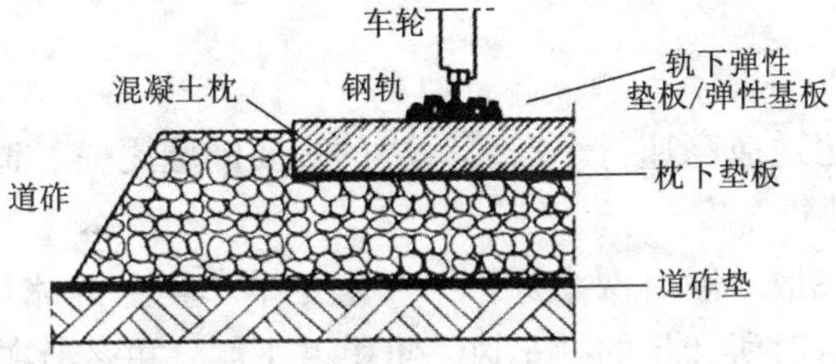

图 2－62　有砟轨道的弹性垫层

③从经济合理性考虑，可以采用弹性轨枕来减少轮轨振动向桥梁的传递。弹性轨枕是在底面粘贴一层弹性材料的轨枕。使用弹性轨枕存在的主要问题是降低了轨道横向阻力。

2.9.4　有砟轨道维修工作量

高速铁路从基础到轨道结构，铺设标准都比普通铁路要高，为长期安全、正常运营提供了基础。但是，轨道建设标准的提高，要求养护维修达到更高的标准，养护维修工作量和普通铁路相比，没有根本性的变化。

图 2－63 所示为法国 TGV 东南线开通以来的维修工作量统计结果。该线 1981 年开通运营，全线长 410 km，运营速度为 270 km/h，列车轴重为 170 kN。从统计结果看，14 年中，大机捣固作业量年均 400 km，前 5 年达到 495 km，相当于每两年要对线路捣固一遍；钢轨打磨年均 143 km；人工起道作业量年均 25 km。

德国铁路资料表明，速度为 250～300 km/h 有砟轨道线路维修费用是速度为 160～200 km/h有砟轨道线路维修费用的 2 倍，且前者在通过总质量达 5 亿 t 时就需要全部更换道砟，后者在通过总质量10亿t时才需要更换道砟。另外，为适应有砟轨道维修工作的需要，“天窗”必须予以满足。“天窗”是指列车运行图中不铺画列车运行线，而为施工和维修作业预留的时间。

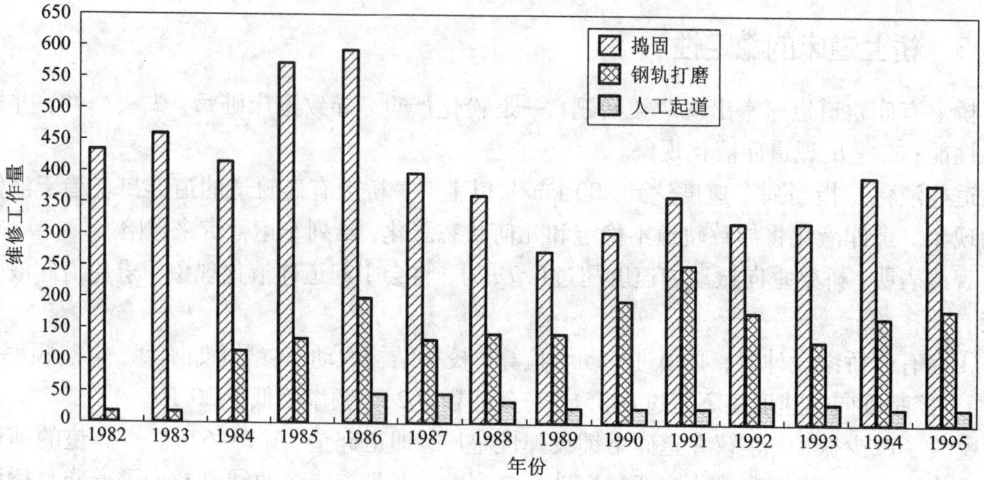

图2-63 法国TGV东南线轨道维修工作量统计结果

2.9.5 道砟飞散

道砟飞散是有砟轨道适应高速行车需要解决的重要问题之一。道砟飞散将导致钢轨表面伤损和车辆伤损，并威胁行车安全。

有砟轨道上的道砟飞散一般有两个原因：一是冬季车辆上的冰块下落引起的道砟飞散。车辆在冬季积雪区间运行时所产生的列车风，使积雪飞舞，并逐渐在车辆地板下部附着形成冰块。在随着列车行走中，冰块不断变大而由于自重原因发生破断，或附着处为车辆机发热表面，其温度高于气温或列车从寒冷地区驶入温暖地区，使附着在表面的冰块逐渐融解，加之车辆振动等原因，冰块将以一定的速度下落到道床上，引起道砟飞散。实际上，一次飞散道砟具有一定的能量，可能会与车辆底部产生冲撞，增加了动能后，再一次冲击道床表面，还会引起道砟二次飞散。

道砟飞散的另一原因是列车风。当列车运行速度达到300 km/h以上时，在道床表面形成的列车风能够达到50 m/s以上，能够吹动道床表层比较轻质且扁平的道砟，道砟与轨枕等碰撞后溅起，溅起的道砟又与车体下部撞击，得到较大的运动能量后使其以高速向线路周围飞散，或再次撞击道床使较大的道砟也以高速飞散。

防治道砟飞散的措施有：

①采用洒水、加热、特殊涂料等融雪措施或停车时铲除落雪等办法，减少因冰雪导致的道砟飞散。

②采用加高轨枕，使轨枕高出道床面100 mm的办法防止列车风吹起道砟。

③采用道砟网、道砟屏栅或合成树脂等措施使道砟不能飞起。

2.9.6 道砟资源

在有砟轨道中，道床的主要功能包括4个方面：

①传递、扩散轨枕荷载，减振、隔振和降低噪声。

②保温和防止路基冻害。

③防止碎石道床面砟颗粒和路基土的相互渗入。

④防止暴雨时地表水对路基面的冲刷和地下水的上渗。

这些功能要求对道砟的粒径级配、抗磨耗、抗冲击、抗压碎、抗大气腐蚀、渗水性、颗粒形状和清洁度提出了严格要求。我国道砟粒径级配一直采用16/63的“宽级配”（表2－25），其目标是针对重载客货共线铁路以及半机械、半手工线路维修作业方式提出的，其特点是粒径的分布范围比较宽，道床中粗颗粒形成的骨架之间的空隙由更多的小颗粒予以填充，增加颗粒之间的接触面，有利于减少重载条件下由于压力传递而造成的道砟破碎，并利于在小型机械甚至人工作业时道床的密实，提高维修作业效率，也有利于提高采石场成品率。

表2－25　道砟级配标准

EN标准A级指标		中国Ⅰ级道砟指标	
筛孔边长(mm)	过筛质量百分率(%)	筛孔边长(mm)	过筛质量百分率(%)
63	100	63	97～100
50	70～99	56	92～97
40	30～65	45	55～75
31.5	1～25	35.5	25～40
22.4	0～3	25	5～15
31.5～50	≥50	16	0～5

但高速铁路对道床稳定性和弹性提出了新的要求，法国、德国、西班牙和韩国高速铁路普遍采用欧洲标准中的A级级配，国内称之为“窄级配”。

窄级配道砟与宽级配道砟相比，有如下特点：

①相同量级情况下，窄级配有更大的内摩擦力，能增加道床的抗剪强度，提高道床的稳定性，特别是列车振动作用下的稳定性。

②采用窄级配，颗粒比较大的道砟不易飞散。

③由于高速铁路道床的失效主要是振动造成的道砟磨损和粉化，而荷载压力所造成的破碎相对处于次要地位，减小宽级配道砟中的小颗粉成分，有利于延缓道床中粉末的积聚，延长道床的使用寿命。

④高速铁路的道床作业基本上采用大型机械，几乎不再采用人工捣固作业，采用窄级配道砟不会影响道床作业的质量和效率。

高速铁路道砟不仅需要采用窄级配，还需要对列车荷载作用下容易导致道床脏污的针片状颗粒形状及表示清洁度的中细小颗粒和粉末含量提出更严格的要求。

道砟是不可再生的自然资源，其材质应根据本国岩矿资源条件进行确定。就京沪高速铁路而言，当时设计院根据《京沪高速铁路设计暂行规定》2003 年 10 月版中的道砟标准对29 家采石场进行评审，只有 11 家满足要求。就全国范围而言，特级道砟资源稀少的实际状况不能回避。

2.9.7 高速铁路有砟轨道结构发展方向

高速铁路有砟轨道出现的问题主要是轨道不规则沉降、轨道几何状态恶化以及道砟破碎与粉化，特别是在钢轨伤损处、焊缝处、胶接绝缘接头处及桥隧过渡段处问题更为突出，从而大大增加了维修工作量，降低了轨道的使用寿命。

高速铁路有砟轨道结构出现维修工作量大的根本原因在于从高速荷载传递来的高频振动，而传统的有砟轨道结构则没有考虑高频振动因素。有研究认为，随着道床刚度的降低，钢轨拉伸和下沉将减小，但支座反力将增大(图 2－64)。支座反力增大将引起道床压力增大，从而对轨道几何尺寸恶化带来十分严重的影响(一般为 3～4 次幂关系)。高速铁路传统有砟轨道基础刚度过大(道床系数为 0.4 N/mm^2)非常不合适，它降低了钢轨受力，但对轨道几何状态的稳定带来非常不利的影响。

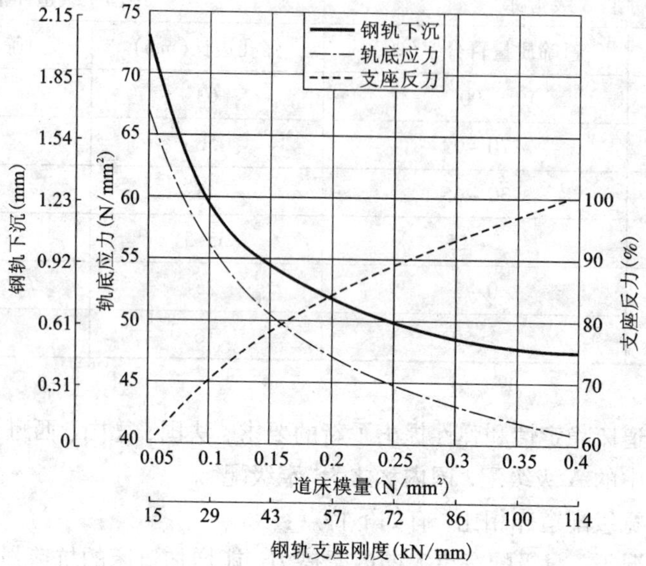

图 2－64 钢轨轨底应力、钢轨下沉和支座反力与道床系数和钢轨支座刚度的关系(轴重 200 kN)

一般认为，在高速条件下，有砟轨道应满足以下要求：

①钢轨下沉应大于 1.2 mm。

②道床系数不大于 0.1 N/mm^2。

③钢轨支点刚度不大于 30 kN/mm。

④轨底应力不大于 60 N/mm^2。

为此，对有砟轨道结构提出以下完善措施：

①增大枕底有效支撑面积为减少枕下作用荷载，增加轨道横向阻力，增大轨枕底部与道

床表面接触面积是行之有效的办法，从而出现了重型轨枕和宽轨枕结构形式。

重型轨枕的长度一般不小于 2.6 m，质量不小于 300 kg，轨枕底部有效支撑面积不小于 3300 cm^2。德国的 B75 轨枕长度为 2.8 m，枕底有效支撑面积为 3780 cm^2；意大利为适应速度不小于 300 km/h 高速铁路的需要，专门研制了质量为 400 kg、枕底有效支撑面积为 3900 cm^2 的新型轨枕。

宽轨枕宽度一般不小于 570 mm，枕底有效支撑面积不小于 5700 cm^2，比一般轨枕增大 80%，道床压力可减少 36%。由于两轨枕间隔只有 30 mm，也增加了轨枕对钢轨的连续支撑，促进了道床面荷载的均匀分布，对降低噪声非常有利。

②增大轨枕底部纵向支撑的连续性。传统有砟轨道在纵向上道床应变变化很大，在垂直方向枕下荷载很大，紧接着轨枕间荷载为零，从而导致道床压力变化梯度很大，并需要提供横向力以平衡道床中的垂向荷载。为增大轨枕纵向支撑的连续性，可以采用宽轨枕、框架轨枕和纵向轨枕等轨枕形式。

③增加轨道弹性。传统有砟轨道基础刚度一般不小于 0.4 N/mm^2，降低了钢轨轨底应力，增大了钢轨支座反力，对道床稳定性不利。因此，出现了在轨下、枕下和道砟下应用弹性垫层，即弹性轨枕、砟下弹性垫层和高弹性扣件等提高轨道弹性的措施。

使用弹性垫层一般有以下两个方面的作用：

①准静态作用。提高轨道弹性可以降低支撑点荷载，从而降低与之相关的荷载和应力，钢轨应力则随之增大。

②动态作用。提高轨道弹性可以降低因车轮缺陷和钢轨表面缺陷引起的动态轮轨力，速度越快，效果越明显。

需要注意的是弹性垫层的刚度一定要合理。轨下橡胶垫弹性过大，除了会增加钢轨的应力外，扣件的扣压件振幅将增大，会降低扣件的使用寿命，钢轨将发生外翻，影响行车稳定性。枕下垫层优点很多，如可以减少轨枕与道床间的刚性接触，防止动荷载作用下轨枕与道床的突然接触，扩大轨枕有效接触面积，减少道床压力，提高轨枕弹性。但经验表明，当使用10 kN/mm低刚度垫层与大刚度轨下橡胶垫板匹配时，轨枕弯曲振动和轨道横向阻力比期望的要小，枕下垫层刚度为 50 ~ 70 kN/mm 时效果最好。与未用垫层的轨枕相比，轨枕底部支撑面积增加 20% ~ 35%，道床压力降低 15% ~ 35%，轨道几何状态恶化速率以 3 ~ 4 次幂减少，轨道横向阻力相当。砟下弹性垫层应在隧道内和桥上使用，以降低道床的应变。用在路基上时，由于降低了道床与路基面的摩擦力，反而会降低道床的稳定性。

重点与难点

1. 有砟轨道的结构形式和组成。
2. 钢轨接头形式，预留轨缝的计算和确定方法。
3. 钢轨伤损的类型和控制伤损的措施。
4. 道床的断面特征。

思考与练习

1. 有砟轨道结构由哪几部分组成？

2. 钢轨有哪些功能、类型？

3. 常见的钢轨伤损有哪些？简述常见伤损的预防及治理措施。

4. 简述钢轨的探伤原理。

5. 简述轨枕的功能及我国常用的轨枕类型。

6. 简述扣件刚度受哪些因素影响？分析扣件刚度对轨道结构受力的影响？

7. 简述道床的功能，哪些材料可作为道砟使用？控制道砟质量的主要参数有哪些？

8. 简述道床断面的三个特征。

9. 路桥过渡段如何处理？

10. 简述高速铁路有砟轨道结构的特点，及有砟轨道需要运行高速列车时需要解决的主要问题。

第 3 章

无砟轨道

国外高速铁路的运行经验和试验研究表明，在列车速度达到 300 km/h 时，有砟轨道仍能保证列车的安全运行，法国、日本和德国的高速铁路都有有砟轨道线路。道砟能为线路提供一定的弹性，吸收轮轨的冲击振动，而且其表面具有良好的吸收噪声作用，但其不足之处是在列车荷载反复作用下，轨道的残余变形积累很快，且沿轨道纵向不均匀分布，从而导致轨道高低不平顺，影响旅客乘坐的舒适性，使轨道维修养护工作量增大。

为了更好地维护轨道结构的稳定性和耐久性，实现少维修的目的，世界各国正大力发展无砟轨道结构，即用混凝土、沥青混合料等整体基础取代传统散粒碎石道床的轨道结构。这样的改变使轨下基础既有足够的强度和稳定性，又有一定的弹性，残余变形的积累甚小，轨道结构得以加强，实现了轨道少维修的目的。与有砟轨道相比，无砟轨道结构的特点主要表现在：

①轨道稳定性好，几何形位能持久保持，线路养护维修工作量显著减少。

②长波不平顺好，轨道弹性均衡稳定，可提高乘坐舒适性。

③耐久性好，轨道使用寿命长。

④横向阻力提高。

⑤结构高度低，自重轻，可降低隧道净空，减少桥梁二期恒载。

⑥寿命周期成本低。

⑦通过少维修、提高线路使用率，减少对运输的干扰，从而减小发生事故的隐患。

⑧道床整洁美观，无道砟飞散带来的一系列的问题。

无砟轨道结构存在的问题包括：

①初期投资和综合效益的问题。

②噪声问题。

③轨道弹性问题。

④修理与修复的问题。

3.1 高速铁路对轨道结构的要求

高速铁路的特点是高速度和高密度，其目标是高安全性和高乘坐舒适性，因而要求轨道结构必须满足高平顺性和高稳定性的要求。

3.1.1 高平顺性要求

高平顺的核心是保持轨道结构良好的几何状态，其具体要求是：

①运用高精度和高可靠性的轨道部件。轨道结构是由钢轨、扣件、轨枕及枕下基础等轨道部件组成的结构体。其中，钢轨直接支撑着列车的运行，其合理外形及几何尺寸和良好的内在质量是列车运营高舒适性和高安全性的前提。轨下基础的高精度和高可靠性是钢轨精确稳定的几何位置的重要保障。

②铺设高精度。轨道结构铺设高精度是实现轨道初始高平顺性的保证。轨道结构铺设阶段产生的初始不平顺，是运营阶段不平顺的产生、发展和恶化的根源，一旦出现这种起源于铺设精度的不平顺，就会在轨道结构和路基基础上烙下深刻的印记，产生所谓的记忆性，需要后期付出更多的维修工作，即使这样有时还难以从根本上予以解决。

③良好的养护维修质量。可维修性是轨道结构的重要特点，也是设计和运营阶段需要考虑的重要方面。

3.1.2 高稳定性要求

轨道稳定性是指轨道在高速运营条件下保持高平顺性与均衡弹性、维持部件有效性与完整性的能力，其内涵是少维修或免维修。如果轨道的稳定性难以保证，就必须进行必要的维修。维修的不利影响包括两个方面：一是干扰正常运输秩序，构成新的安全隐患；二是作为网络化、高密度的高速铁路，需要线路具有较高的使用率，而维修是影响线路使用率最重要的因素，所以，轨道稳定性应是贯穿轨道设计和施工过程的最重要概念。

高稳定性的具体要求是：

①运用高精度和高可靠性的轨道部件，提高结构的系统性和耐久性，确保轨道长期高平顺性及轨道部件的长期有效性和完整性。

轨道结构作为多部件组合的结构体，在严格要求部件几何尺寸公差的同时，还应对部件组合后的功能提出要求。其中，由钢轨、扣件和轨枕组合的轨排是轨道结构的核心，扣件在轨排中具有十分重要的作用，对轨排弯曲刚度和扭转刚度影响显著，因此，需要考察扣件组装以后的纵、横向阻力，扣压力，刚度，高低和轨距调整能力及绝缘性能。而枕下基础对轨排起支撑和传递荷载的作用，需要两者的分界处具有较大的接触面积，以减少作用在枕下基础上的应力集中。同时，还要使轨排与枕下基础刚度相互匹配，降低轨排刚度，提高乘车舒适性，减少传递到枕下基础的荷载，维持枕下基础稳定（在有砟轨道中，轨道几何尺寸恶化速率与道床受力呈 3 ~4 次幂关系）。

②确定轨道合理刚度，维持沿纵向轨道基础刚度分布均匀性。

a. 轨道必须有合理的弹性，以满足吸收振动与噪声、减少冲击作用的需要，并保持钢轨轨底应力在允许范围内。根据弹性地基梁计算原理，作用于钢轨上的垂直荷载为：

$$P_T = P_0 + 2\sqrt{\sigma^2(\Delta P_S) + \sigma^2(\Delta P_{NS})} \quad (3-1)$$

式中：P_T 为作用于钢轨上的总轮载；P_0 为作用于钢轨上的静轮载；$\sigma(\Delta P_S)$ 为车辆簧上质量引起的动态附加荷载的均方差，$\sigma(\Delta P_S) = (0.11 \sim 0.16) P_0$；$\sigma(\Delta P_{NS})$ 为车辆簧下质量引起的动态附加荷载的均方差，$\sigma(\Delta P_{NS}) = abv\sqrt{mk}$，$a$ 为车轮伤损因子，b 为钢轨垂向伤损因子，v 为列车运行速度，m 为簧下质量，k 为轨道垂直刚度。

由此可见，保持合理稳定的轨道基础刚度 k，是减少车辆作用在钢轨上的垂直荷载，维持轨道几何尺寸的重要措施。特别是速度不小于 200 km/h 的线路，轨道动态刚度应当有合理的波动范围。德国铁路规定，波动范围为 ±20%，且动态刚度不应超过静态刚度的 1.5 倍。

b. 保持沿线路纵向轨道弹性均匀性。研究认为，控制路基和结构物间过渡段的不均匀沉降或弹性不均匀，保持轨道沿纵向的弹性均匀，是无砟轨道耐久性的重要保证。

3.2　世界高速铁路无砟轨道的类型

3.2.1　日本新干线无砟轨道

1. 板式轨道

为了适应高速行车的需要，解决线路维修的实际困难，从 20 世纪 60 年代中期以来，日本铁路开始并成功地研发了无砟板式轨道，20 世纪 70 年代在山阳新干线（大阪—冈山段）试铺了 8 km（双线），到 1997 年日本板式无砟轨道已累计铺设 2400 km，其中东北、上越等新干线板式无砟轨道已分别占全线的 90% 和 93%。目前，A 型板式轨道已标准定型，并作为基本轨道结构推广应用。日本还开发了框架式板式轨道。

A 型板式轨道是由钢轨、扣件、轨道板、水泥沥青砂浆垫层、混凝土基床和凸形混凝土台柱构成，见图 3－1。

（1）轨道板

轨道板是把来自钢轨和扣件的轮载均匀地传给水泥沥青砂浆垫层，并且把轨道纵向荷载和横向荷载传递给混凝土凸形挡台。在板式轨道的结构设计中，是把水泥沥青砂浆作为弹性垫层，并把钢轨和轨道板作为弹性支承上的叠合梁处理，或者采用把钢轨作为梁，轨道板作为板来用有限元法处理。

轨道板的外形分为承轨槽式和铁垫板式两种。承轨槽式用于隧道内直线地段，而铁垫板式用于高架结构和曲线地段。新干线用轨道板沿钢轨纵向长为 4950 mm，宽为 2340 mm，轨下截面厚度为 160 mm，两端和中间截面厚度为 200 mm。板中预埋了钢轨扣件的螺栓套管，位置要求十分准确。

（2）沥青水泥砂浆填充层

在轨道板与混凝土基床之间填充的乳化沥青水泥砂浆垫层（CA 砂浆或 CAM），相当于有砟轨道的道砟层，以与枕下道砟层有同样弹性作用为宜。作为有此作用的砂浆材料，应以对列车走行的破坏影响极小、耐久性强和成本低廉为开发原则。水泥灰浆虽具有强度高和耐久性长的优点，但弹性效果差。而乳化沥青的耐久性虽差，但具有黏性和富于弹性。因此，采

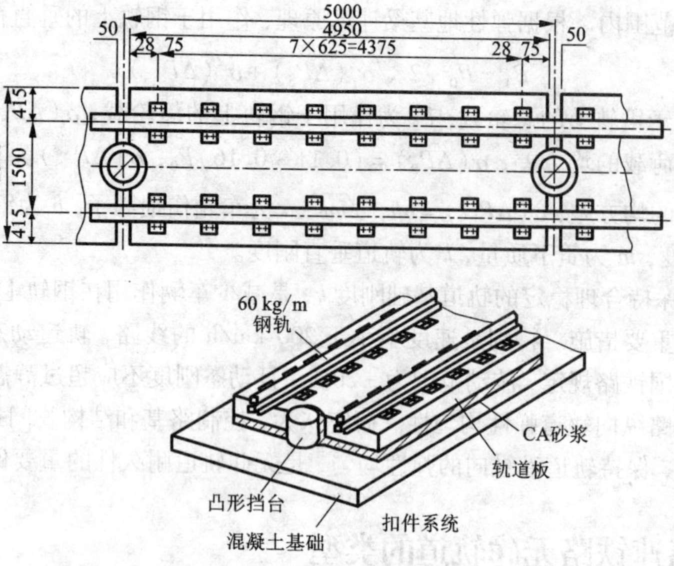

图3－1　日本新干线A型板式轨道结构

用了将两者结合起来的CA砂浆，其材料是由特殊沥青乳剂、水、水泥和细骨料拌和而成的半刚性体，这样，它不仅给轨道以适当的弹性，可填充轨道板与混凝土基床之间的间隙，还能同钢轨扣件一起用以调整轨道高低不平顺部分。

为了保证轨道的平顺性，砂浆垫层厚度一般为50 mm左右，砂浆太薄对耐久性有影响，过厚则不经济，所以厚度限制为10～40 mm。在轮重的作用下，轨道板的中部挠度为0.061 mm，该值即为CA砂浆垫层的受压变形。作为设计值用的CA砂浆的弹性系数采用$K_p = 122.5$ MPa，因而，CA砂浆的压应力$\sigma_{CA28} = 9.8$ MPa。另外，要求轨道板与CA砂浆之间的摩擦系数至少为0.35。

(3)混凝土凸形挡台

对于板式轨道，为把轨道的纵向荷载和横向荷载传给基础，在轨道两端的中间，设有直径为400 mm、高为200 mm的混凝土凸形挡台，与混凝土基床灌注成为一个整体。轨道板与凸形挡台之间用聚氮酯树脂(凸台树脂)填充。设置凸形挡台有助于固定轨道板的纵向和横向位置，同时又可作为板式轨道铺设和整正时的基准点。

(4)混凝土基床

混凝土基床按弹性基础梁或板计算，并且在现场就地灌注而成。混凝土基床仅仅是在露天区间的曲线地段为调整和设置超高才修的，在直线地段上则没有。但考虑到隧道超挖、回填碾压不够等因素，基床更是不可缺少。至于混凝土基床下的结构，对地质不良的岩体应修建仰拱或底盘，对地质条件良好的地段可在均匀混凝土上直接修建混凝土基床。

2. 轨枕埋入式弹性轨道

板式轨道优点明显，但一般情况下噪声较大。日本为了降低高速铁路的噪声，试验了轨枕埋入式的弹性轨道，此种轨道是在轨枕两端套上橡胶套，置入混凝土道床的凹槽内，橡胶套为轨道结构提供弹性。1978—1993年，日本共铺设了此类轨道结构21.2 km，如图3－2所示。

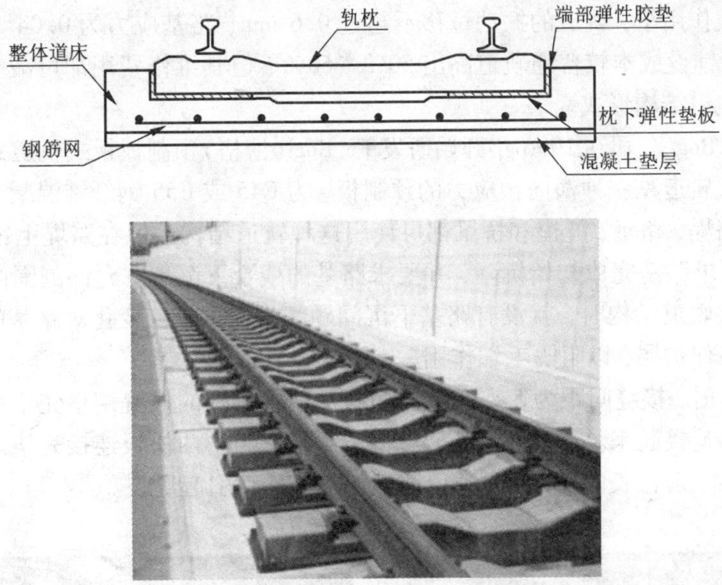

图 3 -2　弹性长枕无砟轨道结构

3.2.2　德国铁路无砟轨道

1. 板式轨道

德国铁路部门长期从事无砟轨道的开发与研制。德国的旧型号板式轨道如图 3 -3所示。1959 年，在希埃恩坦隧道和汉斯坦堡隧道第一次试铺了板式无砟轨道。其主要特点是在仰拱或岩床上铺设一层厚为50 mm的垫层，在其上面铺放钢筋混凝土轨道板；轨道板带有方槽，目的是在其中放置预制的钢筋混凝土支承块，待钢轨位置调整准确后，就在支承块四周灌入水泥砂浆使其固结，并在预制支承块上预埋四个波纹形木栓以便打入弹簧道钉固定钢轨。1967 年，在班堡至福尔海又试铺了两种板式无砟轨道。第一种类型的轨道板长为 5.17 m，宽为 2.4 m，厚为 0.18 m，质量约为 5 t，为预应力钢筋混凝土板，铺在厚度为 0.15 m、抗压强度为 2 MPa 的聚苯乙烯泡沫混凝土保温层上。轨道板之间是从一块板的端头伸出钢筋插入邻近一块板的端头使之连接。第二种类型的轨道板长、宽、厚仍与第一种类型一样，但其为双向预应力钢筋混凝土板。它与第一种类型的不同之处在于其被置于厚度为 0.30 m、用黏结材料处理过的砂砾层上。采用铝热焊的办法使板相互连接，目的是能承受弯矩和横向力的作用。这两种类型的板式轨道均采用带铁垫板的弹条扣件，轨下设置厚度不同的杨木垫层，用以调整钢轨的高低，在橡胶垫层下设有薄的塑料垫层。

图 3 -3　德国的旧型号板式轨道

这种板式无砟轨道通过 4500 万 t 运量之后，平均下沉量为 6 mm，聚苯乙烯泡沫混凝土层情况良好。当外界气温为 -23℃时，其垫层的最低温度为 -1℃，在速度为 180 ~200 km/h 电力机车的动载作用下，轨道的振动位移不超过 0.6 mm，路基应力为 0.04 MPa。德国铁路专家认为，尽管铺设成本较普通轨道高出 50% ~60%，但其维修费用却可减少一半，是有发展前途的一种轨道结构形式。

德国 Max - Bögl 公司在 1996 年开始研发 FF Bögl(博格)预制板板式轨道系统，如图 3 -4 所示。这种板式轨道是一种横向预应力的预制板，为 C45 或 C55 钢纤维混凝土，纵向接头由螺栓连接。在路堤、路堑、隧道和桥梁都可使用这种轨道结构。但在路堤上铺设这种轨道结构时，则必须要求路基完成初始沉降，并要求路基的残余下沉量在允许范围内。在隧道内和路堑上铺设这种轨道结构时，就没有路基下沉问题。为保护天气变化对路基的影响，在路基表面铺设有砾石保护层，以阻隔毛细作用。

预制板铺设时，接缝间距为 5 cm，以调整板的位置。板的位置调整完毕后，用螺栓将两块板的纵向钢筋连接起来。然后注浆，最后将注浆孔密封。两块板连接完毕后，在接缝处用混凝土填实。在轨道板表面横向锯槽，以防板的热胀冷缩引起开裂。

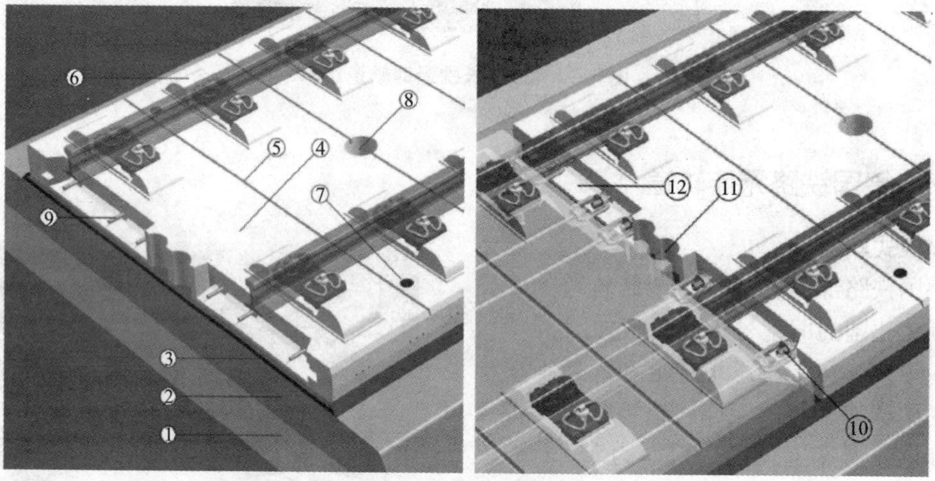

图 3 -4 德国 FF Bögl 预制板板式轨道系统

1—防冻保护层；2—沥青层；3—后浇注胶层；4—预应力板；5—设计的横向裂缝；6—轨座；7—轨面调整孔；8—注胶孔；9—纵向钢筋；10—连接器和螺母；11—卡入式窄缝；12—安装连接器的宽缝

2. Rheda(雷达)型无砟轨道

Rheda 型轨道是长枕埋入式轨道结构，是当前德国较为成功的一种无砟轨道，德国一直向国外推荐这种轨道结构，并建议用于高速铁路和城市轨道交通。1972 年原西德铁路在 Rheda 车站试铺了枕式无砟轨道，轨下基础是由整体混凝土枕和现浇钢筋混凝土板组合而成的。这种轨道是在路基面上先铺一层厚度为 15 cm 的水泥混合土，其上又铺有 20 cm 厚的聚苯乙烯泡沫混凝土层，主要起保温作用，但也能承重。在该层之上直接灌注厚度为 14 cm 的连续配筋式混凝土。再在其上放置 B70S 型混凝土枕，枕长 2.2 m，轨枕中设有四个横向预置孔，轨道纵向钢筋从孔中穿过，在两枕之间再绑扎横向钢筋，浇灌混凝土后使之成为整体。整体式混凝土枕与现浇混凝土槽板之间留有 3 ~5 cm 的间隙用作调整水平，混凝土枕间隔和枕下部分填充 250 号混凝土。运营实践表明，试铺在 Rheda 车站的枕式无砟轨道，除调整钢轨扣件作业以外，几乎没有其他作业，维修工作量很少。这种无砟轨道经过不断改进和完善，现已把它标准定型为Rheda型无砟轨道，如图3－5所示。此种轨道结构广泛应用于土质路基上、隧道内和高架桥上。在隧道内，混凝土道床槽板直接铺设在隧道基础上；在高架桥上道床板与桥面底座之间有一层隔离层，底座表面与道床板板底互设凹凸形榫槽，以控制道床板相对于梁面的位移。

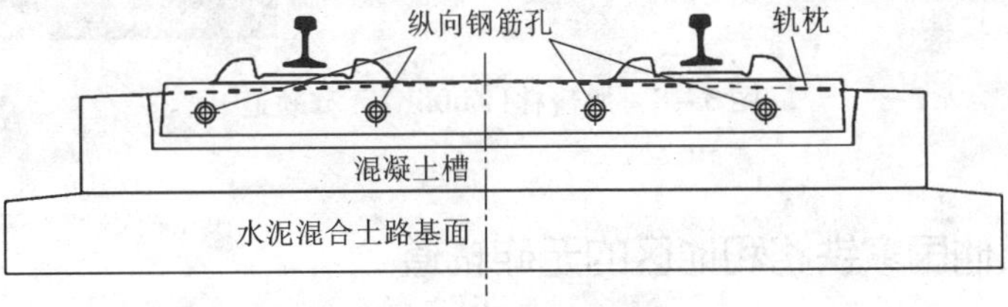

图3－5　Rheda型无砟轨道

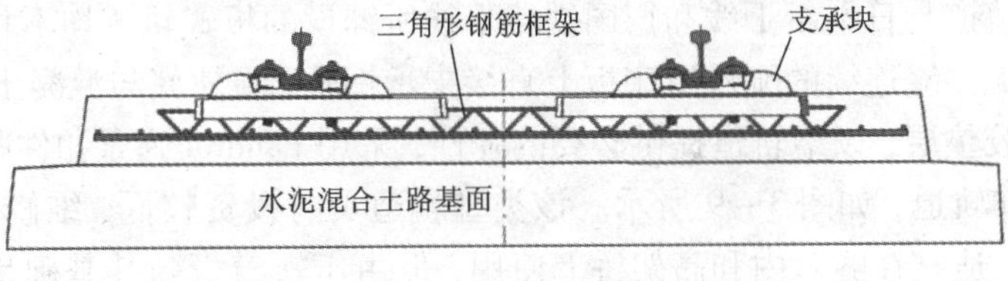

图3－6　Rheda2000型无砟轨道结构

为了使得轨枕与整体道床有最好的结合，在20世纪90年代末，德国开发了Rheda2000型轨道结构，如图3－6所示。Rheda2000型比Rheda型有较大的改进，Rheda2000型是用三角形钢筋框架连接起来的两块支承块，现场铺设时，三角形钢筋框架与道床的纵横向钢筋连成一体，从而使得轨枕与道床具有较好的整体性。图3－7所示是Rheda2000型无砟轨道实物照片。

图3－7　Rheda2000型无砟轨道实物图

3. 旭普林(Züblin)无砟轨道

1974年德国开发了旭普林无砟轨道，在科隆—法兰克福高速铁路上成功铺设了21 km。该轨道结构是与Rheda型轨道结构类似的一种无砟轨道结构，都是在混凝土道床上铺设双块埋入式短枕无砟轨道，但采用的施工工艺不同。整个轨道系统从上至下由钢轨扣件、轨枕、混凝土承载板、水硬性承载层，以及防冻层(路基段)组成，如图3－8所示。旭普林双块式轨枕由两个普通配筋的混凝土块通过桁架钢筋连接而成，通过桁架钢筋以及两侧的附加钢筋与混凝土承载板浇筑在一起。如何将轨枕精确定位并保证混凝土结构的耐久性是设计、施工中的核心问题。

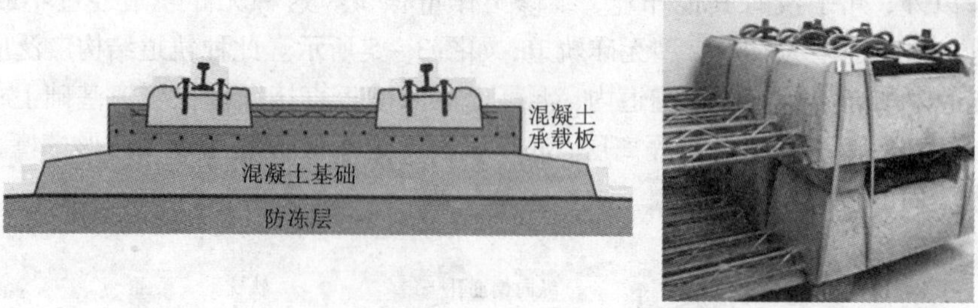

图3-8 旭普林(Züblin)无砟轨道

3.2.3 欧洲其他国家铁路和地区的无砟轨道

1. PACT 型无砟轨道

英国铁路从1960年开始研究无砟轨道，1996年起开始试铺各种形式的板式无砟轨道。英国铁路的无砟轨道与日本新干线和德国铁路干线所铺设的板式轨道均不相同，它是用钢筋混凝土灌注成的无接缝连续的刚性道床板上直接支承钢轨，在轨底与混凝土道床之间放置一条带状的连续橡胶垫层，以给轨道提供必要的弹性，采用 Pandrol 弹条扣件联结，这种轨道也称为 PACT 型无砟轨道，如图3-9所示。该类型轨道具有投资较低、维修费用少、噪声小、稳定性强等特点，适宜在隧道内和高架桥上使用，但由于轨道板与其基础是刚性联结，故要求基础必须坚实、不变形，一旦混凝土道床损坏，修复较为困难。

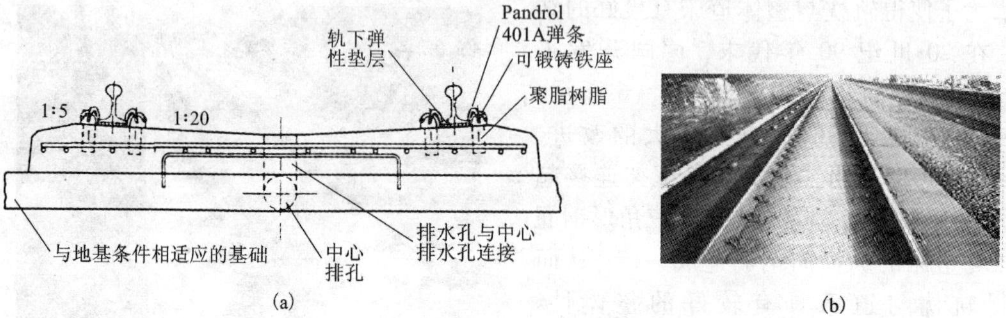

图3-9 英国的 PACT 型无砟轨道

(a) PACT 型轨道结构图；(b) PACT 轨道照片

2. LVT 型无砟轨道

为了提高轨道结构的弹性，在法英之间的英吉利海峡隧道内铺设了弹性支承块式无砟轨道(Low Vibration Track, LVT)。这种弹性支承块式低振动混凝土无砟轨道是采用两块独立的混凝土支承块，支承块下加设弹性垫层。支承块的下部和周边加设橡胶靴套，当支承块的高低、水平和轨距调整完毕以后，就地灌注道床混凝土将支承块连同橡胶靴套包裹起来而构成的弹性支承块式无砟轨道，如图3-10所示。这种轨道结构的特点是块下弹性垫层可提供轨道垂向弹性，橡胶靴套则可提供轨道纵向和横向的必要弹性。这种无砟轨道在瑞士、丹麦、葡萄牙、比利时、委内瑞拉等国铁路均得到了应用和发展，我国安康铁路(西安—安康)的

18 km长的秦岭隧道内也使用了此种轨道结构，另外在城市轨道交通中也得到一定的应用。

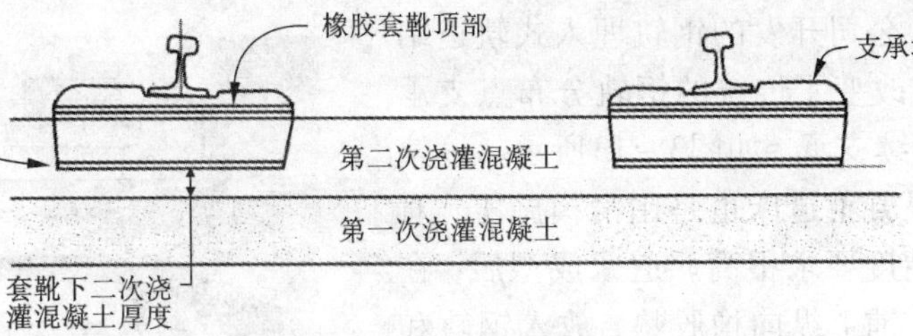

(a)

(b)

图3-10　弹性支承块式轨道结构

(a)LVT 轨道结构图；(b)LVT 轨道实物

3. Stedef 型无砟轨道

法国铁路将双块式混凝土枕嵌固在混凝土道床的 Stedef 型无砟轨道上，如图 3-11 所示，属于弹性轨枕，只是两短枕间用一钢杆连接。法国的高速铁路以有砟轨道为主，所以对无砟轨道的研究较少。瑞士铁路也使用了类似于法国 Stedef 型的支承块式无砟轨道，称为 Walo 无砟轨道系统，是在两端的支承块下套上橡胶靴以增加轨道弹性，如图 3-12 所示。施

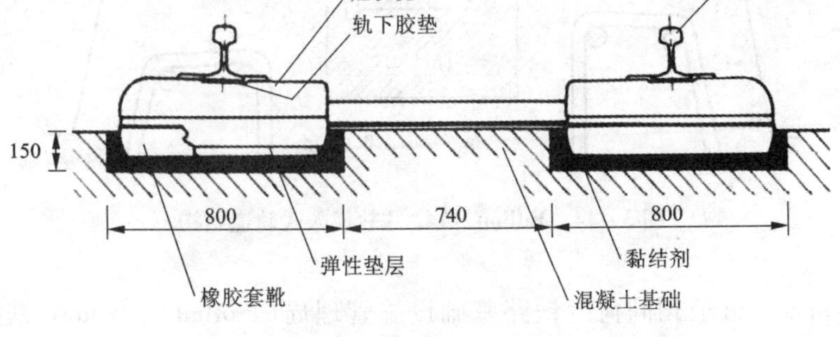

图3-11　Stedef 型无砟轨道(Nabla 扣件)

工时，首先用滑模施工混凝土道床，然后将带有橡胶靴套的支承块放入道床的凹槽内，用专用模具定位支承块，调整好轨道几何形位后，然后第二次浇注混凝土道床。

图 3－12 Walo 无砟轨道系统

荷兰 Edilon 公司开发的钢轨埋入式轨道结构，该轨道结构改变了传统的钢轨分布点支承模式，为纵向连续支承，如图3－13所示。该轨道结构的钢筋混凝土道床也是用滑模施工，对钢轨槽的施工精度要求很高。道床成型后，在钢轨槽底涂胶，铺上纵向橡胶垫，放入钢轨和 PVC 管，然后浇注弹性的 Corkelast 填料。由于钢轨被弹性填料包围，所以大大减小了列车通过时的钢轨腹板振动产生的噪声辐射，所以在城市轨道交通工程中经常推荐应用此类轨道结构，同时轨道当中和两侧填土种植草皮，形成绿色轨道。之后，荷兰铁路又开发了 SA42 型矮型钢轨（图 3－14）。由于钢轨矮胖，轨腰腹板的振动频率较低，提高了轨道结构减振降噪的性能。

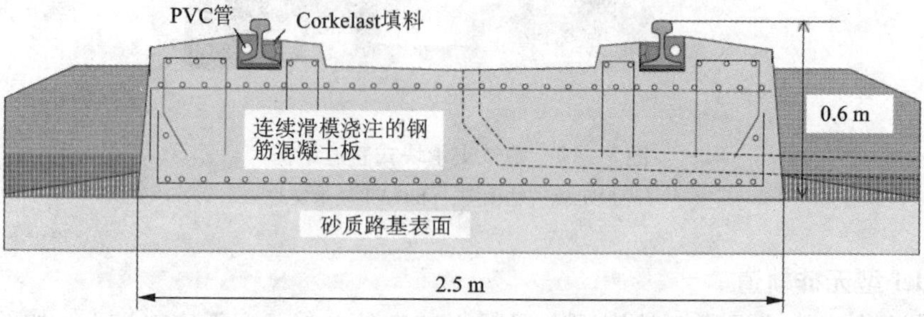

图 3－13 Edilon 钢轨埋入式轨道结构

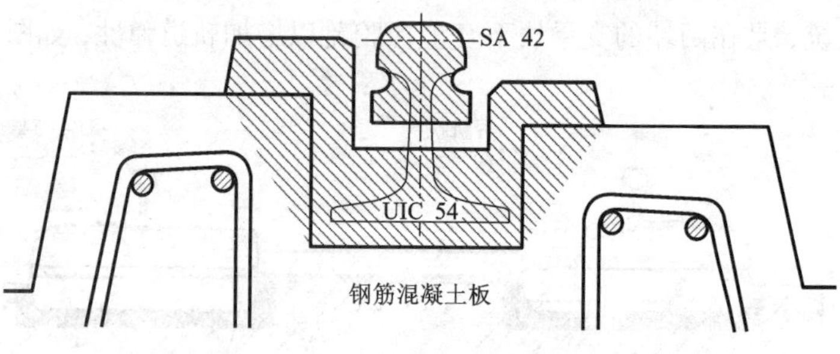

图 3－14 Edilon SA42 矮轨埋入式轨道结构

Holland Railconsult 公司同荷兰铁路基础设施管理局（ProRail）、Betuwe 铁路管理集团、Van Hattum &Blankevoort、Voest 以及 Edilon 公司合作，在鹿特丹港口铁路的重载线上铺设了 200 m 长的钢轨嵌入式轨道试验段，其箱型梁承载结构的横截面是梯形的，如图 3－15 所示。

这种结构是由铺设在地面上的连续混凝土箱型梁构成。钢轨直接固定在混凝土箱型梁上。该种轨道结构符合重力平衡原则，结构的重量不超过开挖土体的重量，以不增加结构恒载。钢轨嵌入式轨道结构是由Voest54E1钢轨固定在Edilon嵌入式轨道系统构成的，轨道结构刚度很大，可以减少不均匀沉降和振动。经过5年的使用，对结构的沉降和性能进行了评价，结果混凝土结构和嵌入式轨道系统没有任何恶化。轨道承载结构的最宽缝（接头浇注成型的缝隙）小于0.1 mm。在5年中，试验地点的总沉降是2 cm，不均匀沉降远远低于普通轨道的不均匀沉降，不仅可以满足普通铁路的选线要求，也可以满足高速铁路的选线要求。虽然运行的是重载列车，但是试验线也不需要经常维修。箱型梁轨道结构与普通有砟轨道结构的连接如图3－16所示。

图3－15　倒梯形截面箱形梁钢轨埋入式轨道结构

图3－16　箱形梁轨道结构与普通有砟轨道结构的连接

除了以上介绍几种无砟轨道结构外，欧洲尚有多种类型的无砟轨道结构，但结构上大同小异。如荷兰的Blokkenspoor NS轨道、SONNEVILLE弹性支承块轨道、Heitkamp长轨枕埋入式轨道、BTD长枕埋入式轨道、WALTER长枕埋入式轨道、GETRAC长枕埋入式轨道、ATD双块式轨枕埋入式轨道和SATO轨道等。

3.3　我国高速铁路无砟轨道的类型及应用

我国铁路无砟轨道技术的发展，总体上可分为以下四个阶段：

（1）普通铁路无砟轨道结构的早期研发与应用（1960—1985年）

我国无砟轨道结构的发展始于20世纪60年代，在成昆线、京原线、京通线、南疆线等长度超过1 km的隧道内、大型客站、货物装卸线上铺设各种形式的无砟轨道（整体道床）约300 km。由于当时设计、制造、施工和管理水平相对较低，个别地段出现了病害，导致在无砟轨道系统研究和推广应用方面的认识程度不一，在一定程度上延缓了无砟轨道的发展进程。1985—1995年期间，无砟轨道的研究与应用几乎中断。

（2）高速铁路无砟轨道的前期研究与小规模试铺（1995—2004年）

20世纪90年代中期我国开始了高速铁路无砟轨道技术的前期研究，包括高速铁路无砟轨道结构形式、设计参数、动力学仿真计算分析和室内实尺模型试验等，并且先后在秦沈线三座特大桥上、赣龙线枫树排和渝怀线鱼嘴2号隧道内进行了小规模试铺，如图3－18所示，期间试验段概况如表3－1所示。

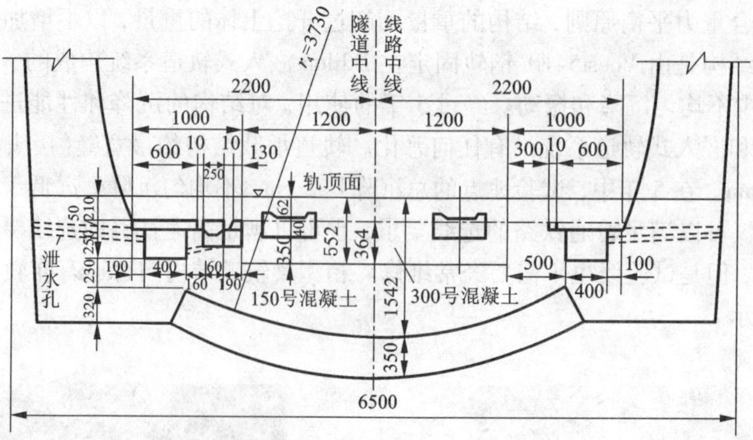

图3－17　早期隧道内的支承块式无砟轨道(整体道床)

表3－1　无砟轨道小规模试验段概况

试铺段		无砟轨道结构形式	铺设长度(m)	备注
秦沈线	沙河桥	轨枕埋入式	692	直线，24 m 简支箱梁
	狗河桥	单元板式	741	直线，24 m 简支箱梁
	双何桥	单元板式	740	曲线，32 m 简支箱梁
赣龙线	枫树排隧道	单元板式	719	直线
渝怀线	鱼嘴2号隧道	轨枕埋入式	710	曲线

图3－18　秦沈线和赣龙线上无砟轨道试铺

(3)无砟轨道的系统研发与遂渝线试验段成区段试铺(2005—2006年)

2005年我国在遂渝线建立了无砟轨道综合试验段，试验段全长约13 km，自主研发了单元板式、纵连板式、双块式和岔区轨枕埋入式无砟轨道结构，并且试验段首次在路基、岔区和大跨度桥上试铺了无砟轨道，在基础沉降控制、无砟轨道扣件和制造施工工艺等方面取得了较系统的研究成果。

图3-19 遂渝线无砟轨道综合试验段

(4)国外无砟轨道系统的技术引进及无砟轨道技术再创新(2005年至今)

为满足我国和高速铁路的建设需要，2005年我国全面引进了国外无砟轨道先进技术，系统地引进了国外高速铁路无砟轨道设计、制造、施工、检测和养护维修等成套技术，并且在吸收国外技术的基础上进行了再创新。

3.3.1 我国无砟轨道主要类型

我国铁路在开发研制无砟轨道过程中，参照国外的成功经验，近年来取得了较大的进步。目前，我国高速铁路现已铺设的无砟轨道类型主要为板式和双块式无砟轨道结构，具体包括：CRTSⅠ型板式无砟轨道、CRTSⅡ型板式无砟轨道、CRTSⅢ型板式无砟轨道、CRTSⅠ型双块式无砟轨道、CRTSⅡ型双块式无砟轨道、岔区枕式无砟轨道、岔区板式无砟轨道。

3.3.2 CRTSⅠ型板式无砟轨道

1. 结构组成

CRTSⅠ型板式无砟轨道结构由钢轨、弹性扣件、充填式垫板、轨道板、水泥乳化沥青砂浆充填层、混凝土底座、凸形挡台及其周围填充树脂等组成，如图3-20所示。

2. 结构及形式尺寸

CRTS Ⅰ轨道板结构类型分为：预应力混凝土平板(P型)、预应力混凝土框架板(PF型)和钢筋混凝土框架板(RF型)，各型应根据不同的环境条件和下部基础合理选用。

(1)轨道板

轨道板宽度2400 mm，厚度不小于190 mm。标准轨道板长度为4962 mm，异形板根据具体梁跨合理配置。轨道板两端中部设半圆形缺口，半径为300 mm。

(2)水泥乳化沥青砂浆充填层

厚度为50 mm；对于减振型板式轨道，厚度为40 mm。水泥乳化沥青砂浆及原材料的性能应符合相关规定。水泥乳化沥青砂浆应采用袋装灌注法施工。

(3)混凝土底座

底座设计荷载包括列车荷载、温度荷载、混凝土收缩等共同作用，进行强度和裂缝宽度

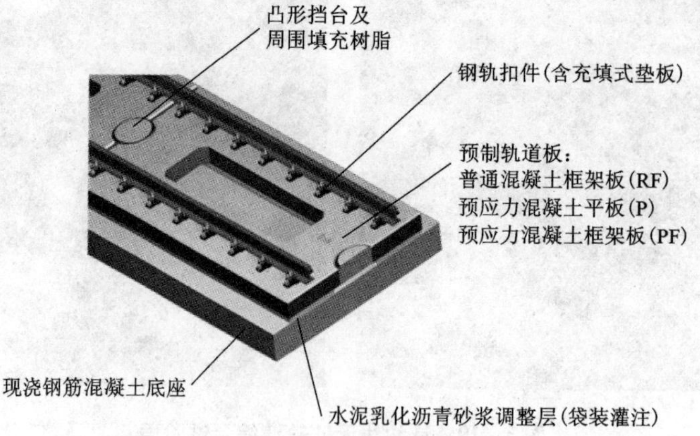

图3-20 CRTS Ⅰ型板式无砟轨道结构组成

检算，同时应考虑下部基础变形的影响，进行结构强度检算。

底座采用钢筋混凝土结构，混凝土强度等级C40。底座的外形尺寸根据上述荷载条件计算确定，曲线地段底座厚度根据曲线超高设置情况，以曲线内侧底座厚度不小于100 mm为原则确定。

(4)凸形挡台及周围填充树脂

凸形挡台按固定于混凝土底座上的悬臂构件设计，设计荷载包括温度荷载、起动或制动力、轮轨横向力等。凸形挡台形状分圆形和半圆形，混凝土强度等级C40。凸形挡台和轨道板半圆形缺口之间填充树脂材料，设计厚度为40 mm，树脂材料的性能应符合相关规定。凸形挡台周围树脂应采用袋装灌注法施工。

3. 曲线超高设置

不同线下基础上CRTS Ⅰ型板式无砟轨道的曲线超高均在底座上设置。超高设置以内轨顶面为基准，采用外轨抬高方式，并在缓和曲线范围完成过渡。

4. 路基地段CRTS Ⅰ型板式无砟轨道

路基地段CRTS Ⅰ型板式无砟轨道如图3-21所示，并应符合下列规定：

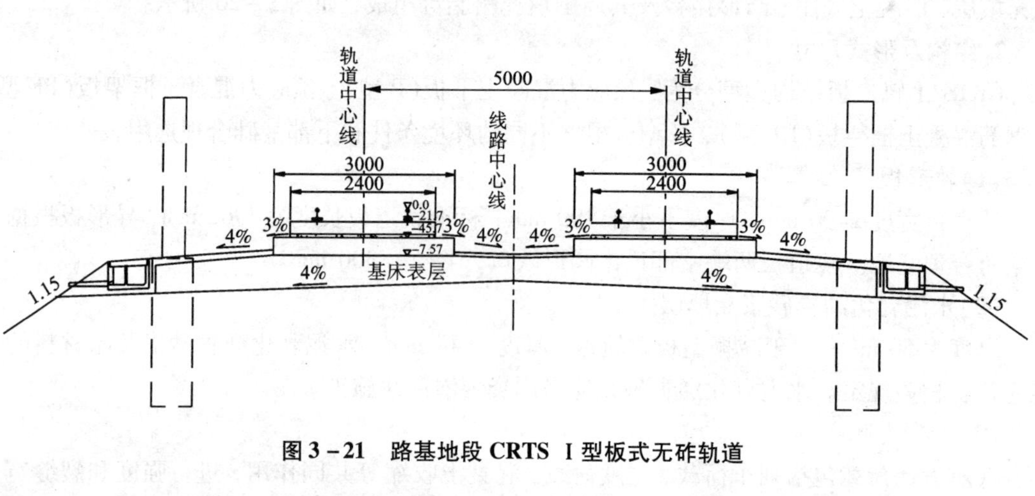

图3-21 路基地段CRTS Ⅰ型板式无砟轨道

①底座在路基基床表层上设置。

②底座每隔一定长度，对应凸形挡台中心位置，设置横向伸缩缝。

③线间排水应结合线路纵坡、桥涵等线路条件具体设计。当采用集水井方式时，集水井设置间隔应根据汇水面积和当地气象条件计算确定。严寒地区线间排水设计应考虑防冻措施。

④线路两侧及线间路基表面以沥青混凝土防水材料封闭，路基面防水材料的性能应符合相关规定。

5. 桥梁段 CRTS Ⅰ型板式无砟轨道

桥梁地段 CRTS Ⅰ型板式无砟轨道如图 3－22 所示，设计应符合下列规定：

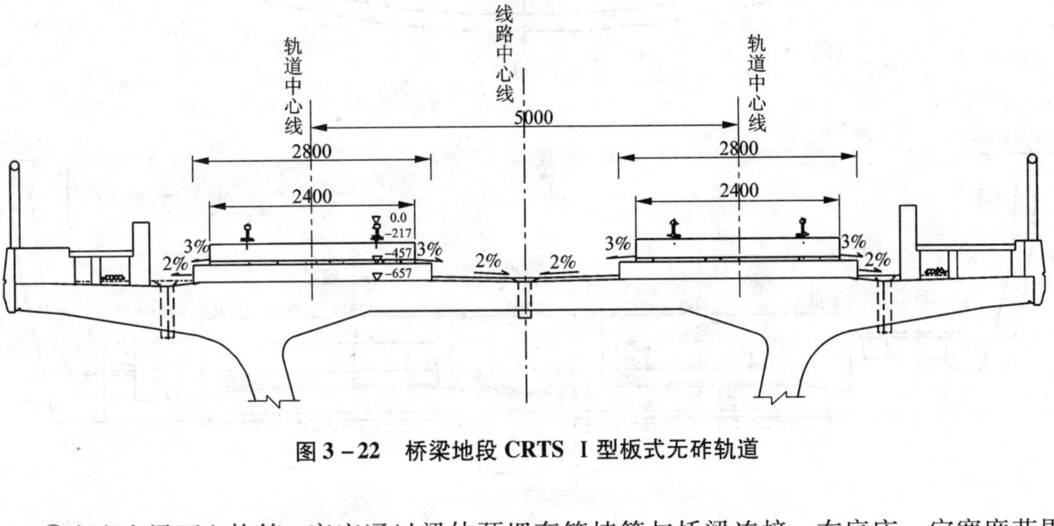

图 3－22　桥梁地段 CRTS Ⅰ型板式无砟轨道

①底座在梁面上构筑，底座通过梁体预埋套筒植筋与桥梁连接。在底座一定宽度范围内，梁面应进行拉毛或凿毛处理。

②底座对应每块轨道板长度，在凸形挡台中心位置，设置横向伸缩缝。

③底座范围内，梁面不设防水层和保护层；底座范围以外，根据桥梁设计的相关规定设置防水层和保护层。

④桥上扣件纵向阻力及梁端扣件结构形式应根据计算确定。

⑤桥面采用三列排水方式。

6. 隧道地段 CRTS Ⅰ型板式无砟轨道

隧道地段 CRTS Ⅰ型板式无砟轨道如图 3－23 所示，设计应符合下列规定：

①有仰拱隧道内，底座在仰拱回填层上构筑，沿线路纵向，每隔一定长度，对应凸形挡台中心位置，设置横向伸缩缝。隧道沉降缝位置，底座对应设置伸缩缝。底座宽度范围内，仰拱回填层表面应进行拉毛或凿毛处理设计。

②无仰拱隧道内，底座与隧道钢筋混凝土底板合并设置，并连续铺设。

③距隧道洞口 100 m 范围，仰拱回填层或钢筋混凝土底板预埋钢筋与底座连接。

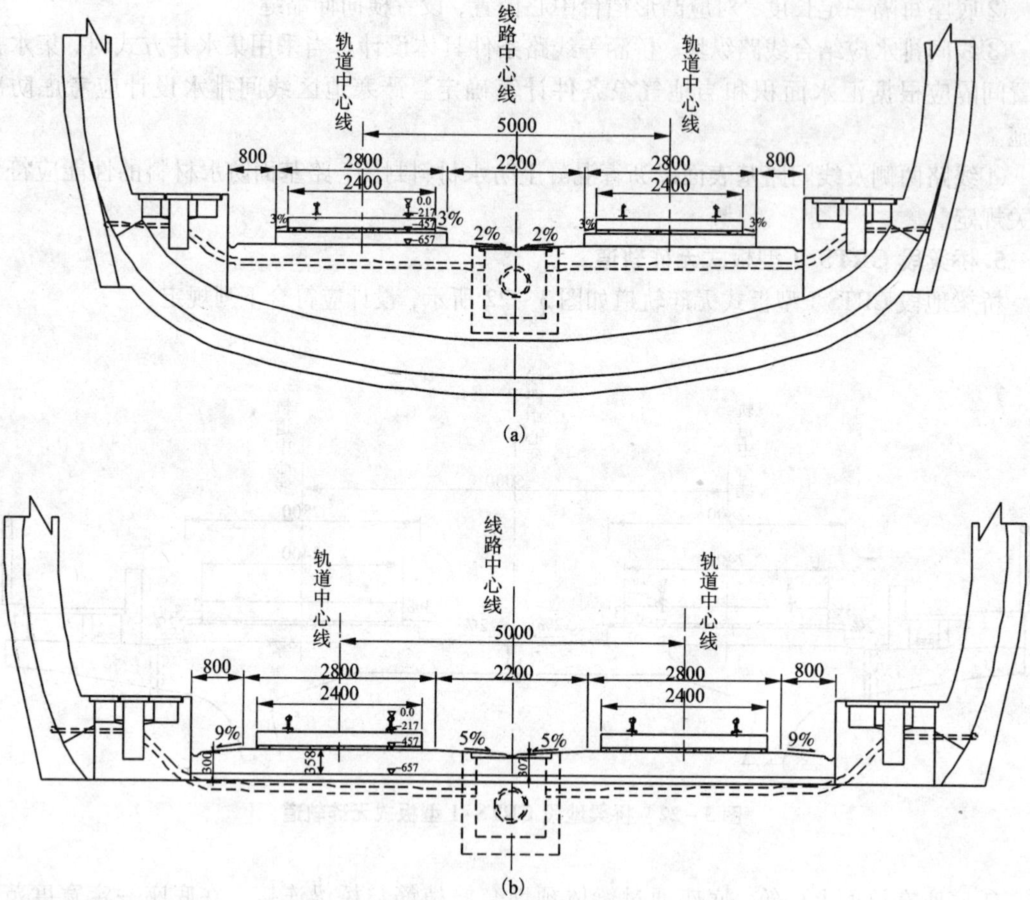

图 3-23 隧道地段 CRTS Ⅰ型板式无砟轨道

(a)有仰拱隧道；(b)无仰拱隧道

3.3.3 CRTS Ⅱ型板式无砟轨道

1. CRTS Ⅱ型板式轨道结构

Ⅱ型板式无砟轨道(图 3-24 和图 3-25)目前主要用在桥上，主要由纵连轨道板、CAM 层、底座及其下设滑动层等组成。

①轨道板采用预应力混凝土结构，混凝土强度等级不低于 C55。标准轨道板外形尺寸：长度为 6450 mm，宽度为 2550 mm，厚度为 200 mm。异形板和特殊板根据具体条件配置。

②水泥沥青砂浆充填层，厚度 30 mm，水泥乳化沥青砂浆及原材料的性能应符合相关规定。

2. 路基地段 CRTS Ⅱ型板式无砟轨道

①路基地段 CRTS Ⅱ型板式无砟轨道结构由钢轨、弹性不分开式扣件、轨道板、水泥乳化沥青砂浆充填层、支承层等组成，如图 3-26 所示。

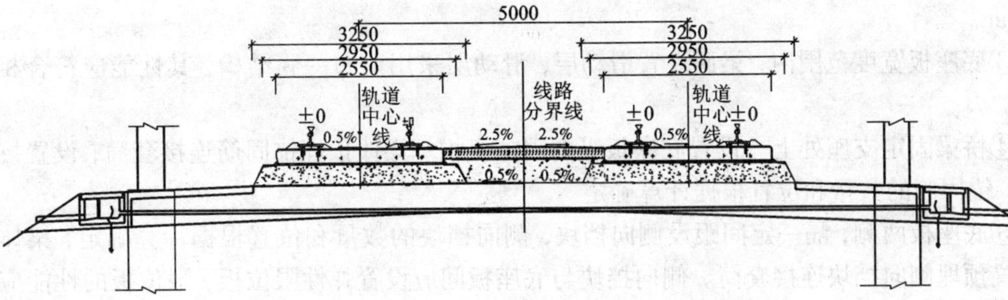

图3－24　路基地段 CRTS Ⅱ型板式无砟轨道

②支承层在路基基床表层上设置，材料的强度等级应小于 C20，其性能应符合相关规定。支承层顶面宽度为 2950 mm，底面宽度为 3250 mm，厚度一般为 300 mm，特殊条件下应根据计算确定。沿线路纵向，每隔不大于 5 m 设置一横向预裂缝，缝深为厚度的 1/3。轨道板宽度范围内的支承层表面应进行拉毛处理。

③曲线超高在路基基床表层上设置。

④线间排水应结合线路纵坡、桥涵等线路条件具体设计。当采用集水井方式时，集水井设置间隔应根据汇水面积和当地气象条件计算确定。

⑤支承层外侧的路基面应采取沥青混凝土防水材料封闭，路基面防水材料的性能应符合相关规定。

3. 桥梁地段 CRTS Ⅱ型板式无砟轨道

①桥梁地段 CRTS Ⅱ型板式无砟轨道结构由钢轨、弹性不分开式扣件、轨道板、水泥沥青砂浆充填层、混凝土底座板、滑动层、硬质泡沫塑料板、侧向挡块、台后端刺及摩擦板等部分组成，如图 3－27 所示。

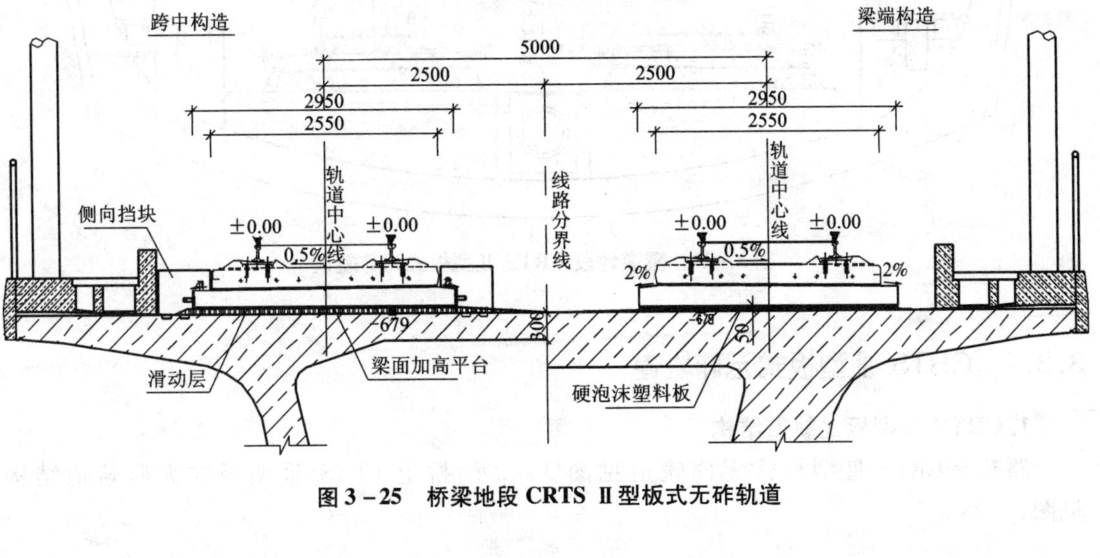

图3－25　桥梁地段 CRTS Ⅱ型板式无砟轨道

②底座板采用跨梁缝的连续混凝土结构，混凝土强度等级 C30。底座板宽度为 2950 mm；

直线区段的底座板厚度190 mm；曲线超高在底座板上设置，曲线内侧的底座板厚度不得小于175 mm。

③底座板宽度范围内，梁面设置滑动层，滑动层采用两布一膜结构，其性能应符合相关规定。

④桥梁固定支座处上方设置底座板纵向限位机构。梁体预埋锚固筋连接套筒，设置抗剪齿槽，锚固筋的数量和位置根据计算确定。

⑤底座板两侧，隔一定间距设侧向挡块，侧向挡块的数量和位置根据计算确定，梁体相应位置预埋侧向挡块连接套筒。侧向挡块与底座板间应设置弹性限位板，限位板的性能应符合相关规定。

⑥在梁缝中心两侧的一定范围，梁面设置厚度为50 mm的硬质泡沫塑料板，其性能应符合相关规定。

⑦桥面采用三列排水方式。

⑧台后路基设置摩擦板、端刺及过渡板。摩擦板与底座板间设置两层土工布，台后摩擦板、端刺及过渡板结构及形式尺寸应根据计算确定。

4. 隧道段CRTS Ⅱ型板式无砟轨道结构

隧道段CRTS Ⅱ型板式无砟轨道结构由钢轨、弹性不分开式扣件、轨道板、水泥乳化沥青砂浆充填层、支承层等组成，如图3－26所示。支承层两侧不作防水处理，曲线超高在隧道仰拱回填层（有仰拱隧道）或钢筋混凝土底板（无仰拱隧道）上设置，其他设计规定与路基地段相同。

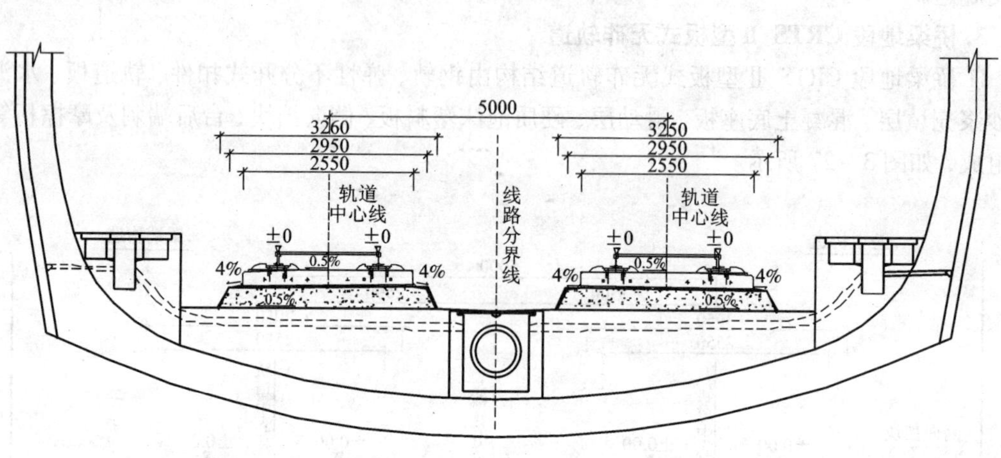

图3－26 隧道地段CRTS Ⅱ型板式无砟轨道

3.3.4 CRTS Ⅲ型板式无砟轨道

1. CRTS Ⅲ型板式轨道结构

路基上CRTS Ⅲ型板式无砟轨道见图3－27，桥上CRTS Ⅲ型板式无砟轨道结构见图3－28。

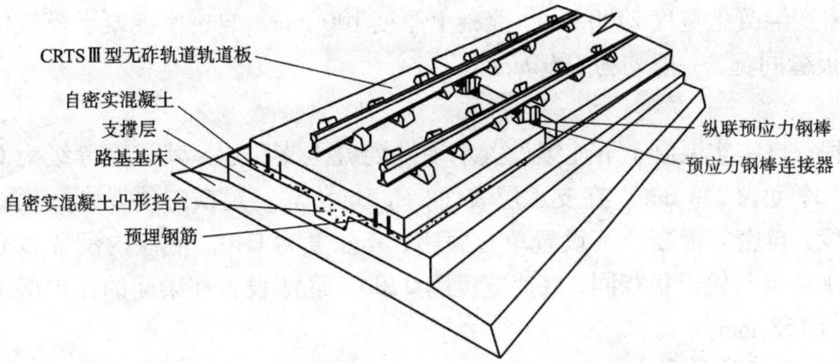

图3-27　路基上CRTS Ⅲ型板式无砟轨道结构图

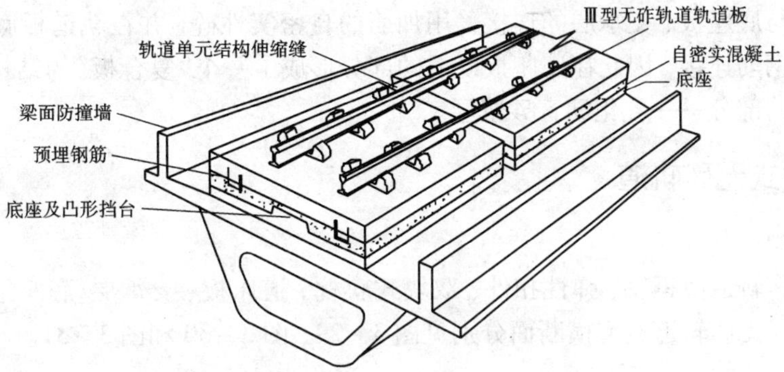

图3-28　桥上CRTS Ⅲ型板式无砟轨道结构图

2. 技术参数

(1)轨道板结构尺寸

CRTSⅢ型无砟轨道分为P5350和P4856两种类型，P5350型轨道板长5350 mm，宽2500 mm，厚190 mm，每板布置8对扣件节点。

路基地段，P5350型轨道板间的相邻板缝一般为60 mm，最大调整量为80 mm(无负调整)。板中扣件间距为687 mm，跨板缝扣件节点间距一般为601 mm。

桥梁地段，P5350型轨道板间的相邻板缝一般为100 mm，板中扣件间距为687 mm，跨板缝扣件节点间距一般为641 mm。P4856型轨道板长4856 mm，宽2500 mm，厚190 mm。每板布置8对扣件节点。

P4856型轨道板只布置在桥梁地段，相邻板间的相邻板缝一般为100 mm。

板中扣件间距为617 mm，跨板缝扣件间距一般为637 mm。

(2)自密实混凝土

自密实混凝土强度等级为C40，自密实混凝土层内，配置ϕ12 mm的构造钢筋网，钢筋纵横间距均为200 mm。在路基地段，自密实混凝土按照轨道板长度采用模筑施工。

自密实混凝土模筑长度与对应的轨道板长度相同，模筑宽度2800 mm，自密实混凝土厚度100 mm。自密实混凝土模筑单元间缝宽，与轨道板的相邻板缝相同，一般均为60 mm。自密实混凝土单元间缝隙与轨道板间板缝均填充树脂砂浆。

在桥梁地段，自密实混凝土按照轨道结构单元采用模筑施工。自密实混凝土长度与轨道板相同，自密实混凝土宽度 2700 mm，混凝土厚度 100 mm。自密实混凝土模筑单元间缝隙与轨道板间的板缝同宽，一般均为 100 mm。

(3)底座

路基地段，自密实混凝土下连续设置水硬性混凝土支承层，其强度等级为 C15。支承层宽 3100 mm，厚度为 238 mm。在支承层表面，每 5m 设置一道横向预裂缝，缝深 80 mm。

桥梁地段，自密实混凝土下设置单元底座，其强度为 C40。底座内配置 ϕ10 mm 双层受力钢筋。底座长度与轨道板相同，底座宽度为 2700。底座设置在梁面的保护层上，轨道中心处底座厚度为 153 mm。

3. CRTSⅢ型板的优点

①加大了承轨台间距，节省了扣件成本。

②轨道板与底座板、支承层的连接采用加筋的自密实性砼，并在轨道板底部有门字形钢筋用于与底座钢筋连接，因此在底座板以上的部分形成了一个“复合板”的结构，摒弃了板式结构中最薄弱的部分——乳化沥青砂浆层。

3.3.5 双块式无砟轨道

1. 轨道结构

双块式无砟轨道由钢轨、弹性扣件、双块式轨枕、道床板、支承层/底座组成。路基、桥梁和隧道双块式无砟轨道典型横断面分别见图 3－29、图 3－30 和图 3－31。

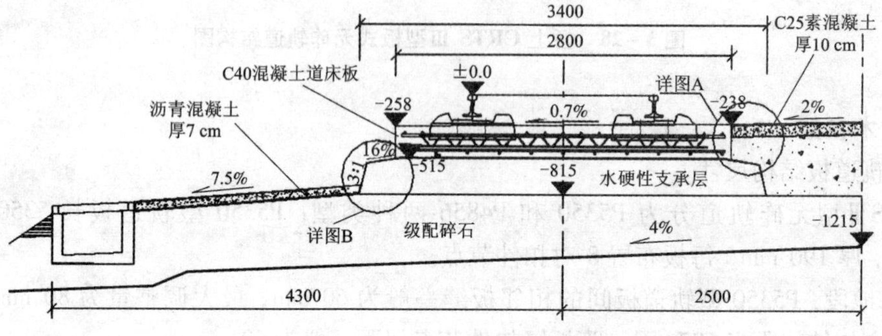

图 3－29 路基上双块式无砟轨道横断面图

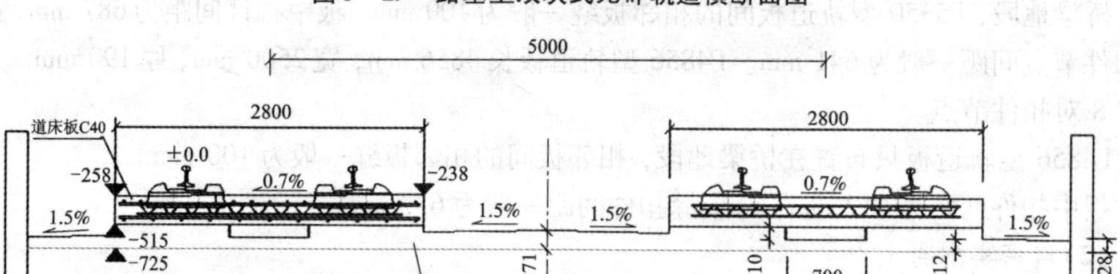

图 3－30 桥上双块式无砟轨道横断面图

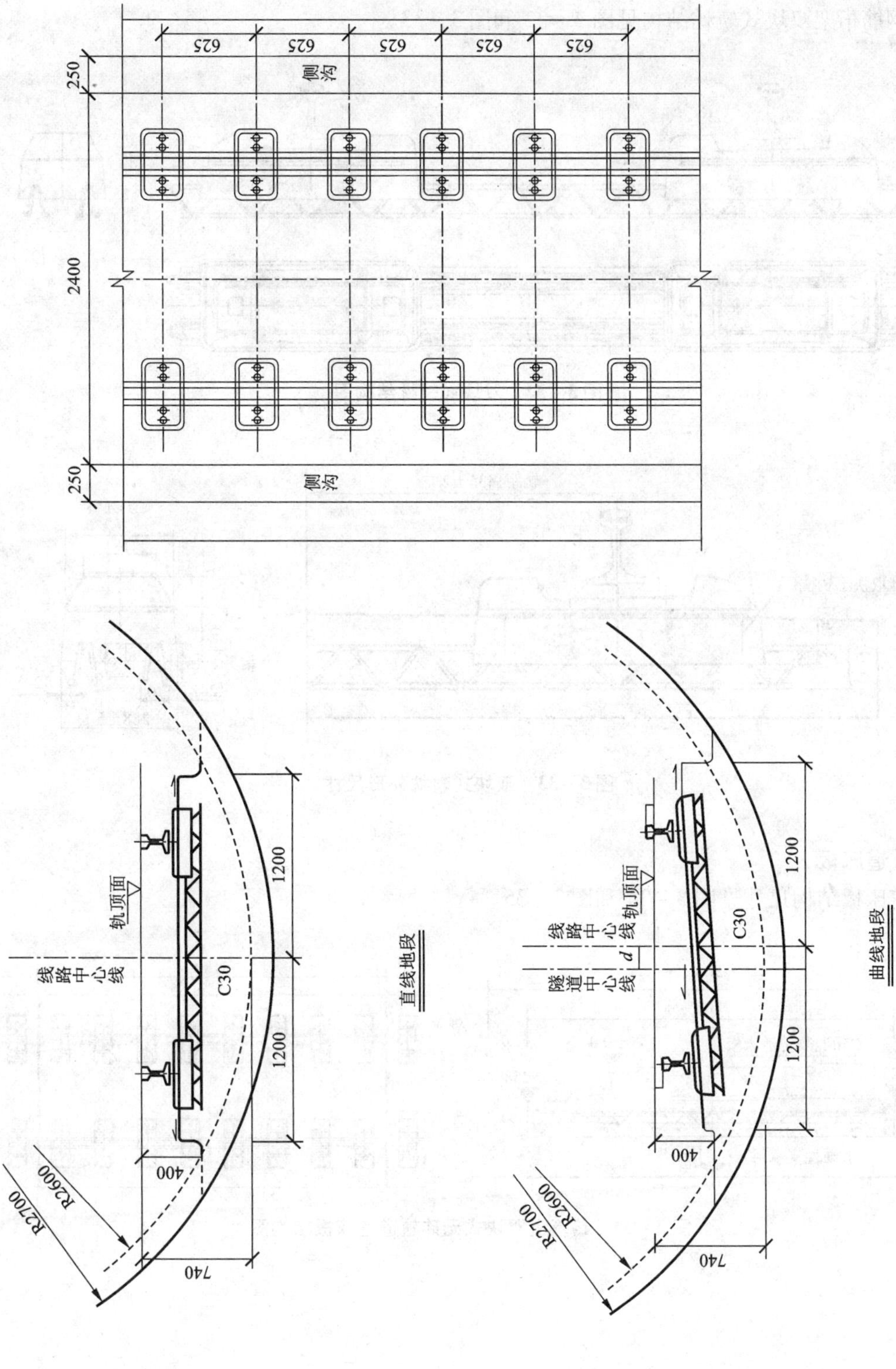

图3-31 单圆隧道双块式无砟轨道横断面图

2. 双块式轨枕

钢筋桁架双块式轨枕结构见图 3－32 和图 3－33。

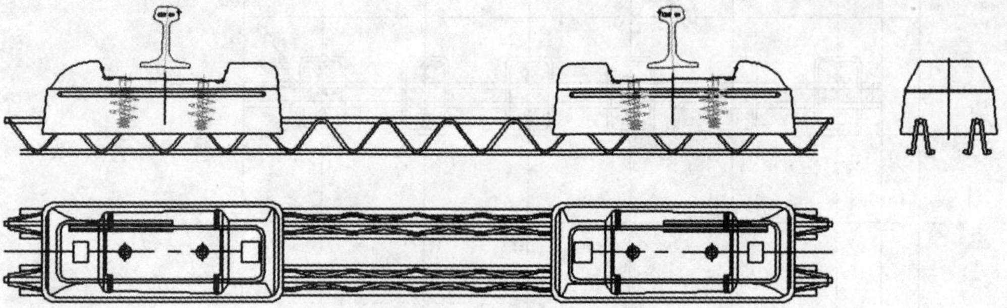

图 3－32 双块式轨枕结构图

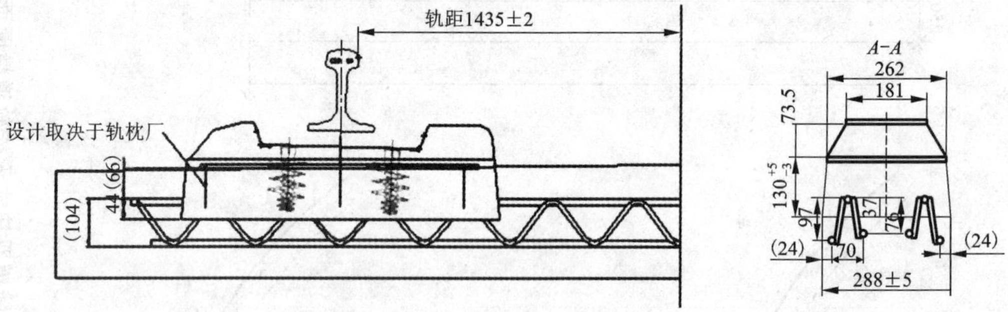

图 3－33 双块式轨枕外形尺寸

3. 道床板

道床板结构尺寸见图 3－34 和图 3－35。

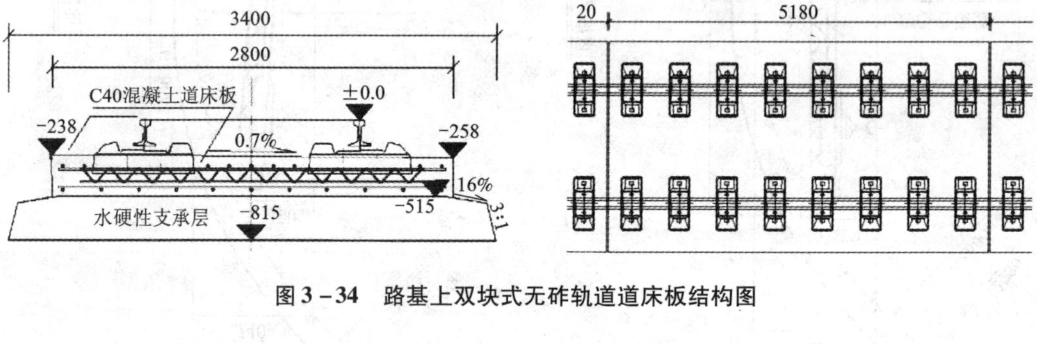

图 3－34 路基上双块式无砟轨道道床板结构图

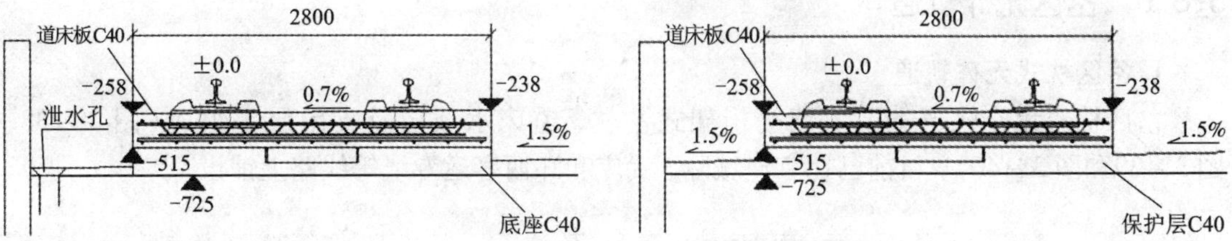

图 3－35　桥上双块式无砟轨道道床板结构图

4. 支承层或底座

根据线下基础结构的不同，双块式无砟轨道在路基地段铺设水硬性支承层或贫混凝土支承层，在桥梁地段铺设混凝土底座，在隧道内不设支承层或底座，道床板直接铺设在隧道填充层上。

(1) 支承层

路基上双块式无砟轨道支承层，如图 3－36 所示。支承层宽度为 3400 mm，厚度为 300 mm。

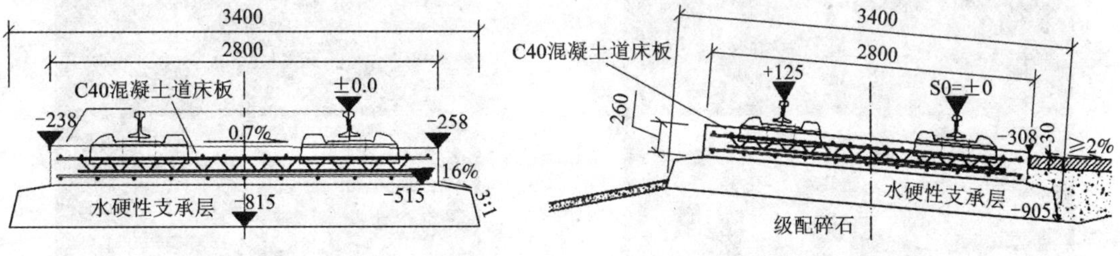

图 3－36　路基上双块式无砟轨道支承层

(2) 底座

桥上双块式无砟轨道的道床板下设置 C40 钢筋混凝土底座或保护层，如图 3－37 所示。每块道床板范围内设置两个限位凹槽，道床板与底座之间设置 4 mm 厚聚丙烯土工布隔离层。

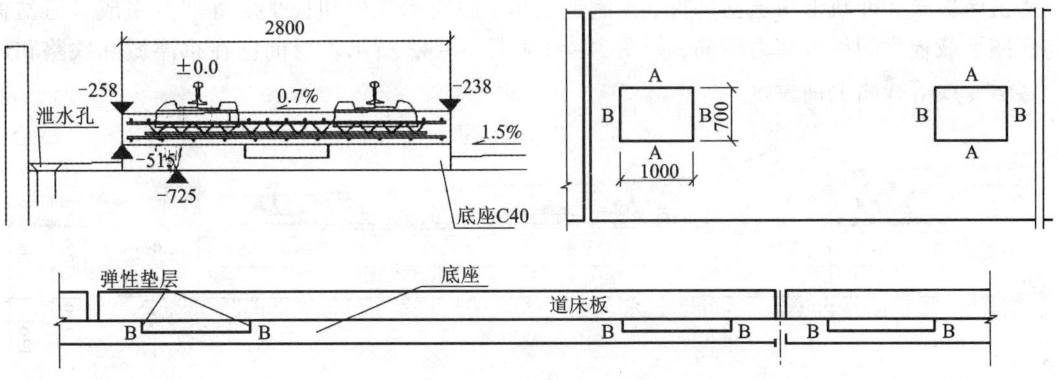

图 3－37　桥上双块式无砟轨道混凝土底座

3.3.6 岔区无砟轨道

1. 岔区枕式无砟轨道

岔区枕式无砟轨道主要由钢筋桁架式岔枕、道床承载层及支承层等组成(图 3-38、图 3-39和图 3-40),目前已在京津城际、武广和郑西客运专线等线路上铺设。

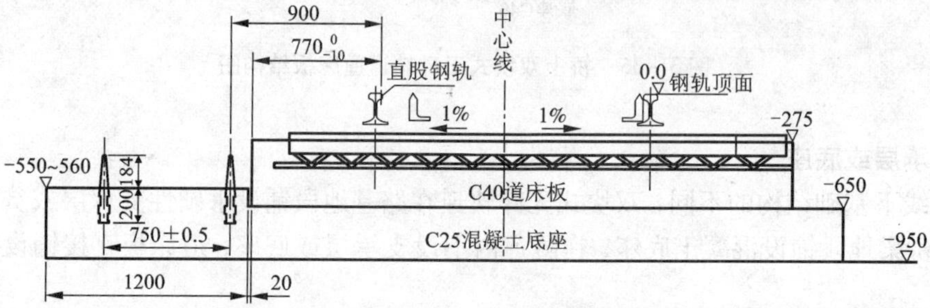

图 3-38 岔区枕式无砟轨道横断面图

图 3-39 单渡线无砟道岔

图 3-40 枕式无砟道岔结构图

2. 岔区板式无砟轨道

岔区板式无砟轨道由道岔部件、预制道岔板、底座承载板和找平层等部分组成。道岔板与底座承载板之间设置剪力箍筋,如图 3-41 和图 3-42 所示。目前已在京津城际铁路和武广客运专线等线路上铺设。

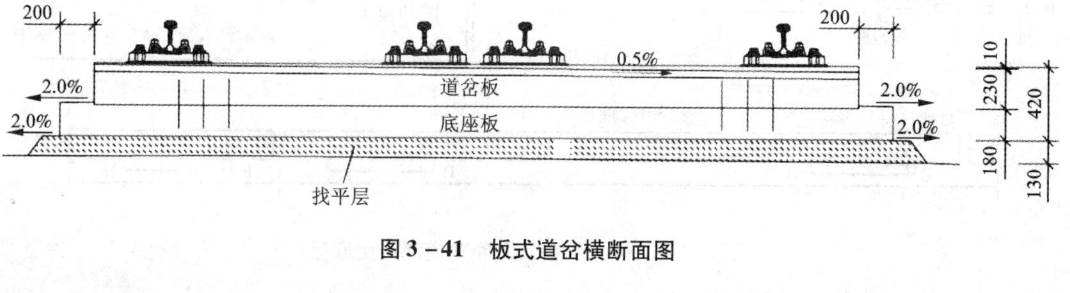

图 3-41 板式道岔横断面图

图 3－42　京津城际板式道岔

3.3.7　两类无砟轨道相关技术问题

1. 板式无砟轨道

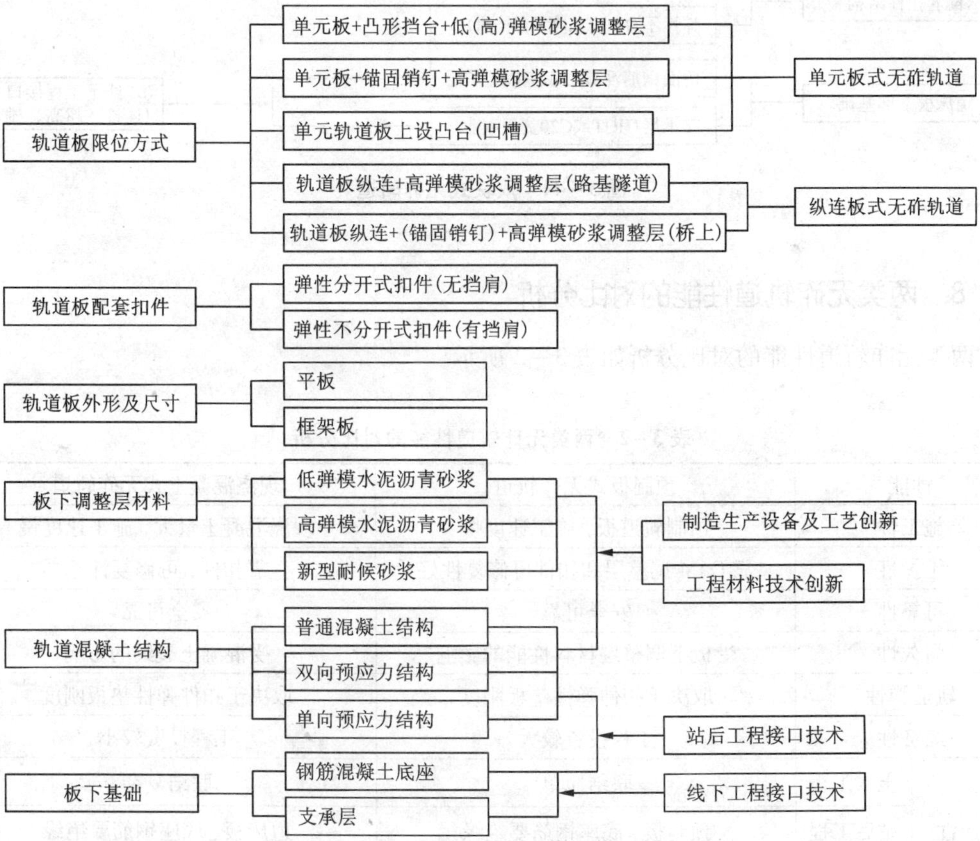

图 3－43　预制板式无砟轨道

2. 双块式无砟轨道

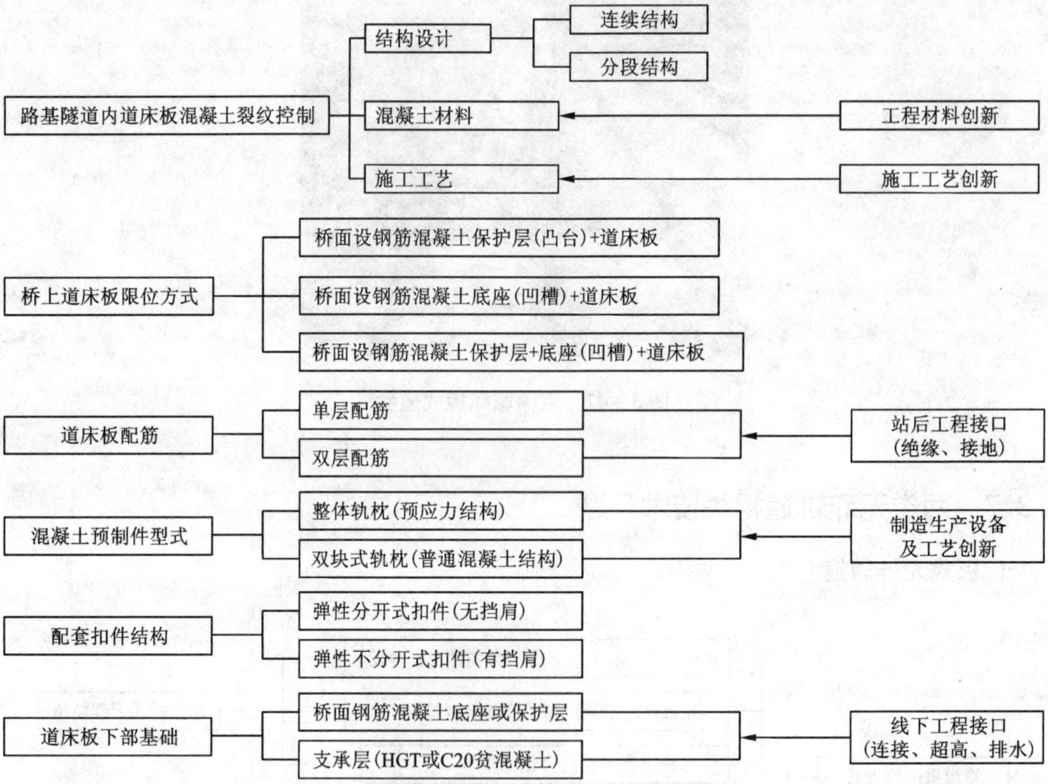

图 3-44 双块式无砟轨道

3.3.8 两类无砟轨道性能的对比分析

两类无砟轨道性能的对比分析如表 3-2 所示。

表 3-2 两类无砟轨道性能的对比分析

性能		预制板式无砟轨道	现浇混凝土式无砟轨道
施工性		预制轨道板，施工速度快	现浇混凝土量大，施工速度慢
维护性		靠 CAM 调整层和扣件可修复性好	靠扣件，可修复性差
可靠性		安全可靠	安全可靠
耐久性		受板下调整层材料性能的影响	受混凝土裂纹的影响
轨道弹性		取决于扣件弹性垫板刚度	取决于扣件弹性垫板刚度
经济性		工程投资较大	工程投资较小
适应性	土木工程	联结简单	联结复杂
	站后工程	预制板、底座钢筋要绝缘	道床板、底座钢筋要绝缘
	气候条件	较好	较差

3.4　无砟轨道扣件

在轨道结构部件中，扣件的类型最多，以适应不同的要求。事实上，对有砟轨道和无砟轨道扣件性能的要求在许多方面基本一致，而且有些类型扣件在有砟轨道和无砟轨道结构中都有使用。无砟轨道基础刚度较大，且不能像有砟轨道那样可进行起道、拨道，因此对扣件提出了更高的要求。要求扣件必须有足够的扣压力，以确保钢轨与道床的可靠联结；具有一定的弹性，以缓冲列车荷载的冲击；具有一定的调整量，以调整高低、水平、方向和轨距。对无砟轨道扣件的具体要求有：

①应具有较大的调整轨道几何形位的能力。轨道在使用过程中出现的轨距、方向、高低等几何形位的改变一般只能通过扣件来调整。如上海轨道交通高架线路，使用扣件的高低调整量为 +40 mm，轨距调整为 +20 mm、-20 mm；在地下铁道，由于隧道的下沉，也需要扣件具有较大的调高能力。

②应具有较大的弹性。为使无砟轨道与有砟轨道具有相当的弹性，通常要求扣件节点刚度在 50 kN/mm 以下。而在要求减振降噪地段，更需要采用特殊的轨道结构和高弹性扣件，如采用浮置板结构或进一步降低轨道结构的刚度。

③用于桥上和高架桥上的无砟轨道的扣件，其阻力应控制在一定范围内，以减小桥梁伸缩力和挠曲力对无缝线路长钢轨纵向力的影响。

④要求扣件具有良好的绝缘性能，结构简单，制造和维修方面，造价尽可能低廉。

3.5.1　国外无砟轨道主要扣件类型

为适应板式轨道与钢轨连接的需要，日本开发了专用的板式轨道扣件。此类扣件在混凝土基础上预埋紧固螺栓基座，通过紧固螺栓和弹片来固定钢轨，绝缘轨距块兼作绝缘和轨距调整之用。这种扣件与有砟轨道混凝土轨枕上的扣件没有区别。其结构简单，造价低，使用方便，有较强的抗横向力能力，但调整量较小。

Pandrol 扣件也可以归入这一类型。它为无螺栓无挡肩扣件。预埋在混凝土基础中的铸铁挡肩承受横向力，用 Pandrol 弹条扣压钢轨，用尼龙绝缘块作绝缘部件并保持轨距，这种扣件在铁路和城市轨道交通中也常用。

日本新干线板式轨道使用 60 kg/m 焊接长钢轨轨道。钢轨扣件是唯一能传递行驶列车的横向力和给轨道板以垂向弹性的同时，还能简单整正轨向和高低的轨道组成部件。日本新干线板式轨道所用的扣件主要有直结 4 型[图 3-45(a)]和直结 5 型[图 3-45(b)]两种。直结 4 型用于不漏水的隧道直线地段，而直结 5 型用于露天区间的直线和曲线地段及隧道的曲线地段。实际上直结 5 型为分开式扣件。

日本在长期的实践，以及发展无砟道床技术上不可避免地探讨加快施工速度及如何解决轨道系统下沉后的间隙调整问题中，总结出了“充填式垫板”技术及“高度调整块”技术。它的基本方式是在需要调整高度的部位，首先铺放“袋子”，待轨道高度等调节完毕后向袋子里注浆。1 ~ 2 h 固化后达到设计要求强度，以弥补轨道板与轨底之间的间隙，这种方法在日本的板式轨道和城市轨道的铺轨中，以及调节地基沉降引起的间隙中得到广泛应用，如图 3-46、图 3-47 所示。

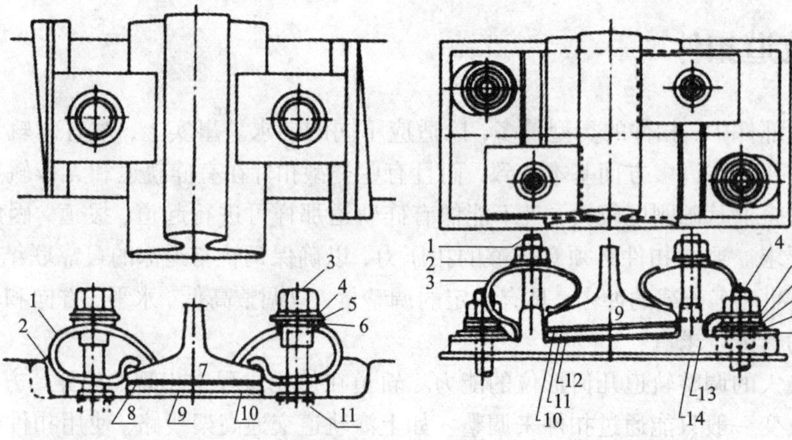

1—弹片；2—楔形铁座；3—扣件螺栓；4—平垫圈(A)；5—绝缘套；6—平垫圈(B)；7—60 kg钢轨；8—铁垫片；9—轨下胶垫；10—可调衬垫；11—埋栓

1—扣件螺栓；2—平垫圈(A)；3—主弹片；4—T形螺栓；5—弹簧垫圈；6—平垫圈(B)；7—绝缘套；8—盖板；9—60 kg/m钢轨；10—铁垫片；11—轨下胶垫；12—可调衬垫；13—A型铁垫板；14—绝缘垫板

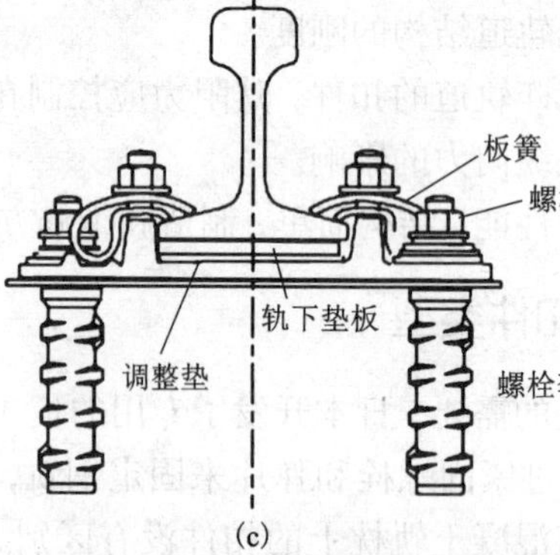

图 3-45　板式轨道使用的扣件

(a)直结4型(带承轨槽)；(b)直结5型(带铁垫板)；(c)直结5型扣件立面图

图 3-46　板式轨道扣件(带充填式垫板)

图 3-47　板式轨道扣件充填式垫板

欧洲铁路无砟轨道扣件的类型较多，但一般也分为一般弹性扣件和高弹性扣件。一般弹性扣件使用 Pandrol 扣件，在轨下铺设一橡胶垫层，有砟轨道一般都用此类扣件，但对于减振要求较高的地段，用两块铁垫板，在两块铁垫板之间再设置一层弹性垫层，以提高钢轨支点弹性。图 3 -48 所示是 Pandrol 公司开发的双块铁垫板一般弹性扣件，铁垫板下再设一橡胶垫（但一般铁垫板下橡胶垫层的刚度要大于轨下橡胶垫的刚度）。图 3 -49 所示是一些无砟轨道常用的钢轨扣件。

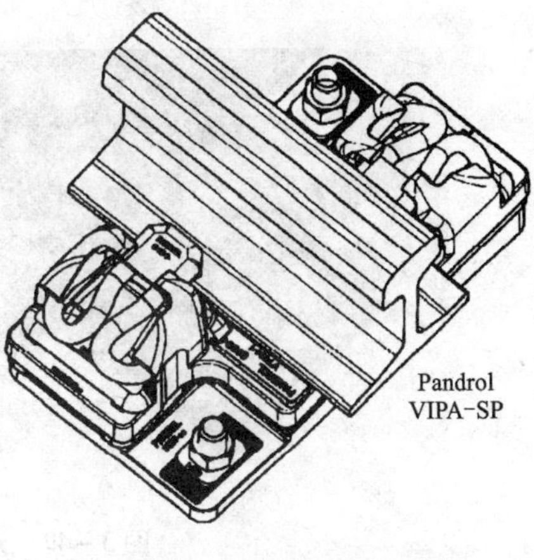

图 3 -48　Pandrol 公司开发的无砟轨道 VIPA - SP 扣件

瑞典铁路公司开发的 ALTERNATIVE - I 扣件，如图 3 -50 所示，属于中等弹性扣件，其板下胶垫与铁垫板黏结在一起，其静刚度为 8 ~30 kN/mm。目前我国铁路和城市轨道交通无砟轨道线路上也使用此类扣件。Lord 扣件与 ALTERNATIVE - I 扣件相类似，也是将轨下橡胶垫与铁垫板粘结在一起，如图 3 -51 所示，其低刚度扣件的垂向刚度为 10 ~16 kN/mm，而中刚度的垂向刚度为 17 ~52 kN/mm 不等。我国铁路客运专线的扣件设计要求静刚度为 20 ~30 kN/mm，动静刚度比不大于 1.5。

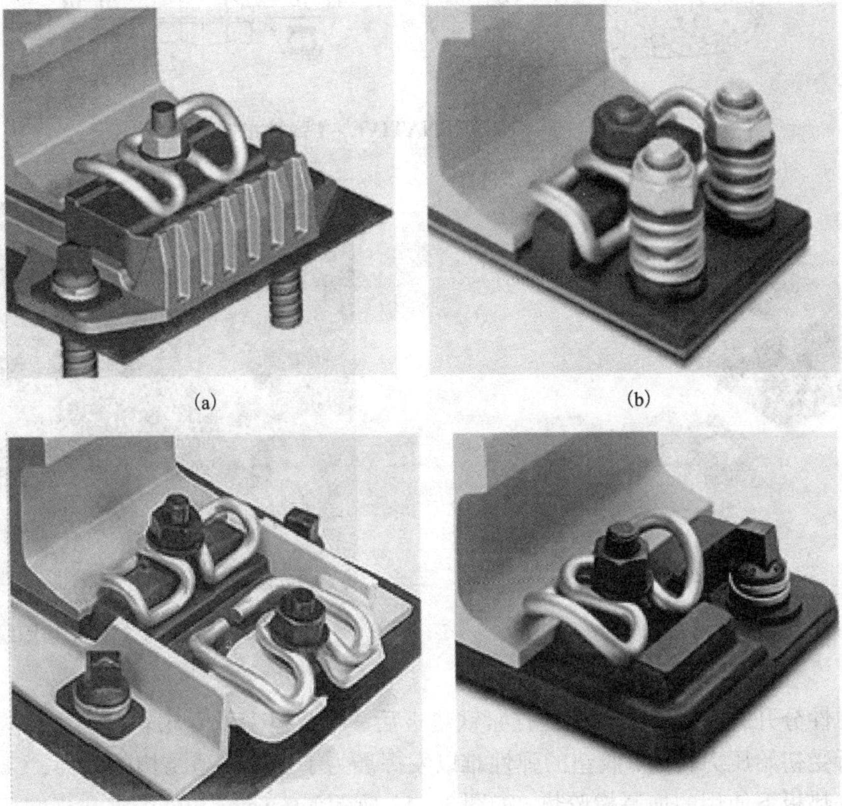

(a)　(b)

(c)　(d)

(e)

(f)

图 3－49　无砟轨道的常用钢轨扣件

(a) Vossloh 公司 DEF300 扣件；(b) Vossloh 公司 System 366 扣件；(c) Vossloh 公司 System 1403 扣件；
(d) Vossloh 公司 DEF14 扣件；(e) 带铁垫板的 Pandrol 扣件；(f) 两孔铁垫板扣件

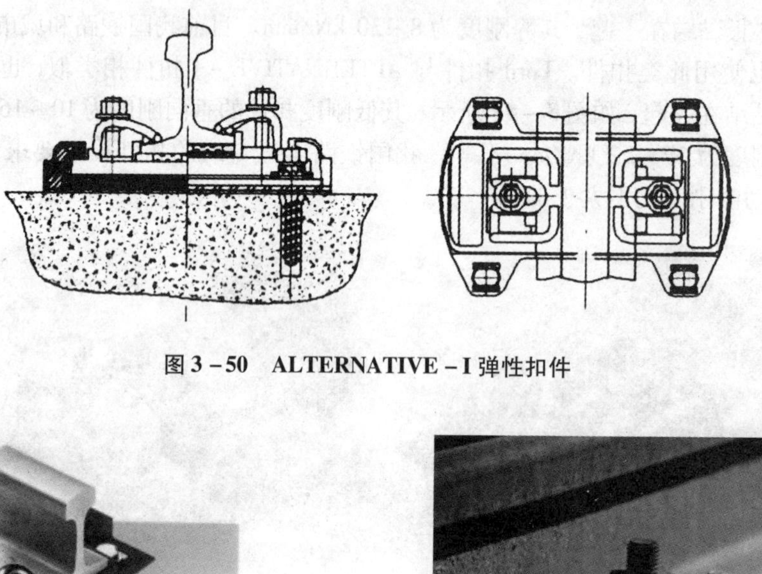

图 3－50　ALTERNATIVE－I 弹性扣件

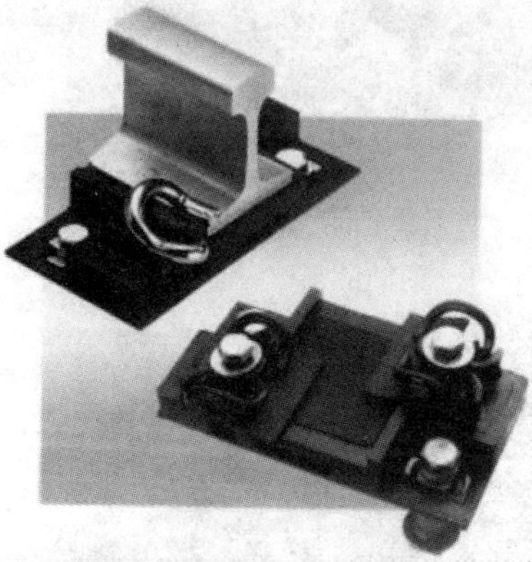

图 3－51　Lord 扣件

图 3－52　Getzner 的防松锚固螺栓

一般弹性分开式扣件特点是螺栓拧紧铁垫板后，靠摩擦力承受轮轨横向力，从而铁垫板下胶垫的所受初始压力较大，胶垫的弹性难以发挥。为了提高轨道结构的弹性，Getzner 公司开发了在铁垫板下使用的加厚橡胶垫，如图 3－52 所示。Getzner 扣件的铁垫板螺栓压力由弹簧控制，铁垫板所受的初始压力较小，轮轨横向力靠螺栓受剪承担，所以能发挥铁垫板下胶垫的初始弹性。

3.5.2　城市轨道交通的分开式扣件

我国城市轨道交通采用的扣件类型也较多，主要可分为地面、高架和地下不同轨道结构扣件；有一般减振、中等减振和弹性扣件等。如轻轨Ⅰ型扣件，调高量 +10 mm，轨距调整为 -8 ~ +4 mm，我国广州地铁1号、2号线在浮置板上就采用Pandrol无挡肩扣件。

分开式扣件的铁垫板与板下弹性垫用螺栓与预埋在混凝土基础重的尼龙套管相连，钢轨通过轨下垫板，连接螺栓及弹条与铁垫板相连，构成二阶弹性系统。这种扣件弹性较好，且调整量较大。如DTⅠ型扣件，轨距的调整量为 -12 ~ +8 mm，高低调整量为 -5 ~ +10 mm，北京地铁一、二期均采用这种扣件，使用情况良好。目前在城市轨道交通高架桥上，无砟轨道使用的分开式无挡肩扣件主要有WJ-2型(图3-53)和WJ-4型(图3-54)；地下铁道采用DTⅢ型(图3-55)、SD-1型(图3-56)和DTⅢ2型(图3-57)扣件。这些扣件都采用铁垫板，有些扣件的弹性主要靠轨下橡胶垫提供，有些铁垫板下垫层也提供部分弹性。

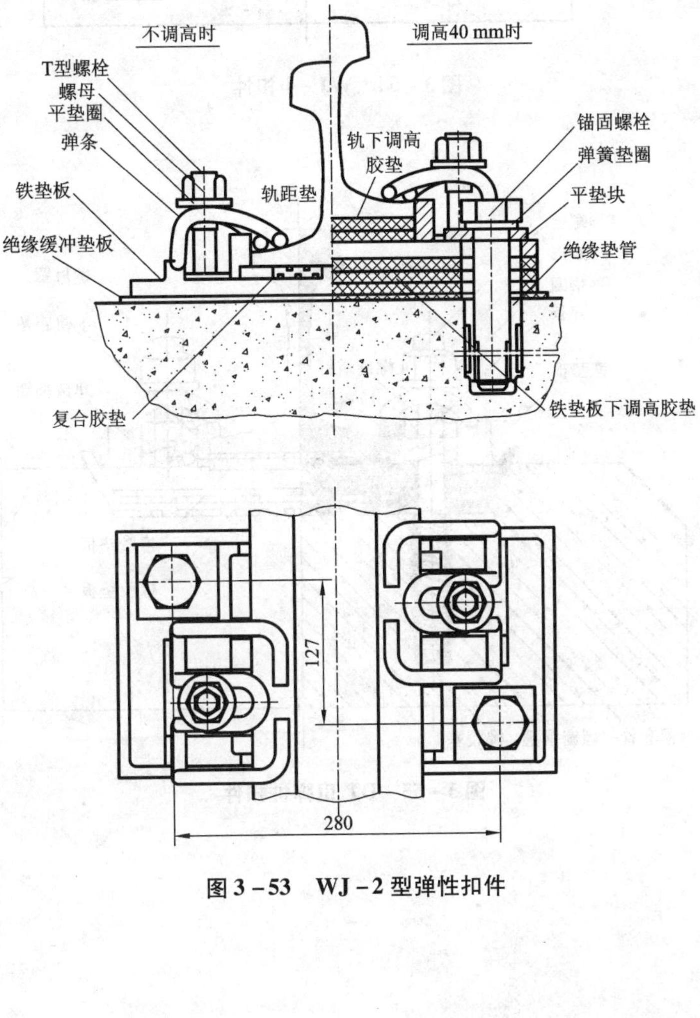

图3-53　WJ-2型弹性扣件

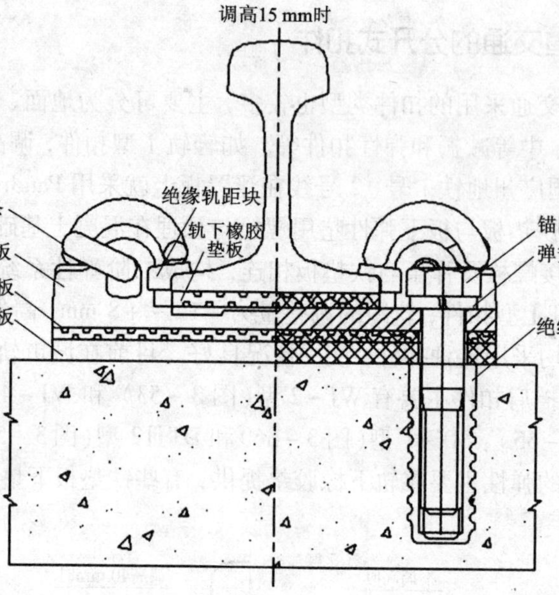

图 3－54 WJ－4 扣件

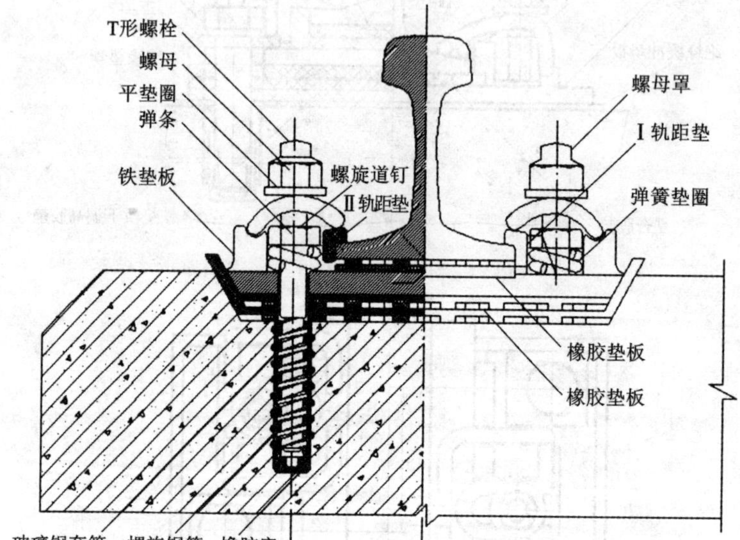

图 3－55 DT Ⅲ弹性扣件

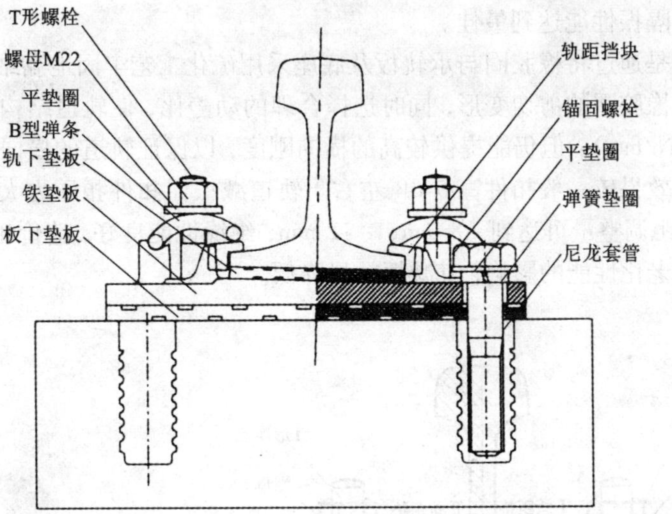

图 3－56　SD－1 扣件

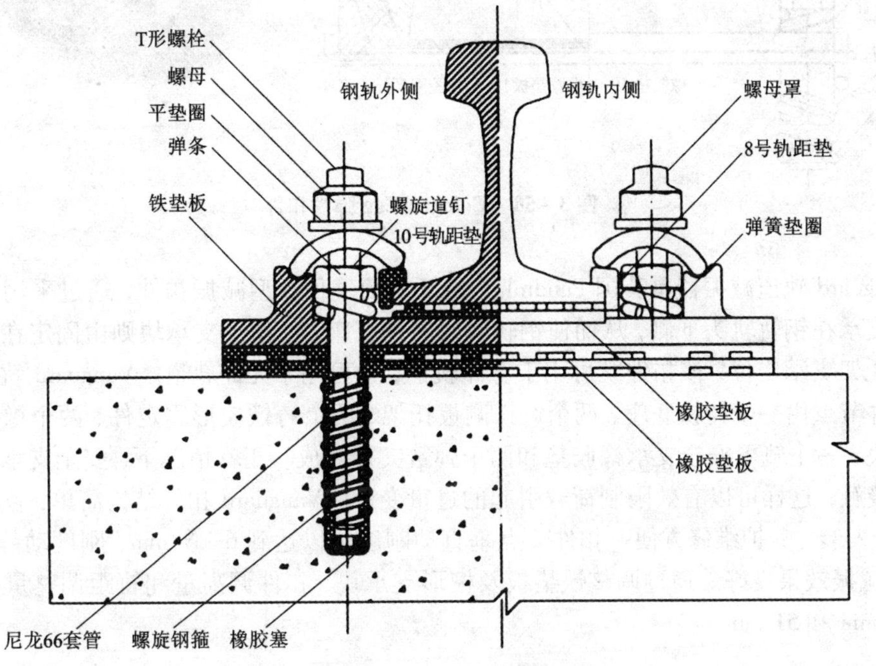

图 3－57　DTⅢ2 型扣件

3.5.3　减振型扣件

轨道减振器又称为科隆蛋，是在德国 Cologne 车站附近首先使用这一弹性扣件，如图 3－58所示。目前我国各大城市轨道交通对减振要求较高的地段采用这种轨道减振器，世界其他国家的轨道交通也较多使用这种扣件。香港西铁在浮置板上采用此种轨道减振器，使轨道结构的减振隔振性能达到最佳。

轨道减振器是通过将橡胶圈与承轨板及底座采用硫化工艺牢固地黏结为一个整体，使该扣件充分利用了橡胶圈的剪切变形，同时选择合理的动静比，使轨道结构获得较低的垂向整体刚度(8 ~ 15 kN/mm)，但仍能提供较高的横向刚度，以保证轨道的横向稳定性。轨道减振器轨道结构减振效果较一般扣件高 5 dB 左右。轨道减振器扣件扣压力大，具有较强的保持轨距的能力，轨距调整量可达到 +8 mm、-12 mm，绝缘性能良好，造价相对较低，施工维修方便。但受橡胶老化性能的影响，其减振效果降低。

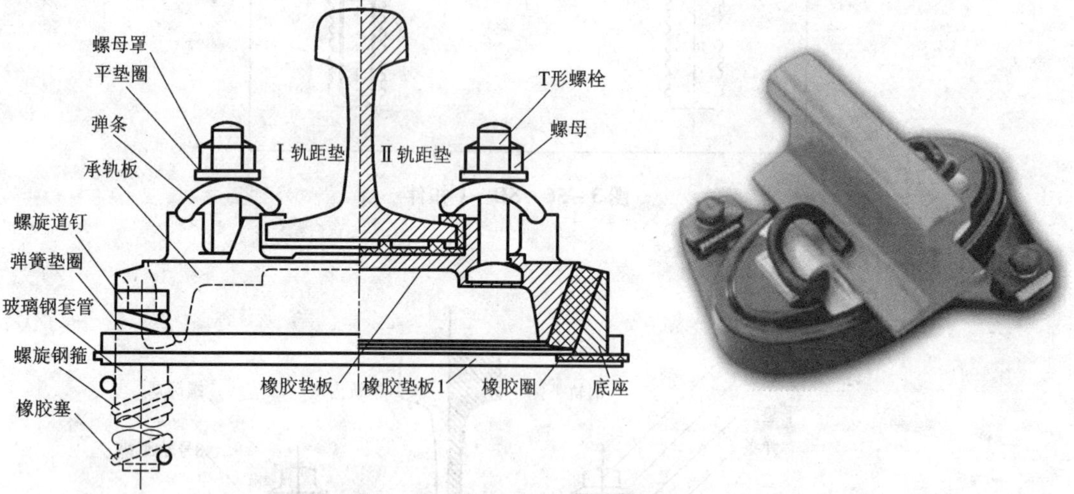

图 3-58 Cologne Egg 弹性扣件

Vanguard 轨道减振器是英国 Pandrol 公司开发的一种新型减振扣件，通过采用弹性楔形支承块支承在钢轨轨头下侧，从而使钢轨轨底离开轨座，而楔形支承块则由固定在轨下基础的侧板托架支承定位，该扣件既可用于有砟轨道，也可用于无砟轨道。Vanguard 轨道系统的每个扣件节点由一个铸铁底座、两个铸铁侧板托架、两个铸铁楔形固定件、两个橡胶楔形钢轨支承块、一个轨下安全支承橡胶垫和两个弹簧夹片组成。正常情况下，安全支承橡胶垫不与钢轨接触，这样可以有效限制荷载引起的过量变形。Vanguard 扣件结构简单，稳定性有保证，易于安装，养护维修方便。扣件节点垂直动刚度可以达到 6 kN/mm，刚度动静比为 1.5 ~1.6，减振效果良好。通过调整铁垫板及楔形支承块，扣件调高量和轨距调整量可以分别达到 36 mm 和 51 mm。

3.5.4 小阻力扣件

小阻力扣件也是分开式扣件，只是轨下橡胶垫为橡胶和不锈钢复合胶垫，以降低橡胶垫板与钢轨底之间的摩擦，减小扣件纵向阻力，设计单组扣件扣压力为 4 kN。如用于九江长江大桥的无砟无枕承轨台道床及上海轨道交通 3 号线上的 WJ-1 型扣件，调高量为 40 mm，轨距调整量可达 -20 ~ +20 mm，在此基础上又作了改进的有 WJ-2 型至 WJ-5 型，可根据所需阻力的大小，使用普通胶垫或复合胶垫进行调节。

3.5　无砟轨道过渡段

为减小不同线路结构之间线路刚度的突变，需要在无砟轨道与有砟轨道、路基与桥涵、路基与隧道及路堤与路堑的连接处设置过渡段，以实现过渡段范围内线路刚度的渐变过渡。

3.5.1　无砟轨道与有砟轨道之间的过渡

无砟轨道的整体刚度大于有砟轨道，为减缓列车通过两种轨道连接处时由于刚度突变引起的动力不平顺，需要用过渡段予以缓解。通常要求过渡段轨面变形的弯折角控制在不大于2.0‰左右，过渡段长度为20～35 m。一般的处理原则是增大有砟轨道一侧刚度，降低无砟轨道一侧刚度。国内目前已采用的是在无砟轨道与有砟轨道的连接处设置两根50 kg/m辅助轨，以加强过渡段轨道的垂向抗弯刚度，同时在相邻一定长度的无砟轨道板底部增设一层弹性垫层（微孔橡胶垫层），以减小两种轨道结构的刚度差。

图3－59所示为路基上的德国FF Bögl（博格）板式轨道与有砟轨道过渡段的设置，从图中可知，板式轨道的水硬性承载层向有砟轨道端延长10 m，并在有砟轨道第一个15 m范围内对道床面灌注环氧树脂黏结剂使道砟完全黏结，第二个15 m范围内部分道砟黏结，第三个15 m范围内砟肩部分黏结。

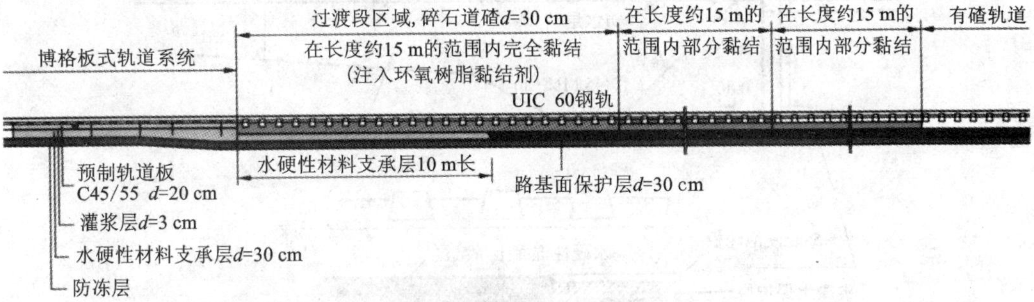

图3－59　德国FF Bögl预制板板式轨道在路基上与有砟轨道过渡段的设置

3.5.2　路桥过渡段

对于不同长度的桥梁，无砟轨道过渡段的形式略有不同。图3－60和图3－61所示分别为德国铁路长度大于25 m的桥梁和长度小于或等于25 m的桥梁与路基的过渡段。从图中可知，在路桥过渡段桥梁侧以1∶1的坡度填筑混凝土，并在楔形底端铺设通长的渗水管，然后以每层小于0.3 m的层厚填筑E_{v2}大于45 MPa（E_{v2}为路基的静态变形模量）的填料，长度为底部大于3 m，上部大于20 m。为了避免横向排水，长桥上带有限位块的轨道板彼此分开，缝隙为100 mm，在过渡段由排水管集中将桥上的水排出。

我国最新颁布的《京沪高速铁路设计暂行规定》中，规定了路桥过渡段的级配碎石填筑技术，压实标准为K_{30}大于或等于150 MPa，路基动态变形模量E_{vd}大于或等于50 MPa，孔隙率小于28%。实测分析表明，在严格按照要求的施工工艺并严格检验的条件下，级配碎石过渡段能满足列车的运行要求。

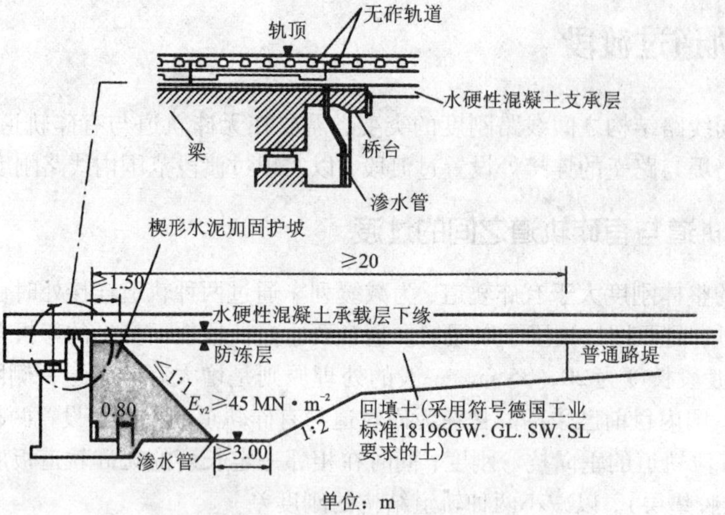

图 3-60 德国铁路长桥过渡段

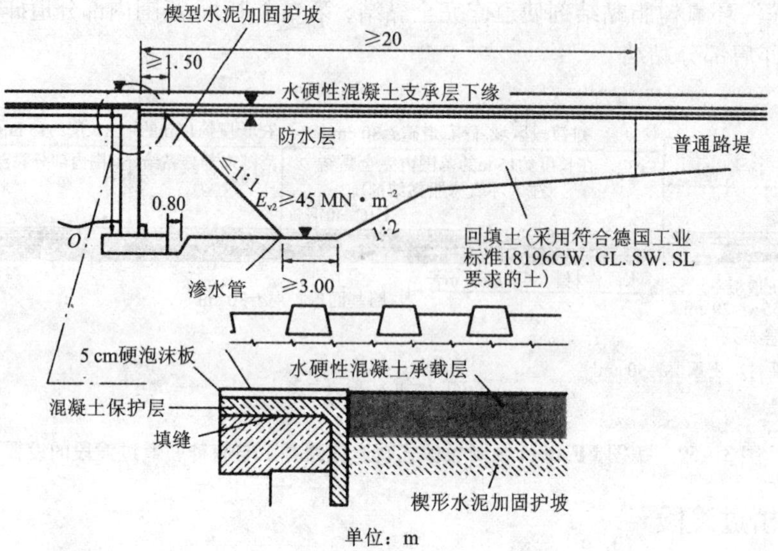

图 3-61 德国铁路短桥过渡段

3.5.3 路隧过渡段

路隧过渡段分为隧道内无砟轨道与路基上有砟轨道过渡和隧道内外均为无砟轨道过渡。前者需要考虑线路和基础都设置过渡装置，后者只需考虑基础间过渡。图 3-62 所示是韩国高速铁路的隧道内无砟轨道与路基上有砟轨道的过渡段，从图中可知，该路隧过渡段长度接近 60 m。线路上部铺设 20 m 长辅助轨，伸入隧道内 5 m。洞外有砟轨道侧 33.6 m 范围内道床碎石按照不同密实度捣固，形成不同刚度梯度，无砟轨道的素混凝土基础延伸到有砟轨道约 60 m 长度范围内，形成刚度渐变过渡。

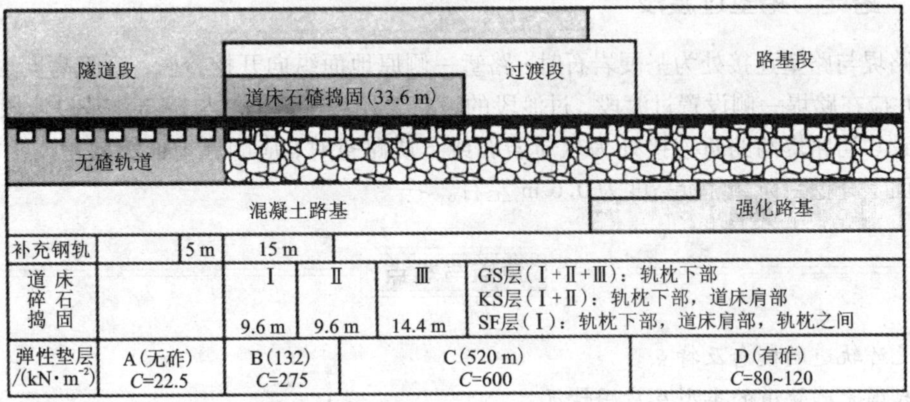

图 3－62　韩国高速铁路路隧过渡段

图 3－63 所示为德国无砟轨道路隧过渡段，在隧道出口处铺设 5 cm 的硬泡沫板，从隧道出口按照 5.75% 的坡度填筑楔形水泥土，逐步向普通填筑路基过渡。

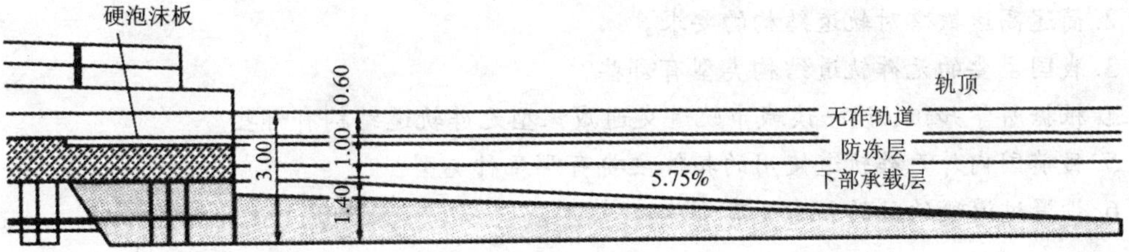

图 3－63　德国高速铁路路隧过渡段

我国技术条件规定，为保证过渡段轨道末端支承层的可靠连接，自无砟轨道起点至洞内 25 m 范围内，对回填层进行凿毛处理，并应预埋与底座的连接钢筋。

无砟轨道自洞内第一块轨道板开始的 5 块轨道板粘贴 20 mm 厚微孔橡胶层，有砟轨道过渡段采用长度为 2.6 m 的轨枕，并用配套弹性分开式扣件。

由于隧道与桥梁基础变形差异不大，隧道与桥梁过渡时，下部基础可考虑采用直接过渡的方法。

3.5.4　道岔区与区间无砟轨道过渡段

目前我国道岔区的轨下橡胶垫刚度较大，为 100～150 kN/mm，而区间无砟轨道线路的轨下橡胶垫刚度为 30～50 kN/mm。在我国铁路道岔区轨下橡胶垫刚度难以降低的情况下，必须设置轨道基础刚度过渡段。

道岔区与区间无砟轨道过渡的主要问题在于降低道岔区的基础刚度，较好的方法是采用硫化弹性基板，在道岔区分别设置不同刚度的高弹性基板是解决道岔区减振、限位的良好途径。

3.5.5 路堤与路堑过渡段

当路堤与路堑连接处为坚硬岩石时，路堑一侧原地面纵向开挖台阶，台阶高度为0.6 m左右，并应在路堤一侧设置过渡段，过渡段的填料要用级配碎石，与桥与路基过渡段使用的填料一致。当路堤与路堑连接处为软质岩石或土质路堑时，应顺原地面纵向挖成1∶2的坡面。坡面上开挖台阶，台阶高度为0.6 m左右。

重点与难点

1. 无砟轨道的概念及特点。
2. 我国无砟轨道的类型及应用情况。
3. 常用无砟轨道扣件的组成及应用。

思考与练习

1. 对比分析无砟轨道与有砟轨道的优缺点？
2. 简述高速铁路对轨道结构的要求。
3. 我国主要的无砟轨道结构类型有哪些？
4. 根据所学知识，谈一谈城市轨道交通减振型无砟轨道结构有哪些。
5. 目前国内外无砟轨道使用的扣件主要有哪几种类型？
6. 设置过渡段的目的和意义有哪些？

第 4 章

轨道几何形位

4.1　概述

轨道几何形位是指轨道各部分的几何形状、相对位置和基本尺寸。在轨道的直线部分，几何形位包括轨距、水平、方向、高低和轨底坡。在轨道的曲线部分，几何形位包括轨距加宽、外轨超高和缓和曲线。

铁路轨道直接承载车轮并引导列车运行，轨道的几何形位与机车车辆轮对的几何尺寸必须密切配合，因而轨道几何形位的控制对于列车的运行安全、乘客的旅行舒适度以及设备的使用寿命和养护费用都是非常重要的。另外，随着铁路列车提速及高速铁路技术的应用，为了保持高速列车运行的平稳性与舒适性，也必须对轨道的几何形位实行严格控制。

4.2　直线轨道几何形位基本要素

4.2.1　轨距

轨距是指两股钢轨头部内侧与线路中心线垂直的距离。

因为钢轨头部外形由不同半径的复曲线所组成，钢轨底面设有轨底坡，所以轨距应在钢轨顶面以下某一规定距离处量取。我国《铁路技术管理规程》规定，轨距应在钢轨头部内侧面下 16 mm 处量取。直线轨道的轨距值规定为 1435 mm。

目前，世界上的轨距分为标准轨距、宽轨距和窄轨距三种。

标准轨距为 1435 mm，大于标准轨距的称为宽轨距，目前世界上的主要宽轨距为 1676 mm、1668 mm、1660 mm、1600 mm、1524 mm、1520 mm，如 1520 mm（俄罗斯、乌克兰、格鲁吉亚）、1524 mm（芬兰）、1600 mm（爱尔兰）、1668 mm（西班牙）1670 mm、1676 mm（印度）等。小于标准轨距的称为窄轨距，世界上主要的窄轨距有 1372 mm、1067 mm、1050 mm、1000 mm、950 mm、914 mm、762 mm、750 mm、610 mm、600 mm，如 1372 mm（苏格兰）、1000 mm（越南、缅甸）、1067 mm（南非）、914 mm（秘鲁）、750 mm（瑞士）等。

我国铁路轨距绝大多数为标准轨距，仅在云南省境内尚保留有部分 1000 mm 的轨距。我国的台湾省铁路轨距为 1067 mm，也有少数地方铁路和工矿企业铁路采用窄轨距。

轨距用道尺或轨检车（图 4－1）进行测量。前者测得的是静态的轨距，后者则可以测得列车通过时轨距的动态变化，这对于高速运行的列车来说是非常重要的。对于不同运营条件的轨道，轨距容许偏差值有所差异。轨距变化应缓和平顺，如果在短距离内，轨距有显著变化，即使不超过轨距容许误差，也会使机车车辆发生剧烈摇摆，限制轨距变更率对保证行车平稳是十分重要的。我国规定轨距变更率小于1‰。

(a)　　(b)

图4－1

(a)道尺；(b)轨检小车

图4－2所示为轮对尺寸，两车轮内侧面之间的距离，称为轮对的轮背内侧距离T，这个距离再加上两个轮缘厚度d称为轮对宽度q，即$q=T+2d$。表4－1给出了轮对的几何尺寸，为使机车车辆车轮顺利通过轨道，轨道的轨距S必须略大于轮对宽度q。当轮对的一个车轮轮缘紧贴一股钢轨的作用边时，另一个车轮轮缘与另一股钢轨作用边之间便形成一定的间隙，这个间隙称为轮轨游间，即

$$\delta=S-q \tag{4-1}$$

式中：δ为轮轨游间(mm)；S为轨距(mm)；q为轮对距离(mm)。

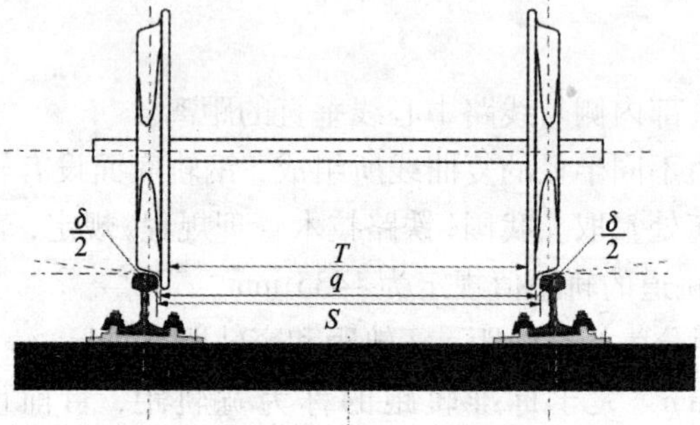

图4－2　轮对

表4－1　轮对几何尺寸(mm)

车轮	轮缘高度	轮缘厚度 d		轮背内侧距离 T			轮对宽度 q		
		最大(正常)	最小	最大	正常	最小	最大	正常	最小
车辆轮	25	34	22	1356	1353	1350	1424	1421	1394
机车轮	28	33	23	1356	1353	1350	1422	1419	1396

注：表中数据未计车轴承载后挠曲对于轮对宽度的影响。

若 S_0 为标准轨距，q_0 为正常轮对宽度，则正常轮轨游间按式(4－2)计算

$$\delta_0 = S_0 - q_0 \tag{4-2}$$

若轨距最大值为 S_{max}，最小值为 S_{min}，轮对宽度最大值为 q_{max}，最小值为 q_{min}，则游间最大值 δ_{max}、最小值 δ_{min} 分别按式(4－3)和式(4－4)进行计算

$$\delta_{max} = S_{max} - q_{min} \tag{4-3}$$

$$\delta_{min} = S_{min} - q_{max} \tag{4-4}$$

游间大小对列车运行的平稳性和轨道的稳定性有重要影响。游间不能过大，否则会使车辆行驶时的蛇行运动的幅度加大，横向加速度、轮缘对钢轨的冲角及作用于钢轨上横向力也随之而增加，加剧钢轨磨耗和轨道变形。行车速度愈高，这种影响愈严重。但如果轮轨游间太小，则会增加行车阻力和轮轨磨耗，严重时还可能楔住轮对、挤翻钢轨或导致爬轨事件，危及行车安全。因此，必须对游间值进行限制。我国速度较低的普通铁路允许轨距偏差为 +6 mm、－2 mm，轮轨游间 δ 最大值、正常值及最小值见表4－2。

表4－2　轮轨游间表

车轮名称	轮轨游间 δ(mm)		
	最大 δ_{max}	正常 δ_0	最小 δ_{min}
机车轮	45	16	11
车辆轮	47	14	9

理论研究与运营实践表明，适当减小 δ(减小轨距)会减轻列车的摇摆，减少轮轨磨耗和动能损失，改善行车条件，提高列车运行的平稳性和线路的稳定性。运行速度越快的线路，其允许的误差越小。

4.2.2　水平

水平是指轨道左右两股钢轨顶面的相对高差。为保持列车平稳运行和两股钢轨均匀受力，直线轨道两股钢轨应保持同一水平；曲线轨道应按相关要求和标准合理设置钢轨的超高。直线两股钢轨顶面的水平偏差应符合相应的标准要求，且沿线路方向的变化率不能太大，否则即使两股钢轨的水平偏差都不超过允许范围，也可能引起机车车辆的剧烈摇晃。

水平可用道尺或轨检小车等设备进行静态测量，使用轨检车进行动态检测。水平的允许误差与线路等级有关，见表4－3～表4－5。

实践中，有两种性质不同的钢轨水平偏差，对行车的危害程度也不一样。第一种水平偏差是在一段相当长的距离内，一股钢轨的轨顶较另一股高，此种水平偏差对行车的影响较小。第二种称三角坑或轨道扭曲，如图4－3所示。它是指在一段不太长的距离内，先是左股钢轨高，后是右股钢轨高，高差值超过容许偏差值，而且两个最大水平误差点之间的距离小于一定值(如不足18 m)。

三角坑将使同一转向架的四个车轮中，只有三个正常压紧钢轨，另一个形成减载或悬空。如果出现较大的横向力，就可能使悬浮的车轮只能以它的轮缘贴紧钢轨，在最不利条件下甚至可能爬上钢轨，引起脱轨事故。因此，三角坑对于行车的平稳性和安全性有显著的影

响，是轨道几何形位重点控制的指标之一。

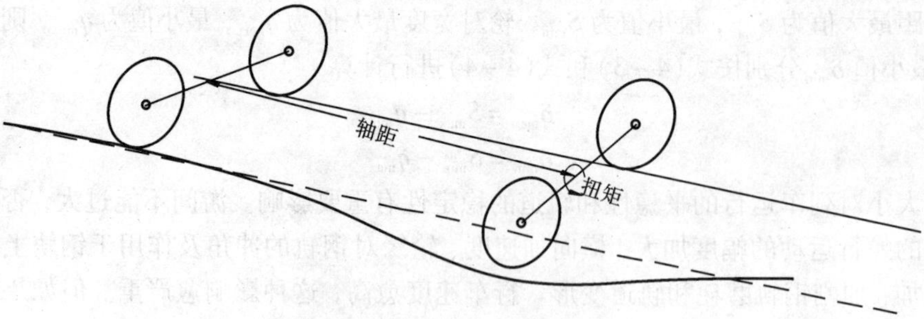

图 4－3 轨道三角坑(扭曲)

表 4－3a 线路轨道静态几何尺寸容许偏差管理值

项目		v_{max} >160 km/h 正线			160 km/h≥v_{max} >120 km/h 正线			v_{max} ≤120 km/h 正线及到发线			其他站线		
		作业验收	经常保养	临时补修	作业验收	经常保养	临时补修	作业验收	经常保养	临时补修	作业验收	经常保养	临时补修
轨距(mm)		+2 －2	+4 －2	+6 －4	+4 －2	+6 －4	+8 －4	+6 －2	+7 －4	+9 －4	+6 －2	+9 －4	+10 －4
水平(mm)		3	5	8	4	6	8	4	6	10	5	8	11
高低(mm)		3	5	8	4	6	8	4	6	10	5	8	11
轨向(直线)(mm)		3	4	7	4	6	8	4	6	10	5	8	11
三角坑(扭曲)(mm)	缓和曲线	3	4	6	4	5	6	4	5	7	5	7	8
	直线和圆曲线	3	4	6	4	6	8	4	6	9	5	8	10

注：1. 轨距偏差不含曲线上按规定设置的轨距加宽值，但最大轨距(含加宽值和偏差)不得超过 1456 mm。2. 轨向偏差和高低偏差为 10 m 弦测量的最大矢度值。3. 三角坑偏差不含曲线超高顺坡造成的扭曲值，检查三角坑时基长为 6. 25 m，但在延长 18 m 的距离内无超过表列的三角坑。4. 专用线按其他站线办理。

表 4－3b 线路轨道静态几何尺寸容许偏差管理值(200～250 km/h 正线)

项目		作业验收	经常保养	临时补修	限速 160 km/h
轨距(mm)		+2 －2	+4 －2	+6 －4	+8 －6
水平(mm)		3	5	8	10
高低(mm)		3	5	8	11
轨向(直线)(mm)		3	4	7	9
三角坑(扭曲)(mm)	缓和曲线	3	4	6	8
	直线和圆曲线	3	4	6	8

表4-3c　250(不含)~350 km/h线路轨道静态几何尺寸容许偏差管理值

项目	作业验收	经常保养	临时补修	限速200 km/h
轨距(mm)	+1 -1	+4 -2	+5 -3	+6 -4
水平(mm)	2	4	6	7
高低(mm)	2	4	7	8
轨向(直线)(mm)	2	4	5	6
扭曲(mm/3 m)	2	3	5	6
轨距变化率	1/1500	1/1000		

注：1.高低和轨向偏差为10 m及以下弦测量的最大矢度值。2.扭曲偏差不含曲线超高顺坡造成的扭曲量。

表4-4a　轨道动态质量容许偏差管理值

项目	v_{max}>160 km/h 正线				160 km/h≥v_{max}>120 km/h正线				v_{max}≤120 km/h 正线			
	Ⅰ级	Ⅱ级	Ⅲ级	Ⅳ级	Ⅰ级	Ⅱ级	Ⅲ级	Ⅳ级	Ⅰ级	Ⅱ级	Ⅲ级	Ⅳ级
轨距(mm)	+4 -3	+8 -4	+12 -6	+15 -8	+6 -4	+10 -7	+15 -8	+20 -10	+8 -6	+12 -8	+20 -10	+24 -12
水平(mm)	5	8	12	14	6	10	14	18	8	12	18	22
高低(mm)	5	8	12	15	6	10	15	20	8	12	20	24
轨向(mm)	5	7	10	12	5	8	12	16	8	10	16	20
扭曲(三角坑)(mm)(基线2.4 m)	4	6	9	12	5	8	12	14	8	10	14	16
车体垂向加速度(g)	0.10	0.15	0.20	0.25	0.10	0.15	0.20	0.25	0.10	0.15	0.20	0.25
车体横向加速度(g)	0.06	0.10	0.15	0.20	0.06	0.10	0.15	0.20	0.06	0.10	0.15	0.20

注：1.表中各种偏差限值为实际幅值的半峰值。2.高低、轨向不平顺按实际值评定。3.水平限值不含曲线上按规定设置的超高值及超高顺坡量。4.三角坑限值包含缓和曲线超高展坡造成的扭曲量。5.固定型辙叉的有害空间部分不检查轨距、轨向；其他检查项目及检查标准与线路相同。

表 4－4b　轨道动态质量容许偏差管理值（250 km/h≥v_{max}＞200 km/h）

项目			250 km/h≥v_{max}＞200 km/h 正线			
			Ⅰ级	Ⅱ级	Ⅲ级	Ⅳ级
轨距（mm）			+4 −3	+6 −4	+8 −6	+12 −8
水平（mm）			5	8	10	13
波长 1.5～42 m	高低（mm）		5	8	11	14
	轨向（mm）		5	7	8	10
扭曲（三角坑）（mm）（基线 2.5 m）			4	6	8	10
舒适性指标	等速检测	车体垂向加速度	0.10g	0.15g	0.20g	0.25g
		车体横向加速度	0.06g	0.10g	0.15g	0.20g
	160 km/h 检测	车体垂向加速度	0.06g	0.10g	0.12g	0.16g
		车体横向加速度	0.06g	0.10g	0.15g	0.20g
	波长 1.5～70 m	高低（mm）	6	10	15	
		轨向（mm）	6	8	12	
	轨距变化率（基长 2.5 m）（‰）		1.0	1.2		
	曲率变化率（基长 18 m）（$1/m^2 \times 10^{-6}$）		1.2	1.5		
	车体横向加速度变化率（基长 18 m）（m/s^3）		0.8			

表 4－4c　250（不含）～350 km/h 线路轨道动态质量容许偏差管理值

项目		经常保养	舒适度	临时补修	限速（200 km/h）
偏差等级		Ⅰ级	Ⅱ级	Ⅲ级	Ⅳ级
轨距（mm）		+4 −3	+6 −4	+7 −5	+8 −6
水平（mm）		5	6	7	8
扭曲（基长 3 m）（mm）		4	6	7	8
高低（mm）	波长 1.5～42 m	4	6	8	10
轨向（mm）		4	5	6	7
高低（mm）	波长 1.5～120 m	7	9	12	15
轨向（mm）		6	8	10	12
复合不平顺（mm）		6	8		
车体垂向加速度（m/s^2）		1.0	1.5	2.0	2.5
车体横向加速度（m/s^2）		0.6	0.9	1.5	2.0
轨距变化率（基长 3 m）（‰）		1.0	1.2		

注：1. 表中管理值为轨道不平顺实际幅值的半峰值。2. 水平限值不包含曲线按规定设置的超高值及超高顺坡量。3. 扭曲限值包含缓和曲线超高顺坡造成的扭曲量。4. 车体垂向加速度采用 20 Hz 低通滤波，车体横向加速度Ⅰ、Ⅱ级标准采用 0.5～10 Hz 带通滤波处理的值进行评判，Ⅲ、Ⅳ级标准采用 10 Hz 低通滤波处理的值进行评判。5. 复合不平顺指水平和轨向逆向复合不平顺，按水平和 1.5～42 m 轨向代数差计算。避免出现连续多波不平顺。

表 4－5a　线路有砟轨道静态铺设标准(mm)

项目	高低	轨向	水平	扭曲(基长 6.25 m)	轨距
120 km/h < v ≤ 160 km/h	4	4	4	4	+4 −2
100 km/h < v ≤ 120 km/h	4	4	4	4	+6 −2
v < 100 km/h	4	4	4	4	+6 −2
其他站线	5	5	5	5	+6 −2
测量弦长	10 m				

表 4－5b　线路无砟轨道静态铺设标准(mm)

项目	高低	轨向	水平	轨距
120 km/h < v ≤ 160 km/h	4	4	4	±2
v ≤ 120 km/h	4	4	4	+3 −2
测量弦长	10 m			

表 4－5c　250～350 km/h 高速铁路有砟轨道静态铺设标准

序号	项目	容许偏差	备注
1	轨距	±1 mm	相对于标准轨距 1435 mm
		1/500	变化率
2	轨向	2 mm	弦长 10m
		2 mm/5 m 10 mm/150 m	弦长 30 m 弦长 300 m
3	高低	2 mm	弦长 10 m
		2 mm/5 m 10 mm/150 m	弦长 30 m 弦长 300 m
4	水平	2 mm	不包含曲线、缓和曲线上的超高值
5	扭曲	2 mm	基长 3 m 包含缓和曲线上由于超高顺坡所造成的扭曲量
6	与设计高程偏差	10 mm	站台处的轨面高程不应低于设计值
7	与设计中线偏差	10 mm	

表 4-5d 250~350 km/h 高速铁路无砟轨道静态铺设标准

序号	项目	容许偏差	备注
1	轨距	±1 mm	相对于标准轨距 1435 mm
		1/500	变化率
2	轨向	2 mm	弦长 10 m
		2 mm/测点距离 8a(m) 10 mm/测点距离 240a(m)	基线长 48a(m) 基线长 480a(m)
3	高低	2 mm	弦长 10 m
		2 mm/测点距离 8a(m) 10 mm/测点距离 240a(m)	基线长 48a(m) 基线长 480a(m)
4	水平	2 mm	不包含曲线、缓和曲线上的超高值
5	扭曲	2 mm	基长 3 m 包含缓和曲线上 由于超高顺坡所造成的扭曲量
6	与设计高程偏差	10 mm	站台处的轨面高程不应低于设计值
7	与设计中线偏差	10 mm	

表 4-5e 重载铁路轨道静态铺设标准

项目	容许偏差		备注
	有砟轨道	无砟轨道	
轨距	+4 mm -2 mm	±2 mm	
高低	4 mm	2 mm	弦长 10 m
轨向	4 mm	2 mm	弦长 10 m
水平	4 mm	2 mm	
扭曲(基长 3 m)	3 mm	3 mm	

4.2.3 方向

轨道的方向(或称轨向)是指轨道中心线在水平面上的平顺性，轨道中心线的位置应与其设计位置一致。按照行车的平稳和安全要求，直线应当笔直，曲线应当圆顺。但在机车车辆的作用下直线轨道并非直线，曲线的圆顺性也出现偏差，出现许多 10~20 m 波长的不平顺，因其曲度很小，偏离中心线不大，故通常不易被察觉。若直线不直则必然引起列车过大的横向运动。在行驶高速或快速列车的线路上，线路方向对提速和高速列车的平稳性具有特别重要的影响。相对轨距来说，轨道方向往往是行车平稳性的控制性因素。只要方向偏差保持在容许的范围以内，轨距变化对车辆振动的影响就处于从属地位。

无缝线路地段的轨道方向不良，在高温季节可能引起线路胀轨跑道，严重威胁行车安全。

方向可用弦线、轨检小车和轨检车测得。不同线路类型、检测方式和运营要求对方向偏差的要求标准不同，见表4－3～表4－5。曲线轨道方向的保持由曲线正矢偏差来控制，见表4－6。

表4－6 曲线正矢经常保养容许偏差

曲线半径 R (m)	缓和曲线的正矢与计算正矢差(mm)		圆曲线正矢连续差(mm)		圆曲线正矢最大最小值差(mm)	
	正线及到发线	其他站线	正线及到发线	其他站线	正线及到发线	其他站线
$R \leqslant 250$	7	8	14	16	21	24
$250 < R \leqslant 350$	6	7	12	14	18	21
$350 < R \leqslant 450$	5	6	10	12	15	18
$450 < R \leqslant 800$	4	5	8	10	12	15
$R > 800$	3	4	6	8	9	12

注：专用线按其他站线办理。

4.2.4 高低

轨道沿线路方向的竖向平顺性称为高低(或称前后高低)。轨道的高低应保持设计后的状态，但新铺或经过大修后的轨道，即使轨面是平顺的，经过一段时间列车运行后，由于部件破损和线路沉陷等原因，轨道也会出现高低不平顺。产生轨道高低不平顺的因素有：①线路基础沉陷，如路基沉陷或路基填筑的不均匀；②道床沉陷或密实程度不均匀；③轨道结构及部件弹性不一致，如扣件松紧程度，线桥或线隧过渡段、有砟和无砟轨道过渡段；④轨底与铁垫板或轨枕之间存在间隙(间隙超过 2 mm 时称为吊板)，轨枕底与道砟之间存在空隙(空隙超过2 mm 时称为空板或暗坑)；⑤钢轨表面不平顺，如波形磨耗、焊缝、轨面剥离或擦伤等。

轨面不平顺的长度有长有短，如不平顺的波长较长，车轮沿不平顺的全长滚动，车轮与轨面不脱离；如轨面不平顺波长较短，如钢轨的波形磨耗、接头焊缝、打塌及轨面擦伤等原因形成的轨面不平顺，车轮通过这种不平顺时，会不触及不平顺的底部，造成较大的轮轨冲击作用。长波不平顺使车轮对钢轨产生的附加动压力，其值随着不平顺的深度和行车速度的增加而增大；短波不平顺使车轮对钢轨产生振动冲击力，不平顺长度愈短，深度愈大和行车速度愈高，振动冲击力愈大。例如在速度250 km/h 时，对于同样的波深为0.5 mm 时的波形磨耗，波长为20 cm 时引起的最大振动冲击力达514 kN，约为波长50 cm 时的2.6 倍。因此控制不平顺的大小，对降低轮轨间的动力作用，减小对轨道的破坏是十分重要的，尤其是在高速和重载的轨道上。

轨道高低可用弦线、轨检小车和轨检车测得。不同的线路类型、检测方式和运营要求对高低偏差的要求标准不同，见表4－3～表4－5。

4.2.5 轨底坡

轨底坡是轨底与轨道平面之间形成的横向坡度，是轮轨关系中轨道受力计算和轨道部件设计的一项重要参数。轨底坡与轨距、扣件受力均关系密切。

钢轨设置轨底坡的目的是：可使其轮轨接触集中于轨顶中部，提高钢轨的横向稳定性，避免或减小钢轨偏载，减小轨腰的弯曲应力，减轻头部不均匀磨耗，延长钢轨使用寿命。

一般轨底坡的大小，应与车轮踏面主要部分的斜度相同，即1∶20。但在机车车辆的动力作用下，轨道被弹性挤开，轨枕产生挠曲和弹性压缩，加上垫板与轨枕不密贴等原因，实际的轨底坡与原设的轨底坡有较大的出入。此外，车轮踏面经过一段时间的磨耗后，原来1∶20部分也接近1∶40的坡度。我国车辆轮轨踏面坡度为(1∶20)~(1∶10)，直线地段的轨底坡设成1∶40比较合适，所以目前我国铁路直线地段的轨底坡统一改为1∶40。

由于曲线的超高设置，轨枕处于倾斜状态，当倾斜到一定程度时，内股钢轨中心线将偏离垂直线而外倾，在车轮荷载的作用下，钢轨有倾斜的可能性。因此，在曲线地段应根据外轨超高值加大内轨的轨底坡。表4－7列出了曲线内股钢轨轨底坡的调整值。

表4－7 曲线内股钢轨轨底坡的调整值

外轨超高(mm)	轨枕面最大斜度	铁垫板或承轨槽面倾斜度		
		0	1/20	1/40
		垫楔形垫板或枕木砍削的坡度		
0~75	1∶20	1∶20	0	1∶40
80~125	1∶12	1∶12	1∶30	1∶17

在任何情况下，轨底坡不应大于1∶12，或小于1∶60。

根据不同的轨下支承条件，轨底坡一般设置在铁垫板、轨枕或轨道板的承槽上等。

轨底坡设置是否正确，可根据运营中钢轨顶面磨成的光带位置来判定。如光带居中，说明轨底坡合适；若光带偏离轨顶中心向内，说明轨底坡不足；若光带偏离轨顶中心向外，说明轨底坡过大；线路养护维修工作中，可根据光带位置调整轨底坡的大小。

4.2.6 轨道几何形位允许偏差

不同的线路类型、检测方式和运营要求等情况对轨道几何形位偏差要求的标准不同。《铁路线路修理规则》《既有线提速200~250 km/h线桥设备维修规则》和《高速铁路设计规范》(TB 10621－2014)、《高速度铁路无砟轨道线路维修规则》给出了轨道静态几何尺寸容许偏差管理值(表4－3)，轨道动态质量容许偏差管理值(表4－4)。根据《铁路轨道设计规范》、《高速铁路设计规范》(TB 10621—2014)、《重载铁路设计规范》，表4－5列出了轨道静态铺设标准。表4－6所示为曲线正矢经常保养容许偏差。

在轨道静态几何尺寸容许偏差管理值中，作业验收管理值为线路设备大修、综合维修、经常保养和临时补休作业的质量检查标准；经常保养管理值为轨道应经常保持的质量管理标准；临时补修管理值为应急时进行轨道整修的质量控制标准。

4.3　曲线轨道轨距加宽

机车车辆进入曲线轨道时，由于惯性的作用，仍然力图保持其原来的行驶方向，只有当转向架的最前轴的外轮受到外轨的导向作用后，才迫使整个转向架的车轮沿曲线轨道行驶。为使机车车辆转向架能顺利通过曲线而不被楔住，以减小轮轨间的横向水平力和钢轨磨耗，在半径很小的曲线轨道上，轨距要适当加宽。加宽轨距的设置方法是将曲线轨道的内轨向曲线中心方向移动，并在缓和曲线长度范围内完成，曲线外轨位置则保持与轨道中心半个轨距的距离不变。

4.3.1　转向架的内接形式

由于轮轨游间的存在，机车车辆的车架或转向架通过曲线轨道时，可以占有不同的几何位置，称为内接形式。随着轨距大小的不同，机车车辆在曲线上可呈现以下四种内接形式：

①强制内接。机车车辆车架或转向架外侧最前位车轮轮缘与外轨作用边接触，内侧最后位车轮轮缘与内轨作用边接触，此时列车的速度最低，如图 4 -4(a)所示。

②自由内接。机车车辆车架或转向架外侧最前位车轮轮缘与外轨作用边接触，其他各轮轮缘与钢轨无接触。这种情况又称之为转向架自由内接通过，列车通过曲线时，大部分处于这一状态，如图 4 -4(b)所示。

③楔形内接。机车车辆车架或转向架外侧最前位与最后位的轮缘同时与外轨作用边接触，内侧中间车轮的轮缘与内轨作用边接触，此时轮轨之间游间为零，如图 4 -4(c)所示。

④正常强制内接。为避免机车车辆以楔形内接形式通过曲线，对楔住内接所需轨距增加直线轨道轮轨间最小游间的一半值 $\delta_{min}/2$。

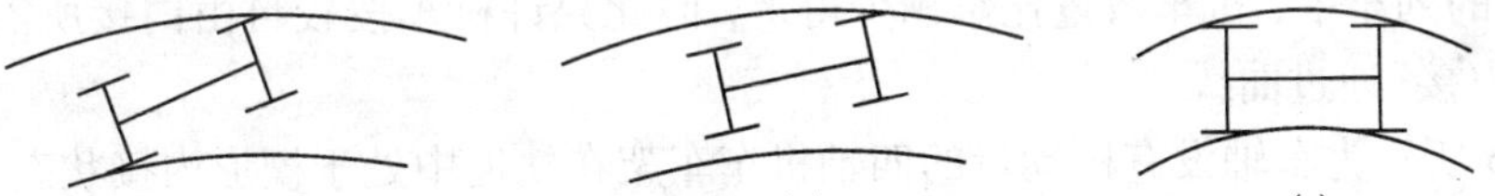

(a)　(b)　(c)

图 4 -4　机车车辆通过曲线的内接形式

(a)强制内接；(b)自由内接；(c)楔形内接

4.3.2　曲线加宽的原则

根据运营经验，机车车辆通过曲线时，以自由内接最为有利，但机车车辆的固定轴距长短不一，不能全部满足自由内接通过。为此，确定轨距加宽必须满足如下原则：

①保证固定轴距较长的机车通过曲线时，不出现楔形内接，但允许以正常强制内接形式通过。

②保证列车大多数的车辆能以自由内接的形式通过曲线。

③保证车轮不掉道，即最大轨距不超过允许值。

4.3.3 根据车辆条件确定轨距加宽

我国绝大部分的车辆转向架是两轴转向架。当两轴转向架以自由内接的形式通过曲线时，前轴外轮轮缘与外轨的作用边接触，后轴占据曲线垂直半径的位置，如图4－5所示。则自由内接形式所需最小轨距为

$$S_f = q_{max} + f_0 \quad (4-5)$$

式中：S_f 为自由内接所需轨距；q_{max} 为最大轮对宽度；f_0 为外矢距，其值近似为 $f_0 = \frac{L^2}{2R}$；其中，L 为转向架固定轴距；R 为曲线半径。

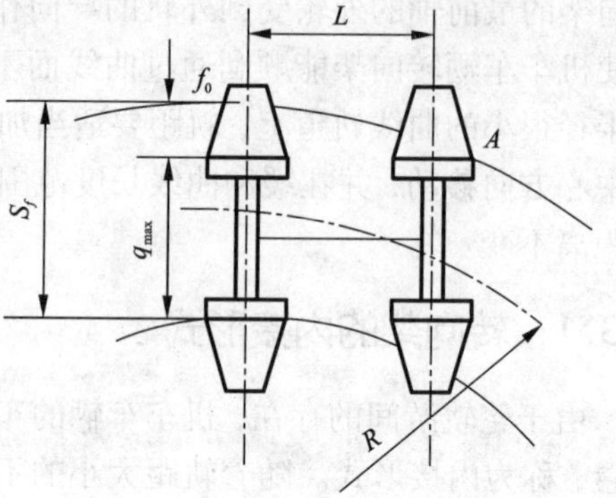

图4－5　两轴转向架自由内接

以 S_0 表示标准直线轨距，则曲线加宽值 e 应为

$$e = S_f - S_0 \quad (4-6)$$

现以我国目前主型客车“202”型转向架为例进行计算，其中固定轴距 $L = 2.4$ m，最大轮对宽度 $q_{max} = 1424$ mm，若通过 $R = 350$ m 的曲线时，则

$$f_0 = \frac{L^2}{2R} = \frac{(2.4 \times 1000)^2}{2 \times 350 \times 1000} = 8.2(\text{mm})$$

$$S_f = q_{max} + f_0 = 1424 + 8 = 1432(\text{mm})$$

由以上计算可知，标准轨距为1435 mm，曲线半径为350 m及以上的曲线，轨距不需加宽。

4.3.4 根据机车条件检算轨距加宽

在行驶的列车中，机车数量比车辆少得多，因此允许机车按较自由内接所需轨距为小的“正常强制内接”通过曲线。

图4－6所示为车轴没有横动量的四轴机车车架在轨道中处于楔形内接状态的示意图。

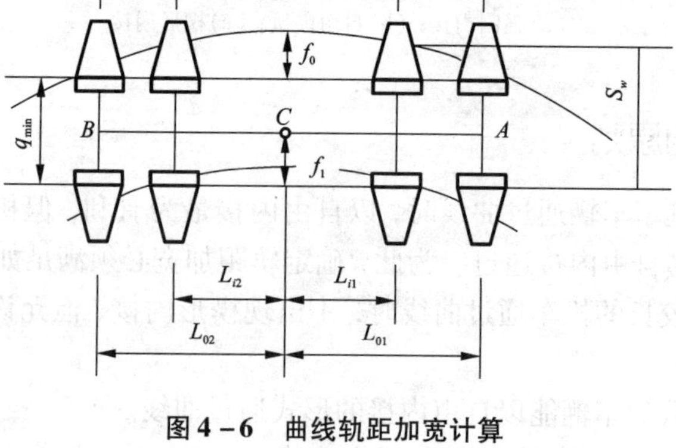

图4－6　曲线轨距加宽计算

转向架处于楔形内接时的轨距 S_w 为

$$S_w = q_{max} + f_0 - f_i \tag{4-7}$$

式中：q_{max}为最大轮对宽度；f_0 为前后两端车轴的外轮在外轨处所形成的矢距，其值为

$$f_0 = \frac{L_{01}^2}{2R} \tag{4-8}$$

其中：$L_{01} = \frac{L_1 + L_2 + L_3}{2}$。式中，$L_1$ 为第一轴至第二轴距离；L_2 为第二轴至第三轴距离；L_3 为第三轴至第四轴距离；f_i 为中间两个车轴的内轮在内轨处形成的矢距，其值为

$$f_i = \frac{L_{i1}^2}{2R} \tag{4-9}$$

式中：L_{i1}为第二轴至与车架纵轴垂直的曲线半径之间的距离，可由下式计算

$$L_{i1} = L_{01} - L_1 \tag{4-10}$$

当机车处于正常强制内接时，正常强制内接轨距 S'_w 等于

$$S'_w = S_w + \frac{1}{2}\delta_{min} = q_{max} + f_0 - f_i + \frac{1}{2}\delta_{min} \tag{4-11}$$

式中：δ_{min}为直线轨道的最小游间。

4.3.5　曲线轨道的最大允许轨距和轨距加宽值

为切实保障行车安全，使机车车辆走形部分不掉道，曲线轨道的轨距加宽不应过大，即不能超过一定的限度。计算曲线轨道最大允许轨距的极限状态是，当轮对的一个车轮轮缘紧贴一股钢轨时，另一个车轮的踏面的变坡点与钢轨顶部的小圆弧(半径 r)接触，如图 4-7 所示。

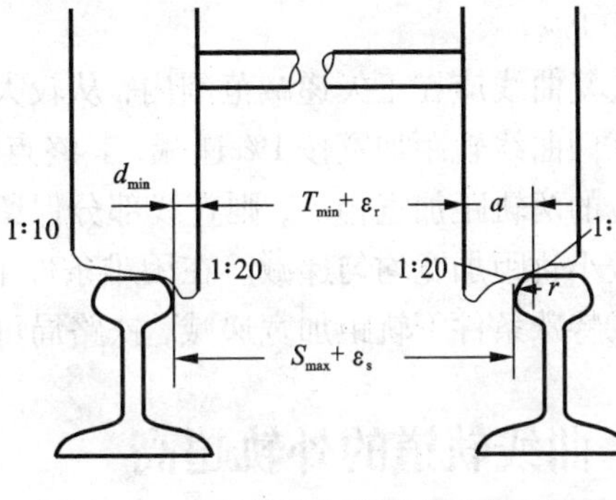

图 4-7　车轮踏面与钢轨的接触示意图

因此，曲线上容许最大轨距 S_{max} 为

$$S_{max} = d_{min} + T_{min} - \varepsilon_r + a - r - \varepsilon_s \tag{4-12}$$

式中：d_{min} 为车辆最小轮缘厚度，其值为 22 mm；T_{min}为车轮最小轮背内侧距离，其值为1350 mm；ε_r 为车辆车轴弯曲时轮背内侧距离减小量，其值为 2 mm；a 为轮背至轮踏面斜度变坡点的距离，取为 100 mm；r 为钢轨顶面圆角宽度，取为 12 mm；ε_s 为钢轨弹性挤开量，取为 2 mm。

将以上已知数据代入式(4-5)得

$$S_{max} = 22 + 1350 - 2 + 100 - 12 - 2 = 1456(\text{mm})$$

因速度不高的小半径曲线轨距的容许偏差最大不超过 6 mm，所以曲线轨道最大容许轨距应为 1450 mm，即最大允许加宽 15 mm。

《铁路线路修理规则》规定：直线标准轨距为 1435 mm。曲线轨距按表 4-8 规定的标准在内股加宽。

表 4-8 曲线轨距加宽标准

曲线半径(m)	轨距加宽值(mm)	轨距(mm)
$R \geqslant 350$	0	1435
$350 > R \geqslant 300$	5	1440
$R < 300$	15	1450

随着我国铁路建设的快速发展，技术标准的不断提高，曲线轨距需要加宽的情况越来越少，但在一些技术标准较低的线路或受地形限制的城市轨道线路中，半径小于 350 m 的曲线较多，若不采用径向转向架，线路需考虑轨距加宽。

4.3.6 曲线轨距加宽

1. 曲线加宽方法

保持外股钢轨的位置与线形不变，内股钢轨向中心内移，以实现其加宽量。

在轨距加宽的曲线与标准轨距直线之间，需要有一定的过渡段，使轨距递减均匀，使轨道结构能保持良好的轨向。

2. 轨距加宽递减率

①曲线轨距加宽应在整个缓和曲线内递减。如无缓和曲线，则在直线上递减，递减率不得大于 1‰。

②复曲线应在正矢递减范围内，从较大轨距加宽向较小轨距加宽均匀递减。

③两曲线轨距加宽按 1‰递减，其终点间的直线长度不应短于 10 m。不足 10 m 时，如直线部分的两轨距加宽相等，则直线部分保留相等的加宽；如不等，则直线部分从较大轨距加宽向较小轨距加宽均匀递减。在困难条件下，站线上的轨距加宽可按 2‰递减。

④特殊条件下轨距加宽递减，铁路局可根据具体情况规定，但不得大于 2‰。

4.4 曲线轨道的外轨超高

4.4.1 曲线外轨超高设置作用和方法

机车车辆在曲线上行驶时，由于惯性离心力作用，将机车车辆推向外股钢轨，加大了外轨钢轨的压力，导致旅客产生不适或者货物移位等。因此需要把曲线外轨适当抬高，使机车车辆的自身重力产生一个向心的水平分力，以抵消离心惯性力，达到内外两股钢轨受力均匀和垂直磨耗均等，满足旅客舒适感，提高线路的稳定性和安全性。

外轨超高是指曲线外轨顶面与内轨顶面水平高度之差，如图 4-8 所示。在设置外轨超高时，主要有外轨提高法和线路中心高度不变法两种方法。外轨提高法是保持内轨标高不变而只抬高外轨的方法。线路中心高度不变法是内外轨分别各降低和抬高超高值一半而保证线路中心标高不变的方法。前者使用较普遍，也是我国铁路所采用的方法，后者在日本铁路采用。

4.4.2　外轨超高的计算

机车车辆在曲线轨道上运行时，产生的离心惯性力可按下式计算：

$$J = \frac{mv^2}{R} = \frac{Gv^2}{gR} \tag{4-13}$$

式中：m 为车辆的质量（kg）；G 为车体重力（kN）；v 为列车速度（m/s）；R 为曲线半径（m）；g 为重力加速度（m/s^2）。

为了平衡这个离心惯性力，需要在曲线轨道上设置外轨超高，即把曲线外轨适当抬高，如图 4－8 所示，借助车辆重力 G 水平分力平衡离心惯性力，从而达到内外两股钢轨受力均匀，垂直磨耗均等，使旅客不因离心加速度而感到不适，调高线路横向稳定性，保证行车安全。

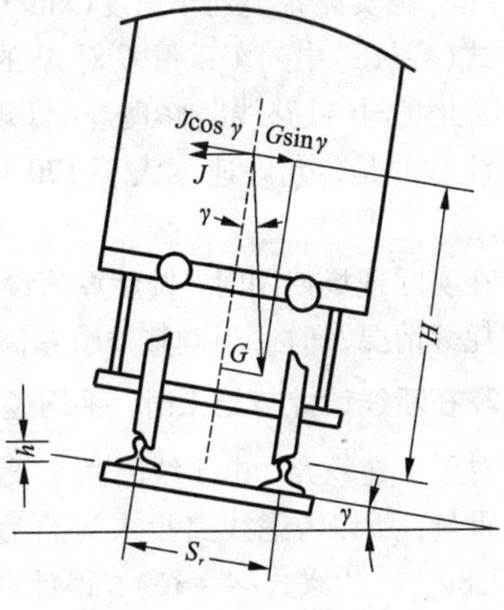

图 4－8　曲线外轨超高

若设外轨超高为 h，则

$$\sin\gamma = \frac{h}{S_1},\ \tan\gamma = \frac{J}{G}$$

式中：S_1 为两股钢轨轨头中心间距离，可视作车轮支撑点间距，一般标准轨距取 $S_1 = 1500$ mm。

由于超高 h 相对较小，所以 γ 很小，即可认为 $\sin\gamma = \tan\gamma$，所以

$$\frac{h}{S_1} = \frac{J}{G} \tag{4-14}$$

将式（4－13）代入式（4－14）可得

$$h = \frac{S_1 v^2}{gR} \tag{4-15}$$

将 $S_1 = 1500$ mm，$g = 9.8\ m/s^2$ 代入式（4－12），并将列车速度 m/s 换算成习惯使用的 km/h，则超高计算公式变为

$$h = 11.8\frac{v^2}{R} \tag{4-16}$$

式中：h 为曲线外轨超高值（mm）；v 为行车速度（km/h）；R 为曲线半径（m）。

实际上，通过曲线的各次列车，其速度不可能是相同的。因此，式（4－16）中的列车速度 v 应采用各次列车的平均速度 v_0，即

$$h = 11.8\frac{v_0^2}{R} \tag{4-17}$$

从上式可以看出，曲线超高值的设置是否合理，在很大程度上取决于平均速度 v_0 选用是否恰当。目前，我国根据既有的客货混运线路和新建线路设计施工的需要，采用如下两种平均速度（v_0）来确定超高。

1. 既有线上全面考虑一昼夜每一趟列车的速度和重量来计算 v_0

对于一确定的曲线，其外轨超高 h 和两轨头中心线距离 S_1 是确定不变的，但每次通过的

列车重量和速度是不同的，因而列车作曲线运动时产生的离心力也是不同的。超高设置应全面考虑不同行驶速度和不同牵引重量的列车对于外轨超高值的不同要求，均衡内外轨的垂直磨耗，v_0 应取每昼夜通过该曲线列车牵引重量的加权平均速度，即

$$v_0=\sqrt{\frac{N_1G_1v_1^2+N_2G_2v_2^2+\cdots+N_nG_nv_n^2}{N_1G_1+N_2G_2+\cdots+N_nG_n}}=\sqrt{\frac{\sum N_iG_iv_i^2}{\sum N_iG_i}} \tag{4-18}$$

式中：N_i 为一昼夜通过的各类速度和牵引重量均相同的列车次数(列)；G_i 为各类列车重量(kN)；v_i 为实测各类列车速度(km/h)。

式(4-18)中列车重量 G 对 v_0 的影响较大，由此计算所得的平均速度适用于客货混运线路，因此我国《铁路线路修理规则》规定，在确定外轨超高时，平均速度按式(4-18)计算。值得注意的是，允许速度大于 120 km/h 的线路轨道按旅客的舒适条件进行检算和调整超高值。

在实际现场使用时，按计算值设置超高以后，还应根据运营条件的变化、轨道沉陷和钢轨磨耗等情况及时适当调整外轨超高。

2. 在新线设计与施工时，平均速度 v_0 的计算方法

对于新建铁路，由于线路尚未投入运行，无法测得一昼夜通过线路的列车速度和各类列车的重量，所以考虑线路投入运行后，列车的平均速度是线路最高设计速度的 0.8 倍，即 $v_0=0.8v_{\max}$。代入式(4-16)，得计算超高的公式为

$$h=11.8\frac{v_0^2}{R}=\frac{11.8(0.8v_{\max})^2}{R}=7.6\frac{v_{\max}^2}{R} \tag{4-19}$$

式中：$v_{\max}$为预计该地段最大行车速度(km/h)。

为便于养护维修管理和施工设置方便，圆曲线外轨实际设置的超高按 5 mm 整倍数取值。

经过一段时间运营，如行车条件有较大变化，或曲线发生木枕压切、混凝土枕挡肩破损、钢轨不正常磨耗等情况，应通过实测行车速度，重新计算和调整超高。两线路中心距离在 5 m以下的曲线地段，内侧曲线的超高值不得小于外侧曲线超高的一半，否则，必须根据计算加宽两线的中心距离。

4.4.3 未被平衡的横向加速度、欠超高和过超高

一旦线路实设超高确定后，在运行过程中是不能随意改变的，当行驶列车的速度等于平均速度时，列车通过曲线时的向心力等于离心力，而在一昼夜中，通过曲线的列车速度有高有低，不可能使所有列车产生的离心力完全得到平衡，因此车体要承受一部分未被平衡的离心力，车内的人和物也要受到未被平衡离心力的作用，影响舒适性，因此该作用力的大小应该受到限制。

当列车的速度 v 大于平均速度时，由于外轨超高的不足而产生未被平衡的离心加速度，同时使外轨加载，内轨减载。未被平衡的离心加速度为

$$a=\frac{v^2}{R}-\frac{gh_0}{S_1} \tag{4-20}$$

式中：$\frac{v^2}{R}$为离心加速度；$\frac{gh_0}{S_1}$为由于外轨超高的存在而产生的重力加速度的向心加速度分量。

为了保证最高速度的旅客列车运行的平稳和安全以及旅客的舒适，必须把未被平衡的离心加速度控制在一个合适的范围内，即必须规定一个合理的未被平衡的离心加速度容许值 a_0。令 v_{max} 为最高行车速度(m/s)，则

$$\frac{v_{max}^2}{R}-\frac{gh_0}{S_1}\leqslant a_0 \tag{4-21}$$

将 $g=9.8\ m/s^2$，$S_1=1500$ mm 及 v_{max} 以 km/h 为单位代入，则

$$\Delta h_q=11.8\frac{v_{max}^2}{R}-h_0\leqslant 153a_0 \tag{4-22}$$

显然，式(4-22)左侧第一项为与 v_{max} 相适应的外轨超高，第二项为与平均速度相适应的外轨超高，两者分别记为 h_{max} 与 h_0，两者之差记为 Δh。在 $v_{max}>v_0$ 的情况下，Δh 为正值，称之为欠超高，以 Δh_q 表示。

当列车的速度小于平均速度时，则情况正与上述相反。因超高过大而产生未被平衡的向心加速度和与此相应的过超高，即在 $v_{min}<v_0$ 的情况下，式(4-22)可以改写成

$$\Delta h_g=11.8\frac{v_{min}^2}{R}-h_0\leqslant 153a_0 \tag{4-23}$$

式中：v_{min} 为最低行车速度(km/h)。此时的超高差 Δh 为负值，称之为过超高，以 Δh_g 表示。

我国经过多次的和大量的未被平衡加速度与舒适度关系的试验，规定 a_0 值在一般情况取 0.4～0.5 m/s^2，特殊情况下取 0.6 m/s^2。

在一般情况下，$\Delta h_q=61\sim76.5$ mm；在特殊情况下，$\Delta h_q=91.8$ mm。

我国《铁路线路修理规则》规定：未被平衡的欠超高一般不应大于 75 mm，困难情况下不得大于 90 mm；容许速度大于 120 km/h 线路的个别特殊情况下不大于 110 mm，但应逐步改造。

过超高使列车向内曲线内侧倾斜，其危险性尤甚于欠超高。因此规定，未被平衡过超高不应大于 30 mm，困难情况下不应大于 50 mm，允许速度大于 160 km/h 线路的个别特殊情况下不应大于 70 mm。实设超高在满足上述条件下，货物列车较多时，宜减小过超高，旅客列车较多时宜减小欠超高。

《既有线提速 200～250 km/h 线桥设备维修规则》对客货列车共线的规定与上述相同。但对于客货分线的客运列车，未被平衡欠超高和过超高都不应大于 40 mm，在困难情况下也都不应大于 80 mm。

高速客运专线允许的欠、过超高值见 4.4.6“最小曲线半径”。

4.4.4　外轨最大超高的允许值

当列车运行速度低于设置超高的平均速度时，存在倾覆的危险性。为了保证行车安全，必须限制外轨超高的最大值。以下将叙述该值的确定方法。

如图 4-9 所示，设曲线外轨最大超高值为 h_{max}，与之相适应的行车速度为 v，产生的惯性离心力为 F，车辆的重力为 G，F 与 G 的合力为 R，它通过轨道中心点 O。当某一列车以 $v_1<v$的速度通过该曲线时，相应的离心力为 F_1，F_1 与 G 的合力为 R_1，其与轨面连线的交点为 O_1，偏离轨道中心距离为 e，随着 e 的增大，车辆在曲线运行的稳定性降低，其稳定程度可用 n 来表示。

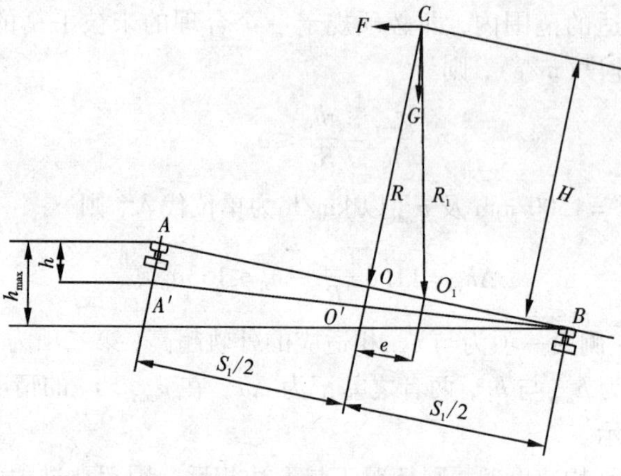

图 4-9 外轨最大超高分析图

$$n = \frac{S_1}{2e} \tag{4-24}$$

当 $e=0$，$n=\infty$ 时，车辆处于绝对稳定状态；当 $e=\frac{S_1}{2}$，$n=1$ 时，车辆处于临界稳定状态；当 $e>\frac{S_1}{2}$，$n<1$ 时，车辆丧失稳定而倾覆；当 $e<\frac{S_1}{2}$，$n>1$ 时，车辆处于稳定状态，且 n 愈大，车辆愈稳定。

为保证列车行驶的稳定性，应保证 $e<\frac{S_1}{2}$。若列车在曲线上以低速运行，超高设置过大，会使偏心距 e 增大，列车重量集中在曲线内轨上，使内股钢轨磨耗加剧，甚至轨头压塌。若列车在曲线上停车，车体向内倾斜较大，易滚易滑的货物可能产生位移，甚至造成列车倾覆。

由以上分析可知，偏心距 e 的值与未被平衡超高 Δh 存在一定关系。由图 4-10 可知，过超高 $\Delta BAA'$ 与 ΔCOO_1 有以下近似关系

$$\frac{OO_1}{OC} = \frac{AA'}{S_1} \tag{4-25}$$

设车辆中心到轨面的高度为 H，则上式可变换为

$$e = \frac{H}{S_1}\Delta h \tag{4-26}$$

式中：e 为合力偏心距(mm)；H 为车体重心至轨顶面高，一般可取火车 2220 mm，客车 2057.5 mm；Δh 未被平衡超高值(mm)；S_1 为两轨头中心线距离(mm)。

将式(4-26)代入式(4-24)中，得

$$n = \frac{S_1^2}{2H \cdot \Delta h} \tag{4-27}$$

根据我国铁路运营经验，为保证行车安全，n 不应小于 3。我国铁路设计规范规定，最大超高值为 150 mm，若以最不利情况(曲线上停车，即速度 $v=0$)来校核其稳定系数 n，并考虑 4 mm 的水平误差在内，即过超高 $\Delta h=154$ mm，可计算得到

$$n=\frac{S_1^2}{2H\cdot\Delta h}=\frac{1.5^2}{2\times2.2\times0.154}=3.3$$

计算得到的稳定系数 n 不小于3，满足稳定性要求。

复线和单线行车条件不同。复线按上下行分开，在同一曲线上行车速度相差较小，最大超高可大些；在单线铁路上，上下列车速度相差悬殊的地段，如设置过大的超高，将使低速列车对内轨产生很大的偏压并降低稳定系数。

《铁路线路修理规则》规定，实设最大超高，在单线上不得大于125 mm。在双线上不得大于150 mm，《既有线提速200～250 km/h线桥设备维修规则》也规定客货共线实设最大超高不得大于150 mm，客货分线的客运线路实设最大超高不得大于180 mm。

考虑到一定的安全储备，世界各国实设最大超高值一般都不大于200 mm，如日本新干线最大超高为180 mm，东海道新干线为200 mm，德国ICE线和法国TGV线为180 mm。

4.4.5　曲线轨道上的限速

在既定设置的超高条件下，通过该曲线的列车最高速度必定受到未被平衡容许超高的限制，设其容许最高行车速度为 v_{max}，则

$$11.8\frac{v_{max}^2}{R}=h+\Delta h_q,\ v_{max}=\sqrt{\frac{(h+\Delta h_q)R}{11.8}} \tag{4-28}$$

式中：R 为曲线半径(m)；h 为按平均速度在线路上的实设超高(mm)；Δh_q 为未被平衡的容许欠超高(mm)。

同理，通过该曲线的容许最低行车速度 v_{min} 为

$$v_{min}=\sqrt{\frac{(h-\Delta h_g)R}{11.8}} \tag{4-29}$$

式中：R 为曲线半径(m)；h 为按平均速度在线路上的实设超高(mm)；Δh_g 为未被平衡的容许过超高(mm)。

4.4.6　最小曲线半径

最小曲线半径是铁路线路的主要设计标准之一。在实设超高固定，且未被平衡的容许超高值受限制的情况下，要求列车以 v_{max} 的最大速度通过，那么曲线半径必须大于 R_{min}。

对于客运专线，主要考虑旅客舒适性，因此要限制欠超高，即

$$11.8\frac{v_{max}^2}{R_{min}}=[h+\Delta h_q]_{max} \tag{4-30}$$

因此最小曲线半径为

$$R_{min}=11.8\frac{v_{max}^2}{[h+\Delta h_q]_{max}} \tag{4-31}$$

对于客货混运线路(如我国的提速干线)或高低速列车共线运行线路，应综合考虑客车和货车、高速和低速列车的情况，因此除满足旅客舒适性外，即考虑式(4-30)外，还要考虑低速列车、或货车的货物位移及内轨磨耗，即满足

$$11.8\frac{v_{min}^2}{R_{min}}=[h-\Delta h_g]_{max} \tag{4-32}$$

结合式(4-30)和式(4-32)，客货混运线路和高低速列车共线的最小半径应满足

$$R_{min}=11.8\frac{v_{max}^2-v_{min}^2}{[\Delta h_q+\Delta h_g]_{max}} \quad (4-33)$$

由上分析可以看出，客运专线最小半径 R_{min} 的确定要考虑列车最高设计速度 v_{max} 和实设超高与欠超高的允许值 $[h+\Delta h_q]$，还要考虑高速列车最高运行速度、跨线旅客列车正常速度和的允许值 $[\Delta h_q+\Delta h_g]$。对于客运专线，欠超高的允许值 $[\Delta h_q]$ 主要取决于旅客乘坐的舒适度要求，对跨线旅客列车的过超高允许值 $[\Delta h_g]$，目前我国是比照国外高速铁路国家的经验以高速列车为主，取 $[\Delta h_g]$ 与 $[\Delta h_q]$ 一致。《高速铁路设计规范》(TB 10621—2014)规定的无砟轨道和有砟轨道线路平面曲线半径参见表4-9。

表4-9 平面曲线半径表(m)

设计行车速度(km/h)	350~250	300~200	250~200	250~160
有砟轨道	推荐8000~10000 一般最小7000 个别最小6000	推荐6000~8000 一般最小5000 个别最小4500	推荐4500~7000 一般最小3500 个别最小3000	推荐4500~7000 一般最小4000 个别最小3500
无砟轨道	推荐8000~10000 一般最小7000 个别最小5500	推荐6000~8000 一般最小5000 个别最小4000	推荐4500~7000 一般最小3200 个别最小2800	推荐4500~7000 一般最小4000 个别最小3500
最大半径	12000	12000	12000	12000

4.5 缓和曲线

4.5.1 缓和曲线的作用及其几何特征

在直线与圆曲线轨道之间设置一段曲率半径逐渐变化的曲线，称为缓和曲线。行驶于曲线轨道的机车车辆，会出现一些与直线运行显著不同的受力特征。如曲线运行的离心力，外轨超高不连续形成的冲击力等。设置缓和曲线的目的是使未被平衡的离心力平稳变化，超高和轨距加宽逐渐变化，保持列车在曲线运行时的平稳性。当缓和曲线连接设有轨距加宽和外轨超高的圆曲线时，缓和曲线的轨距和超高是呈线性变化的。概括起来，缓和曲线具有以下几何特征：

①缓和曲线连接直线和半径为 R 的圆曲线，其曲率由 $0\sim 1/R$ 逐渐变化。

②缓和曲线的外轨超高，由直线上的零逐渐增至圆曲线的超高值，与圆曲线超高相连接。

③缓和曲线连接半径小于350 m的圆曲线时，在整个缓和曲线长度内，轨距加宽呈线性递增，由零至圆曲线加宽值。

因此，缓和曲线是一条曲率和超高均逐渐变化的空间曲线。

4.5.2　缓和曲线的几何形位条件

以缓和曲线始点 ZH 为原点，建立缓和曲线直角坐标系，如图4－10所示，HY 为缓和曲线终点。缓和曲线的线形应满足以下条件：

①为了保持连续点的几何连续性，缓和曲线在平面上的形状应当是：在始点 ZH 处，横坐标 $x=0$，纵坐标 $y=0$，倾角 $\varphi=0$；在终点 HY 处，横坐标 $x=x_0$，纵坐标 $y=y_0$，倾角 $\varphi=\varphi_0$。

②为保持列车运行的平稳性，离心力不突然产生和消失，从 ZH 点到 HY 点，曲率半径 ρ 由 ∞ 逐渐变成 R，离心力也由 $F=0$ 逐渐变化至 $F=m\dfrac{v^2}{R}$。

③缓和曲线上任何一点的曲率应与外轨超高相吻合。

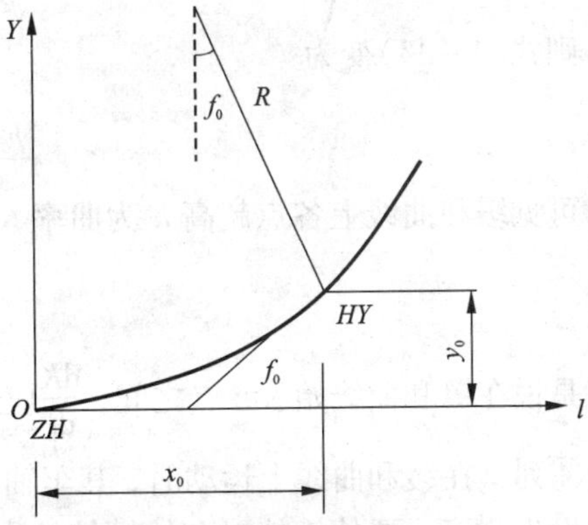

图4－10　常用缓和曲线坐标图

在纵断面上，外轨超高顺坡的形式有两种形式。一种形式是直线形，如图4－11(a)所示；另一种形式是曲线形，如图4－11(b)所示。

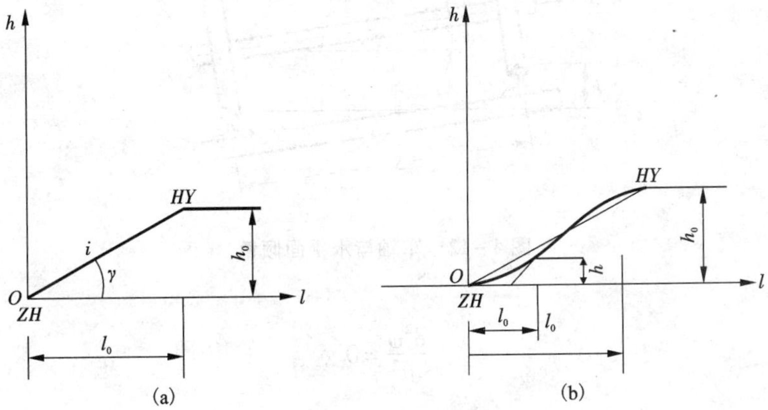

图4－11　超高顺坡

列车经过直线顺坡的缓和曲线始点和终点时，对设置超高的外轨会产生冲击。在行车速度不高，超高顺坡相对平缓时，列车对外轨的冲击不大，可以采用直线形超高顺坡。直线形超高顺坡的缓和曲线，在始点处，$\rho=\infty$；在终点处，$\rho=R$，即可满足曲率与超高相配合的要求。

当行车速度较高，为了消除列车对外轨的冲击，应采用曲线形超高顺坡。其几何特征是缓和曲线始点及终点处的超高顺坡倾角 $\gamma=0$，即在始点和终点处应有

$$\tan\gamma=\frac{\mathrm{d}h}{\mathrm{d}l}=0 \tag{4-34}$$

式中：l 为曲线上任何一点至缓和曲线起点的距离；h 为缓和曲线外轨超高值。

$$h = \frac{S_1 v_0^2}{g\rho} \tag{4-35}$$

式(4－35)中 ρ 为缓和曲线上任一点的曲率半径。令

$$\frac{S_1 v_0^2}{g} = E(\text{常数}) \tag{4-36}$$

则式(4－35)变为

$$h = E\frac{1}{\rho} = EK \tag{4-37}$$

可见缓和曲线上各点超高 h 为曲率 K 的线性函数。将式(4－37)代入式(4－34)得

$$\frac{\mathrm{d}K}{\mathrm{d}l} = 0 \tag{4-38}$$

也就是说在缓和曲线始、终点之间，$\frac{\mathrm{d}K}{\mathrm{d}l}$应连续变化。

④列车在缓和曲线上运动时，其车轴与水平面倾斜角 ψ 不断变化，如图 4－12 所示亦即车体发生侧滚。要使钢轨对车体倾转的作用力不突然产生和消失，在缓和曲线始、终点处应使倾转的角加速度为零，即

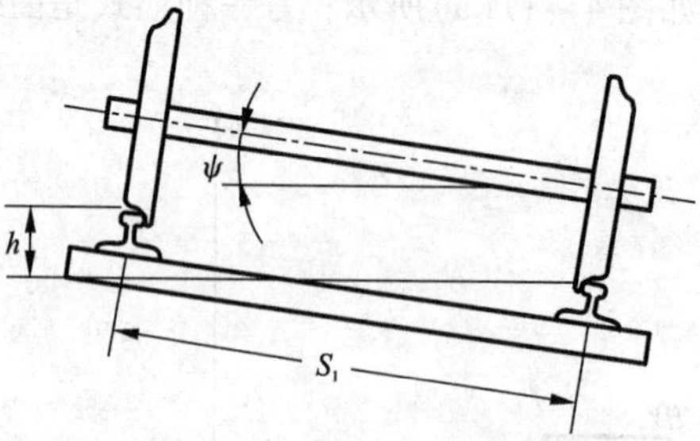

图 4－12　车轴与水平面倾角

$$\frac{\mathrm{d}^2\psi}{\mathrm{d}t^2} = 0 \tag{4-39}$$

因 ψ 角较小，$\psi \approx \sin\psi = \frac{h}{S_1}$，并因 $h = EK$，所以

$$\frac{\mathrm{d}^2\psi}{\mathrm{d}t^2} = \frac{E}{S_1}\frac{\mathrm{d}^2 K}{\mathrm{d}t^2}$$

又因 $v = \frac{\mathrm{d}l}{\mathrm{d}t}$，代入式(4－39)可得

$$\frac{\mathrm{d}^2\psi}{\mathrm{d}t^2} = \frac{Ev^2}{S_1}\frac{\mathrm{d}^2 k}{\mathrm{d}l^2}$$

所以，在缓和曲线始终点处$\frac{\mathrm{d}^2\psi}{\mathrm{d}t^2} = 0$，故而$\frac{\mathrm{d}^2 K}{\mathrm{d}l^2} = 0$，即在缓和曲线范围内$\frac{\mathrm{d}^2 K}{\mathrm{d}l^2}$连续变化。

将上述缓和曲线的线形条件可归纳成表 4－10。可以看出，表中前两项是缓和曲线的基本几何形位要求，而后三项则是由行车平稳性形成的力学条件推导出的几何形位要求。在行

车速度不高的线路上，满足表 4－10 中前三项要求的缓和曲线，即可以适应列车运行的需要，是目前最常用的缓和曲线。而在行车速度较高的线路上，缓和曲线的几何形位就必须考虑后两项的要求。

表 4－10　缓和曲线线形条件

符号	始点(ZH)$l=0$	终点(HY)$l=l_0$	始点至终点之间
y	0	y_0	
k	0	φ_0	
K	0	$\frac{1}{R}$	连续变化
$\frac{dK}{dl}$	0	0	
$\frac{d^2K}{dl^2}$	0	0	

4.5.3　常用缓和曲线方程

由上述可知，常用缓和曲线满足表 4－10 的前三项要求，其外轨超高顺坡成直线形，其基本方程满足的条件是在直缓点 $l=0$ 时，$K=0$；在缓圆点 $l=l_0$ 时，$K=\frac{1}{R}$；$0<l<l_0$ 时，$0<K<\frac{1}{R}$。满足这些条件的基本方程应为

$$K=K_0\frac{l}{l_0}=\frac{l}{c} \tag{4-40}$$

式中：K 为缓和曲线上任一点的曲率，等于$\frac{1}{\rho}$；ρ 为缓和曲线上任意一点曲率半径；l 为缓和曲线上任何一点离始点 ZH 的距离；K_0 为缓和曲线终点 HY 的曲率，等于$\frac{1}{R}$；l_0 为缓和曲线长度。C 为常用缓和曲线的特征常数，$C=Rl_0$。

由式(4－40)可知，缓和曲线长度 l 与其曲率 K 成正比。符合这一条件的曲线称为放射螺旋线。

下面推导缓和曲线方程。设缓和曲线上任一点处的缓和曲线长为 l，如图 4－13 所示，偏角为 φ，曲率半径为 ρ，则

$$d\varphi=\frac{dl}{\rho}=Kdl=\frac{l}{Rl_0}dl \tag{4-41}$$

又从图 4－13 可见

$$dx=dl\cos\varphi,\ dy=dl\sin\varphi \tag{4-42}$$

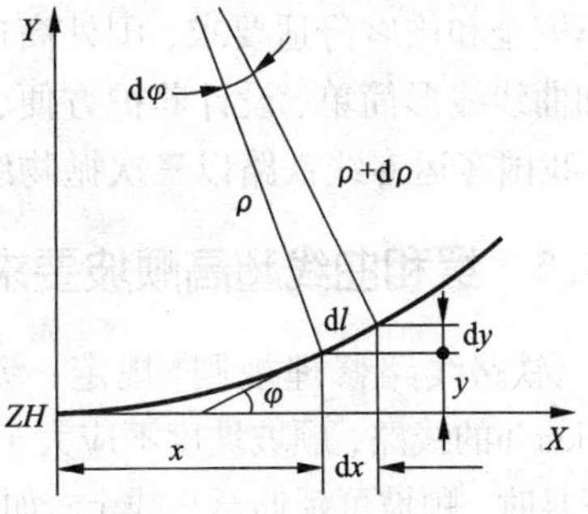

图 4－13　缓和曲线计算图

缓和曲线的偏角 φ 为

$$\varphi = \int_0^l \mathrm{d}\varphi = \int_0^l \frac{l}{Rl_0}\mathrm{d}l = \frac{l^2}{2Rl_0} = \frac{l^2}{2C} \tag{4-43}$$

在缓和曲线终点处，$l = l_0$，缓和曲线偏角为

$$\varphi = \frac{{l_0}^2}{2Rl_0} = \frac{l_0}{2R} \tag{4-44}$$

因为 φ 角很小，可以近似地取 $\sin\varphi \approx \varphi$，因此

$$\cos\varphi = 1 - 2\sin^2\frac{\varphi}{2} \approx 1 - \frac{\varphi^2}{2}$$

代入式(4－42)，得

$$\mathrm{d}x = \left(1 - \frac{\varphi^2}{2}\right)\mathrm{d}l = \left(1 - \frac{l^4}{8R^2 l_0^2}\right)\mathrm{d}l,\ \mathrm{d}y = \varphi\mathrm{d}l = \frac{l^2}{2Rl_0}\mathrm{d}l \tag{4-45}$$

将式(4－45)从缓和曲线 0 ~ l 积分得

$$x = \int_0^l \left(1 - \frac{l^4}{8C^2}\right)\mathrm{d}l = l - \frac{l^5}{40C^2},\ y = \int_0^l \frac{l^2}{2C}\mathrm{d}l = \frac{l^3}{6C} \tag{4-46}$$

式(4－46)就是我国铁路常用的缓和曲线方程——放射螺旋线方程。消去式(4－46)中的参变量 l，得

$$y = \frac{x^3}{6C}\left(1 + \frac{2x^4}{35C^2} + \cdots\right) \approx \frac{x^3}{6C} = \frac{x^3}{6Rl_0} \tag{4-47}$$

式(4－47)是放射性螺旋线的近似直角坐标方程，称为三次抛物线。

当曲线半径较大，缓和曲线较短时，放射螺旋线与三次抛物线接近重合，可用三次抛物线作为放射螺旋线的近似式。而在曲线半径较小，缓和曲线较长时，采用三次抛物线作为近似式尚存在较大偏差。

4.5.4 缓和曲线线形选择

从理论角度讲，目前缓和曲线的线形较多，主要是三次抛物线形、三次抛物线形余弦改善形、三次抛物线形圆改善形、七次四项形、半波正弦形、一波正弦形等。满足表 4－10 中前四项或全部五项要求的缓和曲线通称为高次缓和曲线。高次缓和曲线外轨超高顺坡为曲线顺坡，缓和曲线上的各点，包括始终点都是光滑连续的，适合高速列车的需要。从以往研究和实测对比表明，只要缓和曲线长度达到一定要求，各种线形的缓和曲线都能保证高速列车行车安全和旅客舒适要求，国外高速铁路的运营实践也证明了这一点。考虑到三次抛物线形缓和曲线线形简单、设计养护方便、平立面有效长度长、现场运用和养护维修经验丰富等因素，我国客运专线铁路以三次抛物线为缓和曲线首选线形。

4.5.5 缓和曲线超高顺坡要求

《铁路线路修理规则》规定：缓和曲线超高应在整个缓和曲线内完成，允许速度大于 120 km/h的线路，顺坡坡度不应大于 $1/(10v_{max})$，其他线路不应大于 $1/(9v_{max})$；如缓和曲线长度不足时，顺坡可延伸至直线上；如无缓和曲线，允许速度大于 120 km/h 的线路，在直线上顺坡坡度不应大于 $1/(10v_{max})$，其他线路不应大于 $1/(9v_{max})$。允许速度大于 160 km/h 的线路，超高必须在整个缓和曲线内完成。允许速度为 120 ~ 160 km/h 的线路，在直线上顺坡的超高不应大于 8 mm。其他线路，有缓和曲线时不应大于 15 mm，无缓和曲线时不应大于 25 mm。

在困难条件下，可适当加大顺坡坡度，但允许速度大于 120 km/h 的线路，顺坡坡度不应大于 $1/(8v_{max})$；其他线路不应大于 $1/(7v_{max})$，且不得大于 2‰。

4.5.6　最小缓和曲线长度

缓和曲线长度是铁路线路平面设计的主要参数之一。为了保证行车安全和旅客乘坐的舒适，缓和曲线应有足够的长度，但过长的缓和曲线将制约平面选线和纵断面变坡点设置的灵活性，增加投资成本，所以应合理选择。缓和曲线最小长度应满足如下条件。

1. 从行车安全角度(超高顺坡率允许值)确定缓和曲线长度

超高顺坡率允许值受车辆脱轨安全性控制。如图 4-14 所示，圆曲线外轨超高要沿缓和曲线顺坡，使内外轨不在一个平面上，缓和曲线部分的轨道平面发生了扭曲，顺坡坡度越大，扭曲越厉害。行车安全条件是指轮对三点支承不脱轨。转向架轮对的内侧车轮走在平面上，外侧车轮走在斜坡上，由于转向架的约束，各个车轮只能位于同一平面上，若后端轮对的内外两轮都紧贴轨面，前端轮对的外轮也紧贴轨面，则前轮对的内轮就会悬浮在轨面上，这个悬浮高度要小于最小轮缘高度 K_{min}，保证车轮轮缘不爬上内轨顶面。

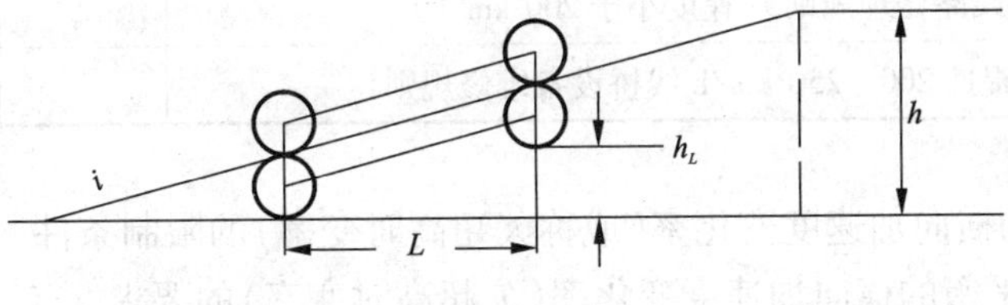

图 4-14　转向架在缓和曲线上示意图

设外轨超高顺坡坡度为 i，最大固定轴距为 L_{max}，则车轮踏面离开内轨顶面的高度为 iL_{max}。当悬空的高度大于轮缘最小高度 K_{min} 时，车轮就有可能形成的三点支承脱轨的危险。因此必须保证

$$iL_{max} \leqslant K_{min}，i \leqslant \frac{K_{min}}{L_{max}} \tag{4-48}$$

我国现行《铁路线路设计规范》规定，最大超高顺坡率不大于 2‰，即 1/500。

因此对于超高值线性变化的三次抛物线缓和曲线，由车辆脱轨安全因素决定的缓和曲线长度为

$$l_0 \geqslant \frac{h_0}{i_{max}} = 0.5h_0 \tag{4-49}$$

式中：h_0 为圆曲线外轨超高。

对于缓和曲线普遍较长的客运专线铁路，由脱轨安全条件要求计算的缓和曲线长度不起控制作用。

2. 从旅客舒适角度确定缓和曲线长度

足够的缓和曲线长度可以保证缓和曲线上外轮升高(或降低)的速度和未被平衡的加速度的变化率不至太大而影响旅客乘坐的舒适性。

(1)外轮升高(或降低)速度(超高时变率)的限制条件

行驶在缓和曲线上的车辆，其外轮一边前进，一边升高(或降低)，车体发生扭转，乘客感到不舒适。因此外轮的升高速度f(或称超高时变率)，不应超过某一规定值$[f]$。当列车以v_{max}行驶时，外轮升高速度f应满足下式

$$f=\frac{h_0}{t}=\frac{h_0}{\dfrac{3.6l_0}{v_{max}}}=\frac{v_{max}h_0}{3.6l_0}\leqslant[f]$$

$$l_0\geqslant\frac{v_{max}h_0}{3.6[f]} \tag{4-50}$$

式中：v_{max}为曲线上的设计最高行车速度(或该曲线限制速度)(km/h)；h_0为圆曲线设计高度，mm；l_0为缓和曲线长度，相当于直线形顺坡缓和曲线长度(m)；$[f]$为容许的超高时变率(见表4-11，mm/s)；t为列车以v_{max}通过l_0的缓和曲线所需的时间(s)。

表4-11 国内各种规范和标准的超高时变率限值$[f]$

各种规定	$[f]$(mm/s)		
	良好	困难	一般
《铁路线路修理规则》(速度小于200 km/h)	25	31	35
《既有线提速200~250 km/h线桥设备维修规则》		28	35

(2)未被平衡的横向加速度变化率(或称欠超高时变率)的限制条件

根据允许未被平衡的横向加速度变化率(欠超高时变率)的要求，有

$$\beta=\frac{h_q}{t}=\frac{h_q}{\dfrac{3.6l_0}{v_{max}}}=\frac{v_{max}h_q}{3.6l_0}\leqslant[\beta]$$

所以缓和曲线长度应满足

$$l_0\geqslant\frac{v_{max}}{3.6}\cdot\frac{h_q}{[\beta]} \tag{4-51}$$

式中：v_{max}为曲线上的设计最高行车速度(或该曲线限制速度)(km/h)；h_q为未被平衡的欠超高(mm)；t为列车以v_{max}通过l_0的缓和曲线所需的时间(s)；$[\beta]$为旅客舒适度容许的欠超高时变率(mm/s)，良好条件下取23 mm/s，困难条件下取38 mm/s。

缓和曲线长度计算应综合考虑以上因素。为铺设和维修的方便，缓和曲线计算结果取10 m的整数倍。若运营线上原设缓和曲线比计算选用的长度还要长，则采用原来的长度；若长度不足则应予以延长。

4.5.7 圆曲线最小长度和缓和曲线夹直线最小长度

圆曲线最小长度和缓和曲线夹直线最小长度主要受列车运行平稳和旅客乘坐舒适条件控制，通常由“列车在缓和曲线始终点产生的振动不叠加”而决定，这与列车振动及其衰减特性、列车运行速度有关。根据实验结果，列车在缓和曲线始终点产生的振动在1~2个周期内基本衰减完成。因此，圆曲线和夹直线最小长度应为

$$l_0 \geqslant (1.5 \sim 2.0) T \frac{v_{max}}{3.6} \tag{4-52}$$

式中：l_0 为圆曲线和夹直线长度（m）；T 车辆振动周期（s）；v_{max} 为曲线上的最高行车速度（km/h）。

若高速车辆振动的周期为 1.0 s，按在两个周期内振动衰减完成，则

$$l_0 \geqslant 2.0 \times \frac{v_{max}}{3.6} \approx 0.6 v_{max}$$

《既有线提速 200 ~ 250 km/h 线桥设备维修规则》规定圆曲线和夹直线的最小长度取值为：一般条件下 l_0 不小于 $0.7v_{max}$，困难条件下 l_0 不小于 $0.5v_{max}$，既有线保留地段困难条件下 l_0 不小于 $0.4v_{max}$。

《高速铁路设计规范》（TB 10621—2014）的圆曲线或夹直线最小长度见表 4－12。

表 4－12 圆曲线或夹直线最小长度（高速）

设计行车速度（km/h）		350	200	250
圆曲线或夹直线最小长度（m）	一般	280	240	200
	困难	210	180	150

《铁路线路修理规则》规定：同向曲线两超高顺坡终点间的夹直线长度应满足表 4－13 的规定，允许速度不大于160 km/h的特殊困难地段不应短于 25 m。允许速度不大于 120 km/h 的极个别情况下不足 25 m 时，可在直线部分设置不短于 25 m 的相等超高地段。如设置相等超高段困难时，可在直线部分从较大超高向较小超高均匀顺坡。

表 4－13 圆曲线或夹直线最小长度

设计行车速度（km/h）		200	160	140	120	100	80
圆曲线或夹直线最小长度（m）	一般	140	130	110	80	60	50
	困难	100	80	70	50	40	30

反向曲线两超高顺坡终点间的夹直线长度应满足表 4－12 的规定，允许速度不大于160 km/h的特殊困难地段不应短于 25 m。允许速度不大于 120 km/h 的极个别情况下不足 25 m时，正线不应短于 20 m，站线不应短于 10 m；困难条件下可按不大于 $1/(7v_{max})$ 顺坡，特殊困难条件下超高顺坡可延伸至圆曲线上，但圆曲线始终点的未被平衡欠超高不得超过相关规定。允许速度不大于 120 km/h 的线路在特殊条件下的超高顺坡，铁路局可根据具体情况规定，但不得大于 2‰。

圆曲线最小长度应满足表 4－13 的规定。允许速度不大于 160 km/h 的特殊困难地段不应短于 25 m。相邻两线采用反向曲线变更线间距时，如受圆曲线最小长度限制，允许速度大于 160 km/h 的线路，可不设缓和曲线，但圆曲线半径不应小于表 4－14 规定的数值。困难条件下的圆曲线最小半径，160 km/h 不小于 v_{max} >140 km/h 不得小于 8000 m，140 km/h 不小于 v_{max} >120 km/h 时不得小于 6000 m。

表 4－14 采用反向曲线变更线间距可不设缓和曲线的最小圆曲线半径

线路允许速度(km/h)	160	140	120	100	80
可不设缓和曲线的最小圆曲线半径(m)	12800	10000	5000	4000	3000

相邻两线采用反向曲线变更线间距时，若受曲线偏角限制难于采用表 4－13 规定的圆曲线最小长度标准时，允许速度不大于 160 km/h 的线路，可采用较短的圆曲线长度，但不得短于 25 m。

允许速度大于 120 km/h 的线路，不得采用复曲线；其他线路不宜采用复曲线，在个别特殊困难情况下可保留复曲线。复曲线两圆曲线的曲率差不大于表 4－15 规定的数值时，应设置中间缓和曲线。中间缓和曲线的长度应根据计算确定，不得短于 20 m。复曲线每个圆曲线的长度不得短于 50 m，其超高应在正矢递减范围内，从较大超高向较小超高均匀顺坡。

表 4－15 复曲线可不设中间缓和曲线的两圆曲线的最大曲率差

线路允许速度(km/h)	140	120	100	80
可不设中间缓和曲线的两圆曲线的最大曲率差	1/6000	1/4000	1/2000	1/1000

线路设备大修时，缓和曲线及两曲线间的夹直线长度不应低于原线路标准。

4.6 曲线整正

铁路曲线轨道在列车的动力作用下，特别是横向水平力的作用下，可产生变形，其中最为常见的变形形式是曲线轨道方向的变化，使轨道不能保持原设计的圆顺度。为了确保行车的平稳与安全，有必要进行定期的检查，并及时把曲线轨道整正到原来的设计位置，保持曲线轨道良好的圆弧度。曲线整正的方法有多种，在铁路日常维修作业中，最常用的是绳正法。

4.6.1 曲线绳正法概述

曲线圆度通常是用半径来表达，如果一处曲线，其圆曲线部分各点半径完全相等，而缓和曲线部分从起点开始按照同一规律从无限大逐渐减少，到终点时和圆曲线半径相等，那就说明这处曲线是圆顺的。但是铁路曲线半径都是很大的，现场无法用实测半径的方法来检查曲线圆度，通常以曲线半径(R)、弦长(L)、正矢(f)的几何关系来检验，如图 4－15 所示。

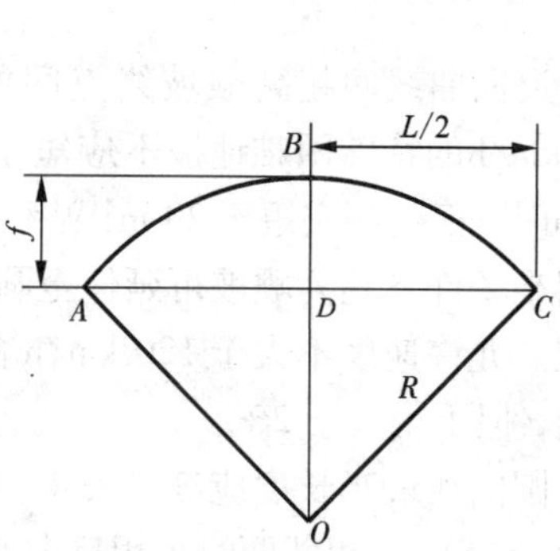

图 4－15 圆曲线的半径与正矢

以弦线测量正矢的方法，即用绳正法来检查曲线的圆度，用来调整正矢的方法，使曲线达到圆顺。测量现场正矢时，应用 20 m 弦，在钢轨踏面下 16 mm 处测量正矢，其偏差不得超过《修规》规定的限度，如表 4-16。

当现场测量正矢与计划正矢偏差超过曲线正矢作业验收容许偏差时，应对曲线进行拨道。采用绳正法拨正曲线时，《修规》对其有以下基本要求：

①曲线两端直线轨向不良，应事先拨正；两曲线间直线段较短时，可与两曲线同时拨正。

②在外股钢轨上用钢尺丈量，每 10 m 设置 1 个测点(曲线头尾是否在测点上不限)。

③在风力较小条件下，拉绳测量每个测点的正矢，测量 3 次，取其平均值。

④按绳正法计算拨道量，计算时不宜为减少拨道量而大量调整计划正矢。

⑤设置拨道桩，按桩拨道。

表 4-16　曲线正矢作业验收容许偏差

曲线半径 R (m)		缓和曲线的正矢与计算正矢差(mm)	圆曲线正矢连续差(mm)	圆曲线正矢最大最小值差(mm)
$R \leqslant 250$		6	12	18
$250 < R \leqslant 350$		5	10	15
$350 < R \leqslant 450$		4	8	12
$450 < R \leqslant 800$		3	6	9
$R > 800$	$v_{max} \leqslant 120$ km/h	3	6	9
	$v_{max} > 120$ km/h	2	4	6

注：曲线正矢用 20 m 弦在钢轨踏面下 16 mm 处测量。

4.6.2　曲线整正的基本原理

曲线整正时采用的是渐伸线原理，因此在曲线整正过程中提出两条假定和四条基本原理。

1. 两条假定

①假定曲线两端切线方向不变，即曲线始终点拨量为零。

切线方向不变，也就是曲线的转角不变。即

$$\sum f_{现} = \sum f_{计}$$

式中：$\sum f_{现}$ 为现场正矢总和；$\sum f_{计}$ 为计划正矢总和。

同时还要保证曲线两端直线不发生平行移动，即始终点拨量为零，即

$$e_{始} = e_{终} = 2\sum_{0}^{n-1}\sum_{0}^{n-1} \mathrm{d}f = 0 \tag{4-53}$$

式中：$e_{始}$ 为曲线始点处拨量；$e_{终}$ 为曲线终点处拨量；$\mathrm{d}f$ 为正矢差，等于现场正矢减计划正矢；$2\sum_{0}^{n-1}\sum_{0}^{n-1} \mathrm{d}f$ 为全拨量，即为二倍的正矢差累计的合计。

②曲线上某一点拨道时，其相邻测点在长度上并不随之移动，拨动后钢轨总长不变。

2. 四条基本原理

①等长弦分圆曲线为若干弧段，则每弧段正矢相等。即等圆等弧的弦心距相等(平面几

何定理)。

②曲线上任一点拨动，对相邻点均有影响，对相邻点正矢的影响量为拨点处拨动量的1/2，其方向相反。

这是由于线路上钢轨是连续的，拨动曲线时，某一点正矢增加，前后两点正矢则各减少拨动量的1/2；反之，某一点正矢拨动量减少，前后两点正矢则随之增加拨量的1/2，如图4-16所示。

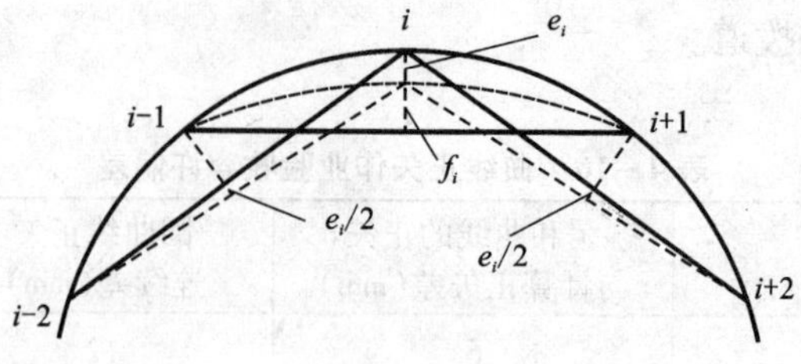

图4-16 拨量对各点正矢的影响

i点处由i拨至i'点，此时，$f'_i=f_i+e_i$(此时仅限于$i-1$及$i+1$点保证不动)。i点的拨动对$i-1$点和$i+1$点正矢产生影响均为$-\frac{e_i}{2}$。同理，若$i-1$点和$i+1$点分别拨动e_{i-1}和e_{i+1}，则对i点影响各为$-\frac{e_{i-1}}{2}$和$-\frac{e_{i+1}}{2}$。

所以，拨后正矢为

$$f'_i=f_i+e_i-\frac{e_{i-1}+e_{i+1}}{2} \tag{4-54}$$

式中：f'_i为i点处拨后正矢；f_i为i点处现场正矢；e_i为i点处拨动量；e_{i-1}为i点前点拨动量；e_{i+1}为i点后点拨动量。

③由以上推论可知，拨道前与拨道后整个曲线正矢总和不变。

④由第二条推论可知，在拨道时整个曲线各测点正矢发生的增减量总和必等于零。

4.6.3 曲线整正的外业测量

测量现场正矢是曲线整正计算前的准备工作，这项工作的质量好坏，直接关系到计算工作，并影响到拨后曲线的圆顺。因此应注意以下几点：

①测量现场正矢前，先用钢尺在曲线外股按计划的桩距(10 m)丈量，并划好标记和编出测点号。测点应尽量与直缓、缓圆等点重合。

②测量现场正矢时，应避免在大风或雨天进行，弦线必须抽紧，弦线两端位置和量尺的位置要正确。在踏面下16 mm处量，肥边大于2 mm时应铲除之，每个曲线至少要丈量2~3次，取其平均值。

③如果直线方向不直，就会影响整个曲线，应首先将直线拨正后再量正矢；如果曲线头尾有反弯(鹅头)应先进行整正；如果曲线方向很差。应先粗拨一次，但拨动部分应经列车碾压且稳定以后，再量取现场正矢，以免现场正矢发生变化，而影响拨道量计算的准确性。

④在测量现场正矢的同时，应注意线路两旁建筑物的界限要求，桥梁、隧道、道口。信号机等建筑物的位置，以供计划时考虑。

4.6.4　曲线计划正矢的计算

曲线包括圆曲线部分和连接直线和圆曲线之间的缓和曲线部分，因此，曲线计划正矢的计算包括圆曲线始终测点和中间各测点计划正矢的计算以及缓和曲线始终点的相邻测点和中间部分各测点计划正矢的计算。

1. 圆曲线计划正矢

由图 4－15 可知：$BD=f$ 即曲线正矢；$AD=\frac{L}{2}$ 即弦长的一半。

正矢的计算公式如同轨距加宽的原理

$$f=\frac{\left(\frac{L}{2}\right)^2}{2R-f}=\frac{L^2}{4(2R-f)}$$

由于 f 与 $2R$ 相比较，f 甚小，可忽略不计，则上式可近似写成为

$$f=\frac{L^2}{8R} \tag{4-55}$$

弦长 L，现场一般取 20 m，当 $L=20$ m 时，$f=\frac{50000}{R}$。

若求圆曲线上任一点矢距则如图 4－17，由几何关系可求得（两个有阴影的三角形为相似形）$f=\frac{AE\cdot BE}{2R-f}$，即

$$f=\frac{L_Z\cdot L_Y}{2R} \tag{4-56}$$

如果曲线范围有道口，测点恰好在道口上，可采用矢距计算方法，将测点移出道口，便于测量。

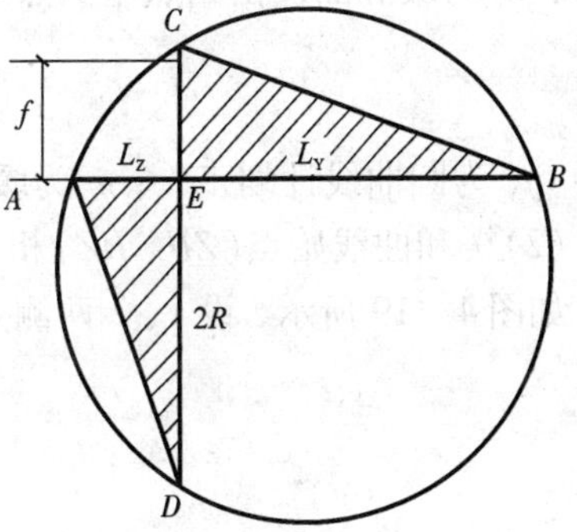

图 4－17　圆曲线上任意点正矢

圆曲线的计划正矢也可按现场圆曲线平均正矢计算，即

$$f'_y=\frac{\sum f_y}{n} \tag{4-57}$$

式中：f'_y 为圆曲线平均正矢；$\sum f_y$ 为现场实量圆曲线正矢合计；n 为所量圆曲线测点数。

圆曲线的计划正矢还可以从现场实量正矢总和求得

$$f'_y=\frac{\sum f_X}{n_Y+n_H} \tag{4-58}$$

式中：$\sum f_X$ 为现场测得整个曲线正矢的总和；n_Y 为圆曲线内测点数；n_H 为一侧缓和曲线测点数，含 ZH、HY 或 YH、HZ 点。

2. 无缓和曲线时，圆曲线始终点处正矢

如图 4 - 18 所示，当圆曲线与直线相连时，由于测量弦线的一端伸入到直线内，故圆曲线始、终点（ZY、YZ）两侧测点的正矢与圆曲线内的各点不同。

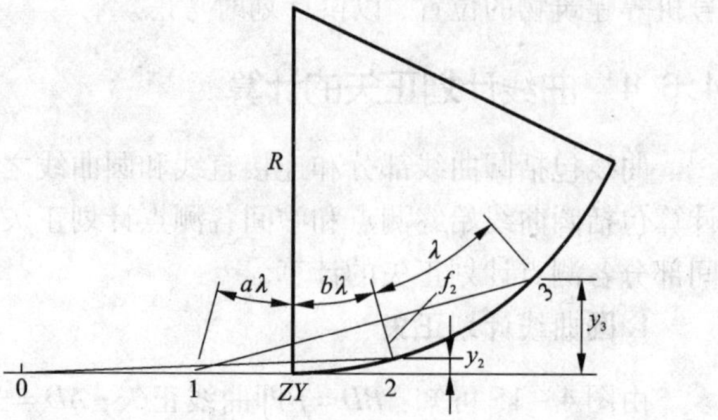

图 4 - 18　圆曲线始点处左右相邻点计划正矢计算图

设：1、2 测点的正矢分别为 f_1、f_2，则

$$f_1 = \frac{b^2}{2} f_Y \qquad (4-59)$$

$$f_2 = \left(1 - \frac{a^2}{2}\right) f_Y \qquad (4-60)$$

当 $a=0$、$b=1$ 时，1 测点为圆曲线始点，则 $f_1 = \frac{f_Y}{2}$、$f_2 = f_Y$，即圆曲线始点位于测点时其正矢为圆曲线正矢的 1/2。

3. 有缓和曲线时，缓和曲线上各测点的正矢

（1）缓和曲线中间各点的正矢 f_i

$$f_i = m_i f_d \qquad (4-61)$$

式中：m_i 为缓和曲线由始点至测点 i 的测量段数；f_d 为为缓和曲线相邻各点正矢递变率。

$$f_d = \frac{f_Y}{m} \qquad (4-62)$$

式中：f_Y 为圆曲线计划正矢；m 为缓和曲线全长按 10 m 分段数。

（2）缓和曲线始点（ZH、HZ）相邻测点的正矢

如图 4 - 19 所示，设 1、2 两测点分别在 ZH 点两侧，与 ZH 点相距分别为 a_λ、b_λ，则

$$f_1 = \frac{b^3}{6} f_d \qquad (4-63)$$

$$f_2 = \left(b + \frac{a^3}{6}\right) f_d \qquad (4-64)$$

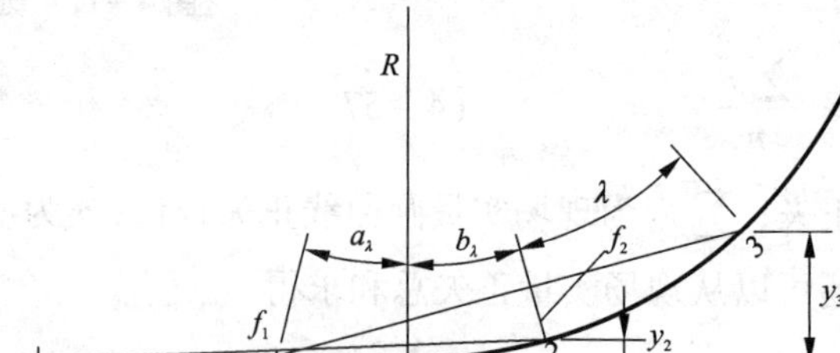

图 4 - 19　缓和曲线始点左右相邻点计划正矢计算图

当缓和曲线始点（ZH）位于 1 点时，此时 $a=0$、$b=1$ 则

$$f_1 = \frac{1}{6} f_d \qquad f_2 = f_d$$

(3)缓和曲线终点(HY、YH)相邻两点的正矢

如图4-20所示，n 和 $n+1$ 为与缓圆点相邻的两个测点，距缓圆点分别为 b_λ 和 a_λ，则

$$f_n = f_y - \left(b + \frac{a^3}{6}\right) f_d \qquad (4-65)$$

$$f_{n+1} = f_y - \frac{b^3}{6} f_d \qquad (4-66)$$

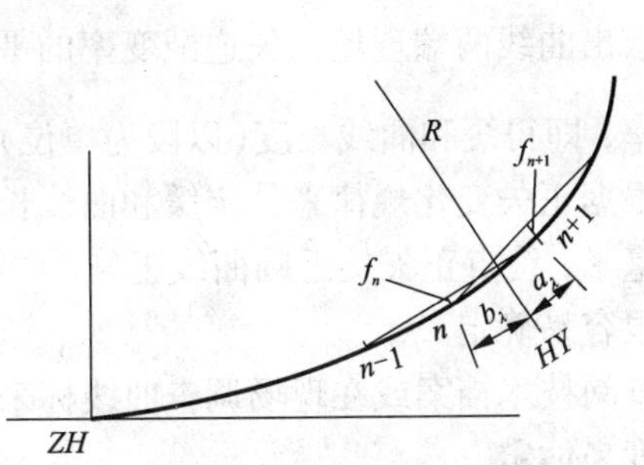

图4-20　缓和曲线终点左右相邻点计划正矢计算图

当缓和曲线始点(ZH)位于 n 点时，$a=1$、$b=0$，则

$$f_n = f_y - \frac{1}{6} f_d \qquad f_{n+1} = f_y$$

即当缓和曲线始点(ZH)位于测点时，其正矢为圆曲线正矢减缓和曲线正矢递减变率的1/6。

例：圆曲线计划正矢 $f_y = 90$ mm，缓和曲线正矢递减变率 $f_d = 30$ mm，设 n 测点距 HY 点0.75段，$n+1$ 测点距 HY 点0.25段，求 f_n 和 f_{n+1}。

解：$f_n = f_y - \left(b + \frac{a^3}{6}\right) f_d = 90 - \left(0.75 + \frac{0.25^3}{6}\right) \times 30 = 67.4(\text{mm})$

$f_{n+1} = f_y - \frac{b^3}{6} f_d = 90 - \frac{0.75^3}{6} \times 30 = 87.9(\text{mm})$

4.6.5　确定曲线主要桩点位置

曲线轨道经过一段时间的运营，其平面形状已经产生了较大变化，为了减少曲线整正中的拨道量，并尽量照顾曲线的现状，应对曲线主要桩点的位置进行重新确定。

1. 计算曲线中央点的位置

首先，根据现场实测正矢得到现场正矢倒累计的合计值和现场正矢合计值确定曲线中央点的位置 x_{QZ}。

$$x_{QZ} = \frac{\sum_n^1 \sum_n^1 f}{\sum_1^n f} \qquad (4-67)$$

式中：$\sum_n^1 \sum_n^1 f$ 为现场正矢倒累计的合计；$\sum_1^n f$ 为现场正矢合计。

2. 确定设置缓和曲线前圆曲线长度

$$L_y = \frac{\sum_1^n f}{f_y} \qquad (4-68)$$

式中：f_y 为圆曲线正矢，可用曲线中部测点的现场正矢平均值或用式 $f_y = \frac{50000}{R}$ 求得。

3. 确定缓和曲线长度

缓和曲线的长度，按不同条件可由以下几种方法确定：

①求出曲线两端现场正矢递减变率的平均值，由 $m_0 = \dfrac{f_y}{f_d}$ 知，用圆曲线平均正矢除以正矢递减变率，即得缓和曲线长度(以段为单位)。

②根据正矢变化规律来估定缓和曲线长度。当曲线方向不是太差时，缓和曲线始点正矢只有几毫米，终点正矢接近圆曲线正矢，中间各点近似于均匀递变。掌握这个规律，缓和曲线长度很容易确定。

③查阅技术档案或在现场调查曲线标来确定缓和曲线长度。另外，还可以根据现场超高顺坡长度来估定。

4. 确定曲线主要桩点位置

圆曲线在加缓和曲线时，是将缓和曲线的半个长度设在直线上，另外半个长度设在圆曲线上，如图 4－21 所示。在加设缓和曲线前，圆曲线的直圆点(ZY)和圆直点(YZ)是缓和曲线的中点。因此，曲线主要标桩点的位置可以根据曲线中央点的位置 x_{QZ}，设缓和曲线之前的圆曲线长度 L_y，及缓和曲线 l_0 来计算确定。

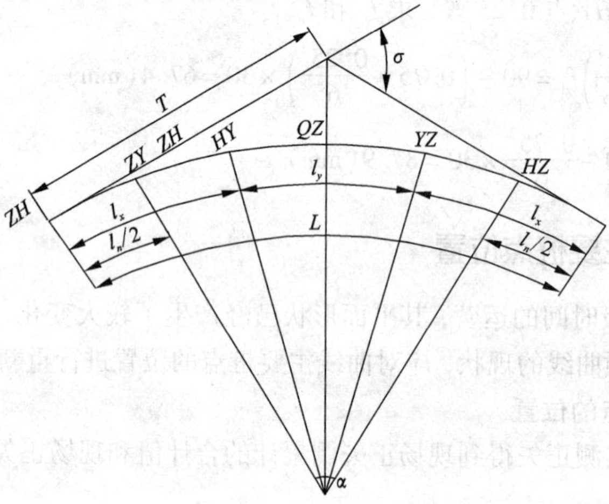

图 4－21　曲线主要桩点位置图

$$
\begin{cases}
ZH = x_{QZ} - \dfrac{L_y}{2} - \dfrac{l_0}{2} \\
HY = x_{QZ} - \dfrac{L_y}{2} + \dfrac{l_0}{2} \\
YH = x_{QZ} + \dfrac{L_y}{2} - \dfrac{l_0}{2} \\
HZ = x_{QZ} + \dfrac{L_y}{2} + \dfrac{l_0}{2}
\end{cases}
\tag{4-69}
$$

经过以上计算，重新确定曲线主要标桩点的位置，然后再编制计划正矢，就可以比较接近现场曲线的实际形状，使拨量较小。

4.6.6　拨量计算

获得现场正矢和有关限界、控制点、轨缝、路基宽度及线间距等资料后，即可进行曲线整正的内业计算。现结合现场实例说明计算过程和计算方法。绳正法拨量计算的计算过程包括：

①计算曲线中央点的位置。

②确定设置缓和曲线前圆曲线长度。

③确定缓和曲线长度。

④计算主要桩点位置。

⑤确定各点的计划正矢。

⑥检查计划正矢是否满足曲线整正前后两端的直线方向不变的要求。

⑦计算拨量。

⑧拨量修正。

4.6.7　算例

设有一曲线，共有22个测点，其现场正矢见表4－17所示。第13测点为小桥，不允许波动曲线，对该曲线采用绳正法进行曲线整正。

表4－17　某曲线实测正矢表

点号	实测正矢	备注	点号	实测正矢	备注	点号	实测正矢	备注
1	5		9	133		17	94	
2	16		10	150		18	74	
3	42		11	145		19	70	
4	57		12	140		20	36	
5	85		13	136	小桥	21	17	
6	96		14	141		22	10	
7	123		15	150				
8	148		16	116				

1. 计算曲线中央点的位置

将表4－17中各点实测正矢填入表4－18第三栏，并分别计算现场正矢合计 $\sum_{1}^{22} f$ 和现场正矢倒累计 $\sum_{22}^{1}\sum_{22}^{1} f$，确定曲线中央点位置。

$$x_{QZ} = \frac{\sum_{n}^{1}\sum_{n}^{1} f}{\sum_{1}^{n} f} = \frac{22787}{1984} = 11.49(\text{段})$$

上值表示曲线中央点位于第 11 测点再加 4. 90 m 处。

2. 定设置缓和曲线前圆曲线长度

经过对现场正矢的分析，可以初步估定圆曲线大致在第 9 测点至第 14 测点之间。

$$圆曲线平均正矢 f_y = \frac{\sum_{23}^{8} - \sum_{23}^{15}}{15-9} = \frac{1417-561}{6} = 143(\text{mm})$$

计算加设缓和曲线前圆曲线长度

$$L_y = \frac{\sum_{1}^{22} f}{f_y} = \frac{1984}{143} = 13.87(段)$$

3. 定缓和曲线长度

通过对现场正矢的分析，可估定缓和曲线为 7 段，即 $l_0 = 7$。

4. 计算主要桩点位置

$$ZH = x_{QZ} - \frac{L_y}{2} - \frac{l_0}{2} = 11.49 - \frac{13.87}{2} - \frac{7}{2} = 1.055(段)$$

$$HY = x_{QZ} - \frac{L_y}{2} + \frac{l_0}{2} = 11.49 - \frac{13.87}{2} + \frac{7}{2} = 8.055(段)$$

$$YH = x_{QZ} + \frac{L_y}{2} - \frac{l_0}{2} = 11.49 + \frac{13.87}{2} - \frac{7}{2} = 14.925(段)$$

$$HZ = x_{QZ} + \frac{L_y}{2} + \frac{l_0}{2} = 11.49 + \frac{13.87}{2} + \frac{7}{2} = 21.925(段)$$

5. 确定各点的计划正矢

(1)圆曲线的计划正矢

采用圆曲线的平均正矢 $f_y = 143$ mm。

(2)缓和曲线的计划正矢

曲线各主要桩点的位置如图 4 – 22 所示。

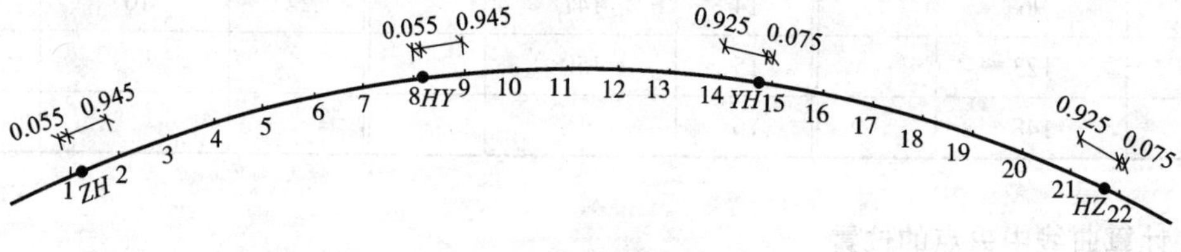

图 4 – 22　曲线各主要桩点位置图

①缓和曲线正矢递减变率

$$f_d = \frac{f_y}{m_0} = \frac{143}{7} = 20.4(\text{mm})$$

②第一缓和曲线上各点正矢

$$f_1 = \frac{b^3}{6} f_d = \frac{0.945^3}{6} \times 20.4 = 2.87(\text{mm})$$　　　　取为 3 mm

$f_2=\left(b+\frac{a^3}{6}\right)f_d=\left(0.945+\frac{0.055^3}{6}\right)\times 20.4=19.3(\text{mm})$　　取为 20 mm

$f_3=(3-1.055)\times 20.4=39.7(\text{mm})$　　取为 40 mm

$f_4=(4-1.055)\times 20.4=60.07(\text{mm})$　　取为 60 mm

$f_5=(5-1.015)\times 20.4=80.5(\text{mm})$　　取为 81 mm

$f_6=(6-1.055)\times 20.4=100.9(\text{mm})$　　取为 101 mm

$f_7=(7-1.055)\times 20.4=121.2(\text{mm})$　　取为 121 mm

$f_8=f_y-\left(b+\frac{a^3}{6}\right)f_d=143-\left(0.055+\frac{0.945^3}{6}\right)\times 20.4=139.01(\text{mm})$　　取为 139 mm

$f_9=f_y-\frac{b^3}{6}f_d=143-\frac{0.055^3}{6}\times 20.4=143(\text{mm})$　　取为 143 mm

③求第二缓和曲线上各点正矢

$f_{14}=f_y-\frac{b^3}{6}f_d=143-\frac{0.075^3}{6}\times 20.4=143(\text{mm})$　　取为 143 mm

$f_{15}=f_y-\left(b+\frac{a^3}{6}\right)f_d=143-\left(0.075+\frac{0.925^3}{6}\right)\times 20.4=138.8(\text{mm})$　　取为 139 mm

$f_{16}=(21.925-16)\times 20.4=120.9(\text{mm})$　　取为 121 mm

$f_{17}=(21.925-17)\times 20.4=100.47(\text{mm})$　　取为 100 mm

$f_{18}=(21.925-17)\times 20.4=80.07(\text{mm})$　　取为 80 mm

$f_{19}=(21.925-19)\times 20.4=59.67(\text{mm})$　　取为 60 mm

$f_{20}=(21.925-20)\times 20.4=39.27(\text{mm})$　　取为 39 mm

$f_{21}=\left(b+\frac{a^3}{6}\right)f_d=\left(0.925+\frac{0.075^3}{6}\right)\times 20.4=18.9(\text{mm})$　　取为 19 mm

$f_{22}=\frac{b^3}{6}f_d=\frac{0.925^3}{6}\times 20.4=2.7(\text{mm})$　　取为 3 mm

6. 检查计划正矢是否满足曲线整正前后两端的直线方向不变的要求

曲线整正前后，其两端直线方向不变的的控制条件是 $\sum_0^n d_f=0$，亦即 $\sum f-\sum f'=0$。此例中 $\sum f-\sum f'=1984-1983=1$，现场正矢总和比计划正矢总和多 1 mm，不满足要求。此时，可根据计划正矢在计算中近似值的取舍情况，在适当测点上进行计划正矢调整，以满足要求。调整计划正矢时，每个测点计划正矢的调整值不宜大于 2 mm。此例中将第 2 测点增加 1 mm。

将各测点的计划正矢值填入表 4－18 之第四栏中，以便进行拨量计算。

7. 计算拨量

$e_n=2\sum_0^{n-1}\sum_0^{n-1}d_f$，曲线上任一测点的拨量，等于到前一测点为止的全部正矢差累计合计的 2 倍。故计算拨量应首先计算正矢差，再计算差累计，最后计算拨量。

(1) 计算各测点的正矢差

曲线上各测点的正矢差等于现场正矢减去计划正矢，$df=f-f'$，因此将各测点第三栏的值减去第四栏的值，把差值填入第五栏中即可。

(2)计算正矢差累计

某测点的正矢差累计等于到该测点为止的以前各测点正矢差的合计。因此，可按表4－18中第五、六栏箭头所示，用“斜加平写”的方法累计。

(3)计算半拨量

某点的半拨量等于该点前所有测点正矢差累计的合计(不包括该测点)。因此，可按表4－18中第七栏箭头所示，用“平加下写”的方法计算。

(4)使终点(或控制点)半拨量调整为零

终点半拨量不为零且数值不大时，通常采用点号差法对计划正矢进行修正。

曲线上如遇有明桥、平交道口或线路两旁有固定设备或建筑物，此时，除了应使曲线终点的半拨量为零外，还需满足以上各控制点的拨量为零或限制在某一数值之内的要求。用半拨量修正法直接修正半拨量，直观性强，且易于控制各点的拨量，尤其对于复杂的曲线，使用半拨量修正法能获得极佳的设计方案。

从半拨量的计算过程可知，如果在某测点上，将计划正矢减少 1 mm，同时在其下边相距为 M 个点号的测点上，将计划正矢增加 1 mm(计划正矢在上一测点减 1 mm，在下一测点加 1 mm，简称“上减下加”)，其结果，将使下一测点以后的各测点的半拨量增加 $(1\times M)$ mm。反之，如果在相距为 M 个点号的一对测点上，对其计划正矢进行“上加下减”的修正，其结果将使下一测点以后各测点的半拨量减少 $(1\times M)$ mm。

第十八栏为拨量，其值为第十七栏中各点半拨量值的 2 倍。

第十九栏的值是用曲线上各点拨道量和拨后正矢的关系，即 $f'_n = f_n + e_n - \left(\dfrac{e_{n-1}+e_{n+1}}{2}\right)$ 计算的。其目的是为了检查计算是否有误，各测点的拨后正矢应与各点修正后的计划正矢(在第九栏)相吻合，否则应重新复核。

4.6.7 拨量修正

1. 正矢差累计的梯形数列修正法

在表 4－18 中，利用点号差法，通过修正计划正矢，重新计算正矢差和正矢差累计，以达到使正矢差累计的合计数为零的目的。

但是在点号差法的计算过程中，我们做了很多重复繁琐的计算，例如表 4－18 中第九、十、十一栏和第十四、十五、十六栏基本上是第四、五、六栏的重复计算。我们看到点号差法是为了将正矢差累计的合计数调整为零，那么，我们是否可以直接从修正正矢差累计入手。从表 4－18 的计算过程，可以找到直接修正正矢差累计的方法。在表 4－18 第八栏中，计划正矢在第 8 测点被修正 －1，第 9 测点被修正 +1，则第 8 测点的正矢差(在第九栏)应被修正 +1，第 9 测点的正矢差应被修正 －1，而其他各测点的正矢差不受影响(这可以从表 4－18 第五栏和第十栏的值相比较得到验证)。根据正矢差累计的“斜加平写”计算规律，可以得到直接修正正矢差累计的数列，如表 4－18 中的第四栏。因此，我们可以省略表中第七、八、九、十栏，而直接用表 4－18 第四栏中的差累计修正数列，对正矢差累计进行修正，进而计算拨量。

表 4-18 曲线整正计算表(点号差法)

点号	现场正矢倒累计	实测正矢	计划正矢	正矢差	正矢差累计	半拨量	第一次修正 正矢修正量	第一次修正 修正后计划正矢	第一次修正 正矢差	第一次修正 正矢差累计	第一次修正 半拨量	第二次修正 正矢修正量	第二次修正 修正后计划正矢	第二次修正 正矢差	第二次修正 正矢差累计	第二次修正 半拨量	全拨量	拨后正矢	附注
一	二	三	四	五	六	七	八	九	十	十一	十二	十三	十四	十五	十六	十七	十八	十九	二十
1	1984	5	3	2	2	0		3	2	2	0		3	2	2	0	0	3	
2	1979	16	20	-4	-2	2		20	-4	-2	2		20	-4	-2	2	4	20	
3	1963	42	40	2	0	0		40	2	0	0		40	2	0	0	0	40	
4	1921	55	60	-5	-5	0		60	-5	-5	0		60	-5	-5	0	0	60	
5	1866	86	81	5	0	-5		81	5	0	-5		81	5	0	-5	-10	81	
6	1780	94	101	-7	-7	-5		101	-7	-7	-5		101	-7	-7	-5	-10	101	
7	1686	123	121	2	-5	-12		121	2	-5	-12		121	2	-5	-12	-24	121	
8	1563	146	139	7	2	-17	-1	138	8	3	-17	-1	137	9	4	-17	-34	137	
9	1417	138	143	-5	-3	-15	1	144	-6	-3	-14		144	-6	-2	-13	-26	144	
10	1279	148	143	5	2	-18		143	5	2	-17		143	5	3	-15	-30	143	
11	1131	147	143	4	6	-16		143	4	6	-15	1	144	3	6	-12	-24	144	
12	984	143	143	0	6	-10		143	0	6	-9		143	0	6	-6	-12	143	
13	841	136	143	-7	-1	-4		143	-7	-1	-3		143	-7	-1	0	0	143	小桥
14	705	144	143	1	0	-5		143	1	0	-4		143	1	0	-1	-2	143	
15	561	148	139	9	9	-5		139	9	9	-4	1	140	8	8	-1	-2	140	
16	413	116	121	-5	4	4		121	-5	4	5		121	-5	3	7	14	121	
17	297	96	100	-4	0	8		100	-4	0	9		100	-4	-1	10	20	100	
18	201	75	80	-5	-5	8		80	-5	-5	9	-1	79	-4	-5	9	18	79	
19	126	67	60	7	2	3		60	7	2	4		60	7	2	4	8	60	
20	59	35	39	-4	-2	5		39	-4	-2	6		39	-4	-2	6	12	39	
21	24	17	19	-2	-4	3		19	-2	-4	4		19	-2	-4	4	8	19	
22	7	7	3	4	0	-1		3	4	0	0		3	4	0	0	0	3	
Σ	22787	1984	1984		33 -34			1984					1984					1984	

注：第六栏最后一测点的正矢差累计必为零，否则说明计算有误。

2. 半拨量修正法

半拨量修正法与差累计梯形数列修正法的原理完全相同。

下面以表 4 – 19 所示实例来说明如何使用差累计梯形数列修正法和半拨量修正法。

在表 4 – 19 中，第六栏为各测点的半拨量，终点的半拨量为 – 1。第七栏为差累计修正，在这一栏中使用了两个梯形数列，第一个数列是为了使位于小桥上的第 13 测点的半拨量调整为零，所以第一个数列的数值和应为 + 4，位于钢桥所在测点之前。第七栏中的两个数列之和应为 + 1，这样才能既满足控制点对拨量的要求，又能把曲线终点 – 1 个半拨量调整为零。

表 4 – 19　差累计修正法计算表

点号	实测正矢	计划正矢	正矢差	正矢差累计	半拨量	差累计修正	半拨量修正	修正后半拨量	全拨量	拨后正矢	附注
一	二	三	四	五	六	七	八	九	十	十一	十二
1	5	3	2	2	0		0	0	0	3	
2	16	20	– 4	– 2	2		0	2	4	20	
3	42	40	2	0	0		0	0	0	40	
4	55	60	– 5	– 5	0		0	0	0	60	
5	86	81	5	0	– 5		0	– 5	– 10	81	
6	94	101	– 7	– 7	– 5		0	– 5	– 10	101	
7	123	121	2	– 5	– 12		0	– 12	– 24	121	
8	146	139	7	2	– 17		0	– 17	– 34	139	
9	138	143	– 5	– 3	– 15	1	0	– 15	– 30	142	
10	148	143	5	2	– 18	2	1	– 17	– 34	142	
11	147	143	4	6	– 16	1	3	– 13	– 26	144	
12	143	143	0	6	– 10		4	– 6	– 12	144	
13	136	143	– 7	– 1	– 4		4	0	0	143	小桥
14	144	143	1	0	– 5	– 1	4	– 1	– 2	144	
15	148	139	9	9	– 5	– 1	3	– 2	– 4	139	
16	116	121	– 5	4	4	– 1	2	6	12	121	
17	96	100	– 4	0	8		1	9	18	99	
18	75	80	– 5	– 5	8		1	9	18	80	
19	67	60	7	2	3		1	4	8	60	
20	35	39	– 4	– 2	5		1	6	12	39	
21	17	19	– 2	– 4	3		1	4	8	19	
22	7	3	4	0	– 1		1	0	0	3	
	1984	1984		33 – 34		1				1984	

重点与难点

1. 直线轨道几何形位的概念、要求及量测方法。
2. 曲线超高的计算和设置方法。
3. 缓和曲线的几何形位要求及常用缓和曲线线型。

思考与练习

1. 什么是轨道几何形位，为什么要保持线路几何形位处于良好状态？
2. 直线轨道几何形位的基本要素有哪些？说出它们的概念及相关要求。
3. 常用的轨距测量方法有哪些？
4. 轮轨游间对列车行车有哪些影响？
5. 曲线轨距加宽的条件是什么？曲线加宽的方法是什么？
6. 简述三角坑的概念及危害。
7. 允许的最大轨距是多少，是根据什么原理确定的？
8. 为什么要在曲线上设置超高？如何设置外轨超高？
9. 试推导曲线外轨超高设置值的计算公式。
10. 什么是未被平衡的超高和未被平衡的加速度？
11. 如何确定曲线限速？
12. 最小曲线半径如何选取？
13. 简述缓和曲线的概念和作用。
14. 缓和曲线的几何形位要求是什么？
15. 常用的缓和曲线线形有哪些？
16. 我国常用的三次抛物线形缓和曲线是否满足所有缓和曲线几何形位要求？为什么？
17. 直线形超高顺坡和曲线形有哪些区别？
18 曲线整正的方法有哪些？
19. 简述绳正法曲线整正的基本原理。

第5章 轨道结构力学分析

5.1 概述

铁路轨道是有别于桥梁、房屋等土建工程结构物的结构。首先它的基础是由松散的介质(道砟)所组成，其次它所承受的来自机车车辆的荷载具有随机性和重复性，因而在轨道结构的各部件中产生了非常复杂的应力、变形和其他的动力响应(振动加速度等)，此外，轨道(特别是道床)还会不可避免地产生不均匀下沉和残余变形积累，使轨道几何形位发生偏差，形成各种轨面及方向上的不平顺，增大了轮轨之间的相互动力作用。轨道破坏的发展速度加快，需要依靠加强对轨道结构的养护维修来加以消除。因此，铁路轨道是一种边工作边需要维修的工程结构物，并且需要根据速度、轴重和运量的运营条件要求，不断地加强和完善轨道结构，而轨道力学分析则是达到这一目的不可缺少的手段。

轨道结构力学分析，就是应用力学的基本原理，结合轮轨相互作用理论，用各种计算模型来分析轨道及其各部件在机车车辆荷载作用下产生应力、变形及其他动力响应，对轨道结构的主要部件进行强度检算。在提速、重载和高速列车运行的条件下，通过对轨道结构的力学分析、轨道结构的稳定性分析、行车的平稳性和安全等进行评估等，确定线路允许的最高运行速度和轨道结构的强度储备。轨道结构力学分析的主要目的为：

①确定机车车辆作用于轨道上的力，并了解这些力的形成及其相应的计算方法。

②确定在一定的运行条件下，轨道结构的承载能力。

轨道结构的承载能力包括以下三个方面：

①强度计算。检算在最大可能的荷载条件下，轨道各部件应具有抗破坏的强度。

②寿命计算。检算在重复荷载作用下，轨道各部件的疲劳寿命。

③残余变形计算。检算在重复荷载作用下，轨道整体结构的几何形位破坏的速率，进而估算轨道的日常维修工作量。

由于寿命和残余变形的计算尚不成熟，所以本章仅介绍承载能力计算中的强度计算。

5.2 作用于轨道上的力

轨道力学分析，首先要确定作用在轨道上的力，而行驶中的机车车辆作用于轨道上的力非常复杂，而且有强烈的随机性和重复性。这些力大体上可分为垂直于轨面的垂向力、垂直于钢轨横向的水平力和平行于钢轨的纵向水平力等三种，如图5-1所示。

5.2.1　垂向力

垂向力的主要组成部分是车轮的轮载。轮载是机车车辆静止时同一个轮对的左右两个车轮对称地作用于平直轨道上的荷载。列车行驶过程中，车轮实际作用于轨道上的垂向力称为车轮的动轮载，其超出静荷载的部分称为静荷载的动力附加值。动轮载随机车车辆和轨道的构造及其状态以及机车车辆的运动状态而变化，而静轮载几乎不受上述影响。

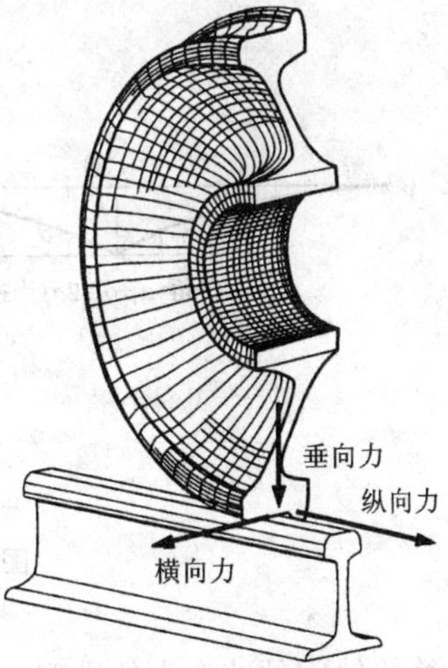

图 5 - 1　轮轨之间的作用力

受机车车辆构造及其状态影响的动力附加值有：

①车辆踏面上因制动或其他原因被擦伤而形成扁瘢。有扁瘢的车轮每转动一周要撞击钢轨一次，从而产生具有冲击性质的轮载，其值随擦伤长度的增大而增加。严重的擦伤车轮所引起的冲击轮载可达静轮载的 3 ~ 4 倍。

②因车轮不圆顺而产生的附加动力值。车轮不圆顺是指车轮滚动圆的圆度误差，其产生的附加动力值随不圆顺的深度的增大而增大。行车速度的影响也很大，但不圆顺的深度比行车速度的影响更为显著。

受轨道构造及其状态影响的动力附加值有：

①机车车辆通过钢轨接头时，由于轨缝、错牙、台阶和折角产生的轮轨冲击；

②机车车辆通过无缝线路的焊缝不平顺和轨面短波不平顺时产生的轮轨冲击；

③机车车辆通过轨道不平顺时，机车车辆部件的浮沉振动而对轨道产生的动力作用。

受机车车辆在轨道上运动形状影响的动力附加值有：

①机车车辆在平直轨道上因蛇行运动使同一轮对左右两轮滚动圆半径不同而引起的车轮偏载。

②机车车辆通过曲线轨道时，作用于转向架上横向力，使同一轮对左右两车轮偏载。

确定垂向力的方法归纳起来有以下三种：

①用概率组合的方法将上述诸原因引起的垂向力组合起来，求得概率为最大的垂向力。这方法是苏联学者把由弹簧振动、轨道不平顺、车轮单独不平顺（扁瘢）、车轮连续不平顺（相当于不圆顺车轮）等原因引起的各垂向力用概率组合起来求得最大值，即取各垂向力的数学平均值与其总均方差的 2.5 倍之和，便得到垂向力的可能最大值。

例如苏联的 Bл10 型电力机车第一轴的最大垂向动轮载，在行车速度为 100 km/h 时，平均值为 132 kN，2.5 倍的总均方差为 76 kN，可能最大垂向动轮载为 208 kN。

②用速度系数等求得最大的垂向力。这方法在很多国家中应用。例如，在我国用速度系数 α 和偏载系数 β_p 来计算垂向动轮载 P_d，计算公式为

$$P_d = P(1 + \alpha + \beta_p) \tag{5-1}$$

式中：P 为静轮载。

上述系数分别可由试验或计算来确定。这将在后面轨道强度计算中详细介绍。

③用计算模型来确定垂向力。图 5 - 2 所示为英国 D. Lyon 用来模拟车轮通过钢轨低接头

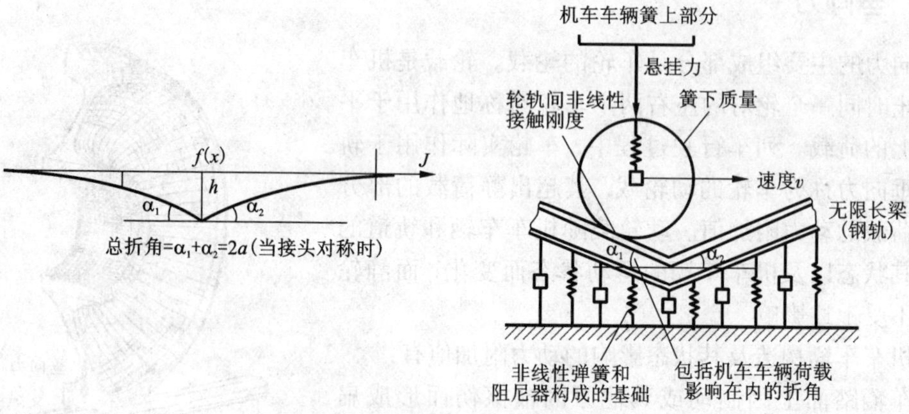

图 5-2　车轮通过钢轨低接头的模型

时计算轮轨间的冲击力的模型。

图 5-3 所示为复杂的车辆-轨道模型。利用这种模型可以计算车辆通过轨道时，因轨道不平顺、车轮扁瘢或钢轨低接头等原因产生的垂向力。

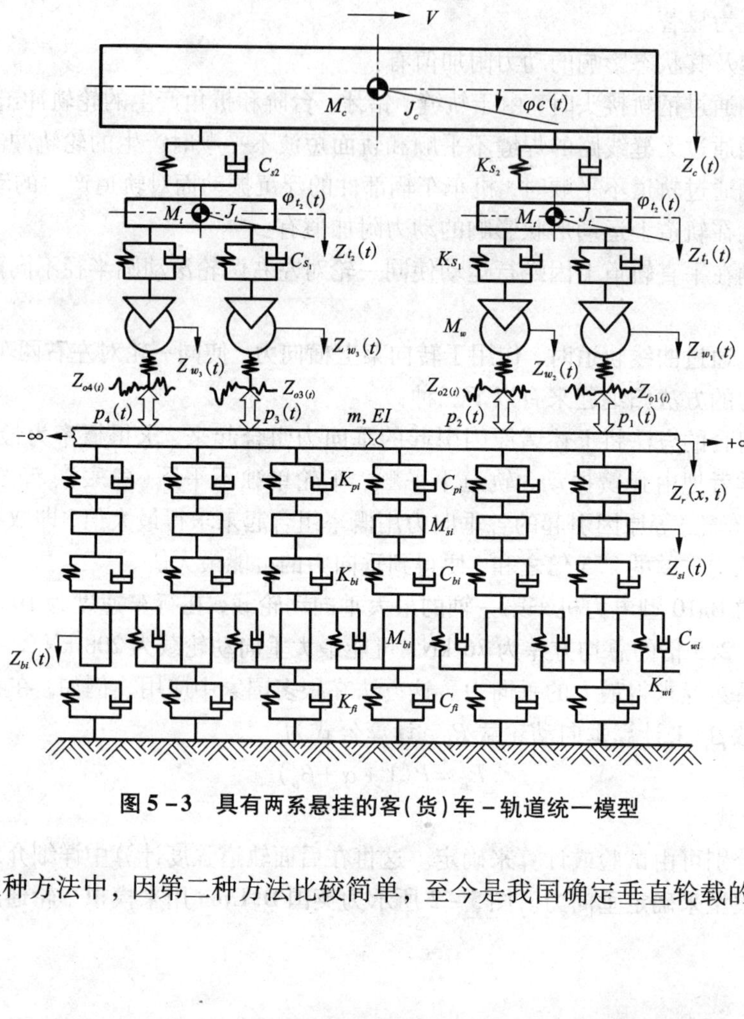

图 5-3　具有两系悬挂的客(货)车-轨道统一模型

在上述三种方法中，因第二种方法比较简单，至今是我国确定垂直轮载的主要方法。第三种方法，虽然计算复杂，但它可以计算各种情况下的轮轨相互作用，特别是用来预测高速铁路上轮轨间的动力作用，因此日益受到大家的重视。

5.2.2　横向水平力

在轮轨接触点上，除垂向力外还存在着车轮轮缘作用于轨头侧面上的导向力和轮轨踏面上的横向蠕滑力合成的轮轨横向水平力，如图 5-4 所示。

产生横向水平力的原因有：

①机车车辆在方向不平顺的轨道上运行时，车辆蛇行运动产生往复周期性的横向水平力。

②机车车辆运行时在接头死弯、道岔尖轨、辙叉翼轨和护轨等处的轮轨冲击引起的横向水平力。

③机车车辆通过曲线轨道时，因欠超高（或过超高）引起的未被平衡横向水平力。

④机车车辆通过曲线轨道时，因转向架转向，使车轮轮缘作用于钢轨侧面的导向力。

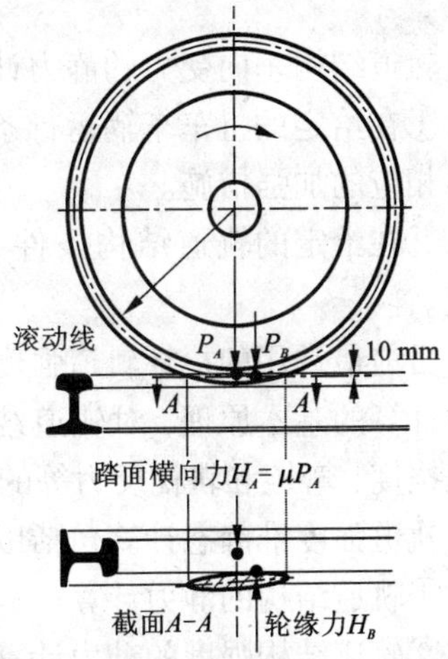

图 5-4　轮轨接触点上的作用力

前两项力受很多因素的影响，不能单凭理论计算，需借助建立在实测数据基础上的经验公式进行估算。第三项可用离心惯性力与向心力之差的简单公式来求得。第四项是产生横向水平力最主要的原因，其绝对值也比较大。

5.2.3　纵向水平力

1. 钢轨爬行力

轨道爬行的原因十分复杂，其中最基本和决定性的则是钢轨在动荷载作用下的波浪形挠曲。当中间扣件扣压力不足，轨底将在垫板上顺着行车方向滑动。如扣件阻力大于道床阻力，则钢轨带动轨枕一起移动，产生与行车方向一致的爬行。在长大坡道上，由于列车的牵引和制动，钢轨向下坡方向爬行，从而产生钢轨纵向爬行力。

2. 坡道上列车重力的纵向分力

随坡度的大小而异。

3. 制动力

当列车停车或减速时，因操纵制动闸瓦对车轮施加强大压力而在轮轨接触点上产生制止列车前进的力称制动力。制动力可以闸瓦压力与摩擦系数的乘积而求得。由于闸瓦压力随机车车辆的构造性能而不同，摩擦系数又随闸瓦压、制动过程中列车瞬时速度而变化，计算方法非常繁琐。目前钢轨所承受的制动力，一般按 9.8 MPa 计算。

4. 摩擦纵向力

列车通过曲线轨道时，因转向架转向使轮踏面产生作用于钢轨顶面上的摩擦力的纵向分力。

5. 温度力

钢轨受阻力约束不能随轨温变化而自由伸缩，故在钢轨内产生温度力。

5.3 轨道结构垂向受力分析及计算方法

轨道结构垂向受力的静力计算的目的是分析轨道结构的受力，具体来说有以下内容：

①在给定的机车车辆运行条件下，检算轨道强度，拟定与之相适应的轨道结构类型，或提出相应的加强措施。

②在给定的轨道结构条件下，确定通过该线路的机车车辆允许最大轴重和最高行车速度。

目前最常用的检算轨道强度方法称为准静态计算方法。所谓准静态计算方法，就是应用静力计算的基本原理，对轨道结构静力计算，然后根据轮轨系统的动力特性，考虑为轮载、钢轨挠度、弯矩和轨枕反力等的动力增值问题。

轨道强度准静态计算包括以下三项内容：

①轨道结构的静力计算。

②轨道结构强度的动力计算——准静态计算。

③检算轨道结构各部件的强度。

5.3.1 轨道静力计算

轨道静力计算常用连续弹性基础梁和连续弹性点支承梁两种模型，如图 5 - 5 所示。本章节只介绍连续弹性基础无限长梁计算模型，连续弹性点支承无限长梁计算模型可参考谢天辅编著的《铁路轨道结构静力计算问题》。

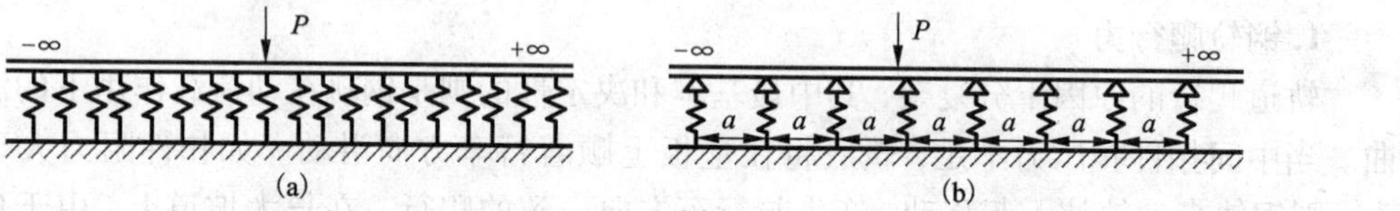

图 5 - 5 轨道的弹性基础梁模型

(a)连续弹性基础梁模型；(b)连续弹性点支承梁模型

1. 计算假定和计算参数

连续弹性基础梁模型就是把钢轨视为一根支承在连续弹性基础上的无限长梁，分析梁在受垂向力作用下所产生的挠度、弯矩和基础反力。这一理论最先由 E. Winkler(1876 年)提出，后由德国 A. Zimmermann 和 A. N. Talbolt 等人逐步完善。该法所求得的解析解是严密的理论解，可将轨道结构的内力和变形分布写成函数的形式，这一经典理论在目前轨道强度计算中仍发挥着重要作用。利用这一模型进行垂向受力分析时，作如下一些假定：

①轨道和机车车辆均符合各项规定标准的要求。

②钢轨是一根支承在连续弹性基础上的无限长梁。连续基础由路基、道床、轨枕和扣件所组成。作用于弹性基础单位面积上的压力和弹性下沉成正比。

③作用于钢轨的对称面上，两股钢轨上的荷载相等。钢轨的垂向抗弯刚度 EI 和连续基础刚度均对称于轨道的纵向中心线，因此，可把两股钢轨分开计算。

④不考虑轨道自重。按图 5-11(a)所示的模型进行计算时，必须先确定 EI 和包括轨枕、道床、路基的钢轨基础弹性系数 k 等计算系数。EI 为钢轨钢的弹性模量 E 和钢轨截面对其水平中性轴的惯性矩的乘积。E 值一般可取 2.058×10^5 MPa。I 可根据不同的钢轨类型及其相应的垂直磨耗程度从表 5-1 中查得。

表 5-1　各种类型钢轨截面惯性矩与截面系数

钢轨垂直磨耗(mm)	名称	单位	钢轨类型				
			75	60	50	43	38
0	J	mm^4	44890000	32170000	20370000	14890000	12040000
	W_1	mm^3	509000	396000	287000	218000	179000
	W_2	mm^3	432000	339400	251000	208000	178000
3	J	mm^4	43280000	30690000	19460000	14090000	11360000
	W_1	mm^3	496000	385000	283000	211000	176000
	W_2	mm^3	420000	318000	242000	200000	171000
6	J	mm^4	40890000	28790000	18270000	13170000	10500000
	W_1	mm^3	482000	375000	275000	205000	168000
	W_2	mm^3	405000	291000	230000	189000	161000
9	J	mm^4	38980000	26900000	17020000	12200000	9730000
	W_1	mm^3	480000	363000	264000	197000	163000
	W_2	mm^3	390000	264000	216000	176000	148000

注：W_1——轨底截面系数；W_2——轨头截面系数。

钢轨基础弹性系数 k 的含义是要使钢轨产生单位下沉时必须在单位长度钢轨上均匀施加的压力(单位为 N/mm^2 或 MPa，即均布弹簧刚度)。为了确定 k 值，必须首先确定道床系数 C 或钢轨支点弹性系数 D。

道床系数 C 是使道床顶面产生单位下沉时所必须施加于道床顶面单位面积上的压力，单位为 MPa/mm，它表示轨枕下道床和路基的弹性特征。

钢轨支点弹性系数(或称支点刚度)D 表示钢轨支点的弹性特征，它是使钢轨支点顶面产生单位下沉时所必须施加于支点顶面上的钢轨压力，单位为 N/mm。D 的表达式为

$$D=\frac{R}{y_p} \tag{5-2}$$

式中：R 为作用在支点上的钢轨压力(N)；y_p 为钢轨支点下沉量(mm)。

对于混凝土轨枕线路，钢轨支点弹性系数 D 由橡胶垫板的弹性系数 D_1 与道床和路基的弹性系数 D_2 组成。将橡胶垫板、道床和路基模拟成弹簧 1 和 2，支点则为前两个弹簧的串联组合，因此 D 可表示为

$$\frac{1}{D}=\frac{1}{D_1}+\frac{1}{D_2} \tag{5-3}$$

D 值随材料的性质、路基和道床密度及气候的影响而变化。根据我国的测定数据，混凝土轨枕轨道的 D 值如表 5-2 所示。

表 5-2　混凝土轨枕轨道的 D 值(N/mm)

轨枕和垫板类型	特重型、重型		次重型、普通型	
	钢轨	轨枕、道床及基床	钢轨	轨枕、道床及基床
混凝土枕，橡胶垫板	30000	70000	22000	42000
宽轨枕，橡胶垫板	50000	120000	—	—

从表 5-2 可知，在计算钢轨和轨枕道床路基应力时，应分别采用不同的 D 值。这是因为 D 值的大小对钢轨和轨枕、道床、路基应力的影响是不同的。

k 与 D 的关系为

$$k=\frac{D}{a} \tag{5-4}$$

式中：a 为轨枕间距(mm)。

C 与 D 的关系为

$$D=\frac{Cbl\alpha}{2} \tag{5-5}$$

式中：b 为轨枕宽度(mm)；l 为轨枕长度(mm)；α 为轨枕挠度系数，由于混凝土轨枕刚度比较大，所以其 α 值可认为等于 1.0。

由上述两式，可得 k 与 C 的关系为

$$k=\frac{Cbl\alpha}{2a} \tag{5-6}$$

对于 C 值，新线轨道由于路基未完全压实，$C=0.04\sim0.06$ MPa/mm，既有线轨道 C 值较高，$C=0.08\sim0.10$ MPa/mm。

应当指出，C，D，k 三个弹性特征参数值是离散性很大的随机变量。如果选择不当，计算结果会引起很大的误差。因此，尽可能采用实测数据。

2. 计算公式的推导

根据图 5-5(a)所示的计算模型，钢轨作为连续弹性基础上的无限长梁，在集中荷载 P 的作用下产生了如图 5-6 所示的挠曲。设 P 在坐标原点 O 上，挠度向下为正，截面左面的弯矩 M，顺时针为正，剪力向上为正，其弹性曲线的方程可表示为：$y=y(x)$。当变形微小时，由材料力学可知，钢轨各截面的转角 θ、弯矩 M、剪力 Q 和基础反力强度 q 分别为

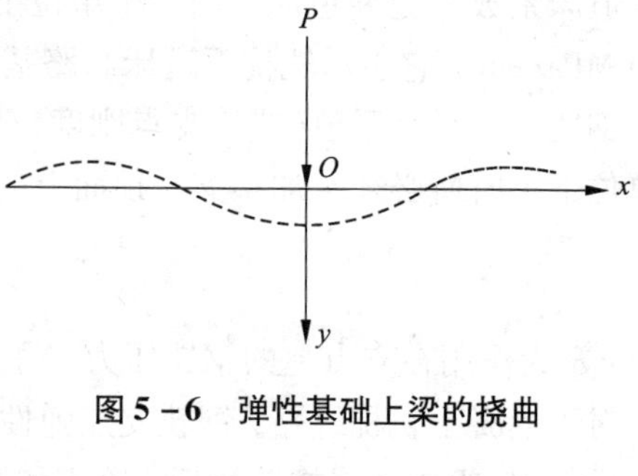

图 5-6　弹性基础上梁的挠曲

$$\theta=\frac{\mathrm{d}y}{\mathrm{d}x},\ M=-EI\frac{\mathrm{d}^2y}{\mathrm{d}x^2},\ Q=-EI\frac{\mathrm{d}^3y}{\mathrm{d}x^3},\ q=-EI\frac{\mathrm{d}^4y}{\mathrm{d}x^4} \tag{5-7}$$

根据 Winkler 假设，$q=ky$，由此得

$$EI\frac{d^4y}{dx^4}+ky=0 \tag{5-8}$$

式中：EI 为钢轨的垂向抗弯刚度；k 为钢轨基础弹性系数。

令

$$\beta=\sqrt[4]{\frac{k}{4EI}} \tag{5-9}$$

β 为钢轨基础与钢轨刚比系数，式(5－8)便转换为

$$\frac{d^4y}{dx^4}+4\beta^4y=0 \tag{5-10}$$

方程(5－10)的特征方程为：$\lambda^4+4\beta^4=0$；可求得四个根为：$\lambda_{1,2}=(1\pm i)\beta$，$\lambda_{3,4}=(-1\pm i)\beta$；可得，方程(5－10)的通解为：$y=Ae^{(1+i)\beta x}+Be^{(1-i)\beta x}+Ce^{(-1+i)\beta x}+De^{(-1-i)\beta x}$；应用欧拉公式：$e^{\pm i\beta x}=\cos\beta x\pm i\sin\beta x$；最后得

$$y=C_1e^{\beta x}\cos\beta x+C_2e^{\beta x}\sin\beta x+C_3e^{-\beta x}\cos\beta x+C_4e^{-\beta x}\sin\beta x \tag{5-11}$$

式中：C_1，C_2，C_3，C_4 为积分常数，由边界条件确定。

当钢轨为无限长时，根据边界条件 $x\to\infty$ 时，$y=0$，得 $C_1=C_2=0$；当 $x=0$ 时，$\frac{dy}{dx}=0$，得 $C_3=C_4=C$；$x=0$ 时，$2EI\frac{d^3y}{dx^3}=P$，得 $C=\frac{P}{8EI\beta^3}$；最后得 y，并由式(5－7)得其他各值如下

$$\begin{cases} y=\dfrac{P}{8EI\beta^3}e^{-\beta x}(\cos\beta x+\sin\beta x)\\ \theta=-\dfrac{P}{4EI\beta^2}e^{-\beta x}\sin\beta x\\ M=\dfrac{P}{4\beta}e^{-\beta x}(\cos\beta x-\sin\beta x)\\ Q=\dfrac{P}{2}e^{-\beta x}\cos\beta x\\ q=\dfrac{P\beta}{2}e^{-\beta x}(\cos\beta x+\sin\beta x)\end{cases} \tag{5-12}$$

作用于轨枕上的钢轨压力(或称轨枕反力)R，等于基础反力强度 q 与轨枕间距 a 的乘积，即

$$R=qa=\frac{P\beta a}{2}e^{-\beta x}(\cos\beta x+\sin\beta x)$$

令 $\eta=e^{-\beta x}(\cos\beta x+\sin\beta x)$，$\mu=e^{-\beta x}(\cos\beta x-\sin\beta x)$

在轨道强度计算中一般仅计算 y，M 和 R，由式(5－12)可得

$$\begin{cases} y=\dfrac{P}{8EI\beta^3}\eta=\dfrac{P\beta}{2k}\eta\\ M=\dfrac{P}{4\beta}\mu\\ R=\dfrac{P\beta a}{2}\eta\end{cases} \tag{5-13}$$

一般情况下，机车车辆一个转向架下有两个或三个轮对，在多个轮对作用下求位于计算轮的钢轨截面(计算截面)上的 y，M 和 R，必须考虑计算轮及其左右邻轮的影响，如图 5－7

所示。根据力的独立作用原理，把轮群对计算截面的作用叠加起来，即得整个轮群对这个截面的总作用。由此得到轮群作用下的 y，M 和 R 的计算公式为

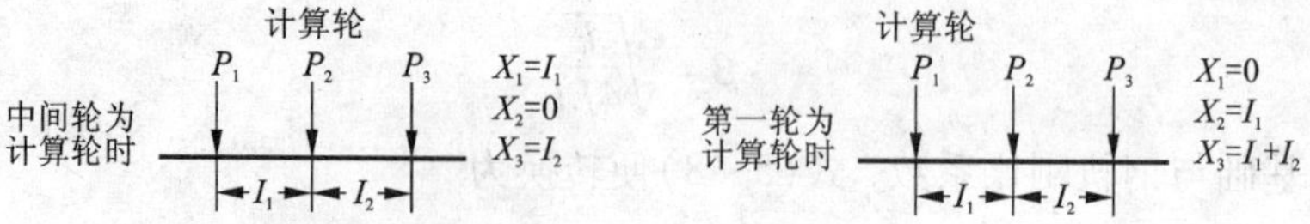

图 5－7　群轮作用下各轮位的计算距离

$$\begin{cases} y = \dfrac{\beta}{2k}\sum P\eta \\ M = \dfrac{1}{4\beta}\sum P\mu \\ R = \dfrac{\beta a}{2}\sum P\eta \end{cases} \tag{5-14}$$

式中：P 为轮群中各车轮的轮载。

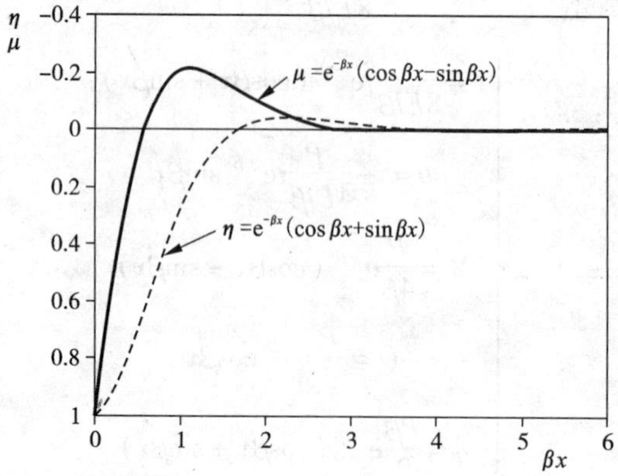

图 5－8　η 和 μ

$\sum P\eta$ 和 $\sum P\mu$ 分别称为计算钢轨挠度（下沉）、轨枕反力和计算钢轨弯矩的当量荷载。因为邻轮的影响随 βx 的大小而有正、负值，故当量荷载可以大于或小于计算轮的轮载 P。当当量荷载大于计算轮轮载时，邻轮对计算轮的影响起增长的作用，而相反时，邻轮对计算轮的影响起抵消作用。例如计算一台具有两个三轴转向架的内燃或电力机车的 $\sum P\eta$ 和 $\sum P\mu$ 时，由于两个转向架之间的距离比较大，当 $\beta x > 5$ 时（60 kg/m 钢轨轨道的 β 一般为 0.001 ~ 0.0015 mm^{-1}），η 和 μ 已很小，如图 5－8 所示，两个转向架可以认为是彼此独立而互不影响的，因此只须计算任何一个转向架下所有车轮的 $\sum P\eta$ 和 $\sum P\mu$，并从中选取最大值作为计算 y，M 和 R 的依据。计算结果表明，根据目前我国铁路使用的机车车辆轴距，最大的 $\sum P\eta$ 位于第二轮下，最大的 $\sum P\mu$ 位于第一轮或第三轮下。

5.3.2　轨道动力响应的准静态计算

所谓结构动力的准静态计算，名义上是动力计算，而实质上仍是静力计算，因为在计算过程中不考虑质体运动的惯性力。而准静态计算方法的前提是质体运动的惯性力与结构所受的外力、反力相比较，相对较小，从而可以忽略不计，而相应的外荷载称为准静态荷载。在轨道结构的准静态计算中，主要是确定钢轨的挠度、弯矩和轨枕动力增值。这些动力增值的主要因素是行车速度、钢轨偏载和列车通过曲线轨道时的横向水平力，分别用速度系数、偏载系数和横向水平力系数加以考虑。

1. 速度系数

列车在直线轨道上运行，由于轮轨之间的动力效应，导致作用在轨道上的动轮载要比静轮载大。动轮载 P_d 与静轮载 P 之差称为轮载的动力增值，与静轮载的比值称为轮载增值系数。这个系数随行车速度的增加而增大，因此通常称为速度系数，用 α 表示，$\alpha=(P_d-P)/P$，则可求得动轮载为

$$P_d=(1+\alpha)P \tag{5-15}$$

各国所采用的速度系数公式不尽相同，一般都是通过实测数据而得的经验公式。大多数和行车速度成线性或非线性的关系，也有少数和车轮直径及轨道的弹性系数成一定的函数关系。我国通过对不同机车类型和速度条件下的钢轨挠度、轨底弯曲拉应力和轨枕反力的大量实际测定，再经过数理统计分析，得出适用于行车速度 v 不大于 120 km/h 的速度系数值，如表 5－3所示。

表 5－3　速度系数

列车类型	速度系数 α	
	计算轨底弯曲应力用	计算轨道下沉及轨下基础部件的荷载及应力用
内燃	$0.4v/100$	$0.3v/100$
电力	$0.6v/100$	$0.45v/100$

注：v 以 km/h 计。

当前我国铁路列车时速已达 160 km/h，并且还要修改时速 200 km/h 的客货混运线路和 200 km/h 以上的客运专线。随着列车速度的提高，表 5－3 中的速度系数就不能适应，但速度系数的确定需要大量的试验研究，目前我国铁路尚未有规范的标准速度系数，表5－4 是根据我国实测数据整理而得，以供参考。

表 5－4　速度系数

速度系数	速度范围	速度差	牵引种类	
			电力	内燃
α	$v\leqslant120$		$0.6v/100$	$0.4v/100$
α_1	$120<v\leqslant160$	$\Delta v_1=v-120$	$0.3\Delta v_1/100$	
α_2	$160<v\leqslant200$	$\Delta v_2=v-160$	$0.45\Delta v_2/100$	

2. 偏载系数

列车通过曲线轨道时，由于未被平衡超高(欠超高或余超高)的存在，从而引起外轨或内轨的偏载，车体重力与离心惯性力(或向心力)的合力 R 就会偏离轨道的中心线。图 5－9 所示为存在欠超高时的偏载情况。

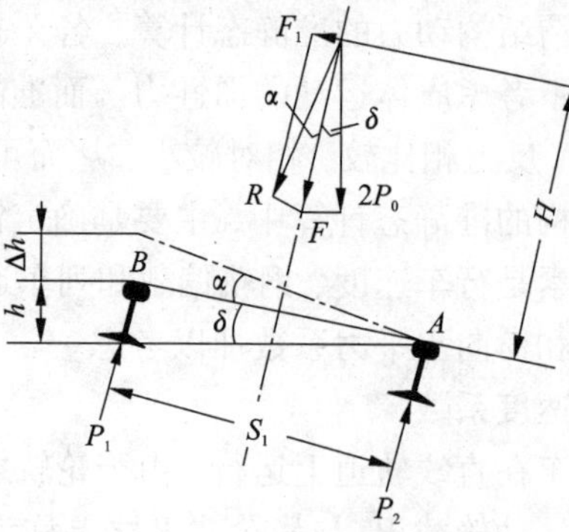

图 5－9　计算偏载系数图

外轨偏载与静载之比称为轨道的偏载系数，用 β_p 表示，其值为

$$\beta_p = \frac{\Delta P}{P_0} = \frac{P_1 - P_0}{P_0} \tag{5-16}$$

式中：ΔP 为外轨偏载值；P_0 为平均轮载；P_1 为外轨轮载。

把合力 R 分解为垂直于轨面线的分力 F 和平行于轨面线的分力 F_1，则由静力平衡条件 $\sum M_A = 0$ 可得

$$P_1 S_1 = F \cdot \frac{S_1}{2} + F_1 \cdot H \text{ 或 } P_1 = \frac{F}{2} + F_1 \cdot \frac{H}{S_1} \tag{5-17}$$

式中：H 为车体重心高度(从轨面算起)，一般为 2.1～2.3 m；S_1 为两股钢轨中心距，取 1500 mm。

欠超高角 α 和超高角 δ 均很小(一般为 3°～5°)，故可取 $\cos\alpha \approx 1$，$\cos\delta \approx 1$，$\sin\alpha = \frac{\Delta h}{S_1}$，$\sin\delta = \frac{h}{S_1}$，由此得：$F = 2P_0$，$F_1 = 2P_0\frac{\Delta h}{S_1}$。代入上式，得：$P_1 = P_0 + \frac{2P_0 H\Delta h}{S_1^2}$。代入式(5－16)，并把 $H = 2200$ mm，$S_1 = 1500$ mm 代入上式得偏载系数表达式为

$$\beta_p = \frac{2H\Delta h}{S_1^2} = \frac{2 \times 2200 \cdot \Delta h}{1500^2} = 0.002\Delta h \tag{5-18}$$

3. 横向水平力系数

横向水平力系数系考虑横向水平力与偏心垂向力共同作用下，使钢轨产生横向水平弯曲和约束扭转，轨底边缘应力因之而增大所引入的系数。它等于轨底外缘弯曲应力与轨底中心弯曲应力的比值，即

$$f = \frac{\sigma_0}{\frac{\sigma_0 + \sigma_i}{2}} \tag{5-19}$$

式中：σ_0 为轨底外缘弯曲应力；σ_i 为轨底内缘弯曲应力。

f 值系根据不同机车类型及线路平面条件下 σ_0 及 σ_i 的大量实测资料，通过数理统计分析加以确定。表 5－5 所示为我国通用的机车类型的横向水平力系数的建议值。

表 5－5　横向水平力系数 f

线路平面	直线	曲线半径(m)				
		≥800	600	500	400	300
横向水平力系数 f	1.25	1.45	1.60	1.70	1.80	2.00

4. 轨道强度的准静态计算

用准静态计算方法计算钢轨的动挠度 y_d、钢轨动弯矩 M_d 和钢轨动压力（或轨枕动反力）R_d 的计算公式为

$$v \leqslant 120 \quad \begin{cases} y_d = y_j(1+\alpha+\beta_p) \\ M_d = M_j(1+\alpha+\beta_p)f \\ R_d = R_j(1+\alpha+\beta_p) \end{cases} \tag{5-20}$$

$$120 < v \leqslant 160 \quad \begin{cases} y_d = y_j(1+\alpha+\beta_p)(1+\alpha_1) \\ M_d = M_j(1+\alpha+\beta_p)(1+\alpha_1)f \\ R_d = R_j(1+\alpha+\beta_p)(1+\alpha_1) \end{cases} \tag{5-21}$$

$$160 < v \leqslant 200 \quad \begin{cases} y_d = y_j(1+\alpha+\beta_p)(1+\alpha_1)(1+\alpha_2) \\ M_d = M_j(1+\alpha+\beta_p)(1+\alpha_1)(1+\alpha_2)f \\ R_d = R_j(1+\alpha+\beta_p)(1+\alpha_1)(1+\alpha_2) \end{cases} \tag{5-22}$$

式中：y_j、M_j 和 R_j 为钢轨的静挠度、静弯矩和静轨枕压力。

式(5-21)和式(5-22)为参考计算式，式(5-22)中的计算 α_1 时的速度差为 $\Delta v_1 = 160-120=40$ km/h，计算 α_2 时的速度差为 $\Delta v_2 = 200-160=40$ km/h。

5.3.3　轨道各部件的强度检算

钢轨应力分为残余应力、基本应力、局部应力和附加应力等，有些可以通过计算所得，有些则不能。残余应力指的是钢轨在冶炼、轧制或运输铺设过程中因作业不当而残留于钢轨内部的应力。残余应力是钢轨在轧制、运输、使用过程中产生和消失的，是一种自平衡的内应力。在使用钢轨的不同期间，残余应力的大小和分布也不一致。图 5-10 所示为钢轨残余应力云图，从图中可知，钢轨纵向残余应力较大，轨头最大残余拉应力达 300 MPa，轨腰最大残余压应力也达 -300 MPa 左右，远大于荷载作用下的弯曲应力。到目前为止，还不能对残余应力进行计算，只能通过实测得到，所以在对轨道强度检算时，也较难将残余应力计算在内。

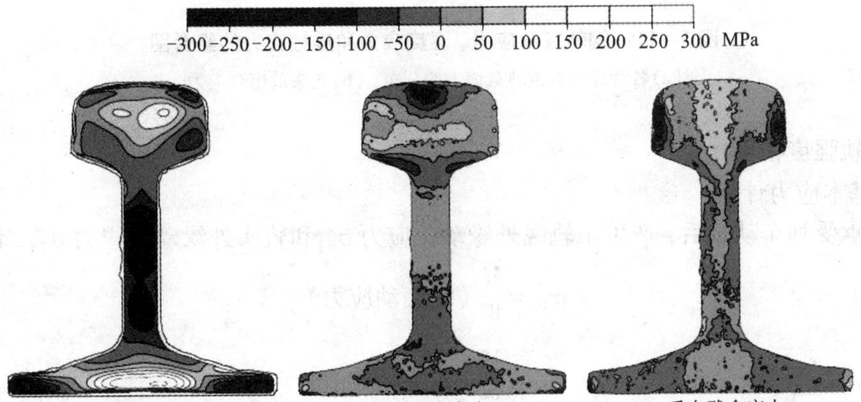

图 5-10　钢轨三向残余应力的分布

基本应力包括在轮载作用下的弯曲应力和钢轨温度变化产生的温度应力。局部应力是轮轨接触点上的接触应力、螺栓孔周围和钢轨截面发生急剧变化的应力集中。附加应力是指钢轨所承受的制动力和爬行力等。钢轨强度检算是对钢轨基本应力的检算，它必须满足钢轨强度条件的要求。钢轨局部应力并不是检算强度的内容，但是随着轴重的增加，轮轨间的接触应力随之而增加，对钢轨的损伤影响显著，因此在这里也要介绍轮轨接触应力的计算方法。图 5-11(a)所示为钢轨载面上的各种应力分布图，图 5-11(b)所示为轨头应力的组合图。从图中可知，温度应力是一均值，沿着钢轨长度方向均匀分布；弯曲应力的影响范围一般只有 6 m 左右，且在荷载作用点处，轨头顶面作用有最大的弯曲压应力；接触应力的范围最小，一般长度小于 10 mm。三者叠加以后，在荷载作用点处的轨顶面就要承受较大的压应力。

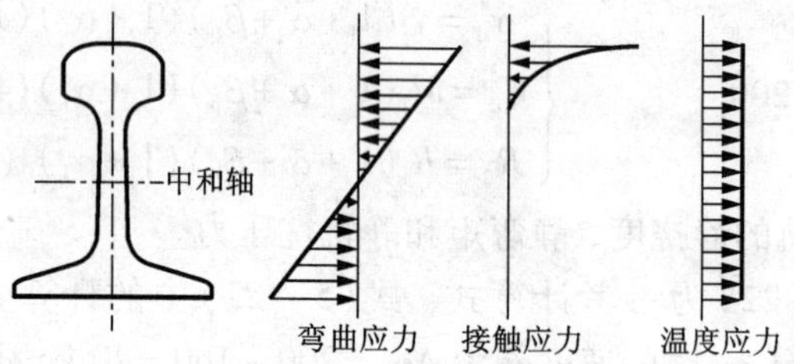

(a)

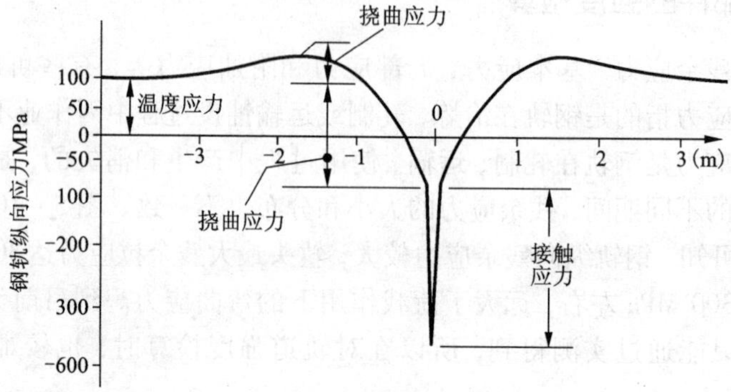

(b)

图 5-11 钢轨弯曲应力、温度应力和接触应力的组合图

(a)各种应力在钢轨截面上的分布；(b)轨头的组合应力

1. 钢轨强度检算

(1)基本应力计算

钢轨承受列车动载后，产生了轨底外缘动拉应力 σ_{1d} 和轨头外缘动压应力 σ_{2d}，计算式为

$$\sigma_{1d}=\frac{M_d}{W_1}(\text{轨底动应力})$$
$$\sigma_{2d}=\frac{M_d}{W_2}(\text{轨头动应力}) \tag{5-23}$$

式中：M_d 为钢轨所受的动弯矩(N·mm)；W_1，W_2 分别为钢轨底部和头部对其水平面中和轴的截面系数(mm^3)，可由表 5-1 查得。

对于无缝线路，可通过轨温变化幅度计算钢轨中的温度力，$\sigma_t=2.48\Delta t$(MPa)，Δt 为最高轨温或最低轨温与锁定轨温之差。对于 25 m 长钢轨的普通线路，由轨温变化而产生的温度应力 σ_t 可由表 5－6 查得。基本应力 σ 计算如下

$$\sigma = \sigma_d + \sigma_t \tag{5-24}$$

表 5－6　温度应力 σ_t(MPa)

钢轨长度(m)	轨型(kg/m)			
	75	60	50	43
12.5	34.5	42.5	50	60
25	41.5	51	60	70

因此，钢轨的基本应力应符合下列的强度条件

$$\text{轨底：}\sigma_{1d} + \sigma_t' \leqslant [\sigma] = \frac{\sigma_s}{K},\quad \text{轨头：}\sigma_{2d} + \sigma_t \leqslant [\sigma] = \frac{\sigma_s}{K} \tag{5-25}$$

式中：σ_t 为钢轨的温度压应力；σ_t' 为钢轨温度拉应力；$[\sigma]$为允许应力(MPa)；σ_s 为钢轨的屈服极限(MPa)；K 为安全系数，新轨 $K=1.3$，再用轨 $K=1.35$。

根据国家钢轨钢标准拉件试验资料统计结果：U71，U74，U71Cu 钢轨钢 $\sigma_b=785$ MPa，$\sigma_s=405$ MPa；U71Mn，U70MnSi，U71MnSiCu 钢轨钢 $\sigma_b=883$ MPa，$\sigma_s=457$ MPa；U75V(即原 PD3 轨)钢轨钢，热轧：$\sigma_b=980$ MPa，$\sigma_s=610$ MPa，离线热处理：$\sigma_b=1300$ MPa，$\sigma_s=900$ MPa，在线热处理：$\sigma_b=1200$ MPa，$\sigma_s=800$ MPa。

(2)轮轨接触应力的分析与计算

车轮在钢轨上滚动具有复杂的物理和力学特性。轮轨之间的接触面积约为 100 mm^2，接触应力可达 1000 MPa 以上，大大超过钢轨的屈服极限，易引起轨头压溃，形成轨面波浪形磨耗等滚动接触疲劳(rolling contact fatigue，RCF)，所以需知道接触应力的大小，但迄今为止，还不能直接测量其值。图 5－12 所示为大滑动滚动试验后，试样表面的显微图。从图 5－12 可知，试验表面有一塑性变形层，其中产生许多细微裂纹。

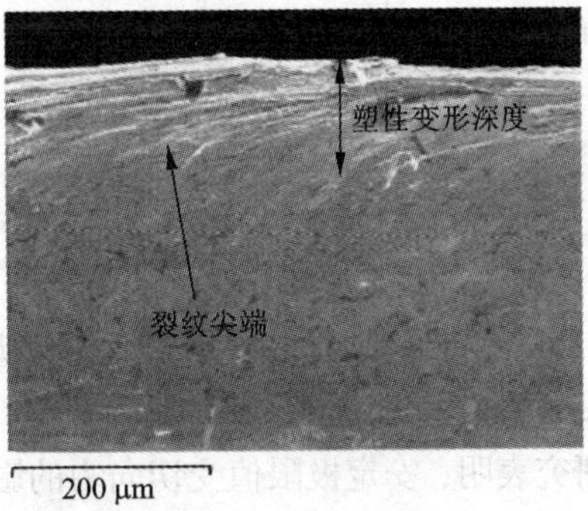

图 5－12　高滑动滚动接触试验后试样表面的塑性变形

钢轨承受车轮荷载，当车轮为纯滚动时，在轮轨接触区域内，最大剪应力位于轨顶面以下 5～7 mm 处，在轨面下 2 mm 范围内，形成压缩残余应力区，在其下部，形成张拉残余应力，如图 5－13 所示。当列车牵引或制动条件下，轮轨之间存在切向力，最大剪应力在轨顶面，如图 5－14 所示。

当轮轨接触应力较小时，钢材处于弹性变形状态，应力增大，轨顶材料进入弹性安定状态，当达到弹性安定极限后，应力进一步增大，轨顶材料进入塑性安定状态，再进一步增大，达到塑性安定极限，荷载再增大，则钢材进入塑性状态，每次荷载作用都会增大塑性应变，故此称为棘齿效应，材料内产生裂纹如图 5－12 所示。

初始轮轨接触均会造成轮轨表层局部的塑性变形，在塑性变形量较小时，并不会导致钢轨和车轮连续的塑性流动而破坏，这主要得益于轮轨表面因初始的塑性变形后会形成较大的残余应力分布，抑制轮轨表面进一步发生塑性变形；二是轮轨表面在初始的塑性变形后，车轮、轨面接触点曲率半径增大，增加了接触区域面积，降低了轮轨的接触应力值，减少了轮轨表面进一步发生屈服的可能性(图 5－15)。

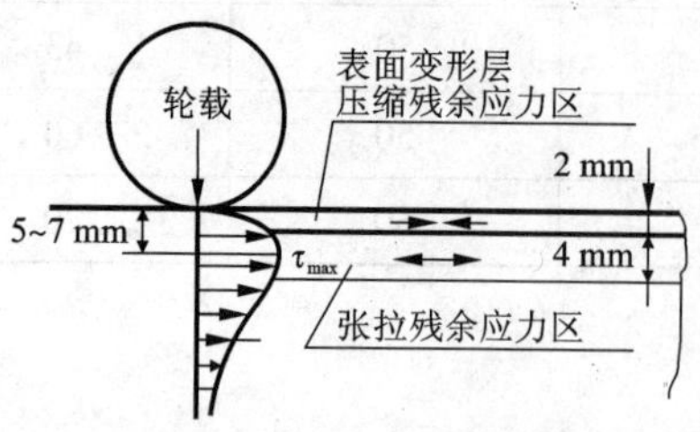

图 5－13　无切向力时钢轨中剪应力分布

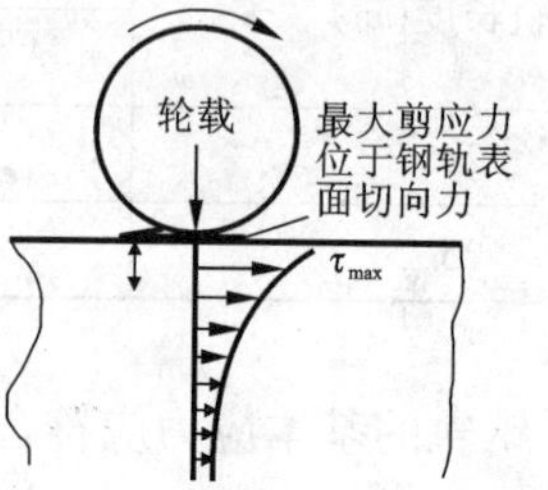

图 5－14　有切向力时钢轨中剪应力分布

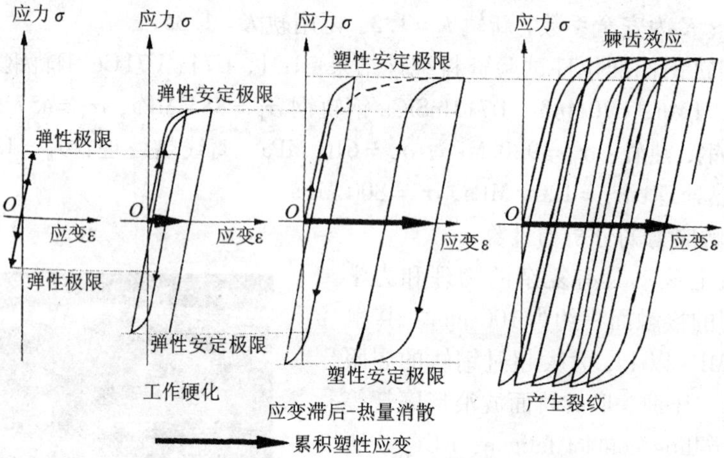

图 5－15　不同应力条件下的钢材塑性应变积累

研究表明，安定极限值受切向力的影响极大，当切向力 T 为零时，安定极限值 p/k_e 约为 4。而当切向力 T 与法向力的比值增大时，安定极限值 p/k_e 下降。所以在相同的法向载荷下，随着切向力的增加，钢轨发生塑性变形的概率将迅速增大，如图 5－16 所示。因此线路上一些切向力较大的区段，如制动或启动区段、曲线区段，钢轨抗塑性变形的能力将迅速减小，钢轨发生压溃的可能性迅速增加。

轮轨接触点在轨头表面的不同位置，其接触面的形状和大小也不相同，图 5－17 所示为正常状态的轮轨接触应力图。对于发生在钢轨踏面中部的接触应力，可以根据赫兹(Hertz)弹性接触理论对接触应力问题作出经典性的解答。对于发生在轨头边缘附近的接触应力，其值较位于轨头中部的为大，钢轨不可避免的发生塑性流动，如用上述理论来计算接触应力会产生很大的误差。这里仅介绍轨头踏面中部的接触应力计算方法。

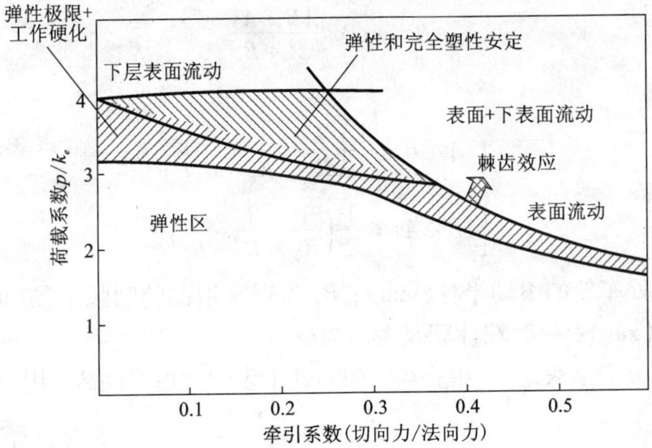

图 5－16　钢材安定极限图

p 为轮轨接触应力，k_e 为材料屈服剪应力

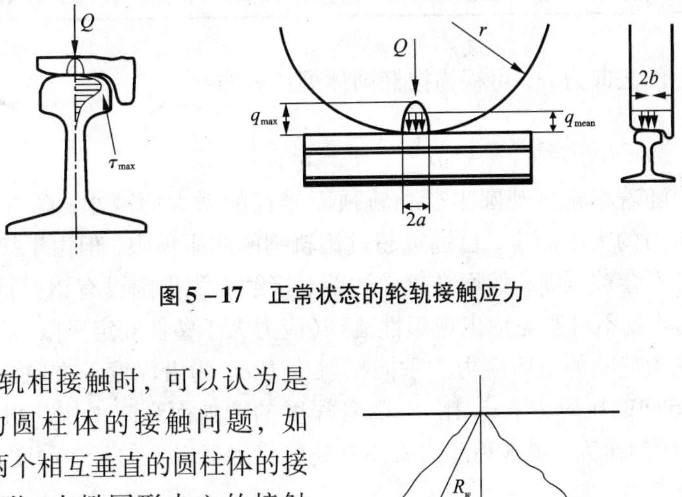

图 5－17　正常状态的轮轨接触应力

当新轮与新轨相接触时，可以认为是两个相互垂直的圆柱体的接触问题，如图 5－18所示。两个相互垂直的圆柱体的接触面是一个椭圆形，在椭圆形中心的接触压应力最大，为

$$\sigma_{max} = \frac{3}{2} \cdot \frac{P}{\pi ab} \qquad (5-26)$$

式中：P 为轮载(N)；πab 为轮轨接触椭圆形面积(mm^2)；a，b 为椭圆形的长半轴和短半轴(mm)。

$$a = m\left[\frac{3P(1-\nu^2)}{2E(A+B)}\right]^{\frac{1}{3}}, \ b = \frac{n}{m} \cdot a \qquad (5-27)$$

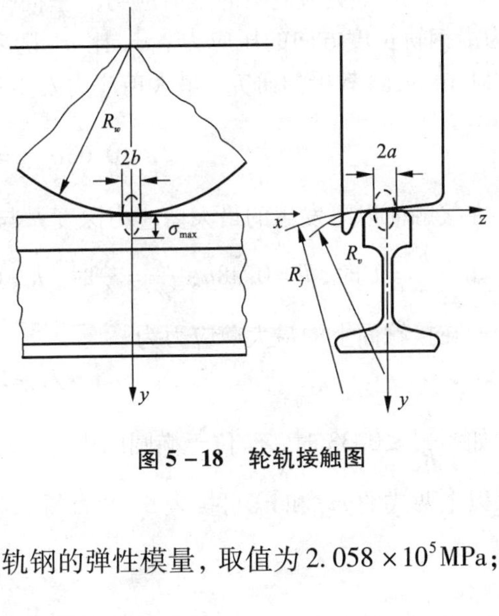

图 5－18　轮轨接触图

式中：ν 为泊松比，取值为 0.25～0.30；E 为钢轨钢的弹性模量，取值为 2.058×10^5 MPa；m，n 为与 θ 角有关的系数。

θ 角由下式来计算

$$\theta = \arccos \frac{|B-A|}{A+B} \tag{5-28}$$

其中，

$$\begin{cases} A+B=\dfrac{1}{2}\left(\dfrac{1}{R_w}+\dfrac{1}{R_t}+\dfrac{1}{R_r}\right) \\ |B-A|=\dfrac{1}{2}\left(\dfrac{1}{R_w}-\dfrac{1}{R_t}-\dfrac{1}{R_r}\right) \end{cases} \tag{5-29}$$

式中：R_w 为接触点处车轮的滚动半径(mm)；R_r 为钢轨顶面的圆弧半径(mm)；R_t 为车轮踏面横截面外形半径(mm)，一般在计算时考虑为∞。

m，n 可在求得 θ 后从表 5-7 中查得，如 θ 处于表中两值之间，则用内插法求得。

表 5-7　m，n 与 θ 的关系

θ	30°	35°	40°	45°	50°	55°	60°	65°	70°	75°	80°	85°	90°
m	2.731	2.397	2.136	1.926	1.754	1.611	1.486	1.378	1.284	1.202	1.128	1.061	1.000
n	0.493	0.530	0.567	0.604	0.641	0.678	0.717	0.759	0.802	0.840	0.893	0.944	1.000

沿着椭圆面上的法向力 σ，可视为按椭圆体规律分布

$$\frac{\sigma^2}{\sigma_{max}^2}+\frac{x^2}{a^2}+\frac{y^2}{b^2}=1 \tag{5-30}$$

轮轨接触应力随着车轮滚动圆半径和轨顶面半径的增大而减小，随着轮重的增加而增大。就轮轨接触应力的大小而言，已远远超过钢轨钢的屈服极限，但由于接触面积受到四周钢材的挤压，钢材不会被压溃，然而在钢轨边缘，接触面积周围没有钢材挤压，在巨大的接触应力作用下，钢轨就不可避免地出现塑性流动(应力大于塑性安定极限)。

比接触应力更为危险的是剪应力。垂向接触应力 σ_y 为沿深度 y 方向，而水平接触应力 σ_x 为沿钢轨长度方向的压应力。σ_x 比 σ_y 随着深度的增加而衰减得快。根据苏联别辽耶夫(H. M. беляев)教授的研究，最大剪应力发生在轮轨接触面以下的某一深度，其值为

$$2\tau \approx 0.63\sigma_{max}=0.63\ m_0\sqrt[3]{\frac{PE^2}{R_w^2}} \tag{5-31}$$

在接触面以下发生的最大剪应力深度 h 与接触椭圆的长短半轴 a 和 b 有关。

如当 $\dfrac{b}{a}=1$ 时，$h=0.48a$；$\dfrac{b}{a}=\dfrac{3}{4}$ 时，$h=0.41a$；$\dfrac{b}{a}=\dfrac{1}{2}$ 时，$h=0.31a$。

而在接触面上的最大剪应力为

$$2\tau_1 \approx n_0\sigma_{max} \tag{5-32}$$

如当 $\dfrac{R_r}{R_w}\leqslant 0.33$ 时，τ_1 位于椭圆的中心，若 $\dfrac{R_r}{R_w}>0.33$ 时，则 τ_1 位于椭圆长轴的端点上。

以上两式的 m_0 和 n_0 可按表 5-8 查得。

表5-8 m_0 和 n_0

$\frac{R_r}{R_w}$	m_0	n_0	$\frac{R_r}{R_w}$	m_0	n_0
1.00	0.388	0.27	0.40	0.536	0.28
0.90	0.400	0.27	0.30	0.600	0.28
0.80	0.420	0.28	0.20	0.716	0.30
0.70	0.440	0.28	0.15	0.800	0.31
0.60	0.468	0.28	0.10	0.970	0.33
0.50	0.490	0.28			

从以上分析可知，轮轨接触应力和最大剪应力与轮载 P 及其轮径关系密切，在轮载不变的情况下，加大车轮直径可降低轮轨之间的接触应力。

2. 轨枕承压强度与弯矩的检算

(1)轨枕顶面承压应力 σ_z 的计算

轨枕顶面承压应力 σ_z 取决于钢轨压力、承压面积和材料的承压强度的大小。承压应力可按下式计算

$$\sigma_z = \frac{R_d}{A} \tag{5-33}$$

式中：A 为轨枕与轨底的接触面积(mm^2)。

混凝土轨枕耐压强度大，一般可以不检算其承压应力。

(2)轨枕弯矩的计算

在轮载作用下，混凝土轨枕的轨下截面上出现正弯矩，枕轨中间截面上出现负弯矩，它们的大小决定于作用在轨枕上的钢轨压力和道床支承反力。计算轨枕截面上的弯矩有下列四种方法：将轨枕视为一根支承在弹性地基上的等截面定长梁；将轨枕视为支承在非均匀支承的变截面的有限长连续梁；安全度设计理论；将轨枕视为一根支承在符合一定支承条件道床上的倒置简支梁。目前一般用倒简支梁法计算轨枕弯矩。

利用倒简支梁法计算轨枕截面弯矩时，可以根据轨枕实际使用的条件采用最不利的道床支承方案。即检算轨下截面正弯矩时，采用图5-19所示的中部不支承在道床上的方案；检算轨枕中间截面负弯矩时采用图5-20所示的支承方案。

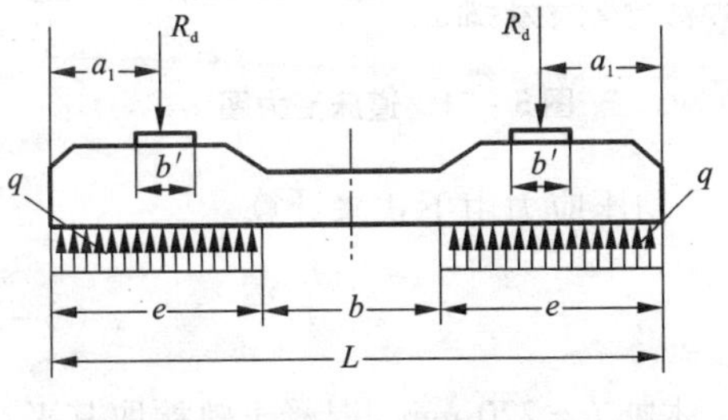

图5-19 计算轨下截面正弯矩的道床支承方案

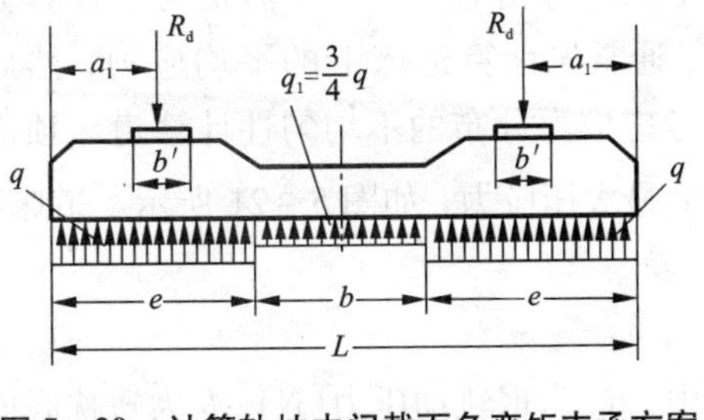

图5-20 计算轨枕中间截面负弯矩支承方案

按图 5－19 可得检算轨下截面和中间截面的正弯矩的公式为

$$M_g = (\frac{a_1^2}{2e} - \frac{8}{}) R_d \leqslant [M_g]\ (\text{kN} \cdot \text{m}),\ M'_c = (\frac{2a_1 - e}{2}) R_d \leqslant [M'_c] \tag{5-34}$$

按图 5－26 可得检算中间截面负弯矩的公式为

$$M_c = -[\frac{4e^2 + 3L^2 - 12La_1 - 8ea_1}{4(3L + 2e)}] R_d \leqslant [M_c] \tag{5-35}$$

对于重型及特重型轨道，其轨枕中间截面的负弯矩按轨枕全长上支承反力均匀分布计算，则可得检算中间截面负弯矩的公式为

$$M_c = -(\frac{L - 4a_1}{4}) R_d \leqslant [M_c] \tag{5-36}$$

式中：L 为轨枕长度(mm)；a_1 为钢轨中心线至枕端距离(mm)，$a_1 = \frac{L - S_1}{2}$(mm)；S_1 为两钢轨中心之间的距离，取 1500 mm；e 为道床支承长度，一般按 $e = (L - b)/2$ 来计算，在现行标准设计中，对于 2.5 m 轨枕，其中间部分 600 mm 长度上不支承在道床上，故 $e = 950$ mm；b 为轨底宽(mm)；R_d 为钢轨动压力(N)；$[M_g]$为轨下截面允许弯矩，与轨枕类型有关，Ⅰ型枕可取为 11.9 kN·m，Ⅱ型枕可取为 13.3 kN·m，Ⅲ型枕可取为 18 kN·m；$[M_c]$为轨枕中间截面允许弯矩，Ⅰ型枕取 8.8 kN·m，Ⅱ型枕取 10.5 kN·m，Ⅲ型枕取 14 kN·m。

R_d 原则上可按准静态方法计算而得，但考虑到钢轨支承在轨枕上以及轨枕支承在道床上并不是理想的均匀支承，更由于道床坍塌及空吊板的存在，用准静态方法算得的钢轨动压力与实测值有很大的出入。为了保证轨枕的强度，我国铁道科学研究院建议在设计轨枕时采用的 R_d 在(0.86～1.20)P 的范围内，P 为静轮载。此外为了适应重载运输的要求，25 t 轴重货车的运行也势在必行，因此为了设计适应 25 t 轴重货车运行条件的轨枕，R_d 采用 125 kN 作为设计依据。

3. 道床应力及路基面应力计算

(1)道床顶面应力的计算

道床顶面应力，即轨枕底部接触面上的应力，随着道砟颗粒与轨枕底部接触的情况而分布十分不均匀，一般是钢轨中心线和轨枕中心线相交处的应力较大，轨枕边上的应力相对小一些。但是为了计算方便，通常先计算道床上的平均应力，然后再考虑应力分布的不均匀性计算道床顶面上的最大压应力，如图 5－21 所示。道床顶面上的平均压应力由下式来计算

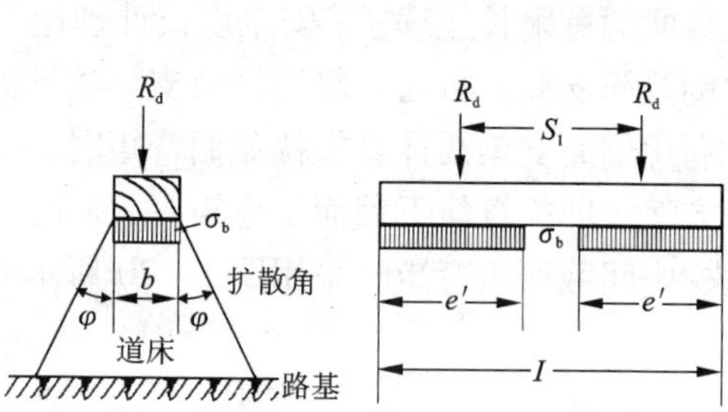

图 5－21 道床受力图

$$\sigma_b = \frac{R_d}{be'} \tag{5-37}$$

式中：R_d 为钢轨动压力(N)；b 为轨枕底面的宽度，木枕 $b = 220$ mm，混凝土轨枕取其平均宽度；e'为轨枕有效支承长度(mm)，木枕 $e' = 1100$ mm，I 型混凝土轨枕，$e' = 950$ mm，Ⅱ型混凝土轨枕，其中间不容许支承在不捣实的道床上，所以按下式计算 e'，即

$$e' = \frac{3L}{8} + \frac{e}{4} \tag{5-38}$$

当 $L = 2500$ mm，$e = 950$ mm 时，由上式得 $e' = 1175$ mm。

道床顶面上的最大压应力按下式计算

$$\max\sigma_b = m\sigma_b \tag{5-39}$$

式中：m 为道床应力分布不均匀系数，取 $m = 1.6$。

(2)道床顶面及路基面应力计算

道床顶面的应力通过道床本身传递至路基面。计算道床和路基面应力有有限单元法、弹性半空间理论和近似计算法(道床摩擦角扩散法)。近似计算法的特点是道床顶面压应力通过道砟颗粒相互传递，分层扩散，随着道床厚度的增加，应力逐渐减小，直至路基面。

近似计算方法比较简单，而且在强度计算中，计算道床应力的目的仅是确定道床厚度，因此，目前常用第三种方法计算道床应力。用近似法计算道床垂向应力时，应作如下的简化假定：

①轨枕压力以扩散角 φ 按直线扩散规律从道床顶面向下传递到路基面；

②不考虑相邻轨枕的影响；

③传递到路基面的压应力，达到基本分布均匀的要求。

道床应力以扩散角向下传递如图 5-22 所示。

自 M，N 和 m，n 点分别以扩散角 φ 绘出扩散线 MA，MC，ND，NB，ma，mc，nd，nb 等。内扩散线 MC 与 ND 相交于 k_1 点，mc 与 nd 相交于 k_2 点。过 k_1 和 k_2 点各作水平线Ⅰ及Ⅱ，它们分别距轨枕底面的深度为 h_1 和 h_2。从图中可得：这两条水平线Ⅰ和Ⅱ将道床划分为三个不同的区域，三个区域代表三个不同的道床厚度。

在第一区域中，道床的深度为 $0 \leqslant h \leqslant h_1$。在此区域内的道床压应力的分布为一梯形台体，如图上的 $AC'D'BDC$ 和 $ac'd'bdc$。这台体的体积代表这一层的道床压应力，其值应和道床顶面压应力相等，由此得这台体的高度(应力)σ_h 为

$$h_1 = \frac{b}{2}\cot\varphi,\ h_2 = \frac{e'}{2}\cot\varphi \tag{5-40}$$

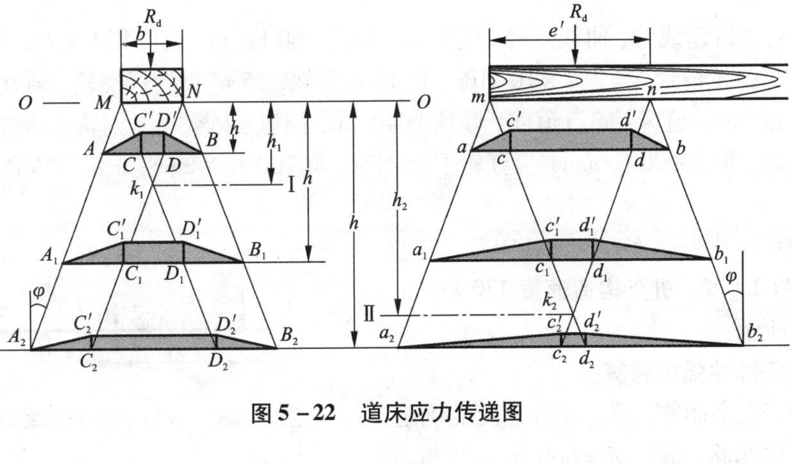

图 5-22　道床应力传递图

$$\sigma_h = \frac{R_d}{be'} \tag{5-41}$$

考虑到顶面压应力的不均匀性，顶面的最大压应力 $\max\sigma_b = m\sigma_b$(MPa)，所以在第一区域内的压应力应为

$$\sigma_h = m \cdot \frac{R_d}{be'} \tag{5-42}$$

在第二区域中，道床的深度为 $h_1 \leqslant h \leqslant h_2$。在此区域中，道床深度已越过内扩散线交点 k_1。图中 $A_1C_1'D_1'B_1D_1C_1$ 及 $a_1c_1'd_1'b_1d_1c_1$ 为深度为 h 的压应力分布的梯形台体。$A_1D_1 = 2h\tan\varphi$，$a_1d_1 = ad = e'$，所以梯形台体的高度 σ_h 为 $A_1D_1 \cdot a_1d_1 \cdot \sigma_h = R_d$。因此

$$\sigma_h = \frac{R_d}{2he'\tan\varphi} \tag{5-43}$$

第三区域中，道床深度 $h > h_2$，道床深度已超过 k_2 点。在这一层上的应力梯形台体为 $A_2C_2'D_2'B_2D_2C_2$ 及 $a_2c_2'd_2'b_2d_2c_2$。$A_2D_2 = 2h\tan\varphi$，$a_2d_2 = 2h\tan\varphi$，梯形台体的高度 σ_h 可以从下式

$$A_2D_2 \cdot a_2d_2 \cdot \sigma_h = R_d$$

求得，

$$\sigma_h = \frac{R_d}{4h^2\tan^2\varphi} \tag{5-44}$$

式中：φ 为道床压应力扩散角，一般应根据道砟材质的内摩擦角来确定，通常采用 $\varphi = 35°$。

(3)道床及路基强度的检算

根据上述任何一式算出来的道床压应力必须符合如下的强度条件

$$\sigma_b \leqslant [\sigma_b],\ \sigma_r \leqslant [\sigma_r] \tag{5-45}$$

式中：$[\sigma_b]$为道砟的允许压应力(MPa)，碎石道砟的$[\sigma_b] = 0.5$ MPa，筛选卵石道砟$[\sigma_b] = 0.4$ MPa；$[\sigma_r]$为路基面允许压应力(MPa)。新建线路砂黏土路基$[\sigma_r] = 0.13$ MPa，既有线路基$[\sigma_r] = 0.15$ MPa。

5.3.4 轨道强度计算算例

1. 计算资料

线路条件：新建线路，曲线半径为600 m；钢轨：60 kg/m，截面积 $F = 77.45\ \text{cm}^2$，惯性矩 $I = 1048\ \text{cm}^4$，弹性模量 $E = 2.1 \times 10^5$ MPa，U71Mn 新轨，25 m 长的标准轨；轨枕：Ⅲ型混凝土轨枕，1667 根/km；道床：碎石道砟，厚度为40 cm；路基：砂黏土；钢轨支点弹性系数 D：检算钢轨强度时，取30000 N/mm；检算轨下基础时，取70000 N/mm；$\sigma_t = 51$ MPa，不计钢轨附加应力。

机车：DF11 内燃机车，三轴转向架，轮载115 kN，轴距2.0 m，机车构造速度 170 km/h，如图 5-23 所示。

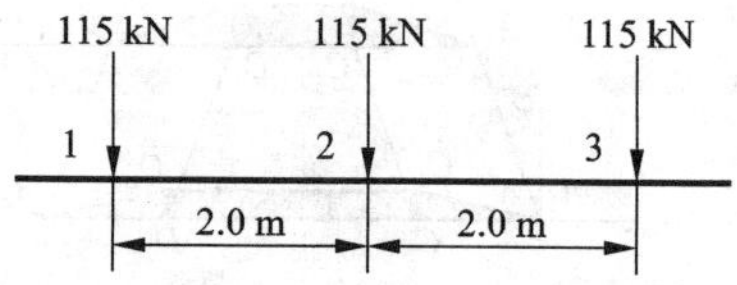

图 5-23 DF11 内燃机车轴距和轮载

2. 轨道各部件强度检算

(1)机车通过曲线轨道的允许速度的确定

对于新建线路，通过 $R = 600$ m 曲线轨道时的最大速度 $v_{max} = 4.3\sqrt{R} = 105$ km/h，然后按此速度来检算各部件的强度。

(2)钢轨强度的检算

DF11 内燃机车的两个转向架之间距离比较大，彼此的影响甚小，可任选一个转向架的车轮作为计算轮，同时由于三个车轮的轮重和轮距相同，两端的车轮对称，只要任选 1、2 轮或 2、3 轮作为计算轮来计算弯矩的当量荷载$\sum P\mu$，计算结果见表 5-9。

表 5-9　$\sum P\mu$ 的计算值

计算轮	计算值	轮位			$\sum P\mu$
		1	2	3	
1	P(N)	115000	115000	115000	100372
	x(mm)	0	2000	4000	
	βx	0	2.34	4.68	
	μ	1	-0.1362	0.009	
	$P\mu$	115000	-15663	1035	
2	P(N)	115000	115000	115000	83674
	x(mm)	2000	0	2000	
	βx	2.34	0	2.34	
	μ	-0.1362	1	-0.1362	
	$P\mu$	-15663	115000	-15663	

计算步骤如下：

①计算 k。计算钢轨强度的 $D=30000$ N/mm，按无缝线路的要求，轨枕均匀布置，轨枕间距 $a=1000000/1667=600$ mm，由此可得 $k=D/a=30000/600=50$ MPa。

②计算 β。

$$\beta=\sqrt[4]{\frac{k}{4EI}}=\sqrt[4]{\frac{50}{4\times2.1\times10^5\times3217\times10^4}}=0.00117(\text{mm}^{-1})$$

式中：J 为 60 kg/m 新轨对水平轴的惯性矩，其值为 3217×10^4 mm^4。

③计算$\sum P\mu$。以 1、2 轮分别为计算轮计算$\sum P\mu$，并选取其中最大值来计算钢轨的弯矩。由表 5-9 可知，计算轮 1 的$\sum P\mu=100372$ 为其中的最大值，用此值来计算静弯矩。

④计算静弯矩 M

$$M=\frac{1}{4\beta}\sum P\mu=\frac{1}{4\times0.00117}\times100372=21.45(\text{kN}\cdot\text{m})$$

⑤计算动弯矩 M_d。计算内燃机车运行条件下轨底弯曲应力的速度系数公式为 $a=\frac{0.4v}{100}$，由此算得速度系数为

$$a=\frac{0.4}{100}\times105=0.42$$

由计算偏载系数 β_p 的公式，式中的 $\Delta h=75$ mm，则得：$\beta_p=0.002\times75=0.15$。

查表5－5得$R=600$ m时的横向水平力系数$f=1.60$。将上述系数代入式(5－19)的M_d，则得

$$M_d=M(1+\alpha+\beta_p)f=21.45\times(1+0.42+0.15)\times1.6=53.88(\text{kN}\cdot\text{m})$$

⑥计算钢轨的动弯应力σ_{1d}和σ_{2d}。由表5－1可查得新轨的$W_1=396000\ \text{mm}^3$，$W_2=339400\ \text{mm}^3$，则得轨底和轨头应力分别为

轨底：$\sigma_{1d}=\dfrac{M_d}{W_1}=\dfrac{53880000}{396000}=136.1(\text{MPa})$；

轨头：$\sigma_{2d}=\dfrac{M_d}{W_2}=\dfrac{53880000}{339400}=158.8(\text{MPa})$。

查表5－6得25 m长的60 kg/m钢轨的温度应力$\sigma_t=51$ MPa，则得钢轨的基本应力为

轨底：$\sigma_{1d}+\sigma_t'=136.1+51=187.1(\text{MPa})$；轨头：$\sigma_{2d}+\sigma_t=158.8+51=209.8\ (\text{MPa})$

U71新轨的屈服极限$\sigma_s=457(\text{MPa})$，新轨的安全系数$K=1.3$，允许应力为

$$[\sigma]=\frac{457}{1.3}=351(\text{MPa})$$

上述轨底和轨头的基本应力均小于$[\sigma]$，符合钢轨的强度检算条件。

(3)轨枕弯矩的检算

①计算k和β。计算轨枕弯矩时，用$D=70000$ N/mm，由此可得β和k：

$$k=\frac{70000}{600}=116.7(\text{MPa})$$

$$\beta=\sqrt[4]{\frac{k}{4EI}}=\sqrt[4]{\frac{116.7}{4\times2.1\times10^5\times3217\times10^4}}=0.00144(\text{mm}^{-1})$$

②计算轨枕反力的当量荷载$\sum P\eta$。与计算$\sum P\mu$一样，也列表计算，其结果见表5－10。

表5－10 $\sum P\eta$的计算值

计算轮	计算值	轮位 1	轮位 2	轮位 3	$\sum P\eta$
1	P(N)	115000	115000	115000	110566
	x(mm)	0	2000	4000	
	βx	0	2.88	5.76	
	η	1	−0.0397	0.00115	
	$P\eta$	115000	−4565.5	132.25	
2	P(N)	115000	115000	115000	105869
	x(mm)	2000	0	2000	
	βx	2.88	0	2.88	
	η	−0.00397	1	−0.0397	
	$P\eta$	−4565.5	115000	−4565.5	

取表中最大的$\sum P\eta=110566$ N。

③计算轨枕上的动压力 R_d。速度系数：$\alpha=\frac{0.3v}{100}=\frac{0.3\times105}{100}=0.32$；偏载系数：$\beta_p=0.002\Delta h=0.002\times75=0.15$；

$$R_d=(1+\alpha+\beta_p)R=(1+0.32+0.15)\frac{\beta a}{2}\sum P\eta$$

$$=1.47\times\frac{0.00144\times600}{2}\times110566=70214(\mathrm{N})$$

对于Ⅲ型轨枕 $L=2600$ mm, $a_1=550$ mm, $e=1000$ mm, 60 kg/m 轨底宽 $b'=150$ mm, 代入式(5－31)计算轨下截面正弯矩，得

$$M_g=\left(\frac{a_1^2}{2e}-\frac{8}{8}\right)R_d=\left(\frac{550^2}{2\times1000}-\frac{150}{8}\right)\times70214=9.3(\mathrm{kN\cdot m})$$

在计算轨枕中间截面弯矩时，可按式(5－32)和式(5－33)代表的两种不同中部支承方式的计算结果进行比较。由式(5－32)得

$$M_c=-\left[\frac{4e^2+3L^2-12La_1-8ea_1}{4(3L+2e)}\right]R_d$$

$$=-\left[\frac{4\times1000^2+3\times2600^2-12\times2600\times550-8\times1000\times550}{4(3\times2600+2\times1000)}\right]\times70214$$

$$=-4.87(\mathrm{kN\cdot m})$$

由式(5－33)得

$$M_c=-\left(\frac{L-4a_1}{4}\right)R_d=-\frac{2600-4\times550}{4}\times70214=-7.02(\mathrm{kN\cdot m})$$

显然，轨枕中部支承时产生的负弯矩比中部不支承时的负弯矩大。

(4)道床顶面应力的检算

对于Ⅲ型轨枕，对于中部 600 mm 不支承在道床上时，$e'=1000$ mm，中部支撑在道床上时 $e'=1225$ mm，$b=300$ mm，所以按照上述两种支承情况可算得道床顶面压应力为

$$\sigma_b=\frac{R_d}{be'}m=\frac{70214}{300\times1000}\times1.6=0.374(\mathrm{MPa})$$

或 $$\sigma_b=\frac{R_d}{be'}m=\frac{70214}{300\times1225}\times1.6=0.306(\mathrm{MPa})$$

上述 $\sigma_b<[\sigma_b]=0.50$ MPa，满足强度条件。

(5)路基面道床压应力的检算

可以有两种检算方法：一种是根据已知的道床厚度，检算路基面的道床压应力，另一种是根据路基填料的允许应力反算所需的厚度。

第一种计算方法如下

$$h_1=\frac{b}{2}\cot\varphi=\frac{300}{2}\cot35°=214.2(\mathrm{mm})$$

$$h_2=\frac{2}{}\cot\varphi=\frac{1225}{2}\cot35°=874.7(\mathrm{mm})$$

由前面的计算资料可知，道砟的厚度为 400 mm，所以计算厚度在 h_1 和 h_2 之间，即

$$\sigma_r=\frac{R_d}{2he'\tan\varphi}=\frac{70214}{2\times400\times1225\times\tan(35°)}=0.102(\mathrm{MPa})$$

$$\sigma_r<[\sigma_r]=0.15(\mathrm{MPa})$$

第二种计算方法如下

$$h=\frac{R_{\mathrm{d}}}{2e'[\sigma_{\mathrm{r}}]\tan\varphi}=\frac{70214}{2\times1225\times0.15\tan(35^{\circ})}=273(\mathrm{mm})$$

道床厚度的计算值小于实际的道床厚度，满足要求，并采用实际的道床厚度，检算通过。

5.4 无砟轨道弹性支承叠合梁计算

无砟轨道的受力分析和结构设计方法与有砟轨道不同。无砟轨道的受力可用有限元求解，也可采用比较简单的双层或多层弹性地基上叠合梁计算方法。弹性地基上叠合梁计算方法比有限元方法简便，而计算结果基本能够满足工程设计要求。在计算时，将板状无砟轨道沿线路纵向或横向截取一定宽度，成为纵向或横向截梁，而后用叠合梁理论求解。

1. 无砟轨道纵向计算

(1) 计算模型及微分方程

取一半轨道，由一股钢轨及其对应的轨道板构成弹性地基上的双层叠合梁模型，如图 5－24 所示。

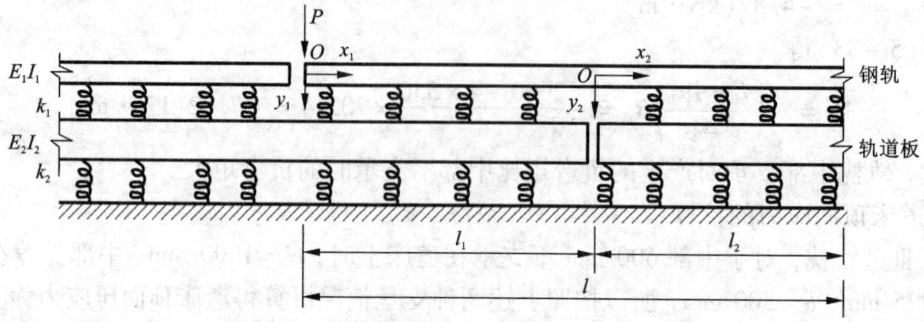

图 5－24 弹性地基上双层叠合梁计算模型

上层梁为普通有接头钢轨，忽略夹板的抗弯刚度，简化为铰接。作用在接头处钢轨上的轮载 P 是静轮载乘以一定的动载系数得到的。在普通铁路上，动轮载一般取为静轮载的 2～2.5 倍；在高速铁路上，取 3～3.5 倍。由于无砟轨道在加强轨道垂向结构刚度的同时，对轨道横向强度也有极大的加强，且计算时所取动轮载较大，所以设计中通常不再考虑横向力的影响。

上层钢轨梁与下层轨道板（道床板）梁间，是由扣件简化得到的均布弹簧，其弹簧系数为一组扣件的刚度除以钢轨支点间距。下层梁为半个轨道板，由于无砟轨道须设置温度伸缩缝，所以下层梁通常是有限长的。下层梁支承模拟也为均布弹簧，并符合 Winkler 假定。

建立两个坐标系，第一个坐标系 $x_1o_1y_1$ 的原点位于钢轨接头处，第二个坐标系 $x_2o_2y_2$ 的原点位于轨道板接缝处，将叠合梁分为两个区段。依据材料力学的知识，可以列出关于图 5－24所示模型的挠度微分方程组。

$$\begin{cases} E_1I_1\dfrac{\mathrm{d}^4y_{11}}{\mathrm{d}x_{11}^4}+k_1(y_{11}-y_{22})=0 \\ E_1I_1\dfrac{\mathrm{d}^4y_{12}}{\mathrm{d}x_{12}^4}+k_1(y_{12}-y_{22})=0 \\ E_2I_2\dfrac{\mathrm{d}^4y_{21}}{\mathrm{d}x_{21}^4}+k_1(y_{21}-y_{11})+k_2y_{21}=0 \\ E_2I_2\dfrac{\mathrm{d}^4y_{22}}{\mathrm{d}x_{22}^4}+k_1(y_{22}-y_{12})+k_2y_{22}=0 \end{cases} \tag{5-46}$$

式中：E_1I_1 为单根钢轨的抗弯刚度；E_2I_2 为沿轨道中心线截取的半块轨道板的抗弯刚度；y_{11}，y_{12}分别为区段 l_1，l_2 内钢轨的挠度；y_{21}，y_{22}分别为区段 l_1，l_2 内轨道板的挠度；y_{21}，k_1，k_2 为钢轨和轨道板单位长度的支承弹簧系数。

(2)微分方程组的解

设四阶微分方程组(5-46)的通解为

$$y_{11}=A\mathrm{e}^{\lambda x},\ y_{12}=B\mathrm{e}^{\lambda x},\ y_{21}=C\mathrm{e}^{\lambda x},\ y_{22}=D\mathrm{e}^{\lambda x} \tag{5-47}$$

代入式(5-46)，得

$$\begin{cases} A\lambda^4+a(A-D)=0 \\ B\lambda^4+a(B-D)=0 \\ C\lambda^4+b(C-A)+c\cdot C=0 \\ D\lambda^4+b(D-B)+c\cdot D=0 \end{cases} \tag{5-48}$$

式中：$a=\dfrac{k_1}{E_1I_1}$，$b=\dfrac{k_1}{E_2I_2}$，$c=\dfrac{k_2}{E_2I_2}$。由式(5-48)可得到

$$\frac{C}{A}=\frac{D}{B}=\frac{\lambda^4+a}{a},\ \frac{C}{A}=\frac{D}{B}=\frac{b}{\lambda^4+b+c} \tag{5-49}$$

由式(5-49)可以得到

$$\lambda^8+(a+b+c)\lambda^4+ac=0 \tag{5-50}$$

令 $\lambda^4=\mu$，则有：$\mu^2+(a+b+c)\mu+ac=0$

解得：$\mu_{1,2}=\dfrac{1}{2}\left[-(a+b+c)\pm\sqrt{(a+b+c)^2-4ac}\right]$

因为$(a+b+c)^2-4ac<(a+b+c)^2$，所以μ_1，μ_2 恒为负值，令：$\alpha=\sqrt[4]{\dfrac{-\mu_1}{4}}$，$\beta=\sqrt[4]{\dfrac{-\mu_2}{4}}$，因此有

$$\lambda^4+4\alpha^4=0,\ \lambda^4+4\beta^4=0 \tag{5-51}$$

式(5-51)即为微分方程组(5-46)的特征方程组。解此特征方程组，可得到 4 对共轭复根为：

$$\lambda_{1,2}=(-1\pm i)\alpha,\ \lambda_{3,4}=(-1\pm i)\beta,\ \lambda_{5,6}=(1\pm i)\alpha,\ \lambda_{7,8}=(1\pm i)\beta$$

从而，微分方程组的通解为

$$\begin{cases} y_{11}=A_1 e^{-\alpha x}\cos\alpha x+A_2 e^{-\alpha x}\sin\alpha x+A_3 e^{-\beta x}\cos\beta x+A_4 e^{-\beta x}\sin\beta x+ \\ \quad A_5 e^{\alpha x}\cos\alpha x+A_6 e^{\alpha x}\sin\alpha x+A_7 e^{\beta x}\cos\beta x+A_8 e^{\beta x}\sin\beta x \\ y_{12}=B_1 e^{-\alpha x}\cos\alpha x+B_2 e^{-\alpha x}\sin\alpha x+B_3 e^{-\beta x}\cos\beta x+B_4 e^{-\beta x}\sin\beta x+ \\ \quad B_5 e^{\alpha x}\cos\alpha x+B_6 e^{\alpha x}\sin\alpha x+B_7 e^{\beta x}\cos\beta x+B_8 e^{\beta x}\sin\beta x \\ y_{21}=C_1 e^{-\alpha x}\cos\alpha x+C_2 e^{-\alpha x}\sin\alpha x+C_3 e^{-\beta x}\cos\beta x+C_4 e^{-\beta x}\sin\beta x+ \\ \quad C_5 e^{\alpha x}\cos\alpha x+C_6 e^{\alpha x}\sin\alpha x+C_7 e^{\beta x}\cos\beta x+C_8 e^{\beta x}\sin\beta x \\ y_{22}=D_1 e^{-\alpha x}\cos\alpha x+D_2 e^{-\alpha x}\sin\alpha x+D_3 e^{-\beta x}\cos\beta x+D_4 e^{-\beta x}\sin\beta x+ \\ \quad D_5 e^{\alpha x}\cos\alpha x+D_6 e^{\alpha x}\sin\alpha x+D_7 e^{\beta x}\cos\beta x+D_8 e^{\beta x}\sin\beta x \end{cases} \tag{5-52}$$

(3)钢轨和轨道板挠曲位移和内力计算

依据式(5－49)，令

$$\frac{C_{1,2,5,6}}{A_{1,2,5,6}}=\frac{D_{1,2,5,6}}{B_{1,2,5,6}}=\frac{\mu_1+a}{a}=\xi,\ \frac{C_{3,4,7,8}}{A_{3,4,7,8}}=\frac{D_{3,4,7,8}}{B_{3,4,7,8}}=\frac{\mu_2+a}{a}=\eta,\ \varepsilon=\frac{\eta}{\xi} \tag{5-53}$$

为书写简便，将式(5－52)写为：

$$\begin{cases} y_{11}=A_1\varphi_1(-\alpha x)-A_2\varphi_3(-\alpha x)+A_3\varphi_1(-\beta x)-A_4\varphi_3(-\beta x)+ \\ \quad A_5\varphi_1(\alpha x)+A_6\varphi_3(\alpha x)+A_7\varphi_1(\beta x)+A_8\varphi_3(\beta x) \\ y_{12}=B_1\varphi_1(-\alpha x)-B_2\varphi_3(-\alpha x)+B_3\varphi_1(-\beta x)-B_4\varphi_3(-\beta x)+ \\ \quad B_5\varphi_1(\alpha x)+B_6\varphi_3(\alpha x)+B_7\varphi_1(\beta x)+B_8\varphi_3(\beta x) \\ y_{21}=A_1\xi\varphi_1(-\alpha x)-A_2\xi\varphi_3(-\alpha x)+A_3\eta\varphi_1(-\beta x)-A_4\eta\varphi_3(-\beta x)+ \\ \quad A_5\xi\varphi_1(\alpha x)+A_6\xi\varphi_3(\alpha x)+A_7\eta\varphi_1(\beta x)+A_8\eta\varphi_3(\beta x) \\ y_{22}=B_1\xi\varphi_1(-\alpha x)-B_2\xi\varphi_3(-\alpha x)+B_3\eta\varphi_1(-\beta x)-B_4\eta\varphi_3(-\beta x)+ \\ \quad B_5\xi\varphi_1(\alpha x)+B_6\xi\varphi_3(\alpha x)+B_7\eta\varphi_1(\beta x)+B_8\eta\varphi_3(\beta x) \end{cases} \tag{5-54}$$

式中：$\varphi_1(\beta x)=e^{-\beta x}(\cos\beta x+\sin\beta x)$，$\varphi_2(\beta x)=e^{-\beta x}\sin\beta x$，$\varphi_3(\beta x)=e^{-\beta x}(\cos\beta x-\sin\beta x)$，$\varphi_4(\beta x)=e^{-\beta x}\cos\beta x$。

式(5－54)为钢轨和轨道板各截面挠曲位移的表达式。对位移求二阶导数并乘以截面抗弯刚度，可得到钢轨及轨道板各截面的弯矩表达式：

$$\begin{cases} M_{11}=2E_1I_1[A_1\alpha^2\varphi_3(-\alpha x)+A_2\alpha^2\varphi_3(-\alpha x)+A_3\beta^2\varphi_3(-\beta x)+A_4\beta^2\varphi_1(-\beta x)+ \\ \quad A_5\alpha^2\varphi_3(\alpha x)-A_6\alpha^2\varphi_1(\alpha x)+A_7\beta^2\varphi_3(\beta x)-A_8\beta^2\varphi_1(\beta x)] \\ M_{12}=2E_1I_1[B_1\alpha^2\varphi_3(-\alpha x)+B_2\alpha^2\varphi_1(-\alpha x)+B_3\beta^2\varphi_3(-\beta x)+B_4\beta^2\varphi_1(-\beta x)+ \\ \quad B_5\alpha^2\varphi_3(\alpha x)-B_6\alpha^2\varphi_1(\alpha x)+B_7\beta^2\varphi_3(\beta x)-B_8\beta^2\varphi_1(\beta x)] \\ M_{21}=2E_2I_2[A_1\xi\alpha^2\varphi_3(-\alpha x)+A_2\xi\alpha^2\varphi_1(-\alpha x)+A_3\eta\beta^2\varphi_3(-\beta x)+A_4\eta\beta^2\varphi_1(-\beta x)+ \\ \quad A_5\xi\alpha^2\varphi_3(\alpha x)-A_6\xi\alpha^2\varphi_1(\alpha x)+A_7\eta\beta^2\varphi_3(\beta x)-A_8\eta\beta^2\varphi_1(\beta x)] \\ M_{22}=2E_2I_2[B_1\xi\alpha^2\varphi_3(-\alpha x)+B_2\xi\alpha^2\varphi_1(-\alpha x)+B_3\eta\beta^2\varphi_3(-\beta x)+B_4\eta\beta^2\varphi_1(-\beta x)+ \\ \quad B_5\xi\alpha^2\varphi_3(\alpha x)-B_6\xi\alpha^2\varphi_1(\alpha x)+B_7\eta\beta^2\varphi_3(\beta x)-B_8\eta\beta^2\varphi_1(\beta x)] \end{cases} \tag{5-55}$$

轨道板纵向弯矩是轨道板截面尺寸及配筋设计的重要参数。位移和弯矩表达式(5－54)

和式(5－55)中，$A_1 \sim A_8$、$B_1 \sim B_8$ 为待定常数，可由边界条件求得。

为了给无砟轨道的横向计算提供参数，还须计算最大的钢轨支点压力。最大支点压力出现在轮载作用点处的钢轨支点上。设钢轨支点间距为 S，则可计算出最大支点压力为

$$R_{\max} = \int_{-S/2}^{S/2} k_1 (y_{11} - y_{21}) \mathrm{d}x \tag{5-56}$$

(4)求解待定常数

依据力学模型，可以定出边界条件。在 $x_1 = 0$ 的钢轨接头处，有

$$y''_{11} = 0\ ,\ y'''_{11} = \frac{P}{2E_1 I_1},\ y'_{21} = 0\ ,\ y'''_{21} = 0 \tag{5-57}$$

在 $x_1 = l_1$，$x_2 = 0$ 的轨道板接缝处，有

$$y_{11} = y_{12},\ y'_{11} = y'_{12},\ y''_{11} = y''_{12},\ y'''_{11} = y'''_{12},\ y''_{21} = 0,\ y'''_{21} = 0,\ y''_{22} = 0,\ y'''_{22} = 0, \tag{5-58}$$

在 $x_2 = l_2$ 的模型边界处，认为位移和力都已经很小，因此有

$$\begin{cases} y_{12} = 0,\ y'_{12} = 0 \\ y_{22} = 0,\ y'_{22} = 0\ (\text{模型终点不取在板的接缝处}) \\ y''_{22} = 0,\ y'''_{22} = 0\ (\text{模型终点取在板的接缝处}) \end{cases} \tag{5-59}$$

由上述 16 个边界条件，可以组成 16 个线性方程组，即可求得 $A_1 \sim A_8$，$B_1 \sim B_8$ 共 16 个待定常数。

2. 无砟轨道横向计算

以轮载作用点为中心，截取一段轨道板或无砟道床，视轨道板为弹性地基上的有限长梁，并拟定钢轨支点设计荷载，以求解轨道板横向弯矩、位移等力学参数。

(1)力学模型及微分方程

轨道板横向力学分析的计算模型如图 5－25 所示，梁长为轨道板的宽度，梁宽为钢轨支点间距。梁下为连续弹性支承，弹性系数可依据基础刚度系数和截梁宽度进行计算。梁上作用有两个支点钢轨压力，每个支点压力可取为式(5－56)计算得到的最大支点压力，分布在一个轨底宽 e 的范围内。

根据梁的受力特点，可分为五段，各段内梁挠曲位移满足的偏微分方程

$$E_2 I_3 \frac{\mathrm{d}^4 y_{1,3,5}}{\mathrm{d}x^4_{1,3,5}} + k_4 y_{1,3,5} = 0,\ E_2 I_3 \frac{\mathrm{d}^4 y_{2,4}}{\mathrm{d}x^4_{2,4}} + k_4 y_{2,4} = r \tag{5-60}$$

式中：$E_2 I_3$ 为轨道板横向截梁的抗弯刚度；$y_{1,3,5}$ 为轨道板截梁Ⅰ、Ⅲ、Ⅴ区段中各断面的挠度；$y_{2,4}$ 为轨道板截梁Ⅱ、Ⅳ区段中各断面的挠度；k_4 为单位长度截梁的支承弹性系数；r 为钢轨支点横向分布的均布压力，即 $r = R_{\max}/e$，其中 $R_{\max}$ 为最大钢轨支点压力；e 为钢轨压力分布宽度。

(2)轨道板挠度及横向弯矩计算

令 $\lambda = \sqrt[4]{\dfrac{k_4}{4E_2 I_3}}$，则微分方程(5－60)的通解为：

$$\begin{cases} y_{1,3,5} = C_{1,9,17}\mathrm{e}^{\lambda x}\sin\lambda x + C_{2,10,18}\mathrm{e}^{\lambda x}\cos\lambda x + C_{3,11,19}\mathrm{e}^{-\lambda x}\sin\lambda x + C_{4,12,20}\mathrm{e}^{-\lambda x}\sin\lambda x \\ y_{2,4} = \dfrac{r}{k_4} + C_{5,13}\mathrm{e}^{\lambda x}\sin\lambda x + C_{6,14}\mathrm{e}^{\lambda x}\cos\lambda x + C_{7,15}\mathrm{e}^{-\lambda x}\sin\lambda x + C_{8,16}\mathrm{e}^{-\lambda x}\sin\lambda x \end{cases} \tag{5-61}$$

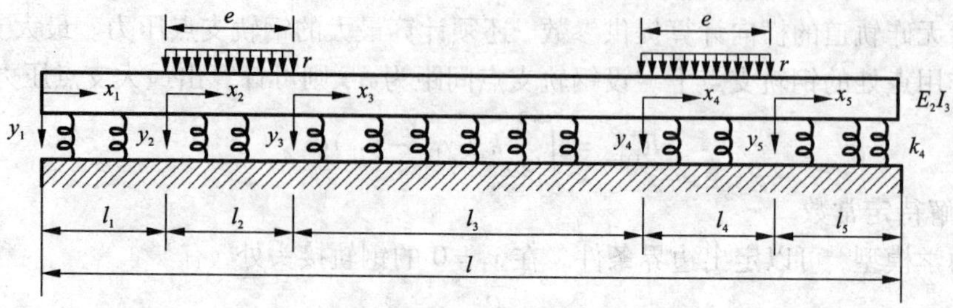

图 5-25 轨道板横向计算截梁模型

式(5-61)中，$C_1 \sim C_{20}$为待定常数。写为简明表达形式，则轨道板横向挠度与弯矩为：

$$\begin{cases} y_{1,3,5} = C_{1,9,17}\varphi_3(\lambda x) + C_{2,10,18}\varphi_1(\lambda x) - C_{3,11,19}\varphi_3(-\lambda x) - C_{4,12,20}\varphi_1(-\lambda x) \\ y_{2,4} = \dfrac{r}{k_4} + C_{5,13}\varphi_3(\lambda x) + C_{6,14}\varphi_1(\lambda x) - C_{7,15}\varphi_3(-\lambda x) - C_{8,16}\varphi_1(-\lambda x) \end{cases} \tag{5-62}$$

$$\begin{cases} M_{1,3,5} = -2E_2I_3[C_{1,9,17}\varphi_1(\lambda x) + C_{2,10,18}\varphi_3(\lambda x) - C_{3,11,19}\varphi_1(-\lambda x) - C_{4,12,20}\varphi_3(-\lambda x)] \\ M_{2,4} = -2\lambda^2E_2I_3[C_{5,13}\varphi_1(\lambda x) - C_{6,14}\varphi_3(\lambda x) - C_{7,15}\varphi_1(-\lambda x) - C_{8,16}\varphi_3(-\lambda x)] \end{cases} \tag{5-63}$$

(3)待定常数的求解

可依据力学模型的边界条件，建立方程求解待定常数，

在 $x_1=0$ 处，有：$y_1''=0$，$y_1'''=0$ (5-64)

在 $x_1=l_1$，$x_2=0$ 处，$y_1=y_2$，$y_1'=y_2'$，$y_1''=y_2''$，$y_1'''=y_2'''$ (5-65)

在 $x_2=l_2$，$x_3=0$ 处，$y_2=y_3$，$y_2'=y_3'$，$y_2''=y_3''$，$y_2'''=y_3'''$ (5-66)

在 $x_3=l_3$，$x_4=0$ 处，$y_3=y_4$，$y_3'=y_4'$，$y_3''=y_4''$，$y_3'''=y_4'''$ (5-67)

在 $x_4=l_4$，$x_5=0$ 处，$y_4=y_5$，$y_4'=y_5'$，$y_4''=y_5''$，$y_4'''=y_5'''$ (5-68)

在 $x_5=l_5$ 处，$y_5''=0$，$y_5'''=0$ (5-69)

依据上述式(5-64)~式(5-69)中20个边界条件，可以建立20个线性代数方程组成的方程组，求解这一方程组，可得到式(5-62)等式中的20个待定常数。

5.5 曲线轨道横向受力分析

列车在直线轨道上因车轮的锥形踏面而引起的蛇行运动，轮轨游间较大可增大轮轨间横向水平力，但比列车通过曲线轨道时产生的横向水平力小。本节介绍列车通过曲线轨道时横向水平力的计算，以及横向水平力对轨道横向变形及行车安全的影响。

机车车辆通过曲线轨道的横向水平力有以下三种计算方法：

(1)摩擦中心理论

此理论作了一系列的假定，是一种近似计算方法。它适用于计算固定轴距比较长和曲线半径比较小的条件下的横向水平力。对于现代的固定轴距比较短的机车车辆和曲线半径比较大的曲线轨道，计算所得横向水平力存在较大误差而降低其应用价值。但是由于此理论比较

简单，作为定性分析，还是具有一定的实用性，所以还是常被用于估算小半径曲线轮轨横向力。

(2)蠕滑中心理论

此理论引进了现代机车车辆动力学的研究成果，对摩擦中心理论作了较大的改进。例如在计算中考虑了车轮踏面的锥度，轮载的偏载效应以及轮轨间的蠕滑理论和非线性蠕滑等特性。所以用此理论计算得到的横向水平力，其精度有很大的提高，但计算方法稍复杂。

(3)机车车辆非线性动态曲线通过理论

此理论按轮轨间的相互作用的特点，把机车车辆和轨道组成一个统一的计算模型，列出机车车辆受力的动态平衡微分方程组，将曲线轨道的半径、超高、轨距、轨底坡以及轮轨几何形状作为微分方程组中的参变数，应用计算机仿真计算技术，求解微分方程的解，从而得到横向水平力。此法是目前研究机车车辆通过曲线轨道时轮轨相互作用较为完善的理论，主要用于研究工作。

由于摩擦中心理论较为简单，本节介绍这种理论的计算方法。

5.5.1　摩擦中心理论

用此理论计算机车车辆通过曲线轨道时车轮作用于钢轨上的横向水平力，需作一些假定，以两轴转向架的车辆通过曲线轨道为例。图 5 - 26 所示为一个两轴转向架在曲线轨道上行驶时的受力情况，在分析受力时假定：

①转向架和轨道都作为刚体。

②不考虑牵引力的作用。

③不考虑车轮踏面为锥体的影响。

④各车轮轮载 P 与轮轨间的摩擦系数 μ 均相同。

⑤各轮轴中点与轨道中点重合。

⑥转向时，转向架绕位于其纵轴或其延长线上的旋转中心转动。

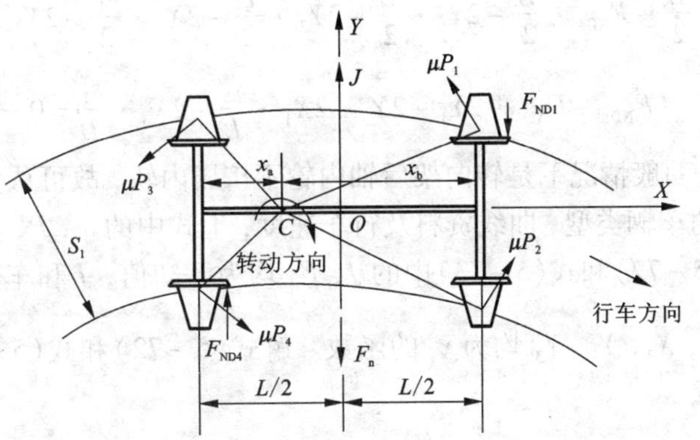

图 5 - 26　摩擦中心理论计算图

图 5 - 26 中，O 为转向架中心，C 为瞬时旋转中心。所有的力均作用于转向架及轮对上。当转向架绕 C 点转动时，钢轨顶面对轮踏面的摩擦阻力为 $\mu P_i(i = 1, 2, 3, 4)$。由于假设各

轮的轮载 P 与轮轨间摩擦系数 μ 均相等，所以 $\mu P_1=\mu P_2=\mu P_3=\mu P_4=\mu P$。

轮轨间的摩擦系数 μ 随着钢轨的各种条件而变化，一般 μ 值取 0.25 ~ 0.30。

将摩擦阻力分解为垂直于 x 轴的 Y_i 和平行于 x 轴的 X_i 两个分力，则对于车轮 1 有

$$Y_1=\frac{\mu P x_b}{\sqrt{x_b^2+\left(\frac{s_1}{2}\right)^2}},\ X_1=\frac{\mu P\frac{s_1}{2}}{\sqrt{x_b^2+\left(\frac{s_1}{2}\right)^2}} \tag{5-70}$$

式中：x_b 为 C 点至前轴的距离；s_1 为两钢轨顶面中点间的距离。

因为车轴中点与轨道中点重合，所以 $Y_1=Y_2$，$X_1=X_2$。

同理，对于车轮 3 有

$$Y_3=\frac{\mu P x_a}{\sqrt{x_a^2+\left(\frac{s_1}{2}\right)^2}},\ X_3=\frac{\mu P\frac{s_1}{2}}{\sqrt{x_a^2+\left(\frac{s_1}{2}\right)^2}} \tag{5-71}$$

式中：x_a 为 C 点至后轴的距离，$x_a=L-x_b$；L 为转向架固定轴距。

同理，$Y_3=Y_4$，$X_3=X_4$。根据力的平衡方程式 $\sum Y=0$ 得

$$F_{ND1}-F_{ND4}-2Y_1+2Y_3-J+F_n=0 \tag{5-72}$$

式中：F_{ND1} 为作用于前轴外轮上的轮缘力(或称导向力)(N)；F_{ND4} 为作用于后轴内轮上的轮缘力(N)；J 为分配到一个转向架上的车辆的离心惯性力 (N)，其值为 $J=m\frac{v^2}{R}$；m 为车辆分配到一个转向架上的质量(kg)；v 为车辆实际的行驶速度(m/s)；R 为曲线半径(m)；F_n 为分配到一个转向架上的车辆重力的向心分力(N)，其值为 $F_n=\frac{mgh}{s_1}$；g 为重力加速度(m/s^2)，采用 9.8 m/s^2；h 为外轨超高(mm)；其他符号同前。

由 $\sum M_0=0$ 得

$$F_{ND1}\cdot\frac{L}{2}+F_{ND4}\cdot\frac{L}{2}-2Y_1\cdot\frac{L}{2}-2Y_3\cdot\frac{L}{2}-2X_1\cdot\frac{s_1}{2}-2X_3\cdot\frac{s_1}{2}=0$$

$$F_{ND1}+F_{ND4}-2Y_1-2Y_3-2X_1\cdot\frac{s_1}{L}-2X_3\cdot\frac{s_1}{L}=0 \tag{5-73}$$

在曲线轨道上，一般情况下是转向架后轴内轮不挤压内轨，故可认为 $F_{ND4}=0$ N。

对于已经给定的车辆类型、曲线资料及行车速度，上式中的 m，P，L，μ，R，s_1，h 和 v 等均为已知值，则式(5-72)和式(5-73)中的 J，F_n 均为已知值，J 和车辆速度之间的关系为 $V=3.6\sqrt{\frac{JR}{m}}$。而 X_1，X_3，Y_1，Y_3 均为 x_b 的函数。解式(5-72)和式(5-73)，消去 F_{ND1}，并取 $F_{ND4}=0$ N，得

$$J=F_n+\frac{2X_1s_1}{L}+\frac{2X_3s_1}{L}+4Y_3 \tag{5-74}$$

由此，可求得在给定条件下的旋转中心的位置 x_b。当 $x_b<L$ 时，旋转中心位于前轴和后轴之间，x_a 为正值；当 $x_b>L$ 时，旋转中心位于后轴之后的转向架纵轴的延长线上 x_a 为负值。

将求得的 x_b 代入式(5-72)，即可求得所需的轮缘力 F_{ND1}。

车轮轮缘作用于钢轨侧面上的横向水平力 H 等于轮缘力与轮轨间的摩擦阻力分力 Y 的代数和。在图 5 - 26 所示的车辆情况下，其值分别为(正值表示方向向外，负值表示方向向内)：

$$H_1 = F_{ND1} - Y_1, H_2 = -Y_2$$

$H_3 = \pm Y_3$($x_b < L$ 取正值，$x_b > L$ 取负值，$H_4 = \pm Y_4$($x_b < L$ 取正值，$x_b > L$ 取负值)

此外，还可以从图 5 - 15 求得冲角 α。此 α 角称为正冲角，即车轮轮缘的前端与钢轨侧面相接触时的角度。冲角 α 与曲线半径 R 和旋转中心位置 x_b 有关，可按下式求得 $\alpha = \arcsin \dfrac{x_b}{R}$。因为 α 的绝对值很小，所以可近似地认为

$$\alpha = \frac{x_b}{R} \tag{5-75}$$

5.5.2　横向水平力的限值

轨道在横向水平力的作用下产生横向位移。如横向水平力比较大，而轨道的横向强度不足以抵抗较大的横向水平力，则轨道发生严重的变形(钢轨和轨枕在道床上出现横向移动或挤翻钢轨)，引起车辆脱轨。为此，应对横向水平力值加以限制。根据我国“铁道车辆动力学性能评定和试验鉴定规范(GB 5599—85)”规定，对施加于轨道上的横向水平力应采用如下的限值：

在木枕线路上

$$H \leqslant 0.85 \times \left(10 + \frac{P_1 + P_2}{2}\right) \tag{5-76}$$

在混凝土轨枕线路上

$$H \leqslant 0.85 \times \left(15 + \frac{P_1 + P_2}{2}\right) \tag{5-77}$$

式中：H 为轮对横向水平力(这里采用构架力)；P_1，P_2 为同一轮轴上两车轮的静轮载(kN)。

在曲线半径比较小的轨道，当横向水平力超过上述限值时，应采用轨距(拉)杆进行加强。

5.5.3　车辆安全评估

1. 脱轨系数

当曲线轨道与车辆均处于正常状态，车辆是否会脱轨与作用钢轨上的轮载和横向水平力的大小有关。车辆脱轨有以下两种类型：车轮爬上钢轨顶面引起车辆脱轨；车轮突然跳上钢轨顶面引起脱轨。

图 5 - 27 所示为一个导向轮对爬上钢轨时的临界状态。由图可知，导向轮轮缘与钢轨接触点为 E，在 E 点作用着轮载 P_1 与横向水平力 H。AB 为车轮轮缘在轮轨接触点 E 处的切面，它与水平面成的夹角为 β，称为轮缘角，轮缘角大不容易爬轨，但轮对通过道岔时容易撞击尖轨尖端，我国标准锥形踏面车轮的轮缘角为 69°12′，实测值为 68° ~ 70°。

将轮对上所有的力投影到 AB 和与 AB 垂直的法线 CD 的方向上，于是可得促使车轮沿 AB 面下滑的力为：

$$T = P_1 \sin\beta - H\cos\beta - \mu_2 P_2 \cos\beta$$

阻止车辆沿 AB 面下滑的力为

$$\mu_1 N = \mu_1(P_1\cos\beta + H\sin\beta + \mu_2 P_2 \sin\beta)$$

式中：P_1 为导向轮轮载；P_2 为内轮轮载；H 为横向水平力；μ_1 为导向轮与钢轨接触点的滑动摩擦系数，一般取 $\mu_1=0.2\sim0.3$；μ_2 内轮踏面在轨顶面上的滑动摩擦系数，一般取 $\mu_1=\mu_2=\mu$。

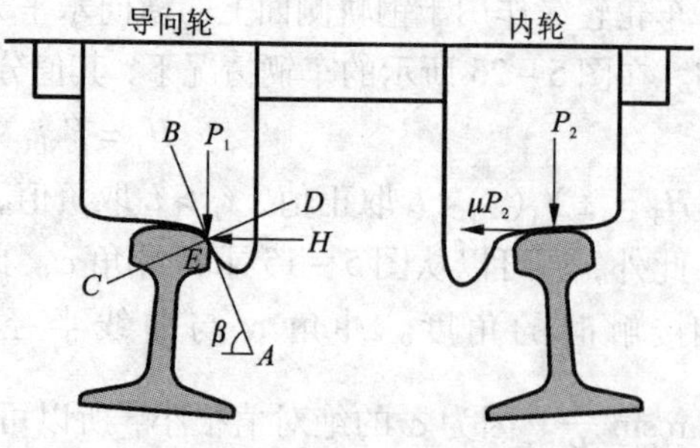

图 5-27　导向轮对爬上钢轨时的临界状况

为了保证车轮不爬上轨顶，应有 T 不小于 $\mu_1 N$，即

$$P_1\sin\beta - H\cos\beta - \mu_2 P_2\cos\beta \geqslant \mu_1(P_1\cos\beta + H\sin\beta + \mu_2 P_2\sin\beta)$$

经整理后得

$$\frac{H+\mu P_2}{P_1} \leqslant \frac{\tan\beta - \mu}{\mu\tan\beta + 1} \tag{5-78}$$

令 $\frac{\tan\beta-\mu}{\mu\tan\beta+1}=k$，则上式成为

$$\frac{H+\mu P_2}{P_1} \leqslant k \tag{5-79}$$

式(5-79)即为著名的 Nadals 公式，k 为脱轨系数。k 随 μ 和 β 而变化。k 越大，则表示 $\frac{H+\mu P_2}{P_1}$ 的值增大而不会脱轨。取轮缘角 $\beta=69°12'$ 时，随着摩擦系数 μ 增大，脱轨系数 k 减小，如图 5-28 所示。因此，降低轮轨间的摩擦系数，可以增大 k，减小脱轨的危险性。

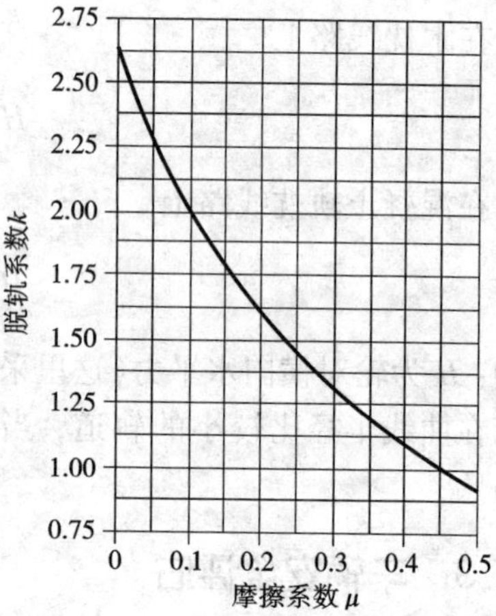

图 5-28　摩擦系数与脱轨系数的关系

按 GB 5599—85 规范规定，若试验鉴定车辆测定的横向水平力是构架力，则，

脱轨系数容许值

$$\frac{H+0.24P_2}{P_1} \leqslant 1.2 \tag{5-80}$$

脱轨系数安全值

$$\frac{H+0.24P_2}{P_1} \leqslant 1.0 \tag{5-81}$$

式中：μ 值取 0.24。

若仅用爬轨轮上的横向水平力 H 与垂直力 P_1 之比作为脱轨系数，则：

脱轨系数容许值

$$\frac{H}{P_1} \leqslant 1.2 \tag{5-82}$$

脱轨系数安全值

$$\frac{H}{P_1} \leqslant 1.0 \tag{5-83}$$

上述脱轨系数指标适用于低速脱轨的情况，目前我国高速列车的脱轨系数限值取 0.8。

因车辆突然跳轨引起的脱轨是由于轮轨瞬时冲击，产生的出轨力大得足以迫使车辆在瞬时跳上钢轨。我国对此尚无明确的评定标准。国外规定，当轮轨间横向力的作用时间小于0.05 s时，容许的脱轨系数为

$$\frac{H}{P_1} \leqslant \frac{0.04}{t} \tag{5-84}$$

式中：t 为轮轨间横向水平力作用时间(s)。

必须指出，车辆爬轨或跳轨引起脱轨，除上述原因外，还可能有其他因素存在。例如车轴断裂和轨道部件损伤，轮载转移，不正常的车辆装载，轨道的不良几何形位及车辆在不良几何形位下动力运行特性等。因此，一旦脱轨，必须进行详细的现场调查研究，查明脱轨的真正原因。

2. 轮重减载率

产生脱轨的原因过去多半认为是由于横向力增大的结果，但在实际运行中发现，有时在横向力不大的情况下，而轮重严重减载时，也会出现脱轨现象，也就是说，当左右轮的轮重偏载过大时，即便轮对横向力很小，也有可能脱轨。若 $P_1 >> P_2$，当横向力 $H = 0$ 时，由于左侧车轮转向的摩擦力，仍可使左侧轮缘爬上钢轨。

设，$\overline{P} = \frac{1}{2}(P_1 + P_2)$，$\Delta P = \frac{1}{2}(P_2 - P_1)$，则 $\frac{\Delta P}{\overline{P}} = \left|\frac{P_1 - P_2}{P_1 + P_2}\right|$ 称为轮重减载率。根据理论分析和试验研究结果，目前我国建议的轮重减载率安全指标为

危险限度：

$$\frac{\Delta P}{\overline{P}} = \left|\frac{P_1 - P_2}{P_1 + P_2}\right| = 0.65 \tag{5-85}$$

$$\text{允许限度：}\frac{\Delta P}{\overline{P}} = \left|\frac{P_1 - P_2}{P_1 + P_2}\right| = 0.6$$

对于小半径曲线，列车低速运行的情况，采用轮重减载率作为衡量列车运行的安全标准，具有一定的意义。

5.6　机车车辆－轨道动力作用的仿真计算概述

5.6.1　国内外铁路仿真计算概况

随着计算机技术的发展，铁路研究工作者采用轮轨动力学理论，对轮轨之间的动力作用进行仿真，分析研究不同车辆和轨道结构参数、不同轮轨接触条件下的轮轨动力作用、车辆运行的平稳性和安全。目前世界上应用的车辆—轨道动力学软件类型较多，主要有NUCARS、SIMPACK、Adams、MEDYNA、AGEM、AutoDYN、SIDIVE、VAMPIRE、VOCO、VICT和TTISIM等。

NUCARS是美国铁路协会(AAR)运输试验中心(TTC)开发的模拟机车车辆/轨道动力学响应的计算机软件。主要用来模拟铁路车辆在不同轨道状态下的动力响应，它能够预测任何车辆(包括机车、客车、轨道交通车辆和货车)在任何形式轨道上(包括道岔、护轨)上的动力响应。这个软件可以用来对比评估新车设计，也可以进行脱轨等破坏分析。可以模拟车辆和

轨道的相互动态作用，从而预测稳定性、运行质量、垂向和横向动力参数、平稳状态和曲线上的动力响应。此软件的轮轨相互作用和悬挂系统都是采用非线性模型，轮轨相互作用采用的是 J. Kalker 非线性蠕滑理论。主要应用于车辆设计、运行安全性评价、车辆和轨道研究、脱轨分析和常用的力学分析。主要功能有：车辆优化设计；脱轨分析；轨道结构部件设计；车辆鉴定；车轮钢轨断面优化设计；车辆运行品质评价；轮轨润滑研究；滚动接触疲劳研究；动态限界计算等。

Adams 机械系统动力学仿真软件，包括多种模块汽车、飞机、发动机等。其中 lpruRail 模块是由美国 MDI 公司、荷兰铁道组织(NS)、DELFT 工业大学、德国 ARGECARE 公司联合开发的用于铁路机车、车辆，列车和线路相互作用的分析软件。利用 Adams 中的 Rail 模块，可以快速地建立铁路车辆系统动力学模型，并通过动力学模型进行仿真计算分析其性能。它可以完成的数值仿真计算任务有：预载计算、线性分析、稳定性分析和动态分析；车辆舒适性和曲线通过能力分析；列车牵引和制动计算；车辆悬挂系统设计；牵引传动装置设计；动态轮轨接触分析，轮轨蠕滑与磨耗计算；车辆脱轨和倾覆分析。

SIMPACK 的 Wheel/Rail 模块是 SIMPACK 软件针对铁路行业开发的专用分析工具。利用 SIMPACK Wheel/Rail 可以快速地建立铁路机车车辆、线路系统。SIMPACK Wheel/Rail 可以完成铁路行业涉及的全部动力学分析。SIMPACK Wheel/Rail 是目前唯一可以进行转辙和弓网关系的商业化动力学分析软件。铁路行业模块主要功能有：轮轨系统动力学；机车、车辆、动车组及列车动力学分析；磁悬浮列车分析；悬挂系统设计与优化；磨耗、磨损预测；线路载荷预测；脱轨分析；零部件寿命预测；事故再现；转辙动力学分析；弓网关系研究；黏滑振动分析；牵引制动系统分析；模拟滚动台等。

VAMPIRE 是著名的铁路车辆动力学仿真软件，可以模拟各种类型的车辆，可以输入实测的不平顺，分析车辆的各项指标和性能。评价车辆对轨道的影响和维修过或缺少维护的轨道对行车的影响。能计算运行的舒适性指标、脱轨系数、轨距变化指数、轨道破坏指数等参数。

我国学者翟婉明教授开发了 VICT(图 5-3 所示模型)和 TTISIM 软件。VICT 仿真软件主要解决机车车辆与轨道垂向相互作用及其相关问题，其中 LICT 软件包主要用于分析车辆-轨道横向相互作用及其相互作用。TTISIM 仿真系统侧重于分析车辆在轨道上运行的安全性、舒适性以及系统的随机振动特性。TTISIM 和 VICT 一起，为轮轨系统结构参数最优动力设计；轮轨型面的合理匹配；车辆动力学性能的预测与评定；轨道几何状态的正确养护维修等，提供了强有力的分析研究工具，特别是为高速、重载现代化铁路系统的最佳管理提供了理论分析工具。

5.6.2 仿真计算模型概述

机车车辆动力学仿真的第一步是要建立仿真计算模型。在建立模型时，考虑车体、构架、摇枕和轮对为运动体，有些仿真计算模型把这些运动体看成是刚体，不考虑其弯曲和扭转变形，仿真计算时运动体的自由度就少一些，但其计算结果与实际情况就有些差别；有些仿真计算模型则考虑运动体的弯曲和扭转，增加了自由度，提高了计算精度，但模型的复杂程度提高，计算工作量增大。一般在建立模型时是根据研究目标建立相应的仿真计算模型，但近 10 年，随着机车车辆动力学仿真软件的商业开发，使得软件的功能越来越强大，应用的范围也越来越大。

在建立机车车辆模型时，需要考虑每个运动体的重心位置、外形尺寸、各自由度方向的转动惯量、质量等，同时需对各运动体之间的连接点坐标、连接方向、连接方式、连接元件的参数和特性作详细的描述。通过计算软件，形成可视化模型，如图 5－29 所示。

图 5－29　机车车辆动力学分析模型

轨道模块需考虑轨道结构的形式、轨下基础的类型、轨道结构参数等。有些模型主要是为了仿真计算机车车辆的动力性能，对轨道模块就考虑得较为简单；但有些模型为了研究分析轨道结构的动力响应，则轨道结构模块就考虑得详细些。对于钢轨，有 Timoshenko 弹性地基梁模型和 Euler 梁模型。Timoshenko 梁计算钢轨的动态应力，从而使计算所得钢轨剪应变参数能直接同现场实测参量相比较，理论与试验取得了较好的一致性。与 Euler 梁模型相比，Timoshenko 梁模型考虑了梁的剪切应变与截面旋转惯性，使梁的受力分析更加完善。但从工程应用的角度来看，Euler 梁模型较之 Timoshenko 梁模型在数学求解上简化得多，且两种模型仿真计算得出的轮轨动作用力差异不大，故而 Euler 梁模型迄今仍为铁路工程界广泛采用。

轮轨接触参数是机车车辆动力仿真计算中的重要参数，接触参数包括：轮对横移量、轮对侧滚角、轮对滚动圆半径差、轮轨接触角、轮轨接触斑位置和大小等。如车轮和钢轨的廓形确定，则就可根据轮对的横移量计算轮轨接触参数，图 5－30 所示是标准轮轨踏面，在不同轮对横移量条件下的轮轨接触斑形状。但在实际计算中，利用赫兹接触理论计算轮轨接触斑，所以接触斑形状一般考虑为椭圆形，与图 5－30 所示的轮轨接触斑形状有所差别。轮轨接触斑分黏着区和滑动区，并存在蠕滑力，如图 5－31 所示。

在仿真计算过程中，根据计算所得的轮对摇头角速度、横移速度、点头速度等计算轮轨蠕滑率，利用 J. Kalker 蠕滑理论计算轮轨之间的蠕滑力，将轮轨正压力、蠕滑力等代入运动体的动力学方程，计算下一步各运动体各自由度的运动加速度、速度和位移。

在仿真计算过程中，还需建立轨道状态模块，该模块包括：曲线半径、超高、缓和曲线长度、缓和曲线各点（直缓点、缓圆点、圆缓点和缓直点）所在位置等。同时还需输入轨道几何形位不平顺，包括：轨距、水平、高低和方向的不平顺，有时也可输入左高低、右高低、左轨向和右轨向，这两种不平顺的表述方法可相互转换。图 5－32 所示是轨检车现场测得 1 km 长度的轨道不平顺波形图。

事实上仿真计算模型有大量的机车车辆和轨道结构的动力响应输出，最多可达几百个响应输出。而在实际研究中，根据不同的研究目输出相应的动力响应。目前用得最多的动力响应输出有：轮对横移量、轮对摇头角、轮轨垂向力、轮轨横向力、脱轨系数、轮重减载率、车体垂向与横向振动加速度、轮轨表面蠕滑力、钢轨垂向和侧面磨耗系数等。图 5－33 所示为车辆通过曲线时的轮对横向位移响应曲线，图 5－34 所示是轮轨横向力的响应曲线，从两图可知，计算时在曲线轨道上没有叠加轨道几何形位不平顺。

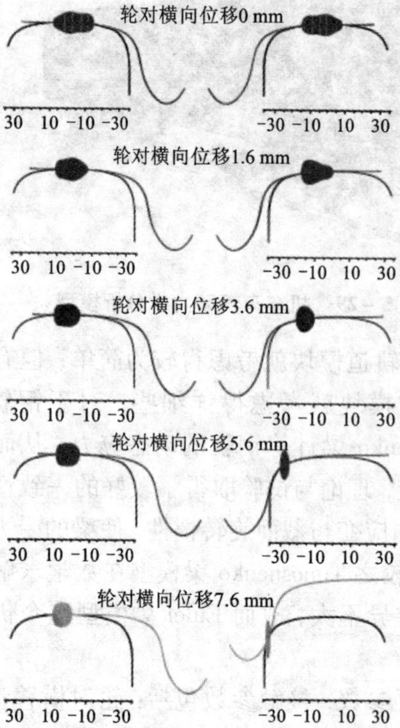

图 5－30　轮对不同横移量条件下的轮轨接触斑形状

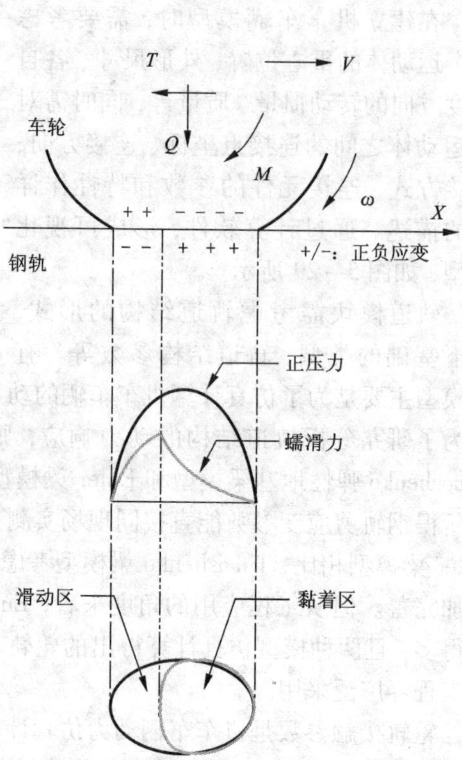

图 5－31　轮轨接触斑，滑动和黏着区，蠕滑力

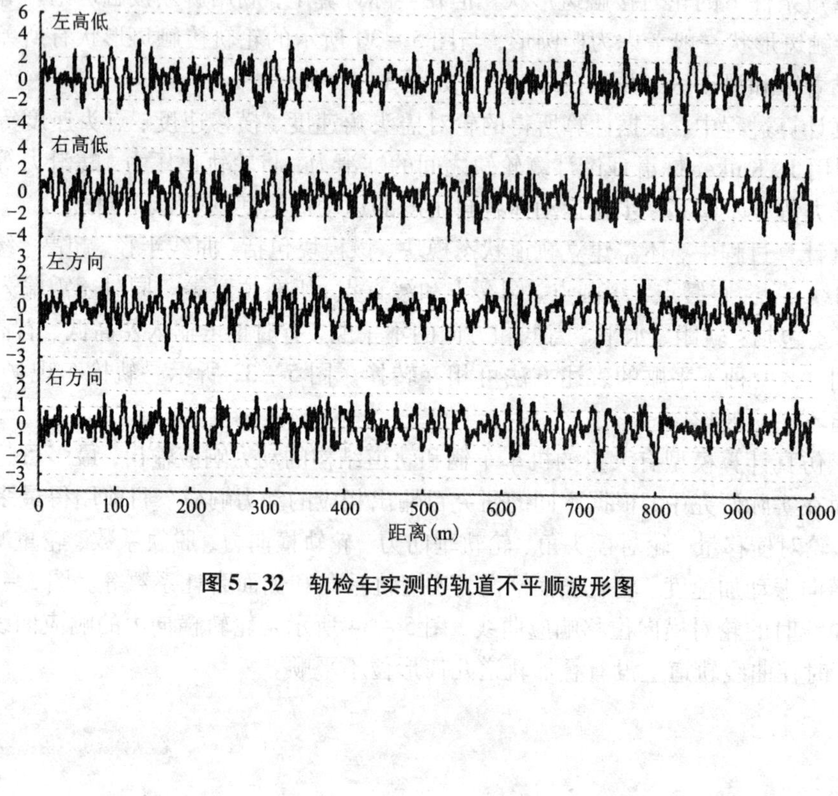

图 5－32　轨检车实测的轨道不平顺波形图

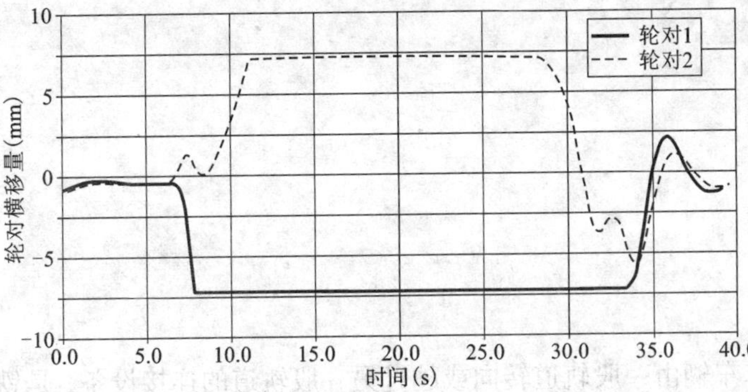

图 5－33　轮对横移量输出响应

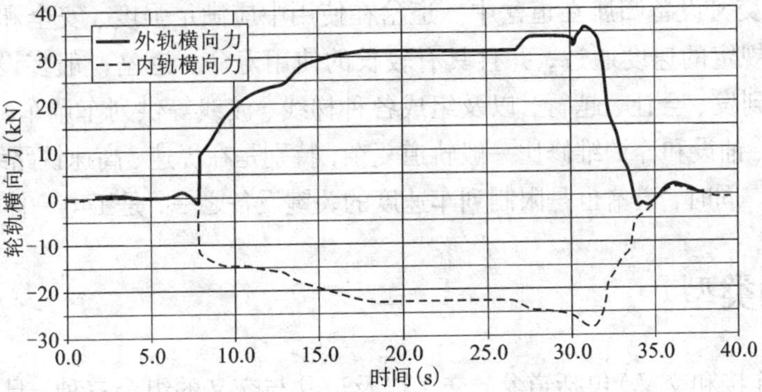

图 5－34　轮轨横向力输出响应

重点与难点

1. 轨道力学分析模型。
2. 连续弹性基础梁模型的公式推导。
3. 准静态计算理论。

思考与练习

1. 轨道力学分析的目的是什么？
2. 作用于轨道上有哪三个方向的力？哪些因素会产生这三个力？
3. 确定轮轨垂向力的方法有哪些？
4. 轨道强度准静态计算包括哪些内容？
5. 在轨道强度静力计算中要做哪些假定？
6. 一般用哪种方法计算轨枕所受的弯矩？
7. 木枕和混凝土枕检算时分别检算哪些指标？

第 6 章

道　岔

道岔是使机车车辆由一股轨道转向或越过另一股轨道的连接设备，是铁路轨道重要的组成部分。由于道岔构造复杂，存在几何不平顺和刚度的变化，因此道岔是铁路线路的薄弱环节之一，直接影响列车的速度和安全以及旅客的乘车舒适性。道岔类型较多，在我国习惯上将与道岔有关的交叉设备归属在道岔中。道岔在使用中应满足强度、安全和旅客舒适度的要求，保证列车以规定的速度通过，并且具有较长的使用寿命。道岔一般多设置在车站和编组站，用于列车的到发、会让、越行，以及组成各种梯线、渡线等供列车调车、编组和摘挂。

道岔的设计、铺设和养护维修比一般轨道复杂，特别是在提速、高速铁路线路中，道岔占有十分重要的地位。同时，道岔也是限制列车速度的关键设备之一，是工电一体化的集成系统。

6.1 道岔的类型

道岔（线路连接和交叉）包括道岔、交叉以及道岔与交叉的组合三种，具体分类如图 6－1 所示。

- 道岔（线路连接和交叉）
  - 道岔
    - 单开道岔
    - 单式异侧道岔
      - 对称（双开）道岔
      - 不对称道岔
    - 单式同侧道岔
    - 三开道岔
      - 对称道岔
      - 不对称道岔
    - 套线道岔
      - 三轨套线道岔
      - 四轨套线道岔
  - 交叉
    - 直角交叉
    - 菱形交叉
      - 直线菱形交叉
      - 直线与曲线菱形交叉
      - 曲线与曲线菱形交叉
  - 道岔与交叉组合
    - 单式交分道岔
    - 复式交分道岔
    - 单渡线道岔
    - 交叉渡线道岔

图 6－1　道岔分类

图6-2显示了铁路上铺设和常用的一些道岔类型。

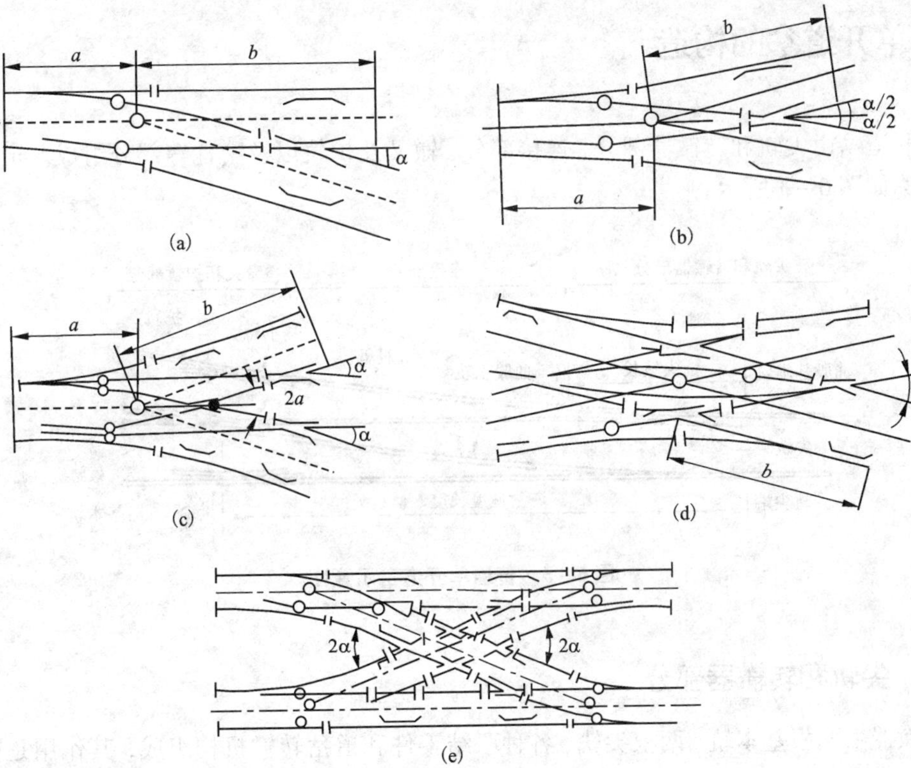

图6-2 道岔类型

(a)普通单开道岔;(b)单式对称道岔;(c)三开道岔;(d)交分道岔;(e)交叉渡线

a—道岔前长;b—道岔后长;α—辙叉角

单开道岔的主线为直线,侧线由主线向左侧或右侧岔出,分为左开和右开两种形式。对称道岔由主线向两侧分为两条线路,道岔各部件均按辙叉角分线对称排列,两条连接线路的曲线半径相同,无直向或侧向之分,因此两侧线运行条件相同。三开道岔是当需要连接的线路较多,而地形又受到限制,不能在主线上连续铺设两个单开道岔时铺设的一种道岔。三开道岔是将一个道岔顺向纳入另一个道岔内构成的。交分道岔是将一个单开道岔对向纳入另一个道岔内构成的,它起到了两个道岔的作用。复式交分道岔像X形,实际上相当于四组单开道岔和一副菱形交叉的组合。在我国铁路上使用最多的道岔类型是"普通单开道岔",简称单开道岔,其数量占各类道岔总数的90%以上。该道岔的主线为直线方向,侧线由主线向左(称左开道岔)或右(称右开道岔)侧分支。

单开道岔一般以其钢轨每米质量及辙叉号数来分类。目前我国的钢轨有75 kg/m,60 kg/m,50 kg/m和43 kg/m等类型,道岔钢轨类型应与线路钢轨相同,钢轨类型不同时应用异型轨过渡。标准道岔号数有6,7,9,12,18,24,38,41,42,50和62等类型。其中6号和7号道岔仅用于厂矿等企业内部铁路或驼峰下,其他各号则用于铁路正线和站线,一般以9号和12号最为常用。城市轨道交通正线中一般多用9号道岔,在首都机场线也采用了较大的18号道岔。铁路上列车以高速通过的正线单开道岔号数不得小于12号,在侧线通过高速列车的地段，则需铺设大号码道岔。

6.2 单开道岔的构造

单开道岔由尖轨和转辙器部分、连接部分、辙叉及护轨以及岔枕等部分组成。道岔各部分的名称如图 6－3 所示。

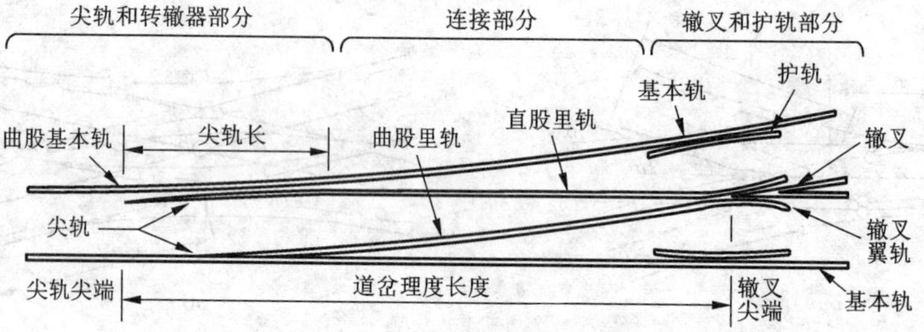

图 6－3 普通单开道岔示意图

6.2.1 尖轨和转辙器部分

转辙器由两根基本轨、两根尖轨、各种联结零件和道岔转辙机构组成，其作用是引导车轮从一线进入另一线。

1. 基本轨

基本轨由标准断面的钢轨制成，主股为直线(直基本轨)，侧股(曲基本轨)弯折成规定的线形，以保证转辙器部分的轨距、方向以及基本轨与尖轨的密贴。除承受车轮的垂直荷载外，基本轨还与尖轨共同承受车轮的横向水平力，并保持尖轨的稳定。为防止基本轨的横向移动，可在其外侧设置一定数量的轨撑。为增加钢轨表面硬度，提高耐磨性并保持与尖轨良好的密贴状态，基本轨轨头顶面一般还应进行淬火处理。

2. 尖轨

机车车辆进出道岔时由尖轨引导，它是转辙器的主要部分。

(1)尖轨长度

尖轨的长度随道岔号数和尖轨的形式不同而异，一般道岔号数越大，尖轨长度越长。我国 9 号道岔的尖轨长度为 6.25 m，12 号道岔的直线型尖轨长度为 7.7 m，曲线型的尖轨长度为 11.3～11.5 m，18 号道岔的尖轨长度为 12.5 m，38 号道岔的尖轨长度为 37.6 m。

(2)尖轨的平面形式

尖轨在平面上可分为直线型和曲线型，如图 6－3 所示。直线型尖轨可用于左开或右开类型的单开道岔，它制造简单，便于更换，尖轨前端的刨切较少，横向刚度大，尖轨的摆度和跟端轮缘槽较小，但轨距加宽大，转辙角 β 较大，轮缘对尖轨的冲击较大，影响列车运行的平稳性，尖轨尖端易于磨耗和损伤。我国新设计的 12 号道岔及以上的大号码道岔均采用曲线型尖轨，以便减小冲击角，增大导曲线半径，缩短道岔全长，使列车平稳地进出侧线。曲线型尖轨左、右开类型不能通用，制造较复杂，前端刨切较多。

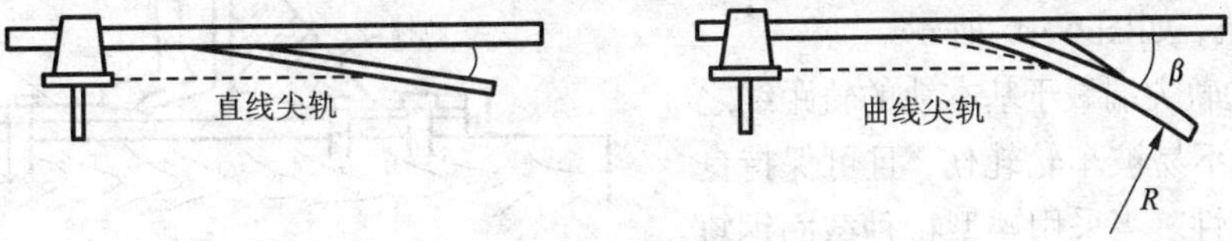

图 6-3　直线尖轨和曲线尖轨

(3)尖轨的断面形式

尖轨可用普通截面钢轨、高型特种截面钢轨或矮型特种截面钢轨制成。用普通钢轨制成的尖轨，需在轨前端轨腰两侧增加补强板，以增加其横向刚度。特种截面尖轨，截面面积大，稳定性好。尖轨与基本轨高度相同的称为高型特种截面，较矮者称为矮型特种截面。我国提速铁路采用矮型特种截面钢轨(简称 AT 轨)。AT 轨整体性强、刚度大，易于维修，消除了列车过岔的垂向不平顺，可提高直股过岔速度。特种截面尖轨，有对称与不对称、设轨顶坡与不设轨顶坡之分。特种截面的尖轨，无论高型或矮型，都需将它的跟端加工成普通钢轨截面，方能与后面的连接轨用标准的跟部结构相连，如图 6-4 所示，否则需要采用特殊的跟端结构。图 6-5 所示为沿尖轨长度方向尖轨各断面的形式。

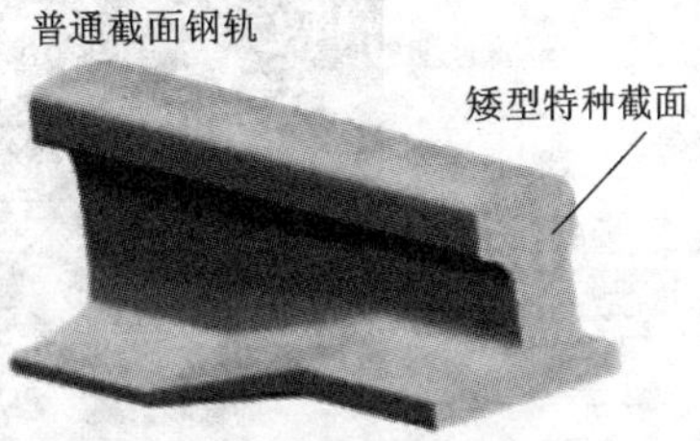

图 6-4　连接标准轨的尖轨跟端

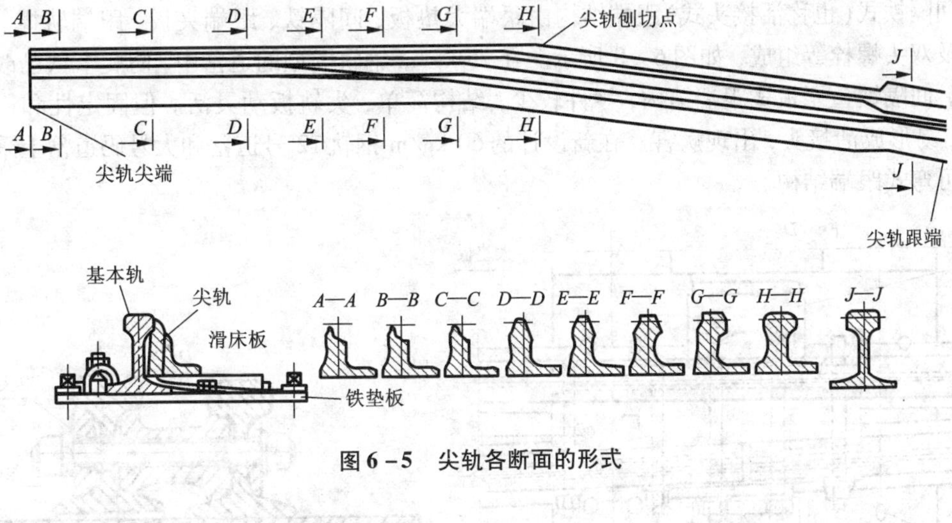

图 6-5　尖轨各断面的形式

(4)尖轨尖端与基本轨的贴靠形式

为使转辙器能正确引导列车的行驶方向，尖轨尖端必须与基本轨紧密贴靠。尖轨与基本轨的贴靠形式通常有两种：一种是爬坡式，一种是藏尖式。

当使用普通断面钢轨刨切尖轨时，为避免对基本轨和尖轨刨切过多，一般将头部经过刨切的尖轨置于比基本轨底高出 6 mm 的滑床板上，使尖轨叠盖在基本轨的轨底，形成爬坡式尖轨，如图 6－6 所示。

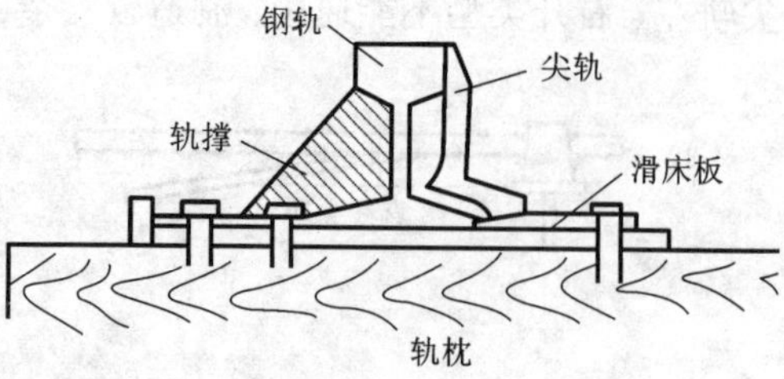

图 6－6 爬坡式尖轨

藏尖式尖轨尖端藏于基本轨的轨距线之下，尖轨尖端不易被车轮轧伤，且可保持良好的竖向稳定性。当采用矮型特种截面钢轨加工尖轨时，一般在基本轨的轨头下颚轨距线以下作 1∶3 的斜切，如图 6－7 所示。

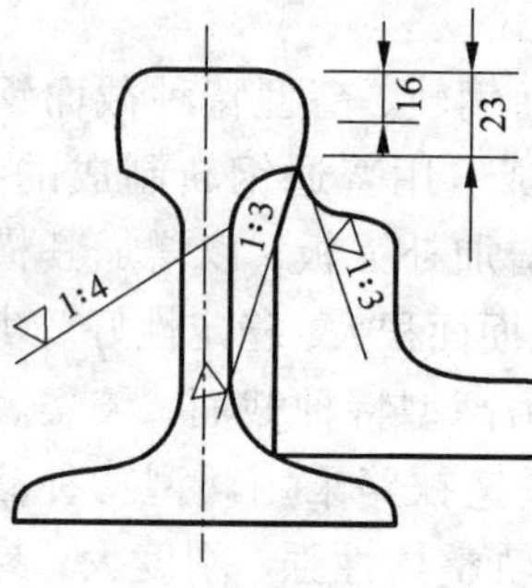

图 6－7 藏尖式尖轨尖端

(5)尖轨的跟端结构

尖轨与导曲线钢轨连接的一端称尖轨跟端。尖轨跟端主要采用间隔铁式和弹性可弯式跟端结构，提速和高速道岔尖轨跟端有采用限位器结构、间隔铁结构或无任何结构的形式。

间隔铁式(也称活接头式)跟端结构由跟端大垫板、间隔铁、跟端夹板、跟端轨撑、防爬卡铁及双头螺栓等组成，如图 6－8 所示。在 75 kg/m 钢轨类型的道岔中，防爬卡铁已改为内轨撑。间隔铁鱼尾板式跟端结构，零件较少，结构简单，尖轨扳动灵活。但固定性和稳定性较差，易形成活接头，出现病害。在新设计的 60 kg/m 钢轨 12 号道岔和大号码道岔上采用了弹性可弯式跟端结构。

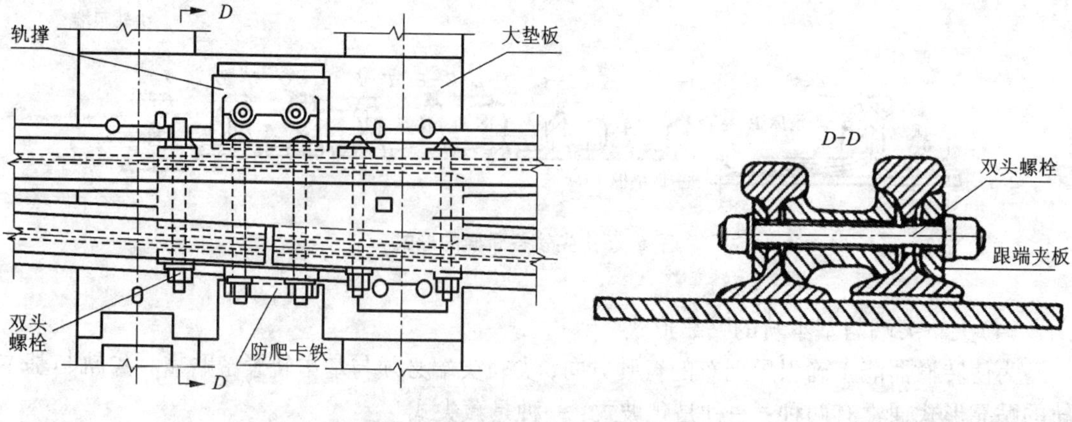

图 6－8 间隔铁式(活接头式)跟端结构

弹性可弯式尖轨在跟端前2～3根枕木处，将轨底削去一部分，使其与轨头同宽，形成柔性部位，这样就使其前部尖轨具有能从一个位置扳动到另一个位置的足够的弹性，如图6－9所示。这种尖轨结构的优点是结构相对简单，易于维护。

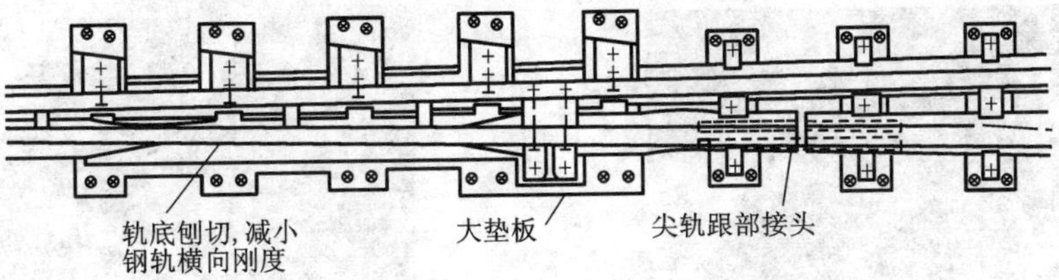

图6－9　弹性可弯式跟端结构

在无缝道岔中若采用限位器跟端结构（图6－10）限制尖轨尖端的伸缩位移，将温度力传递给基本轨，在尖轨尖端位移允许的情况下，也可不用间隔铁和限位器结构。

图6－10　限位器式跟端结构

（6）尖轨与基本轨的高度关系

为使尖轨具有承受车轮压力的足够强度，规定在尖轨顶宽50 mm以上部分才能完全承受车轮轮载力。因此，尖轨各个截面的高度都有具体规定，如图6－11所示。当用普通截面钢轨制作尖轨时，为减少尖轨轨底的刨切量，将尖轨较基本轨抬高6 mm。尖轨尖端较基本轨顶面低23 mm，在尖轨顶宽20 mm以下部分，完全由基本轨受力。尖轨顶宽为20～50 mm的部分为车轮荷载的过渡段。在尖轨整截面往后的垂直刨切终点处，尖轨顶面完全高出基本轨顶面6 mm。

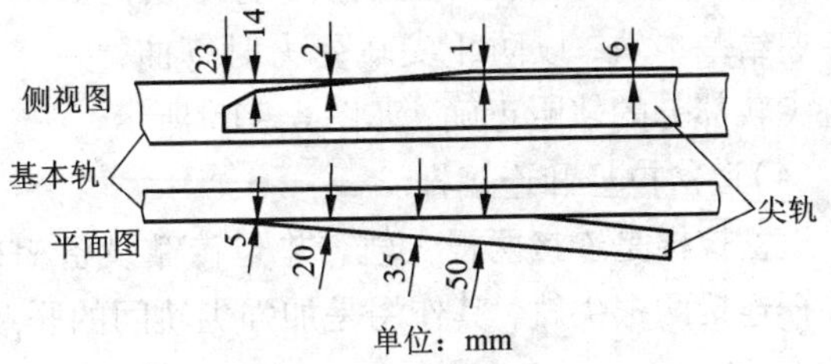

图6－11　尖轨顶面与基本轨的高度关系

当采用高型或矮型特种截面钢轨加工成尖轨时，从尖轨顶宽50 mm处到尖轨跟端，尖轨和基本轨是等高的，尖轨顶宽为20～50 mm这一段为过渡段，尖轨尖端低于基本轨23 mm。AT轨取消了普通钢轨断面尖轨6 mm的抬高量，消除了列车过岔的垂向不平顺，提高了过岔速度。

3. 其他零件

（1）滑床板

在整个尖轨长度范围内的岔枕面上，有承托尖轨和基本轨的滑床板，如图6－12所示，尖轨置于滑床板上，与滑床板无扣件联结。滑床板上应定时涂油养护，以减小尖轨扳动时的摩擦力。滑床板有分开式和不分开式两类。不分开式用道钉将轨撑、滑床板直接与岔枕联结；分开式是轨撑由垂直螺栓先与滑床板联结，再用道钉或螺纹道钉将垫板与岔枕联结。采用减磨滑床板(摩擦系数 0.25)或滚珠滑床板(图 6－13)可大大降低摩擦力，使尖轨转换灵活。

图 6－12　普通滑床板

图 6－13　滚珠滑床板

(2)轨撑

安装在转辙器基本轨的外侧，用以防止基本轨倾覆、扭转和纵横向移动。轨撑用螺栓与基本轨相连，并用两个螺栓与滑床板连接，如图 6－14 所示。

图 6－14　轨撑

(3)道岔顶铁

尖轨的刨切部位紧贴基本轨，而在其他部位则依靠安装在外侧腹部的顶铁，将车轮横向力传递给基本轨，以防止尖轨受力时弯曲，并保持尖轨部分的轨距正确，如图 6－15 所示。

(4)道岔拉杆和连接杆

道岔拉杆是连接两根尖轨，并与转辙设备相连，以实现尖轨扳动的杆件，又称转辙杆。连接杆连接两根尖轨，其作用是加强尖轨间的联系，提高尖轨的稳定性，如图 6－16 所示。

图 6－15　顶铁

图 6－16　道岔拉杆和连接杆

(5)支距垫板

保持导曲线的正确位置而设置。

(6)转辙机械

最常用的转换设备有机械式和电动式。若按操纵方式分类，则有集中式和非集中式两类。机械式转换设备可分为集中式或非集中式，电动式转换设备则均为集中式。道岔转换设备必须具备转换(改变道岔开向)、锁闭(锁闭道岔，在转辙杆中心处尖轨与基本轨之间，不允许有4 mm以上的间隙)和显示(显示道岔的正位或反位)等三种功能。

另外，还有铺设在尖轨之前的辙前垫板和之后的辙后垫板；铺设在尖轨尖端和尖轨跟端的通长垫板。

6.2.2 辙叉和护轨

1. 辙叉组成及道岔号数

辙叉是使车轮跨越的设备，设置在道岔侧线钢轨与道岔主线钢轨相交处。辙叉由叉心(长、短心轨组成)、翼轨、护轨及联结零件组成。叉心两侧作用边之间的夹角叫辙叉角 α，如图6－17所示。辙叉心轨两个工作边延长线的交点称为辙叉理论中心(理论尖端)。由于制造工艺的原因，实际上的叉心尖端有6～10 mm的宽度，此处称为心轨的实际尖端。翼轨由普通钢轨弯折刨切而成，用间隔铁及螺栓和叉心联结，以保持相互间的正确位置，并形成必要的轮缘槽，使车轮轮缘能顺利通过。

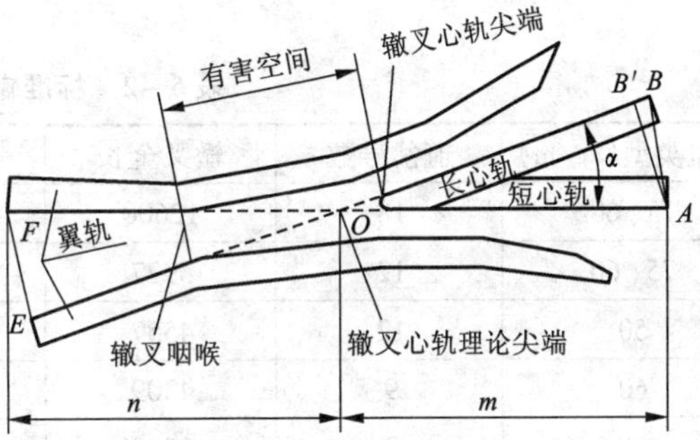

图6－17　辙叉的组成

两翼轨工作边相距的最小处称为辙叉咽喉。从辙叉咽喉至心轨实际尖端之间的轨线中断的距离称为“有害空间”。车轮通过有害空间时，叉心容易受到撞击。为保证车轮安全通过有害空间，在辙叉两侧相对位置的基本轨内侧设置了护轨，借以引导车轮的行驶方向。

道岔号数 N 可以表达为

$$N=\frac{OB'}{AB'}=\cot\alpha \tag{6-1}$$

辙叉角

$$\alpha=\arctan\frac{1}{N} \tag{6-2}$$

辙叉号数是道岔的主要技术参数之一。道岔号数越大，辙叉角越小，固定辙叉的有害空间越大。道岔号数越大，允许列车通过的侧向过岔速度越高。在高速铁路上，为了获得更高的侧向过岔速度，需要采用大号码道岔。

我国常用道岔号数与辙叉角的对应值见表6－1。

表 6-1 道岔号数与辙叉角的关系

道岔号数 N	6	7	9	12	18	24	38	41
辙叉角 α	9°27′44″	8°07′48″	6°20′25″	4°45′49″	3°10′47″	2°23′09″	1°30′26.8″	1°23′39.8″

在单开道岔中，因辙叉角小于90°，所以将这类辙叉也称为锐角辙叉。

辙叉从其趾端到跟端的长度 FA 或 EB（见图 6-17）称辙叉全长，从辙叉趾端到理论中心的距离 EO 或 FO，称辙叉趾距（又称辙叉前长），用 n 表示；从辙叉跟端到理论中心的距离 AO 或 BO 称辙叉跟距（又称辙叉后长），用 m 表示。辙叉趾端两翼轨作用边间的距离 EF 和辙叉跟端距叉心两个作用边间的距离 AB，分别称为辙叉趾宽（前开口）P_n 和辙叉跟宽（后开口）P_m。

我国常用的标准道岔的辙叉尺寸见表 6-2。

表 6-2 标准辙叉尺寸(mm)

钢轨类型(kg/m)	道岔号数	辙叉全长	n	m	P_n	P_m
75、60	18	12600	2851	9749	2658	441
75、60	12	5927	2127	3800	177	317
50	12	4557	1849	2708	154	225
60	9	4309	1538	2771	171	308
50	9	3588	1538	2050	171	228

2. 辙叉类型

从平面上看，辙叉有直线形辙叉和曲线形辙叉，如图 6-18 所示。直线型辙叉的两条工作边均为直线。曲线形辙叉的工作边一条或两条为曲线。曲线型辙叉的优点是可加大道岔的导曲线半径（或缩短道岔全长），有利于提高侧向过岔速度。

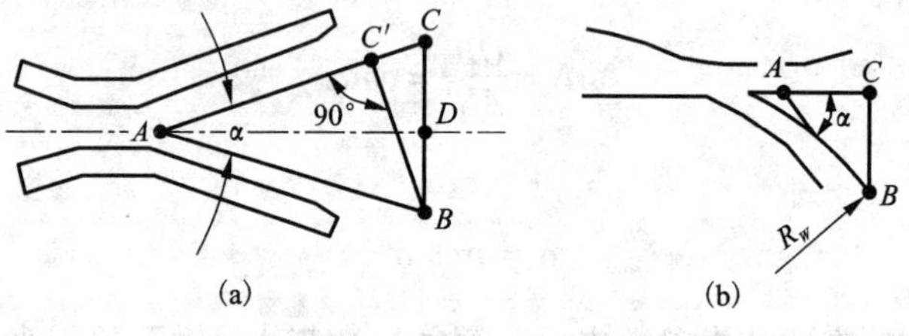

图 6-18 直线形和曲线形辙叉
(a)直线形辙叉；(b)曲线形辙叉

辙叉按构造分，有固定辙叉和可动辙叉。固定辙叉分为钢轨组合式辙叉、高锰钢整铸辙叉和高锰钢拼装辙叉。可动辙叉是指个别部件可以移动的辙叉，其优点是保持两个行车方向轨线的连续性，消除了固定辙叉的有害空间，并可取消护轨，以提高行车的平顺性，降低机车车辆对辙叉的附加冲击力及列车摇摆现象，减少养护工作量，延长使用寿命，并且改善了旅客列车过岔时的舒适度。可动辙叉的类型有可动心轨辙叉和可动翼轨辙叉。

(1)固定辙叉的类型

①钢轨组合式辙叉。由钢轨刨切及其他零件拼装而成，包括长心轨、短心轨、翼轨、间隔铁、辙叉垫板及其他联结零件，如图6－19所示。辙叉心是由长短心轨拼装而成，长心轨应铺设在正线或运量较大的线路方向上。为尽可能保持长心轨截面的完整，将短心轨的头部和底部刨去一部分，使短心轨轨底叠盖在长心轨轨底上，以保持辙叉心的坚固稳定。这种辙叉目前仅存在于一些次要线路上。

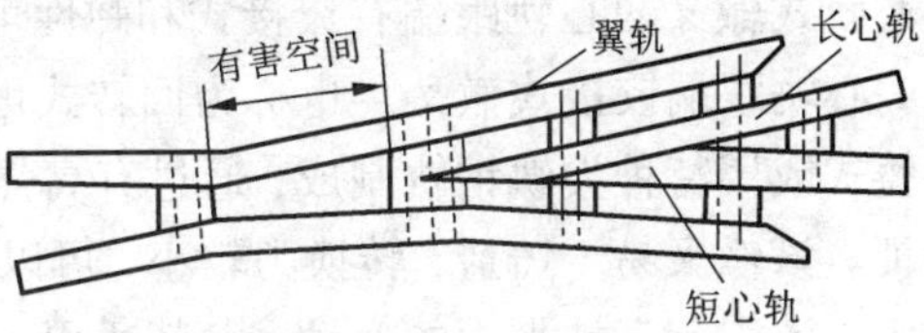

图6－19　钢轨组合式固定辙叉

②拼装式合金钢辙叉。它是近几年开发的一种固定型辙叉，如图6－20所示，心轨材料采用新研制的强度、韧性和硬度相匹配的耐磨奥贝氏体合金钢，其优点是使用寿命长，并可以与区间轨道直接焊接，便于更换，在无缝道岔方面具有突出的优势。

③高锰钢整铸辙叉。它是用高锰钢浇铸的整体辙叉，如图6－21所示。高锰钢是一种含Mn、C元素较高的合金钢(含Mn约12.5%、含C 1.2%)，具有较高的强度和良好的抗冲击韧性，经热处理后，在冲击荷载作用下，很快产生硬化，使表面具有良好的耐磨性。同时，由于心轨和翼轨同时浇铸，整体性和稳定性较好，可以不设辙叉垫板而直接铺设在岔枕上。高锰钢整铸辙叉的优点是使用寿命长，养护维修方便。

图6－20　拼装式合金钢辙叉

图6－21　高锰钢整铸辙叉式固定辙叉

(2)可动辙叉的类型

①可动心轨辙叉。心轨可动，翼轨固定，如图6－22所示。该辙叉结构的优点是保持两个行车方向轨线的连续性，消除了固定辙叉的有害空间，提高了行车的平顺性。同时，车辆作用于心轨的横向力能直接传递给翼轨，保证了辙叉的横向稳定。由于心轨的转换与转辙器同步联动，不会在误认进路时发生脱轨事故，故能保证行车安全。缺点是制造比较复杂，并较固定辙叉长。目前广泛用于提速和高

图6－22　可动心轨辙叉

速客运专线的正线及渡线上，我国主要干线上已大量使用60 kg/m 钢轨12号可动心轨道岔。可动心轨式辙叉的心轨跟端有铰接式和弹性可弯式两种。

a. 心轨跟端铰接式辙叉。也称为回转式可动心轨辙叉，如图6-23所示。铰接式心轨可为整铸式或用特种尖轨钢轨制成，通过有高强螺栓的间隔铁联结，心轨与翼轨的相对位置得以保证。该辙叉易于铸造，转换力较小，可以与原有固定式辙叉的长度相同。铺设该可动心轨辙叉不致引起车站平面的变动，尤其适用于既有线大站场的技术改造。但是在辙叉范围内易出现活接头，不如弹性可弯式结构稳定可靠。

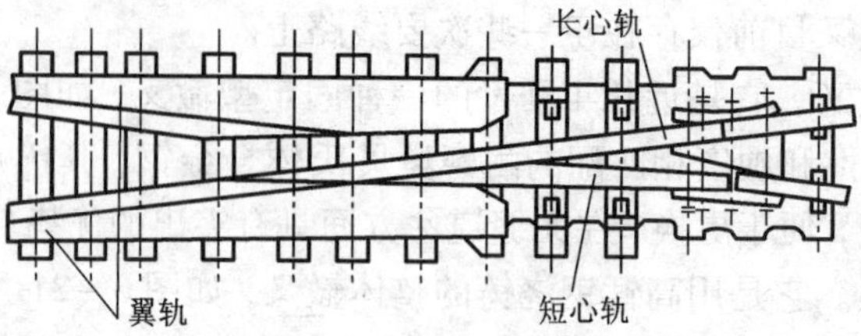

图6-23 回转式可动心轨辙叉

b. 弹性可弯式可动心轨辙叉。心轨用特种截面钢轨制成。心轨的一肢跟端为弹性可弯式，另一端为活动铰接式；或是心轨的两肢均为弹性可弯式，转换时长短心轨接合面上产生少量的相对滑动。这种心轨较长，并且转换力较大。前一种方式不仅联结可靠，而且构造简单，辙叉转换力较小，是我国铁路广泛采用的可动心轨辙叉形式，如图6-24所示。

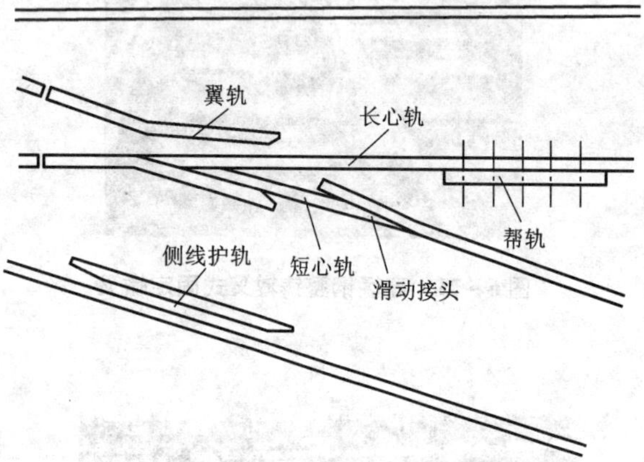

图6-24 弹性可弯式可动心轨辙叉

②可动翼轨辙叉。心轨固定，翼轨可动，如图6-25所示。又分单侧翼轨可动或双侧翼轨可动两种形式。这类辙叉可以设计成与既有固定辙叉互换的尺寸，铺设时可以避免引起站场平面的变动，同时又满足了消灭有害空间的要求。可动翼轨辙叉的缺点是可动翼轨的横向稳定性较差，翼轨的固定装置结构复杂。

另外还有其他消灭有害空间的辙叉形式，如德国的UIC60型钢轨道岔，是用滑动的滑块填塞辙叉有害空间处的轮缘槽。

图6-25 可动翼轨辙叉

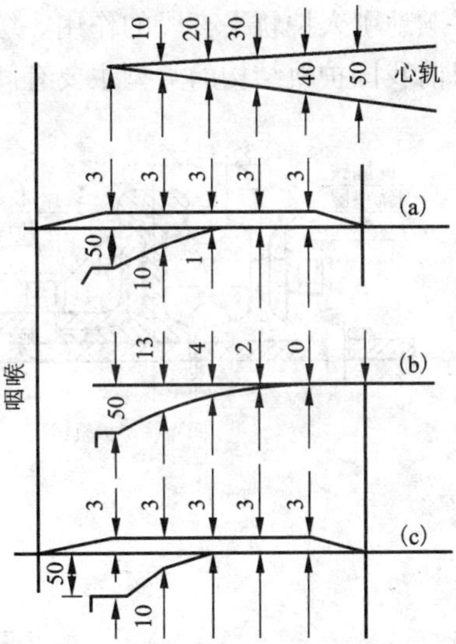

图6-26 辙叉翼轨与心轨顶面

3. 翼轨与心轨的高度

为了避免车轮通过辙叉产生过大的冲击，应适当提高翼轨顶面，降低心轨端部轨面。当车轮沿翼轨向叉心方向滚动时，由于车轮踏面是锥形的，车轮逐渐下降，当车轮离开翼轨完全滚到心轨后，又恢复到原来的高度，因此，产生了垂直不平顺。为了消除垂直不平顺，并防止心轨在其尖端截面过分削弱部分承受车轮荷载，采用了提高翼轨顶面和降低心轨前端顶面的做法，将翼轨顶面做成1∶20的横坡，使翼轨和心轨顶面之间保持必要的相对高差。

对高锰钢整铸辙叉，规定叉心顶宽为35 mm及其以上部分承受全部车轮压力，而在20 mm及以下截面则完全不受力。因此，将翼轨顶面从辙叉咽喉到叉心顶面35 mm一段以堆焊法加高。为了防止车轮撞击心轨尖端，应使该处顶面低于翼轨顶面33 mm以下，如图6-26(a)所示。

对钢轨组合式辙叉，规定叉心顶宽40 mm及其以上部分承受全部车轮压力，而在30 mm及以下部分则完全不受力。由于在工厂制作时堆焊翼轨有困难，因此设计中未将翼轨顶面抬高，而只将心轨轨面降低，如图6-26(b)所示。但对磨耗的辙叉进行焊修时，可将翼轨顶面焊高，如图6-26(c)所示。

4. 护轨

护轨一般设于固定辙叉的两侧，用以引导车轮的轮缘，使之进入设定的轮缘槽内，防止与叉心碰撞。护轨可用普通钢轨或特种截面的护轨钢轨制作。

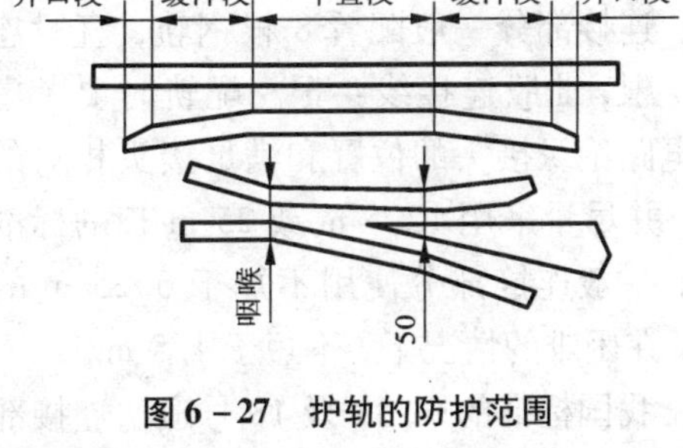

图6-27 护轨的防护范围

一般护轨的防护范围为辙叉咽喉至叉心顶宽50 mm的一段长度，并要求有适当的余量。在平面图中，护轨由中间平直段、两段缓冲段和开口段组成，如图6-27所示。护轨平直段是起防护作用的主要部分，缓冲段和开口段起将车轮平顺地引入护轨平直段的作用。缓冲段的冲击角应按列车允许的通过速度设置。

目前我国护轨结构的类型主要有间隔铁型、H 型和槽型三种，如图 6－28 所示。

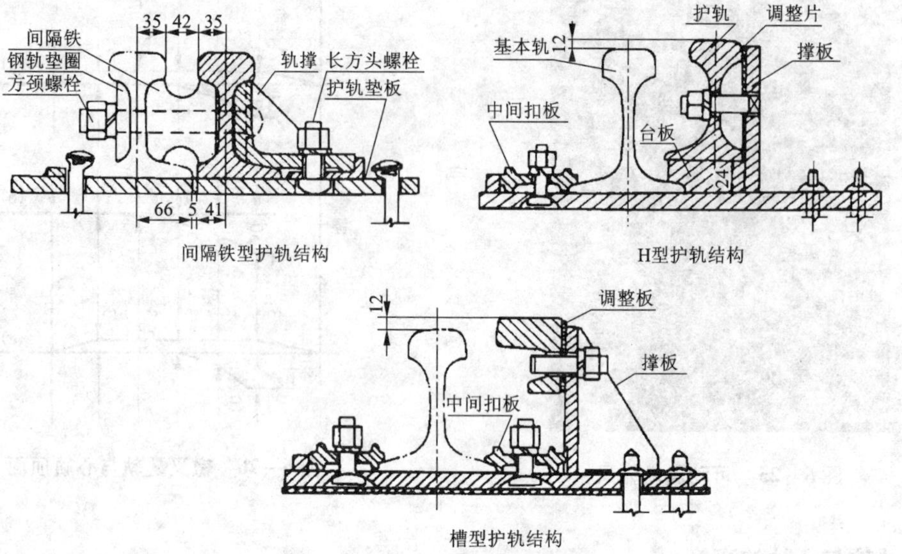

图 6－28　护轨类型

6.2.3　连接部分

单开道岔连接部分是连接转辙器部分和辙叉部分的，它包括直股连接线和曲股连接线（又称导曲线）。直股连接线与区间直线线路的构造基本相同，导曲线的平面形式可以是圆曲线、复合圆曲线、缓和曲线或变曲率曲线。我国道岔导曲线多为单一半径的圆曲线，38 号道岔采用圆曲线与三次抛物线组合的导曲线形式，德国高速道岔有采用复合圆曲线（1 个以上半径）的导曲线形式。当尖轨为曲线型时，尖轨本身就是导曲线的一部分。导曲线由于长度及界限的限制，一般不设超高和轨底坡，但在构造及条件容许的情况下可设置少量超高。我国在钢筋混凝土岔枕上铺设的导曲线设置了 6 mm 的超高，两端用厚度逐渐减薄的胶垫进行顺坡。提速道岔有设置轨底坡的。

为防止钢轨在动荷载作用下的外倾或轨距扩大，在导曲线上设置一定数量的轨撑或轨距拉杆。为减少钢轨的爬行，可在导曲线范围内设置一定数量的防爬器及防爬木撑。

连接部分一般配置 8 根钢轨，直股连接线 4 根，曲股连接线 4 根。配轨时要考虑轨道电路绝缘接头的位置和满足接头相对的要求，并尽量采用 12.5 m 或 25 m 长的标准钢轨。一般连接部分使用不短于 6.25 m 的短轨，在困难的情况下，不短于 4.5 m。

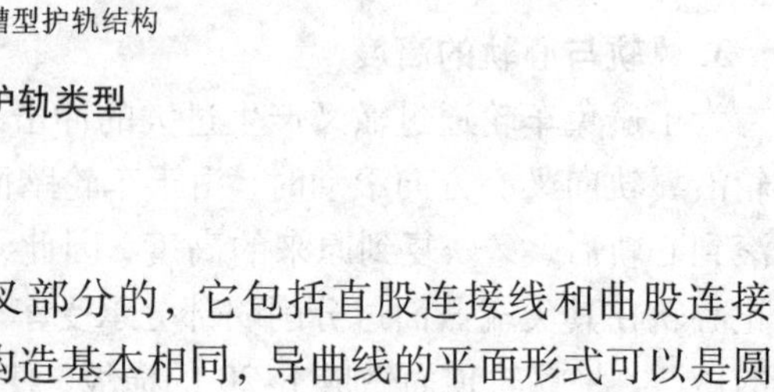

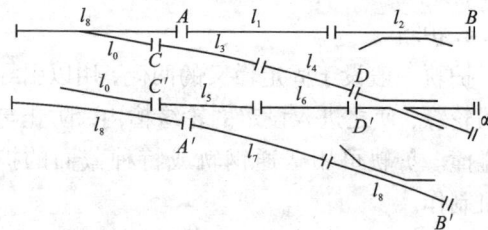

图 6－29　道岔连接部分的配轨

我国标准的 9、12 及 18 号道岔连接部分的配轨如图 6－29 所示，尺寸见表 6－3。

表6-3　标准道岔的配轨尺寸(mm)

N	道岔			N	道岔		
	9号	12号	18号		9号	12号	18号
l_1	5324	11791	10226	l_5	6838	12500	16574
l_2	11000	12500	18750	l_6	9500	9385	12500
l_3	6894	12500	16903	l_7	5216	11708	10173
l_4	9500	9426	12500	l_8	11000	12500	18750

6.2.4　岔枕

岔枕分木岔枕和混凝土岔枕两类。客运专线及高速铁路使用混凝土岔枕。为了适应大型维修机械作业的需要，一些提速道岔的转辙牵引点处采用钢岔枕，以安装转辙机械。

木岔枕截面和普通木枕基本相同，断面高为160 mm，宽为240 mm，长度分为12级，其中最短的为2.60 m，最长的为4.80 m，级差为0.2 m。混凝土岔枕断面高为220 mm，顶宽260 mm，底宽为300 mm，长度最短的为2.60 m，最长者为4.90 m，级差为0.1 m，有效支承面积大，扣件采用无挡肩式，岔枕顶面平直。

在我国铁路上还存在一定数量按旧标准加工的岔枕。这类岔枕长度分为16级，其中最短的为2.60 m，最长的为4.85 m，级差为0.15 m。

德国的高速BWG道岔采用铰接岔枕，即将3.2～4.8 m的长岔枕在侧股股道中部铰接，目的是便于解决道岔的整组运输、道岔无车股道岔枕翘起以及岔枕共振等问题。

6.3　单开道岔的几何尺寸

由于道岔构造复杂，为保证机车车辆安全、平稳通过，必须按规定保证道岔各部分几何尺寸的正确。道岔各部位的几何尺寸要求，是根据机车车辆的轮对尺寸和道岔的轨距按最不利的组合进行确定的。

6.3.1　单开道岔各部分的轨距及变化率

1. 单开道岔轨距

在单开道岔上，需要重点检测的对轨距加宽的部位有：基本轨前接头处轨距 S_1、尖轨尖端轨距 S_0、尖轨跟端直股及侧股轨距 S_h、导曲线中部轨距 S_c 和导曲线终点轨距 S，如图6-30所示。

按机车车辆以正常强制内接方式加一定的余量，道岔各部位的轨距为

$$S = q_{\max} + (f_0 - f_i) + \frac{1}{2}\delta_{\min} - \sum \eta \tag{6-3}$$

式中：$q_{\max}$为最大轮对宽度；f_0 为外轮与外轨线形成的矢距；f_i 为内轮与内轨线形成的矢距；$\delta_{\min}$为轮轨间的最小游间；$\sum\eta$ 为机车车辆轮轴的可能的横动量之和。

我国铁路标准道岔上各部位的轨距值见表6-4。

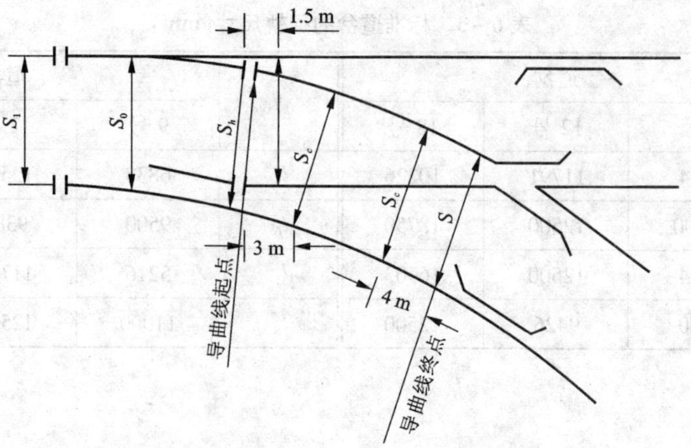

图 6－30　单开道岔各部分轨距加宽

表 6－4　标准道岔各部位的轨距尺寸(mm)

N	9 号	12 号		18 号
		直线尖轨	曲线尖轨	
S_1	1435	1435	1435	1435
S_0	1450	1445	1437	1438
S_h	1439	1439	1435	1435
S_c	1450	1445	1435	1435

对曲线尖轨道岔，除直股尖轨尖端处加宽 2 mm 外，其余各部直轨轨距均为 1435 mm。新设计的曲线尖轨道岔，已无轨距加宽了。

道岔各部分的轨距应符合标准规定，如有误差，不论是正线、到发线、站线或专用线，一律不得超过相关的规定，同时还需考虑到道岔轨距在列车作用下将有 2 mm 的弹性扩张，由此可以算出道岔各部分的最小、正常和最大轨距值。

《铁路线路修理规则》规定的尖轨尖端和跟端轨距见表 6－5 和表 6－6。导曲线中部轨距按标准图设置，辙叉部分轨距，直、侧向均为 1435 mm。

表 6－5　尖轨尖端轨距

尖轨种类	尖轨长度(mm)	轨距(mm)	备注
直线型尖轨	6250 以下	1453	
	6250～7700	1450	
	7700 以上	1445	
12 号道岔 AT 弹性可弯尖轨		1437	道岔允许速度大于 120 km/h 时为 1435 mm
其他曲线型尖轨		按标准图办理	无标准图时按设计图办理

表6-6 尖轨跟端轨距

尖轨种类	直向(mm)	侧向(mm)	备注
直线型尖轨	1439	1439	
12号道岔AT弹性可弯尖轨	1435	1435	尖轨轨头刨切范围内曲股轨距构造加宽除外
其他曲线型尖轨	1435	按标准图办理	无标准图时按设计图办理

2. 道岔各部分轨距加宽递减

①尖轨尖端轨距加宽，允许速度不大于120 km/h的道岔应按不大于6‰的递减率递减至基本轨接头。

②尖轨尖端与尖轨跟端轨距的差数，直尖轨应在尖轨全长范围内均匀递减，曲尖轨按标准图或设计图办理。

③尖轨跟端直向轨距加宽向辙叉方向递减，距离为1.5 m。

④导曲线中部轨距加宽，直尖轨时向两端递减至距尖轨跟端3 m处，距辙叉前端4 m处；曲尖轨时按标准图或设计图办理。

⑤对口道岔尖轨尖端轨距递减：两尖轨尖端距离小于6 m，两尖端处轨距相等时不作递减，不相等时应从较大轨距向较小轨距均匀递减；两尖轨尖端距离大于6 m，允许速度不大于120 km/h的道岔应按不大于6‰的递减率递减，但中间应有不短于6 m的相等轨距段。

⑥道岔前端与另一道岔后端相连时，允许速度不大于120 km/h的线路，尖轨尖端轨距递减率不应大于6‰。如不能按6‰递减时，可将前面道岔的辙叉轨距加大为1441 mm；仍不能解决时，旧有道岔可保留大于6‰的递减率。

6.3.2 道岔各部分间隔尺寸

道岔各部分间隔尺寸是保证行车安全和平顺的。

1. 转辙器部分的间隔尺寸

转辙器部分需要严格控制和检查的间隔尺寸包括尖轨的最小轮缘槽宽 t_{min} 和尖轨动程 d_0。

(1)尖轨的最小轮缘槽宽 t_{min}

如图6-31所示，当列车直向过岔时，应保证在最不利的条件下，即轮对一侧的车轮轮缘紧贴直股尖轨，另一侧车轮轮缘能顺利通过而不撞击曲线尖轨的非工作边。曲线尖轨在其最突出处的轮缘槽为最小，称为曲线尖轨的最小轮缘槽 t_{min}。要保证轮对顺利通过该轮缘槽，不使轮对的轮缘撞击尖轨的非工作边，轮缘槽宽应满足最不利组合时值，即：

$$t_{min} \geqslant S_{max} - (T + d)_{min} \tag{6-4}$$

式中：S_{max} 为曲尖轨突出处直向线路轨距的最大值，计算时还应考虑轨道的弹性扩大和轨道公差。我国实际采用的 $t_{min} \geqslant 1435 + 3 - (1350 + 22 - 2) = 68$ mm。t_{min} 同时也是控制曲线尖轨长度的因素之一，为缩短尖轨长度，根据经验，t_{min} 可减少至65 mm。因此，《铁路线路修理规则》规定：尖轨非工作边与基本轨工作边的最小距离为65 mm，容许误差为 -2 mm。

如图6-32所示，直线尖轨的最小轮缘槽宽 t_{min} 出现在尖轨跟端。尖轨跟端轮缘槽 t_0 应不小于74 mm。这时跟端支距 $y_g = t_0 + b$，b 为尖轨跟端钢轨头部的宽度。取 $b = 70$ mm，可得

尖轨跟端支距 $y_g = 144$ mm。

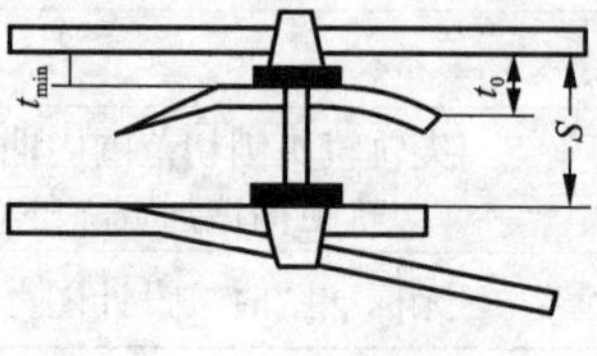

图 6－31　曲线尖轨轮缘槽

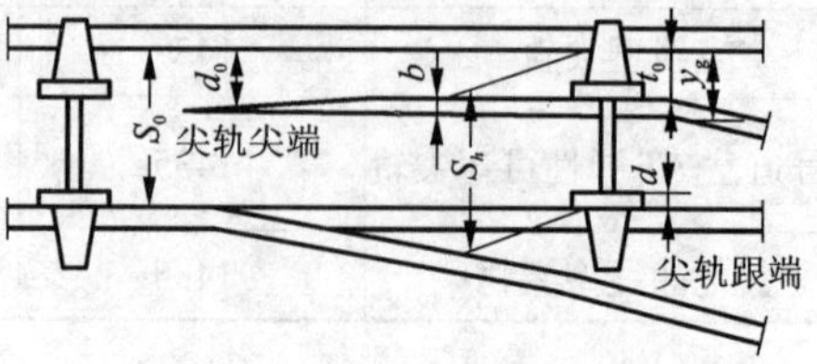

图 6－32　直线尖轨尖端与跟端

(2)尖轨动程 d_0

尖轨动程 d_0 为尖轨尖端非作用边与基本轨作用边之间的摆动幅度，规定在距尖轨尖端 380 mm 的第一根连杆中心处量取。尖轨动程 d_0 的值应保证尖轨扳动后，车轮对尖轨非工作边不侧向挤压，尖轨的动程应按计算确定。由于目前各种转辙机的动程业已定型，故尖轨的动程应与转辙机的动程配合。《铁路线路修理规则》规定尖轨在第一拉杆中心处的最小动程 d_0：直尖轨为 142 mm，曲尖轨为 152 mm；AT 型弹性可弯尖轨 12 号普通道岔为 180 mm，12 号提速道岔为 160 mm；18 号道岔允许速度大于 160 km/h 时，为 160 mm，允许速度不大于 160 km/h 时，为 160 mm 或 180 mm；其他型号道岔按标准图或设计图设置。可动心轨第一拉杆中心处的动程按标准图或设计图设置。

2. 导曲线支距

导曲线支距正确与否对保证导曲线的圆顺起着十分重要的作用。在单开道岔上，以直股基本轨作用边为横坐标轴，导曲线外轨工作边上各点距此轴的垂直距离称为导曲线支距。导曲线支距按道岔标准图或设计图设置，在曲导轨与基本轨工作边之间测量。导曲线可根据需要设置 6 mm 的超高，并在导曲线范围内按不大于 2‰顺坡。下面以圆曲线型导曲线的曲线尖轨单开道岔为例，进行计算。

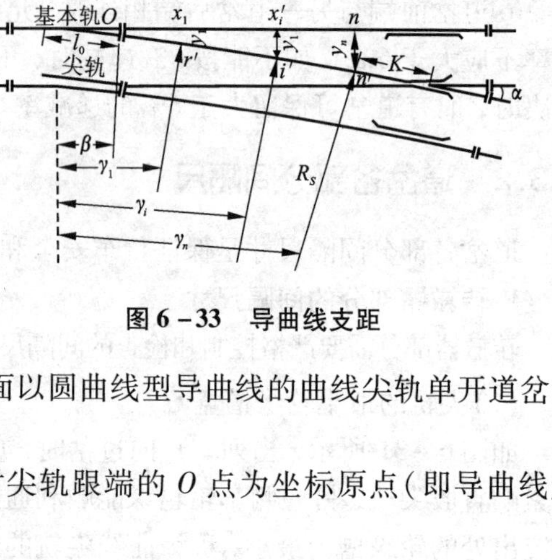

图 6－33　导曲线支距

如图 6－33 所示，取直股基本轨作用边正对尖轨跟端的 O 点为坐标原点(即导曲线起点)，导曲线起点的横坐标 x_0 和支距 y_0 分别为

$$\left.\begin{aligned} x_0 &= 0 \\ y_0 &= y_g \end{aligned}\right\} \tag{6-5}$$

在导曲线终点，横坐标 x_n 和支距 y_n 分别为

$$\left.\begin{aligned} x_n &= R(\sin\gamma_n - \sin\beta) \\ y_n &= y_g + R(\cos\beta - \cos\gamma_n) \end{aligned}\right\} \tag{6-6}$$

式中：R 为导曲线外轨作用边半径；γ_n 为导曲线终点 n 所对应的偏角，显然 $\gamma_n = \alpha$(辙叉角)；β 为尖轨转辙角。

令导曲线上各支距点 i 的横坐标为 x_i，通常 i 点距坐标原点 O 的间距为 2 m 的整数倍，

则其相应的支距 y_i 为

$$y_i = y_0 + R(\cos\beta - \cos\gamma_i) \quad (6-7)$$

式中的 γ_i 可用下式近似公式求得，因为

$$R\sin\gamma_i = R\sin\beta + x_i (i = 1, 2, \cdots) \quad (6-8)$$

所以

$$\gamma_i = \arcsin(\sin\beta + x_i/R)(i = 1, 2, \cdots) \quad (6-9)$$

最后计算所得的 y_n，可用式(6－10)进行校核：

$$y_n = S - K\sin\alpha \quad (6-10)$$

式中：K 为导曲线后插直线长。

3. 辙叉和护轨部分的间隔尺寸

辙叉及护轨部分需要确定的间隔尺寸主要是辙叉咽喉轮缘槽宽 t_1、查照间隔 D_1 及 D_2、护轨轮缘槽宽 t_g、翼轨轮缘槽宽 t_w 和辙叉有害空间 l_H。

(1)辙叉咽喉轮缘槽宽 t_1

如图6－35所示，辙叉咽喉轮缘槽宽 t_1 应保证在最不利的条件下，即最小轮对一侧车轮轮缘紧贴基本轨时，另一侧车轮轮缘不撞击翼轨，即：

$$t_1 \geqslant S_{max} - (T + d)_{min} \quad (6-11)$$

考虑到道岔轨距容许最大误差为3 mm，轮对车轴弯曲导致内侧距减少2 mm，则 $t_1 \geqslant (1435 + 3) - (1350 - 2) - 22 = 68$(mm)。

(2)查照间距 D_1 和 D_2

①护轨作用边至心轨作用边的查照间距 D_1：由图6－34可知，D_1 应保证车轮轮对在最不利的条件下，最大轮对一侧轮缘受护轨的引导，而另一侧轮缘不撞击辙叉心，即应有

$$D_1 \geqslant (T + d)_{max} \quad (6-12)$$

考虑到车轴弯曲使轮背内侧距增大2 mm，则

$$D_1 \geqslant (1356 + 2) + 33 = 1391(\text{mm})$$

D_1 只能有正误差，即不得小于1391 mm，容许范围为1391～1394 mm。

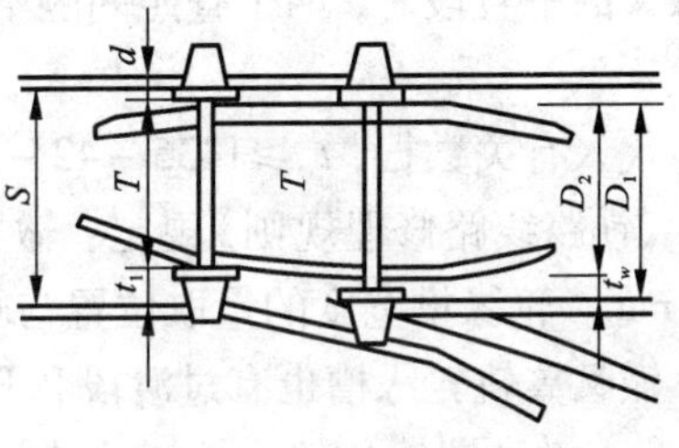

图6－34　查照间隔 D_1 及 D_2

②护轨作用边至翼轨作用边的查照间隔 D_2，由图6－35可知，为保证最小车轮轮对通过时不被楔住，必须有

$$D_2 \leqslant T_{min} \quad (6-13)$$

取 T 较机车轮更小的车辆轮为计算依据，并考虑车轴上弯后对轮对内侧距的减小值2 mm，则

$$D_2 \leqslant 1350 - 2 = 1348 \text{ mm}$$

D_2 只能有负误差，不得大于1348 mm，容许值为1346～1348 mm。

(3)护轨中间平直段轮缘槽宽 t_{g1}

如图6－35所示，护轨中间平直段轮缘槽宽 t_{g1} 应保证 D_1 不超出规定的容许范围，即

$$t_{g1} = S - D_1 - 2 \quad (6-14)$$

式(6－14)中2 mm为护轨侧面磨耗限度。取 $S = 1435$ mm，$D_1 = 1391$ mm，则 $t_{g1} = 42$

mm。《铁路线路修理规则》规定：护轨平直部分轮缘槽标准宽度为42 mm。侧向轨距为1441 mm时，侧向轮缘槽标准宽度为48 mm，容许误差为+3 mm和−1 mm。

为使车轮轮缘能顺利进入护轨轮缘槽内，在护轨平直段两端设置了缓冲段和开口段。终端轮缘槽宽 t_{g2} 应保证有和辙叉咽喉轮缘槽宽 t_1 相同的通过条件，即 $t_{g2}=t_1=68$ mm。在缓冲段的外端，再各设开口段，开口段终端轮缘槽宽 t_{g3} 应保证最大轨距时，通过的最小宽度轮对不撞击护轨终端开口，即：

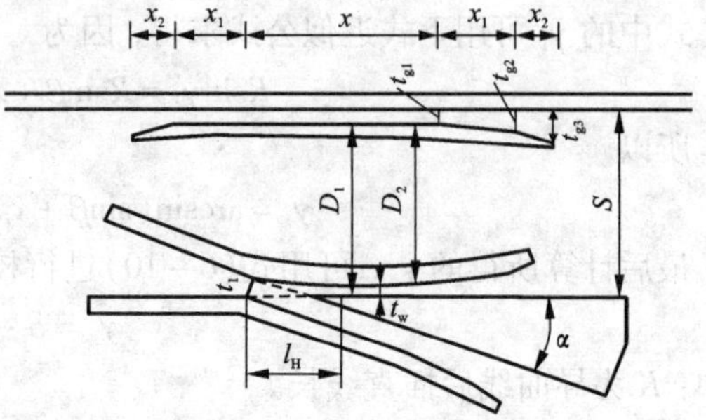

图 6−35　护轨尺寸

$$t_{g3}=1455-(1350+22-2)=86(\text{mm})$$

目前采用 $t_{g3}=90$ mm，利用将钢轨头部向上斜切的方法得到。

护轨的平直段 x 的长度是自辙叉咽喉起至心轨顶宽 50 mm 处止，外加两侧各 100～300 mm，缓冲段长 x_1 按计算确定，开口段长度一般采用150 mm。在我国铁路上，9 号、12 号和 18 号道岔护轨全长分别为3.9、4.5 和8.0 m。

(4)辙叉翼轨平直段轮缘槽宽 t_w

如图6−35 所示，辙叉翼轨平直段轮缘槽宽 t_w 应保证具有最小轮背内侧距的轮对自由通过辙叉的平直段时，两个查照间隔不超出规定的允许范围，即：

$$t_w \geqslant S-t_{g1}-D_2=D_1-D_2 \tag{6-15}$$

代入有关数据，$t_w \geqslant 1435-42-1348=45(\text{mm})$。

《铁路线路修理规则》规定：辙叉心轮缘槽标准宽度为 46 mm，容许误差为 +3 mm 和 −1 mm。轮缘槽宽度的量取位置与轨距量取位置相同。

辙叉翼轨轮缘槽也有过渡段和开口段。与护轨情况相同，其终端轮缘槽分别为68 mm 和90 mm。辙叉翼轨各部分长度及其总长，可比照护轨作相应的计算。

(5)有害空间 l_H

从辙叉咽喉至心轨实际尖端之间的距离，称为辙叉的有害空间，有害空间的长度 l_H 可按下式计算

$$l_H=\frac{t_1+b_1}{\sin\alpha} \tag{6-16}$$

式中：b_1 为叉心实际尖端宽度，可取 $b_1=10$ mm，由于 α 很小，可近似地取 $\frac{1}{\sin\alpha}\approx\frac{1}{\tan\alpha}=\cot\alpha=N$，则式(6−16)可改写为

$$l_H\approx(t_1+b_1)N \tag{6-17}$$

取 $t_1=68$ mm，则 9 号、12 号及 18 号固定辙叉的有害空间分别为 702 mm，936 mm 及 1404 mm。

6.4 单开道岔的总布置图

道岔的设计包括道岔总布置图设计与结构设计，这里介绍单开道岔的总布置图设计。

单开道岔的总布置图设计要根据过岔速度及其他运营条件，来选道岔的类型、号数、导曲线半径、尖轨以及辙叉类型，在此基础上进行单开道岔的总布置图设计。单开道岔总图计算，包括以下几项主要内容：①道岔主要尺寸的计算；②配轨计算；③导曲线支距的计算；④各部分轨距的计算；⑤岔枕布置；⑥绘制道岔布置总图；⑦提出材料数量表。

6.4.1 曲线尖轨、直线辙叉单开道岔的计算

1. 转辙器部分尺寸计算

曲线尖轨大多采用圆曲线线型，曲线半径一般与导曲线半径相同，由侧向过岔速度确定。曲线尖轨形式很多，有切线型、半切线型、割线型、半割线型等，而以切线型最为常用。切线型中又以半切线型尖轨最为常用，如图6-36所示。

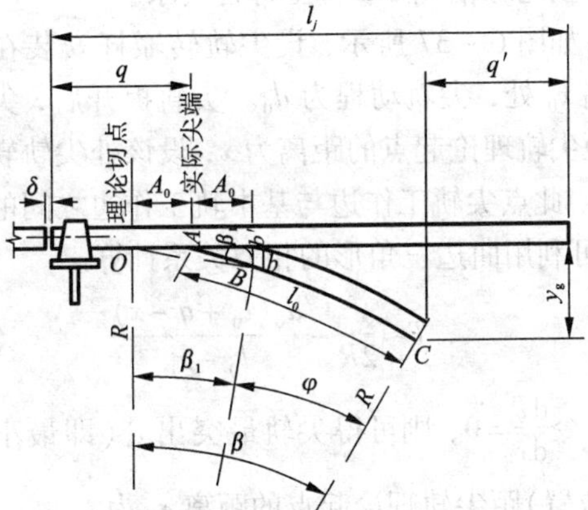

图6-36 半切线型尖轨

半切线型尖轨曲线的理论起点 O 与基本轨相切，在尖轨顶宽为 b' 处（通常为20～40 mm）开始，将曲线改为切线。在尖轨顶宽为3～5 mm处做一斜切，以避免尖端过于薄弱。这种形式的曲线尖轨比较牢固，易于加工，侧向行车条件较直线尖轨的好，是我国目前大号码道岔的标准尖轨形式。新设计的50 kg/m钢轨、60 kg/m钢轨12号道岔上，均采用这种形式的尖轨。

曲线尖轨转辙器主要尺寸包括：曲线尖轨长 l_0、直尖轨长 l'_0、基本轨前端长 q、基本轨后端长 q'、曲线尖轨半径 R、尖轨尖端角 β_1、尖轨转辙角 β 和尖轨跟端支距 y_g。设侧股轨道中心线的半径为 R_0，尖轨工作边的曲率半径为 R，则 $R = R_0 + 717.5$ mm。

尖轨尖端角 β_1 称为始转辙角，是曲尖轨或导曲线（直线尖轨）工作边的曲线实际起点的半径与垂直线的夹角，如图6-37所示，

$$\beta_1 = \arccos\frac{R - b_1}{R} \tag{6-18}$$

设 A_0 为曲线尖轨理论起点至实际尖端之间的距离，则

$$A_0 = R\tan\frac{\beta_1}{2} \tag{6-19}$$

尖轨尖端前基本轨的长度 q 是道岔与另一组道岔或与连接线路之间的过渡段。为使两组道岔对接时，道岔侧线的理论顶点能够设置在道岔前端接头处，q 不应小于 $A_0 - \frac{\delta}{2}$（δ 为基本轨端部轨缝）。且 q 还应满足容许的轨距递变率 i 的要求，即 $q \geqslant \frac{S_0 - S}{i}$。$S_0$ 为尖轨尖端的轨

距值，S 为正常轨距值，i 不应大于 6‰，q 的长短还应考虑岔枕的布置，我国 9 号和 12 号标准道岔在满足岔枕合理布置的前提下，统一采用 $q = 2646$ mm。

尖轨跟部工作边的切线与基本轨工作边的夹角为 β，称转辙角。

$$\beta = \arccos \frac{R - y_g}{R} \tag{6-20}$$

由图 6－37 可知，曲线尖轨的长度为

$$l_0 = AB + BC = A_0 + \frac{\pi}{180}R(\beta - \beta_1) \tag{6-21}$$

曲线尖轨扳开后，为满足尖轨中部最小轮缘槽宽度的要求。所算得的尖轨长度还应根据曲线尖轨扳开时所形成轮缘槽的宽度来进行调整，可通过变更尖轨跟端支距 y_g，重新计算 l_0，并较核轮缘槽宽度，直至符合要求。

如图 6－37 所示，设尖轨转辙杆安装在离尖轨尖端 x_0 处，尖轨动程为 d_0。尖轨扳开后，尖轨突出处距尖轨理论起点的距离为 x，设该处尖轨轨头顶宽为 b，此点尖轨工作边与基本轨工作边之间的距离为 T，可利用曲边三角形的相似关系计算。

$$T \approx \frac{x^2}{2R} + \frac{d_0(l_0 + q - x)}{l_0 - x_0} \tag{6-22}$$

令 $\frac{\mathrm{d}T}{\mathrm{d}x} = 0$，则可得尖轨最突出处（即最小轮缘槽 $t_{\min}$ 位置）距尖轨理论起点的距离 x_t 为

$$x_t = \frac{d_0 R}{l_0 - x_0} \tag{6-23}$$

则尖轨非工作边与基本轨工作边之间的最小轮缘槽宽为

$$t_{\min} = \frac{x_t^2}{2R} + \frac{d_0(l_0 + q - x_t)}{l_0 - x_0} - b \tag{6-24}$$

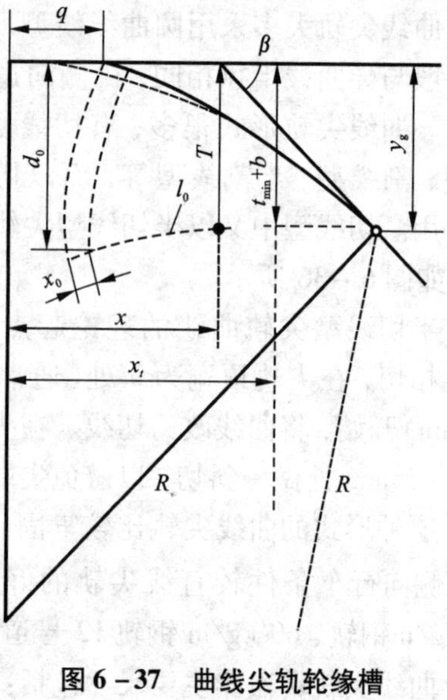

图 6－37 曲线尖轨轮缘槽

尖轨的长度还与跟部的构造有关。若尖轨跟部为间隔铁式，则 l_0 按式 $l_0 = AB + BC = A_0 + \frac{\pi}{180}R(\beta - \beta_1)$ 计算。若是弹性可弯式跟部结构，则按 $l_0 = AB + BC = A_0 + \frac{\pi}{180}R(\beta - \beta_1)$ 求得的尖轨长度还需要增加 1.0～2.0 m，以作为尖轨跟部的固定部分。

转辙器的另一根尖轨为直尖轨，直尖轨的尖端和跟部应与曲尖轨的尖端和跟部对齐。因此直尖轨长 l'_0 为

$$l'_0 = A_0 + R(\sin\beta - \sin\beta_1) \tag{6-25}$$

基本轨后端长 q' 应满足尖轨跟端联结结构、岔枕布置和配轨的要求。如 60 kg/m 钢轨 12 号提速单开道岔的转辙器中的主要参数如下：$R = 350717.5$ mm，$q = 2961$ mm，$b_2 = 2$ mm，$y_g = 311$ mm，$l_0 = 13880$ mm，$l'_0 = 13880$ mm。

尖轨尖端轨距加宽值为 2 mm，导曲线理论起点距尖轨实际尖端 886 mm，导曲线实际起点距尖轨实际尖端 289 mm。

2. 锐角辙叉部分的主要尺寸计算

锐角辙叉主要尺寸包括辙叉趾距 n，辙叉跟距 m，辙叉全长 $n+m$，n 及 m 的长度应根据给定的钢轨类型、辙叉角或辙叉号数进行计算。首先根据辙叉的构造要求，计算辙叉的最小长度，再按岔枕的布置及护轨长度的要求来进行校核和调整，最后确定其实际长度。我国铁路标准的9、12 及18 号道岔直线辙叉的长度参见表6－2 中。新设计的60 kg/m 12 号提速道岔固定式辙叉的 $n=20383$ mm，$m=3954$ mm。

3. 单开道岔整体主要尺寸计算

图6－38 所示为半切线型尖轨、直线辙叉单开道岔的主要尺寸。图中道岔号数（或辙叉角）为 N，轨距 S，轨缝 δ，转辙角 β，尖轨长 l_0、l'_0、尖轨跟端支距 y_g、基本轨前端长 q，辙叉趾距 n，跟距 m，导曲线半径 R，导曲线后直线插入段 K，O 点为道岔直股中心线和侧股中心线的交点，称为道岔中心。

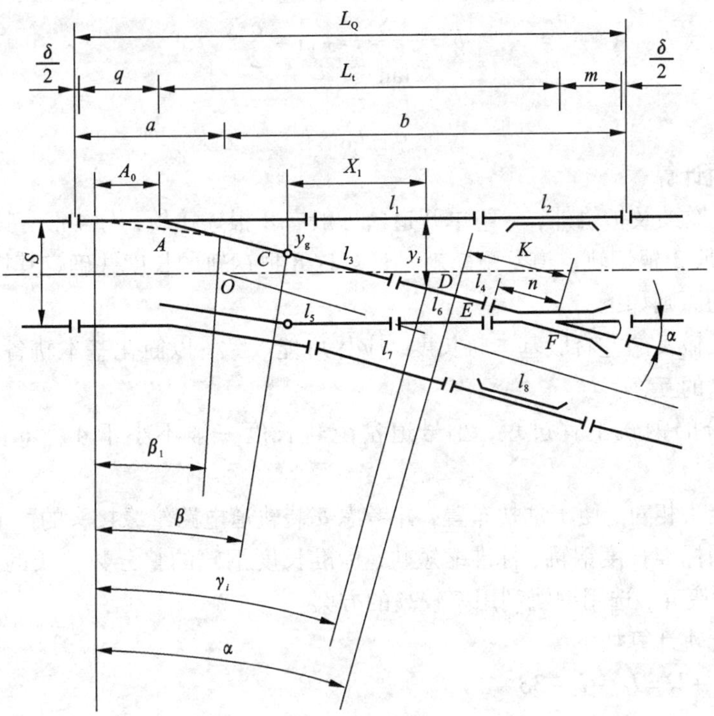

图6－38　单开道岔总图

需要计算的尺寸为：道岔前长 α（道岔前轨缝中心到道岔中心的距离），道岔后长 b（道岔中心到道岔后端轨缝中心的距离）；道岔理论长 L_t（尖轨理论尖端到辙叉理论尖端的距离）；道岔实际长 L_Q（道岔前后轨缝中心之间的距离）；导曲线后插直线长 K。

导曲线后插入直线 K 的长度是为了减少车辆对辙叉的撞击，避免车轮与辙叉前接头相撞，并使辙叉两侧的护轨完全铺设在直线上，一般要求 K 有 2～4 m 的长度，最短不得小于辙叉趾距 n 加上夹板长度 l_H 之半，即 $K_{min} \geqslant n+\dfrac{l_H}{2}$。

道岔的主要尺寸应满足几何协调关系，将导曲线外股工作边 $ACDEF$ 投影到直股中心线

上，得

$$L_t = R\sin\alpha - A_0 + K\cos\alpha \tag{6-26}$$

$$L_Q = q + L_t + m + \delta \tag{6-27}$$

再将导曲线外股工作边投影到直股中心线的垂线上，得

$$S = y_g + R(\cos\beta - \cos\alpha) + K\sin\alpha$$

则

$$K = \frac{S - R(\cos\beta - \cos\alpha) - y_g}{\sin\alpha} \tag{6-28}$$

或表示为

$$R = \frac{S - K\sin\alpha - y_g}{\cos\beta - \cos\alpha} \tag{6-29}$$

同理可得

$$b = \frac{S}{2\tan\dfrac{\alpha}{2}} + m + \frac{\delta}{2} \tag{6-30}$$

$$a = L_Q - b \tag{6-31}$$

4. 道岔配轨计算

除转辙器、辙叉及护轨外，一组单开道岔一般有 8 根连接轨，分 4 股，其中 2 股为直线，2 股为曲线，每股 2 根钢轨。道岔配轨就是计算这 8 根钢轨的长度并确定其接头的位置。

配轨计算的原则如下：

①转辙器及辙叉的左右股基本轨长度，应尽可能一致，以简化基本轨备件的规格，并有利于左右开道岔的互换。

②连接部分的钢轨不宜过短，小号道岔配轨长度一般不小于 4. 5 m，大号道岔不小于6. 25 m。

③应保证接头相对，便于岔枕布置，并考虑安装轨道电路绝缘接头的可能性。

④充分利用标准长度钢轨、标准缩短轨、标准长度钢轨的整分数倍长的短轨，尽量做到少锯切钢轨，少废弃，选用钢轨利用率较高的方案。

单开道岔配轨计算如下

$$\left.\begin{aligned}
&l_1 + l_2 = L_Q - l_j - 3\delta \\
&l_3 + l_4 = \left(R + \frac{b_g}{2}\right)(\alpha - \beta)\frac{\pi}{180} + K - n - 3\delta \\
&l_5 + l_6 = L_t - l_0' - n - 3\delta \\
&l_7 + l_8 = q + l_0 - S_j\tan\beta_1 + \left(R - S - \frac{b_g}{2}\right)(\alpha - \beta)\frac{\pi}{180} + K + m - 2\delta - l_j
\end{aligned}\right\} \tag{6-32}$$

式中：l_0 为曲线尖轨实际尖端至导曲线实际起点的距离；S_j 为尖轨尖端处的轨距；$S_j\tan\beta_1$ 为曲线尖轨外轨起点超前内轨起点的距离；$l_j(j=1\sim8)$为基本轨的长度；b_g 为轨头宽度。

5. 导曲线支距计算

导曲线支距计算起始点坐标为：$x_0=0$，$y_0=y_g=311$ mm。导曲线支距计算终点坐标：$x_n=R(\sin\alpha-\sin\beta)$，$y_n=S-K\sin\alpha$。其余导曲线上各点支距可按式(6-6)，利用表6-7 的格

式进行计算。

表 6-7 导曲线支距计算表

x_i	x_i/R	$\sin\gamma_i = \sin\beta + x_i/R$	$\cos\gamma_i$	$\cos\beta - \cos\gamma_i$	$R(\cos\beta - \cos\gamma_i)$	$y_i = y_g + R(\cos\beta - \cos\gamma_i)$
0	0	0.03334639	0.99944386	0	0	207
2000	0.00570260	0.03904899	0.99923730	0.00020656	72	280
4000	0.01140520	0.04475160	0.99899815	0.00044571	156	364
6000	0.01710779	0.05045418	0.99872638	0.00071748	252	459
8000	0.02281038	0.05615677	0.99842196	0.00102190	358	566
10000	0.02851298	0.06185937	0.99808488	0.00135898	478	685
12000	0.03421557	0.06756196	0.99771508	0.00172878	607	814
14000	0.03991817	0.07326456	0.99731254	0.00213132	749	956
16000	0.04562076	0.07896715	0.99687722	0.00256664	901	1108
17416	0.04965820	0.08300460	0.99654916	0.00289470	1016	1223

6. 岔枕布置

为使道岔钢轨的轨下基础具有均匀的刚性，便于大型维修机械作业，岔枕间距应尽可能保持一致。转辙器和辙叉范围内的岔枕间距，通常采用0.9～1倍区间线路的枕木间距。设置转辙杆的一孔，其间距应适当增大。道岔钢轨接头处的岔枕间距应与区间线路同类型钢轨接头处轨枕间距保持一致，并使轨缝位于间距的中心。

铺设在单开道岔转辙器及连接部分的岔枕，均应与道岔的直股方向垂直。辙叉部分的岔枕，应与辙叉角的角平分线垂直，从辙叉趾前第二根岔枕开始，逐渐由垂直辙叉角平分线方向转到垂直与直股的方向。岔枕的间距，在转辙器部分按直线上股计量，在导曲线及转向过渡段按直线下股计量，在辙叉部分按角平分线计量。为了改善列车直向过岔的运行条件，新设计的道岔，岔枕均垂直于直股方向，间距均为60 cm。

岔枕长度在道岔各个部位差别很大。为减少道岔上出现过多岔枕长度级别，需要集中若干长度相近者为一组。道岔上使用的岔枕，除一小部分长为2.5 m的标准岔枕外，共分12个级别，其中最短为2.6 m，最长为4.8 m，每级相差0.2 m。

岔枕端部伸出各个工作边的距离M应与区间线路基本一致，即$M = \frac{2500 - 1435}{2} = 532.5(\text{mm})$。按$M$值要求计算的岔枕长度各不相等，集中若干长度相近者为一组时，误差不应超过岔枕标准级差的1/2。

6.4.2 直线尖轨转辙器的计算

直线尖轨、直线辙叉与上述的曲线尖轨、直线辙叉单开道岔的计算方法和步骤基本一致。除此之外，还需考虑如下特点：

①两根尖轨都是直线型的，因此冲击角、始转辙角和转辙角都是一样的。

②尖轨的根部结构通常采用鱼尾板－间隔铁板式，尖轨非工作边与基本轨工作边之间的最小距离发生在尖轨辙跟处。

③一般在导曲线与尖轨跟端之间设置一段前插直线 k，以减小车轮对尖轨辙跟的冲击，当导曲线半径 $R\geqslant150$ m 时，允许将导曲线起点设于尖轨跟端处，这时 $k=0$。

④侧股线路的轨距加宽要大于曲线尖轨。

6.4.3 可动心轨辙叉的计算

可动心轨是由特种尖轨钢轨制成的，长心轨为弹性可弯曲的，短心轨的一端与长心轨连接，另一端为铰接式滑动接头，与连接钢轨相连。为保证辙叉部位的心轨保持直线，设置了两根转辙杆。两根转辙杆之间的心轨在转换过程中不发生弯折。从正位转换成反位时，长心轨发生弯折，承受一定的横向弯曲应力。

1. 主要参数

可动心轨辙叉计算的主要参数有：心轨转换过程中不发生弯折的长度 l_1，弹性肢长 l_2，转辙机所需的扳动力 P，心轨角 β，第一、第二转辙杆处的心轨动程 t_1 和 t_2 等，如图 6－39 所示。

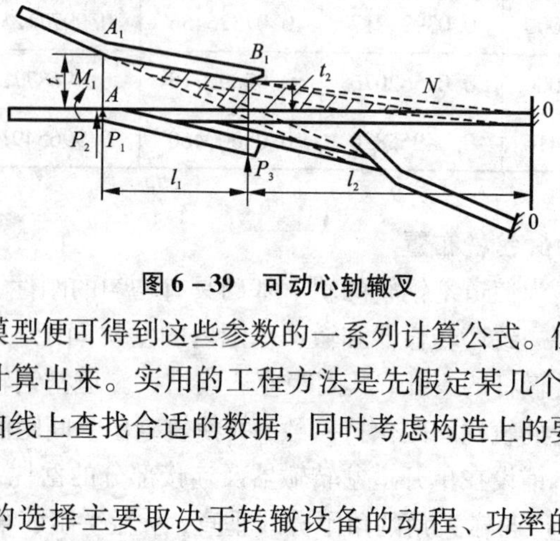

图 6－39 可动心轨辙叉

设心轨 l_1 段为绝对刚体，l_2 段为弹性可弯且一端固定的梁，在第一、第二转辙杆处作用有 P_1 和 P_2 的力。根据这样的力学模型便可得到这些参数的一系列计算公式。但是上述参数都是相互关联的未知量，无法直接计算出来。实用的工程方法是先假定某几个值，计算其他的量，从而得到一系列曲线。在此曲线上查找合适的数据，同时考虑构造上的要求及岔枕的布置，最后定出合理的参数。

如果可动心轨只设一根转辙杆，其参数的选择主要取决于转辙设备的动程、功率的大小、心轨截面及可弯部分在心轨转换时的弯曲应力值。通常可根据实际工程经验，参照转辙器部分尖轨的转换条件进行选定。

2. 可动心轨辙叉部位的间隔

可动心轨辙叉与普通固定式辙叉不同，其咽喉宽度不能用最小轮背距和最小轮缘厚度进行计算，应根据转辙机的参数来决定。现有电动转辙机的动程为 158 mm，调整密贴的调整杆的轴套摆渡最小可达 90 mm，因此，可动心轨辙叉咽喉的理论宽度 t_1 不应小于 90 mm。并不大于 158 mm。现已使用的 60 kg/m 钢轨 12 号可动心轨辙叉中，这个数值采用 120 mm。翼轨端部的轮缘槽宽度 t_2 不应小于固定式辙叉的咽喉宽度(68 mm)，一般采用 $t_2>90$ mm。

3. 心轨摆动部分的长度

心轨实际尖端至弹性可弯曲中心的一段(图 6－39 中的 AN)为心轨摆动部分。心轨摆动部分的长短与转辙机的扳动力及摆渡、心轨危险截面的弯曲应力等因素有关。心轨摆动部分的长度加长，对上述的各项指标有利。现有的 60 kg/m 钢轨 12 号可动心轨辙叉中，这一数值为 6.041 m。

4. 辙叉趾距 n

由于可动心轨辙叉不能采用固定式辙叉的趾端接头，因此，可动心轨辙叉的最小趾距只能按趾端的稳定性、道岔配轨、岔枕布置等因素确定。现已使用的60 kg/m 钢轨12号可动心轨辙叉，辙叉趾距为2548 mm。

5. 辙叉跟距 m

可动心轨辙叉跟距是指辙叉轨距线交点至辙叉跟端的距离。当辙跟不设置伸缩接头时，辙叉跟距是指轨距线交点至心轨跟端间的距离，这时应满足

$$m_{\min} \geqslant L + l_n - \frac{t_1}{2\sin\dfrac{\alpha}{2}} \tag{6-33}$$

式中：L 为长心轨的尖端到可弯中心的距离；l_n 为心轨可弯中心到辙叉跟端的距离，此值不应小于2 m；t_1 为心轨尖端处的咽喉宽。

在60 kg/m 钢轨12号可动心轨辙叉中，辙叉跟距为5861 mm。

6.5 过岔速度及提高过岔速度的措施

道岔的过岔速度是控制行车速度的重要因素，因此对于提速线路和高速铁路线路来说，道岔都是一项关键技术。道岔的容许过岔速度取决于道岔整体结构及其部件的强度、道岔的平面几何形式和道岔的平顺性等因素。道岔的过岔速度有侧向过岔速度和直向过岔速度之分。

《铁路轨道设计规范》规定了正线道岔号数的选择原则：

①正线道岔的列车直向容许通过速度不应小于路段旅客列车设计行车速度。

②列车直向通过速度为100～160 km/h 的路段内，正线道岔不应小于12号。困难条件下，改建的区段站及以上大站可采用9号。

③列车直向通过速度小于100 km/h 的路段内，侧向接发列车的会让站、越行站、中间站的正线道岔不得小于12号，其他车站可采用9号。

④列车侧向通过速度超过80 km/h 的渡线道岔，应根据线间距，道岔间的夹直线长度等选用大号码道岔或特殊设计。

⑤列车侧向通过速度超过50 km/h，但不大于80 km/h 的单开道岔不宜小于18号。

⑥列车侧向通过速度不超过50 km/h 的单开道岔不得小于12号。

⑦侧向接发旅客列车的道岔，不应小于12号，困难条件下，非正线上接发旅客列车的道岔，可采用9号对称道岔。

⑧其他线路的单开道岔或交分道岔不应小于9号。

⑨驼峰溜放部分应采用6号对称道岔和7号对称三开道岔；改建困难时，可保留6.5号对称道岔。到达场出口、调车场出口，调车场尾部、货场及段管线等站线上，可采用6号对称道岔。

6.5.1 过岔速度的分析

单开道岔侧向过岔速度受转辙器、导曲线、辙叉和护轨以及道岔后连接线路四个部分制约。辙叉部分的侧向允许过岔速度一般高于转辙器和导曲线的允许速度，道岔后的连接线路按规定其允许通过速度可不低于道岔导曲线的允许通过速度。因此，侧向过岔速度主要取决于转辙器和导曲线这两个部位的允许通过速度。

存在有害空间的辙叉，车轮从翼轨滚向心轨时，将对心轨产生强烈的冲击。另外，列车过岔时，轮缘不同程度的与护轨缓冲段的作用边、辙叉咽喉至岔心尖端的翼轨缓冲段作用边等部位相撞，因此直向过岔速度主要取决于撞击时的动能损失值。

综上所述，道岔的过岔速度主要取决于未被平衡的离心加速度 α、未被平衡的离心加速度的增量 ψ 和撞击时的动能损失 ω 三个基本参数。

1. 未被平衡的离心加速度 α

道岔的导曲线一般采用圆曲线，且通常不设置超高，当列车进入侧向运行时产生的离心加速度，为了保证乘客的舒适与列车的平稳安全，应对加速度值加以限制。

当列车在导曲线上运行时，产生的离心加速度为

$$\alpha = \frac{v^2}{R} \tag{6-34}$$

式中：v 为行车速度(m/s)；R 为导曲线半径(m)。

在未设置超高的情况下，α 就是未被平衡的加速度，α 必须小于容许值 α_0。在我国铁路上 α_0 取为 $0.5\sim0.65\ \text{m/s}^2$。取 $\alpha_0 \leqslant 0.65\ \text{m/s}^2$，将 v 以单位 km/h 表示，则式(6-34)变为

$$\alpha = \frac{v^2}{3.6^2 R} \leqslant 0.65 \tag{6-35}$$

由此可得，在导曲线半径确定时，容许的侧向过岔速度为

$$v \leqslant 2.9\sqrt{R} \tag{6-36}$$

式中：v 为侧向过岔速度(kW/h)。

若在指定的侧向过岔速度必须大于某个限定值 v_0 的条件下，导曲线的半径必须满足

$$R \geqslant 0.119 v_0^2 \tag{6-37}$$

式中：v_0 以 km/h 计。

2. 未被平衡的离心加速度的增量(时变率) ψ

车辆从直线进入侧线圆曲线时，在未设置超高的情况下，未被平衡的离心加速度逐渐由零变化到 α，其单位时间的增量等于 $\psi = \frac{d\alpha}{dt}$，同样，按照旅客舒适度的要求，$\psi$ 必须限制在一个容许值之内。我国铁路上规定，$\psi_0 = 0.5\ \text{m/s}^3$。未被平衡的离心加速度的变化，可以近似地假定是在车辆的全轴距内完成，即

$$\psi = \frac{d\alpha}{dt} = \frac{\frac{v^2}{R}}{\frac{L}{v}} = \frac{v^3}{RL} \tag{6-38}$$

式中：L 为车辆全轴距，可采用全金属客车的值，即 $L = 18$ m；v 为列车运行速度，m/s。

若 v 的单位以 km/h 计时，则计算的表达式为

$$\psi = \frac{v^3}{3.6^3 RL} \tag{6-39}$$

取 $\psi_0 = 0.5\ \text{m/s}^3$，则相应的容许侧向过岔速度为

$$v \leqslant \sqrt[3]{RL\psi_0} \tag{6-40}$$

在 v 一定的情况下，最小的曲线半径限值为

$$R \geqslant \frac{v^3}{\psi L} \tag{6-41}$$

3. 动能损失 ω

机车车辆由直线进入侧线圆曲线时，在开始迫使其改变运行方向的瞬间，车轮与钢轨的撞击，车辆运行的一部分动能，将转变为对钢轨的挤压和机车车辆走行部分横向弹性变形的位能，这就是动能损失。

假定撞击前后的车体质量为常量，并视车体为作用于冲击部位的运动的质点，略去道岔被撞击后的弹性变形，则车辆与钢轨撞击时的动能损失将正比于车体运行速度损失的平方。由图6-40可见，车轮在 C 点与直线尖轨撞击后，运行方向被迫由 $\overline{AC}$ 变成 $\overline{CB}$，运行方向的速度由 v 变成 $v\cos\beta'$（β' 为冲击角），速度损失为 $v\sin\beta'$，因此冲击时的动能损失为

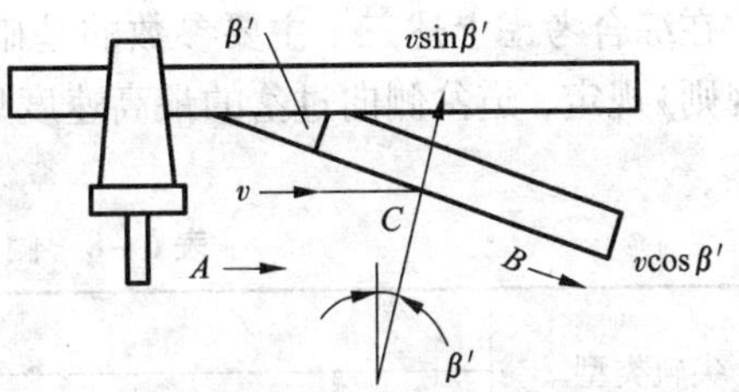

图 6-40　直线尖轨冲击角

$$\Delta\omega = \frac{1}{2} m v^2 \sin^2\beta' \tag{6-42}$$

在计算动能损失的绝对值，还需要考虑到其他因素，如参与撞击的轮轨换算质量及轨道、机车车轮弹簧系统的变形等，而这些值都比较难以确定。工程实际中，采用比较的办法，即把速度 v（以 km/h 计）和冲角 β' 视为变值，而其他量都视为在比较条件下的常量，去掉式(6-42)中的常量，则 $\omega(\text{km}^2/\text{h}^2)$ 可写为：

$$\omega = v^2 \sin^2\beta' \tag{6-43}$$

车辆在与直线尖轨和曲线尖轨撞击时，其动能损失的表达式稍有不同。

当车辆逆向进入直线尖轨转辙器时，由于冲角 β' 与尖轨平面转辙角 β 相同，如图6-40所示，动能损失为

$$\omega = v^2 \sin^2\beta \tag{6-44}$$

当车辆由直线进入圆曲线型尖轨时（图6-41），轮缘与钢轨之间的游间 δ 与曲线半径和 R 冲角 β' 之间的关系为

$$\delta = R(1-\cos\beta') = 2R\sin^2\frac{\beta'}{2} \tag{6-45}$$

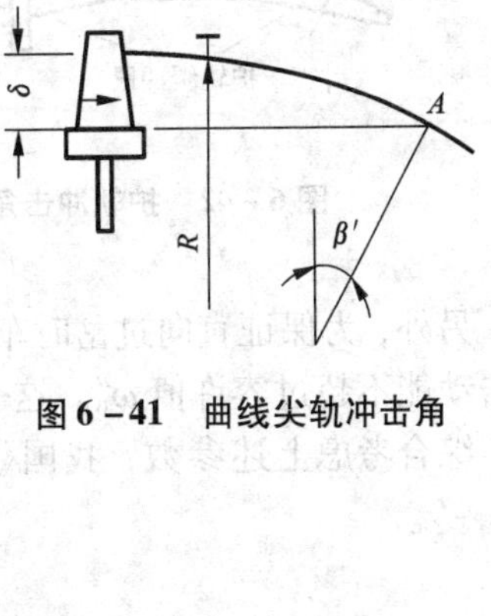

图 6-41　曲线尖轨冲击角

β' 一般很小，因此可近视认为

$$\sin^2\frac{\beta'}{2} \approx \left(\frac{\beta'}{2}\right)^2 \approx \frac{1}{4}\sin^2\beta' \tag{6-46}$$

将式(6-46)代入式(6-45)，可得冲击角 β'

$$\beta' = \arcsin\sqrt{\frac{2\delta}{R}} \qquad (6-47)$$

将式(6－47)代入式(6－43)，动能损失为

$$\omega = \frac{2\delta}{R}v^2 \qquad (6-48)$$

为保证旅客必要的舒适度以及道岔结构的稳定，避免列车侧向过岔时，轮轨撞击的动能损失过大，ω 必须限制在一个容许值 ω_0 之内。我国铁路规定 $\omega_0 = 0.65\ km^2/h^2$。

取 $\omega_0 = 0.65\ km^2/h^2$，$\delta_{max} = 0.045$ m(45 mm)，可得过道岔速度限值为

$$v \leqslant 2.7\sqrt{R} \qquad (6-49)$$

最小导曲线半径限制值为

$$R \geqslant 0.138v^2 \qquad (6-50)$$

在综合考虑上述三个主要参数的基础上，结合现有各类道岔的结构情况，我国《铁路修理规则》规定，道岔侧向过岔的最高速度见表6－8。

表6－8　侧向允许通过速度(km/h)

尖轨类型	道岔号数							
	8	9	10	11	12	18	30	38
普通钢轨尖轨	25	30	35	40	45	75/80		
AT弹性可弯尖轨					50	75/80	140	140

列车直向通过道岔时，不存在未被平衡的离心加速度和加速度的变化率的问题，但仍然有车轮与护轨和翼轨的撞击问题，如图6－42和图6－43所示。因此，也需要规定一个动能损失的容许值 ω_0'。ω_0' 可以比侧向通过时的容许值 ω_0 大。因为列车直向过岔时，没有迫使其改变方向的问题，我国目前取 $\omega'_0 = 9\ km^2/h^2$ 作为计算直向过岔速度的依据。由公式 $v \leqslant \frac{\sqrt{\omega'_0}}{\sin\beta}$ 可以估算出不同辙叉的直向容许过岔速度。

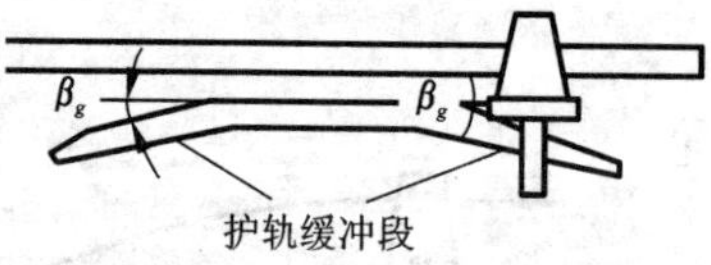

图6－42　护轨冲击角

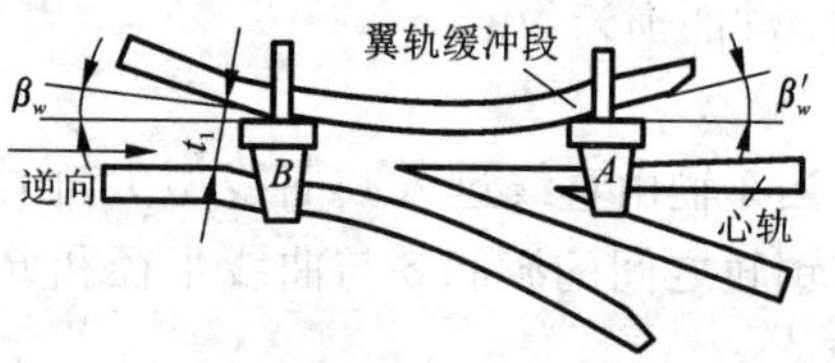

图6－43　翼轨冲击角

另外，为保证直向过岔时车轮不爬轨(主要是指辙叉咽喉至岔心尖端的翼轨部分)，应使撞击动能不超过容许值 ω_0''。这一数值在我国取为3 km^2/h^2。

综合考虑上述参数，我国《铁路线路修理规则》规定的道岔直向容许过岔最高速度见表6－9。

表6－9　直向允许通过速度(km/h)

钢轨	尖轨类型	辙叉类型	道岔号数				
			9	12	18	30	38
43 kg/m	普通钢轨尖轨	固定型	85	95			
50 kg/m	普通钢轨尖轨	固定型	90	110	120		
50 kg/m	AT 弹性可弯尖轨	固定型		120			
50 kg/m	AT 弹性可弯尖轨	可动心轨		160			
60 kg/m	普通钢轨尖轨	固定型	100	110			
60 kg/m	AT 弹性可弯尖轨	固定型		120			
60 kg/m	AT 弹性可弯尖轨	固定型(提速道岔)	140	160			
60 kg/m	AT 弹性可弯尖轨	可动心轨		160/200	160/200	160/200	200

注：具体根据道岔标准图或设计图规定。

6.5.2　提高过岔速度的措施

完善道岔结构，改进道岔的平面和立面设计，可提高列车通过道岔的速度，具体措施从侧向和直向速度两个方面考虑。

1. 提高侧向过岔速度的措施

①采用大号码道岔可加大道岔导曲线半径，减少车轮对道岔各部位的冲击角，是提高侧向过岔速度的主要措施。

加大道岔的导曲线半径可以采用大号码道岔来实现。但道岔号数增加后，道岔的长度也增加了。如法国的改进型46号道岔全长136.9 m、65号道岔全长193.7 m，我国38号道岔全长为136.2 m，18号道岔全长为54 m，较12号道岔长17 m，较9号道岔长25 m，因此在使用上要考虑增加占地这一因素。

②加强道岔的构造强度。

③以曲线尖轨取代直线尖轨，采用曲线辙叉都可以在道岔号数固定的条件下加大导曲线半径。

④采用变曲率的导曲线，可以减少车轮进入曲线时的冲角，降低轮轨撞击的动能损失，减少未被平衡离心加速度及其变化率，这仅在大号码道岔中才有实际意义，如我国38号道岔的侧线线形就采用了三次抛物线。导曲线设置超高可以减缓未被平衡离心加速度及其变化率，但道岔上设置超高的数值有限，只能在一定程度实现提高侧向过岔速度。

⑤采用对称道岔，在道岔号数相同时，对称道岔导曲线半径比普通单开道岔增大约一倍，可提高侧向过岔速度为30%～40%。但对称道岔的两股均为曲线，因而仅适应于两个方向上的列车通过速度和行车密度相近的地段。

2. 提高直向过岔速度的措施

①加强道岔的整体结构，采用新型结构和新材料，提高道岔的整体稳定性。

②为提高直向过岔速度，应尽量减小道岔直向和侧向护轨缓冲段与直线尖轨等部位以及辙叉翼轨的冲角。如在高速道岔的辙叉平面设计中，加长翼轨及护轨缓冲段的长度，减小辙叉部分的冲角，同时改变翼轨在辙叉理论中心处的外形；为减小车辆直向过岔时车轮对护轨

的冲击，可以使用弹性护轨。

③采用可动部件辙叉，从根本上消灭有害空间，保证列车过岔时轨线的连续性和平顺性。

④采用特种断面尖轨和弹性可弯式固定型尖轨跟端结构，增强尖轨跟端的稳定性，避免道岔直向上不必要的轨距加宽，采用淬火的耐磨尖轨和基本轨。

⑤采用无缝道岔，加强道岔的维修养护，及时更换不符合标准的零部件，保持道岔的良好状态，提高道岔轨道几何形位的平顺性。

6.6 提速道岔及高速道岔的特点

6.6.1 提速道岔

应国民经济的发展的要求，我国铁路已经进行了六次大提速，繁忙干线旅客列车的运行速度提高到160~200 km/h、货物列车提高到80~100 km/h。为适应速度的提高，提速道岔也在不断改进。

我国开发的12号提速道岔为60 kg/m钢轨，辙叉有高锰钢整铸辙叉和可动心轨辙叉两类，道岔基础主要为混凝土岔枕，也有木岔枕提速道岔。转辙器部分的尖轨用60AT轨制作，跟部结构为弹性可弯式，外锁闭装置。尖轨和可动心轨为两点或三点分动牵引板动。采用Ⅱ型或Ⅲ型扣件。我国的提速道岔改善了列车通过道岔时运行平稳性，养护工作量小。我国还研制了18、30和38号提速道岔，表6－10所示为秦沈线18号和38号道岔主要几何尺寸，图6－44所示为38号道岔。

表6－10 秦沈线18、38号道岔主要几何尺寸

道岔号数	导曲线形式及参数	尖轨长度(m)	辙叉长度(mm)	长心轨长度(mm)	侧向护轨长度(m)	道岔全长(m)	拉杆数量	设计允许通过速度(km/h)	
								直向	侧向
18	圆曲线，半径1100 m	22.01	18596	13675	7.5	69	3+2	250	80
38	半径3300 m的圆曲线+三次抛物线(→∞)	37.6	29392	23875	10	136.2	6+3	250	140

目前我国主要开发的提速道岔的主要特点有：

①为了提高列车通过的平顺性，从改善道岔区的轮轨相互作用、方便养护维修等方面考虑，道岔各部位轨距均设计为1435 mm，钢轨设置1∶40的轨底(顶)坡。

②岔枕均垂直于直股中心线铺设，道岔全长范围内岔枕间距均为60 cm，以便于机械化维修。各类转换设备、密贴检查器以及外锁闭装置全部隐藏在钢岔枕内。

③尖轨用60AT轨制作，长度为12.4~14.2 m，两尖轨间不设连接杆，采用分动转换方式，总振动力低于转辙机的额定荷载。尖轨跟部弹性可弯，无论设置限位器与否，都从控制

图6-44 38号道岔

(直向速度250 km/h，侧向速度140 km/h)

尖轨过量爬行角度设计，使尖轨释放温度力，在尖轨跟端传递较小或不传递温度力给基本轨，以适应无缝道岔的使用。

④可动心轨辙叉采用钢轨组合式，心轨用60AT轨制造，长心轨后部设弹性可弯段，短心轨末端为滑动端。适应无缝道岔的翼轨采用长翼轨(图6-45)，用60 kg/m钢轨或模锻特种断面轨(防止翼轨切削强度不足和不能使用钩型外锁闭的缺点)制造。心轨尾部与翼轨之间用4个铸钢间隔铁和8根ϕ27 mm高强螺栓联结。在心轨第一牵引点处的轨底下部采用热锻工艺锻出转换柄，转换杆通过翼轨底与转辙机连接。为防止心轨侧磨，侧线设分开式护轨，护轨顶面高于基本轨顶面。

⑤尖轨上装有密贴检查器，对尖轨与基本轨的密贴进行监测。12号提速道岔尖轨设两个牵引点、心轨设2个牵引点，18号提速道岔尖轨设3个牵引点、心轨设2个牵引点，30号提速道岔尖轨设6个牵引点、心轨设3个牵引点，并安装外锁闭装置。

⑥道岔各部分钢轨顶面均进行全长淬火，以提高钢轨的使用寿命。

⑦提速道岔设计应适应跨区间的无缝道岔。道岔直股钢轨全部采用焊接接头，高锰钢整铸辙叉与区间钢轨采用冻结或胶接接头联结，并开始使用可焊岔心。

⑧断面尺寸增加(木岔枕260 mm×160 mm，钢筋混凝土岔枕260 mm×220 mm)，提高了岔枕的抗弯刚度和道床纵、横向阻力。岔枕承载能力为正弯距23.6 kN·m，负弯距为-17.7 kN·m，比Ⅲ型枕的承载能力分别提高22.9%和0.6%，岔枕顶面为无挡肩设计，长度为2.6~4.8 m。

图6-45 京沪线60 kg/m钢轨

12号可动心轨提速道岔

⑨扣件采用与区间一样的弹条扣件，并采用分开式，增加钢轨的爬行阻力和岔枕的旋转阻矩，使岔枕和钢轨形成一个能较好抵御温度力的弹性框架。除尖轨和可动心轨外，无论是木岔枕还是混凝土岔枕，轨下及垫板下均设有弹性垫层，一些提速道岔还采用了弹性滑床板。

⑩设计上尽量减小道岔各个部位的冲击角，以利于提高直向过岔速度。

图6-45所示为京沪线铺设的60 kg/m钢轨12号可动心轨提速道岔。

6.6.2 高速道岔

在高速铁路中，道岔的地位极其重要。高速道岔在功能上和结构上与常速道岔相比，虽没有原则上的区别，但它们的安全性和舒适性要求更高。高速道岔与普通道岔的主要区别在平、纵断面和道岔构造。近几年来，各国铁路根据高速运行时机车车辆与道岔的相互作用的特点，对高速道岔的平纵断面、构造、制造工艺、道岔范围内的轨下基础及养护维修均进行了大量的研究，设计和制造出一系列适用于不同运行条件的高速道岔。法国的高速道岔有20、33、46、64号，日本的高速道岔有16号和18号，德国有18.5、26.5、42号高速道岔等。图6－46所示为德国的BWG高速道岔，我国京津城际客运专线上使用了这种道岔。

图6－46　德国BWG高速道岔

高速道岔分为三类：①用于进站停车，直向过岔速度与区间相同。这类道岔不仅使用在新建高速线路上，以保证列车直向高速通过，并可用于由普通线路改建成为高速铁路的线路上，使车站平面布置变动减少，道岔一般为常用号码道岔。②用于区间渡线，侧向最高通过速度160 km/h，为维修组织不间断行车服务。③用于区间出岔，为提高运输效率，要求侧向过岔速度进一步提高，如220～230 km/h。

表6－11列出了法国、德国和日本及我国部分铁路道岔的主要几何特征，从表中可以看出高速道岔的以下特点。

表6－11　法国、德国和日本及我国部分铁路道岔的主要几何特征

国别	道岔号数	道岔侧线线型	道岔全长(m)	容许通过速度(km/h)		备注
				直向	侧向	
法国	tan0.0654(1/15.3)	圆曲线，半径820 m	53.5	300	80	用于正线与到发线的连接
法国	tan0.0218(1/46)	圆曲线，半径3000(3550)m＋三次抛物线(→∞)	136.9(136.7)	300	160(170)	①用于线间距为4.2 m的渡线；②括号内数据为改进型
法国	tan0.0154(1/65)	圆曲线，半径6720(7350)m＋三次抛物线(→∞)	139.4(139.7)	300	220(230)	①用于线间距为4.2 m的渡线及高速线出岔；②括号内数据为改进型
德国	1:18.5	圆曲线，半径1200 m	64.8	300	100	
德国	1:26.5	半径4800 m＋2450 m的复心圆曲线	94.3	300	130	
德国	1:42	三次抛物线，半径10000 m→4000 m→∞	145.65	300	160	用于线间距为4.3 m的渡线(出口西班牙)

续表 6-11

国别	道岔号数	道岔侧线线型	道岔全长(m)	容许通过速度(km/h)		备注
				直向	侧向	
日本	1:42	半径 7000 m + 6000 m 的复心圆曲线	154	300	200	
	18	圆曲线，半径 1106 m	71.3/64.2	270/95	80/70	①用于正线与到发线的连接；②分子及分母分别指固定式和可动心轨辙叉
	38	半径 8400 m + 4200 m 的复心圆曲线	134.8	240	160	用于高速线区间出岔
中国	18	圆曲线，半径 1100.7175 m	69	350	80	用于正线与到发线的连接
	30	圆曲线，半径 2700.7175 m	102	250	120	
	38	圆曲线，半径 3300.7175 m	136.2	250	140	
	42	圆曲线(半径 5000.7175 m) + 三次抛物线	157.2	350	160	用于区间渡线
	62	圆曲线(半径 8200.7175 m) + 缓和曲线	201.0	350	220	

1. 高速道岔的平、纵断面方面

①导曲线线型有圆曲线、复曲线和变曲率曲线(如三次抛物线)，见表 6-11。变曲率曲线的导曲线增加了平稳舒适性。

②采用大半径的曲线型尖轨，从尖轨尖端到最大可能冲击断面的半径较导曲线部分大。尖轨与基本轨工作边在平面上多为切线型，这样可减小列车逆向进入道岔侧线时的冲角。

③各部位轨距小于常速道岔的轨距，减小游间，使机车车辆平顺通过。如法、德、苏联的单开道岔轨距分别缩减 2 ~ 5 mm 不等。

④根据车轮滚动面及辙叉外型尺寸相对位置的分布情况，经数理统计分析，优化了辙叉的纵横断面。

⑤采用可动部件辙叉(如可动心轨、可动翼轨或其他可动部件)消灭有害空间，增加高速道岔平、纵断面的平顺性。

⑥在大号码道岔中导曲线外轨设置一定的超高。有些国家的道岔设置轨底坡或轨顶坡，以进一步改善乘行舒适度。

2. 构造方面

新型高速道岔在构造上采取了一系列加强措施。

①在基本轨与尖轨的贴靠部位，对基本轨轨距线以下的轨头下颚做 1:3 的刨切，以获得藏尖式结构。这种措施对确保逆向行车安全，防止尖轨尖端被轧伤，并使尖轨在动荷载作用下，能保持良好的竖向稳定是十分有效的。在可动心轨辙叉中心，心轨与翼轨的贴靠部位同样采用这样的结构形式，对心轨尖端也起到良好的保护作用。

②采用高度比基本轨矮的AT特种尖轨钢轨加工成尖轨，如法国和德国的高速道岔尖轨均采用整根AT轨加工制造。尖轨为弹性可弯式，尖轨跟部轧制成与普通轨相同的截面，与连接轨直接焊接相连。尖轨跟部有局部刨切的，也有不做刨切的，这样可以控制尖轨转换变形，提高转辙器的稳定性和可靠性。

③大号码道岔的尖轨一般较长，为保证尖轨转换可靠及扳动到位，常使用多根转辙杆。如法国UIC60tan0.0154道岔，尖轨长57.50 m，采用6根转辙杆。德国UIC60轨1∶26.5道岔，尖轨长31.740 m，采用4根转辙杆。

④在长尖轨下设置了尖轨扳动时的减摩擦装置，如减磨滑床板或滚轮滑床板。采用外锁闭装置改善转辙性能。

⑤在辙叉心轨尖端设置心轨防跳装置，保证心轨的稳定性。采用特种断面的护轨钢轨。护轨轨面高于基本轨，增加护轨与车轮的接触面，更有效地引导车轮，减少心轨磨耗。

⑥减少尖轨跟端和自由段的伸缩位移，使高速道岔尖轨适应无缝道岔的技术。焊接道岔部位的钢轨接头，采用无缝道岔，提高高速列车过岔时的行车平稳性。

⑦在道岔范围内使用新型轨下基础，以便和区间线路的轨下基础类型一致，如雷达等成熟的无砟轨道结构都有适应高速道岔的基础。

表6－12列出了法国、德国和日本铁路高速道岔的主要结构特征。

表6－12　法国、德国和日本和我国铁路高速道岔的主要结构特征

国别	道岔轨型	转辙器	辙叉	轨下基础	备注
法国	UIC60	UIC60A藏尖式可弯尖轨，带1∶40轨底坡(轨顶坡)，尖轨联动，多点牵引转换，有外锁闭装置	可动心轨辙叉，UIC60A组合心轨，高锰钢铸造翼轨并与标准轨焊接	预应力混凝土岔枕	可动心轨辙叉区直侧向均设置护轨，心轨双弹性肢
德国	UIC60	Zul－60藏尖式可弯尖轨，带1∶20轨底坡(轨顶坡)，尖轨分动，多点牵引转换，有外锁闭装置，弹性滑床板	可动心轨辙叉，Vol－60特种断面与标准轨焊接心轨，标准轨制造翼轨	预应力混凝土岔枕	可动心轨辙叉区不设护轨，心轨有双弹性肢及侧股斜接头两种形式
日本	60	90S藏尖式可弯尖轨，带1∶40轨底坡(轨顶坡)，尖轨联动，多点牵引转换，有外锁闭装置	可动心轨辙叉，高锰钢铸造翼轨及心轨(经焊接)及标准轨制造翼轨＋90S焊接心轨	板式基础	可动心轨辙叉区，侧向设防磨护轨，心轨侧股斜接头滑动端
中国	CHN60	藏尖式60D40可弯尖轨，尖轨分动，多点牵引转换，有外锁闭装置	可动心轨辙叉，60D40心轨，轧制特种断面翼轨	预应力混凝土岔枕或无砟道床	可动心轨辙叉区护轨根据道岔型号设置，心轨有双弹性肢和侧股斜接头两种形式

重点与难点

1. 单开道岔的构造及几何形位。
2. 单开道岔的结构设计。
3. 提高过岔速度的影响因素。
4. 提速道岔与高速道岔的特点。

思考与练习

1. 道岔的功用是什么？道岔有哪些种类？
2. 单开道岔由哪些主要部分组成？
3. 辙叉有哪些类型？各自的特点是什么？
4. 道岔号数的数学表达式是什么？
5. 道岔的几何形位包括哪些主要尺寸？
6. 计算导曲线支距的目的是什么？如何计算导曲线支距？
7. 影响过岔速度的因素有哪些？如何提高直向和侧向过岔速度？
8. 简述提速道岔和高速道岔的特点。

第 7 章

无缝线路

7.1 概述

无缝线路是把标准钢轨焊接成长钢轨的线路，又称焊接长钢轨线路。无缝线路是铁路技术进步的标志，是轨道结构近百年来最突出的改进与创新。

实践证明，无缝线路由于消灭了大量钢轨接头轨缝，因而具有行车平稳、旅客舒适、机车车辆和轨道的维修费用少、使用寿命长等一系列优点。大量的研究资料表明，从节约劳动力和延长设备寿命方面计算，无缝线路比有缝线路可节约养护维修费用35% ~75%。

7.1.1 国内外无缝线路发展历程

1915 年，欧洲在有轨电车轨道上开始使用焊接长钢轨，焊接轨条长度约为 100 ~200 m。20 世纪 30 年代，世界各国开始在铁路上进行铺设实验，到了 20 世纪五六十年代，由于焊接技术的发展，无缝线路得到了应用和迅速发展。

德国早在 1926 年就于普通线路上试铺了 120 m 的焊接钢轨，1935 年正式铺设 1 km 长的无缝线路试验段，1945 年作出了以无缝线路为标准线路的规定，1974 年无缝线路达到了 5.2 万 km，到 2007 年已达 7.6 万 km，约占全部营业线路的 80%。

苏联 1935 年在加里宁铁路的莫斯科近郊车站线路上铺设了第一根焊接轨条轨道，长约 600 m。由于大部分地区温度变化幅度较大，最大达 115℃，影响了无缝线路的发展，直到 1956 年才正式开始铺设。到 1961 年，苏联已铺设无缝线路约 1500 km，至 2007 年已有无缝线路 5 万 km。由于地区轨温变化幅度较大，苏联的无缝线路除采用温度应力式外，还有一部分为季节性放散应力式。

美国于 1930 年开始在隧道内铺设无缝线路，1933 年开始铺设区间无缝线路，之后时有间断，发展比较缓慢。从 1955 年开始进行大量的铺设，1970 年以后每年以 8000 km 以上的速度增长，最多时每年铺设达到 1 万 km，至 20 世纪 80 年代末，铺设里程就达到 12 万 km，是世界上铺设无缝线路最多的国家。

法国铺设无缝线路也较早，于 1948—1949 年对无缝线路进行了大量的铺设试验后即推广应用，到 1970 年有无缝线路约 1.29 万 km，并以每年约 660 km 的速度发展，至 2007 年法国无缝线路总长已达 2.05 万 km，占营业线路的 59%。法国的温度应力式无缝线路多使用钢轨伸缩调节器，但近年来正逐步取消区间线路的调节器。法国的钢轨焊接技术十分先进，成功地解决了锰钢辙叉和钢轨的焊接技术。

日本是最早修建高速铁路的国家，于 20 世纪 50 年代开始铺设无缝线路，20 世纪 60 年代东海道新干线首次实现一次性铺设无缝线路，长轨两端连接伸缩调节器可以伸缩。日本普通线路上的无缝线路采用 60 km/g 钢轨、混凝土轨枕，在新干线上采用板式轨道结构。日本非常重视轨道结构的强化，同时逐步取消区间钢轨伸缩调节器，加大钢轨连续焊接的长度。

我国于 1957 年开始在京沪两地各铺设 1 km 无缝线路，次年才进行大规模的试铺。1961 年底我国共铺设无缝线路约 150 km，20 世纪六七十年代对线路特殊地段(桥梁、隧道、小半径曲线、大坡道等)铺设的无缝线路进行了理论和实验研究，并取得了成功，为在线路上连续铺设无缝线路创造了条件。至 1999 年底，我国累计铺设无缝线路总长达 27310 km。2000—2002 年，我国成功完成了秦沈客运专线一次铺设跨区间无缝线路的施工，京广、京沪、京哈、陇海等主要干线目前均已铺成无缝线路。

近年来，我国高速铁路得到了迅猛发展，截至 2016 年底，我国高速铁路客运专线的通车里程已经突破 2 万 km，按照《中长期铁路网规划(2008 年调整)》的目标，到 2020 年，我国客运专线将达到 1.6 万 km 以上。我国高速铁路全线采用跨区间无缝线路，高速铁路无缝线路技术包含内容更加广泛，涉及的技术难点更多，我国铁路工作者经过多年的研究与实践，逐步攻克了这些难点，在高速铁路无缝线路设计、施工、运营维护等方面均走在了世界的前列。至 2013 年底，我国铁路正线无缝线路长度近 7 万 km，占正线总长的比例达到 70%。

综上所述，随着轨道结构的加强、实践经验的丰富以及轨道理论研究的深入，各国铁路都在逐步扩大无缝线路铺设的范围，并积极地发展跨区间无缝线路。

7.1.2　无缝线路的类型

无缝线路根据处理钢轨内部温度应力方式的不同，可分为温度应力式和放散温度应力式两种。目前世界绝大多数国家均采用温度应力式无缝线路。

在温度应力式无缝线路上，长轨条之间铺设 2 ~ 4 根普通轨(称为缓冲轨)或钢轨伸缩调节器。长钢轨和普通钢轨之间采用普通钢轨接头，采用高强度接头螺栓以提高钢轨接头阻力。无缝线路铺设后，焊接长钢轨因受接头和道床纵向阻力的约束，两端自由伸缩受到一定的限制，中间部分的自由伸缩则完全受到限制，因而在钢轨中产生温度力，其大小随轨温变化幅度而异。这种无缝线路铺设简单，养护方便，故得到了广泛应用，但由于钢轨要承受强大的温度力，钢轨的强度和稳定性必须满足设计要求。

放散温度应力式无缝线路，又分为自动放散式和定期放散式两种，适用于年轨温差较大的地区。自动放散式是为了消除和减少钢轨内部的温度力，允许长轨条自由伸缩，在长轨两端设置钢轨伸缩接头。大桥上、道岔两端为释放温度力，一般铺设自动放散式无缝线路，在长轨两端设置伸缩调节器。定期放散温度应力式无缝线路结构形式与温度应力式基本相同。根据当地轨温条件，把钢轨内部的温度应力每年调整放散 1 ~ 2 次。放散时，松开焊接长钢轨的全部扣件，使它能够自由伸缩，放散内部温度应力，应用更换缓冲区不同长度调节轨的办法，保持必要的轨缝。定期放散温度应力式无缝线路在苏联和我国年温差较大的地区试用过，目前已很少使用。

根据无缝线路的铺设位置、设计要求的不同，可分为路基无缝线路(有砟或无砟轨道)、桥上无缝线路、岔区无缝线路等；根据长钢轨接头的联结形式，可分为焊接无缝线路和冻结无缝线路。

根据无缝线路轨条长度，是否跨越车站，可分为普通无缝线路、全区间无缝线路和跨区间无缝线路。全区间无缝线路是整个区间无钢轨普通接头，但与车站道岔仍用普通钢轨组成的缓冲区隔开。跨区间无缝线路是将连续几个区间的钢轨焊接起来，区间线路也与道岔焊接或用胶接接头，信号闭塞区间用胶接绝缘接头。

从理论上讲，无缝线路的轨条长度可以无限长，这是发展跨区间无缝线路的理论基础。跨区间无缝线路的优点非常突出：长轨条贯穿整个区间，并与车站的无缝道岔焊联，取消了缓冲区，彻底实现了线路的无缝化，全面提高了线路的平顺度与整体强度，充分发挥了无缝线路的优越性；取消了缓冲区，轨道部件的耗损和养护维修工作量进一步减少；消灭了钢轨接头，进一步改善了列车运行条件；伸缩区与固定区交界处因温度循环而产生的温度力峰，以及伸缩区过量伸缩不能复位而产生的温度力峰，都由于伸缩区的消失而消失，有利于轨道的稳定和维修管理；防爬能力较强，纵向力分布比较均匀，锁定轨温容易保持，线路的安全性和可靠性得到提高；长轨条温度力升降平起平落，不会形成温度力峰，可适度提高锁定轨温，从而提高轨道的稳定性。可见大力发展跨区间无缝线路是一项具有重大技术经济意义的举措。

总体来说，铺设无缝线路时，除在大桥上为减少墩台和轨道的受力、变形而设置伸缩调节器外，在一般线路上则采取轨条与轨条、轨条与道岔直接焊联的形式，这是无缝线路结构的发展方向。

7.1.3 无缝线路的关键技术

无缝线路的发展经过了一段较长的时间，在这一过程中，无缝线路的各项有关技术得到了发展。一般无缝线路的轨条长度为 1 ~ 2 km，两长轨条之间有缓冲区，长轨条两端又有伸缩区，所以轨条长度为 1 km 的无缝线路，缓冲区和伸缩区的长度就要占 30% ~ 40%。在这一区段，线路的维修养护工作与普通线路相差无几。随着钢轨焊接、胶接绝缘接头和无缝道岔这三项关键技术的发展，近几年我国的跨区间无缝线路得到了大力发展，这也就大大减少了伸缩区和缓冲区，从而减少线路的维修养护工作量。

钢轨焊接是无缝线路的关键技术。我国最早采用电弧焊，后来采用了铝热焊，继而又采用了气压焊和接触焊，钢轨接头的焊接质量不断提高。在 20 世纪 60 年代铺设无缝线路初期，在工厂主要采用气压焊，现场采用铝热焊。实践证明，电接触焊的质量最好、效率高、成本低，焊接接头的疲劳强度较高，能达到要求，是目前普遍采用的一种有效可行的焊接方法。铝热焊设备简单，便于携带和移动，适用于施工现场使用。法国的拉伊台克铝热焊质量也较高。近几年，我国积极引进和应用现场移动接触焊，大大提高了钢轨接头的焊接质量，为我国大力发展跨区间无缝线路提供了设备和技术保障。现在中国在工厂主要采用电接触焊，现场采用小型气压焊或铝热焊。长轨条的焊接方式有两种，建立固定焊接工厂，在工厂里把标准长度钢轨连续焊接成定长度的长轨条（中国一般焊接成 200 ~ 500 m），然后用运轨专用列车运到线路上再焊接成设计长度的长轨条（一个闭塞区间的长度为 1000 ~ 2000 m）；用移动焊轨列车在线路上把标准长度的钢轨焊接成设计长度的长轨条。

钢轨胶接绝缘接头也是铺设跨区间无缝线路的关键技术之一，世界上一些工业发达的国家，大力发展和推广使用胶接绝缘接头。美国 3M 公司的胶接绝缘接头质量最优，其用于 132RE 钢轨的胶接绝缘接头整体剪切强度达 2948.4 kN，钢轨与夹板的相对位移不超过 0.25 mm。日本铁路研究开发的一种以变性橡胶环氧树脂为主要成分的 60 kg/m 钢轨胶接绝缘接头，其整体剪切强度达 1800 kN。俄罗斯铁路研制的钢轨胶接绝缘接头，整体剪切试验值为 2900 kN，并广泛用于跨区间无缝线路上。

世界各国铁路都十分重视区间线路长钢轨与道岔相互焊联问题，这是因为道岔部位结构复杂，轨道电路也较为复杂，而站内道岔与信号机之间距离较短，如采用缓冲区，则站内短轨太多，钢轨接头也就很多，影响列车速度的提高和增加线路的维修养护工作量。目前一般采用道岔区钢轨直接与区间线路钢轨焊联和采用胶接绝缘接头两种方法。而区间线路长钢轨与道岔焊联的主要技术难点是无缝线路的纵向力造成道岔的纵向位移和增大道岔所受的附加纵向力，影响道岔区域轨道安全运行，此外道岔所用的钢材与区间钢轨所用的钢材也不相同，造成两种不同钢种钢轨的焊联，技术要求较高。日本既有线与新干线有 3 万组道岔与无缝线路连成一体；德国有 11 万组无缝道岔；法国 TGV 东南线、大西洋线的可动心轨道岔用 UIC60A 钢轨组合制作，与无缝线路的长轨条焊接。

7.2　无缝线路的基本原理

7.2.1　无缝线路温度力计算

由于无缝线路轨条很长，当轨温发生变化时，在长钢轨中就会产生轴向温度力，轨温上升，长轨条中产生轴向压力；轨温下降，长轨条中产生轴向拉力。为了保证无缝线路安全运行，无缝线路长钢轨中的温度力必须满足强度和稳定性的要求。

当轨温变化 Δt 而自由伸缩时，一根长为 l 的钢轨伸缩量为

$$\Delta l = \alpha \cdot l \cdot \Delta t \tag{7-1}$$

式中：α 为钢轨的线膨胀系数，取 11.8×10^{-6}℃$^{-1}$；l 为钢轨长度(m)；Δt 为钢轨温度变化幅度(℃)，又称轨温差。

如果钢轨受到阻力而不能随轨温的变化而自由伸缩时，则在钢轨中产生温度应力，由虎克定律可得钢轨的温度应力为

$$\sigma_t = E \cdot \varepsilon_t = E \cdot \frac{\Delta l}{l} = \frac{E \cdot \alpha \cdot l \cdot \Delta t}{l} = E \cdot \alpha \cdot \Delta t \tag{7-2}$$

式中：E 为钢的弹性模量，取 2.1×10^5 MPa；ε_t 为钢轨的温度应变。

把 E 和 α 代入式(7－2)，可求出钢轨内部的温度应力为

$$\sigma_t = 2.48\Delta t \tag{7-3}$$

单根钢轨所受的温度力为

$$P_t = \sigma_t \cdot F = 2.48\Delta t \cdot F \tag{7-4}$$

式中：F 为钢轨截面积(mm^2)。

由式(7－3)和式(7－4)可知：

①长钢轨中的温度应力只与轨温变化幅度有关，而与钢轨长度无关，这也是跨区间无缝线路的理论依据，所以控制长钢轨中温度力大小的关键是控制轨温变化幅度 Δt。

②钢轨中的温度力大小除了与轨温变化幅度有关外，还与钢轨截面积有关，在同样轨温变化幅度条件下，钢轨截面积越大，钢轨中的温度应力也越大。如轨温变化 1℃所产生的温度力，对于 75 kg/m，60 kg/m，50 kg/m 钢轨分别为 23.6 kN，19.2 kN，16.3 kN。

7.2.2 轨温

轨温与气温有所不同，影响轨温的因素比较复杂，如气候变化、风力大小、日照强度、线路走向和所分析部位等。在无缝线路温度力计算过程中，要涉及到最高轨温 T_{max}、最低轨温 T_{min}、中间轨温 T_z 和锁定轨温 T_e。根据国内外的大量研究资料表明，最高轨温比当地最高气温高 18 ~ 25℃（计算时取 20℃），最低轨温比当地最低气温低 2 ~ 3℃（计算时取最低轨温与最低气温相等）。中间轨温是最高轨温和最低轨温的平均值，最大轨温差是最高轨温与最低轨温之差。

根据我国历年长期观测的气象资料，《铁路无缝线路设计规范》(GB 10015—2012) 规定，一般情况下，全国各地的最高轨温、最低轨温可按表 7 - 1 取值，特殊情况下，应对当地气温资料做补充调查。

表 7 - 1 全国各地区最高、最低气温及最高、最低轨温资料(℃)

省/直辖市	地名	最高气温	最低气温	最高轨温	最低轨温
北京	北京	41.9	-27.4	61.9	-27.4
天津	天津	40.5	-22.9	60.5	-22.9
上海	上海	39.6	-10.1	59.6	-10.1
重庆	重庆	43.0	-1.8	63.0	-1.8
	万州	42.3	-3.7	62.3	-3.7
	涪陵	43.5	-2.2	63.5	-2.2
黑龙江	哈尔滨	39.2	-38.1	59.2	-38.1
	漠河	39.3	-52.3	59.3	-52.3
	塔河	38.0	-46.8	58.0	-46.8
	加格达奇	39.7	-45.4	59.7	-45.4
	嫩江	40.0	-47.3	60.0	-47.3
	北安	39.1	-42.2	59.1	-42.2
	富裕	40.7	-40.3	60.7	-40.3
	齐齐哈尔	40.8	-39.5	60.8	-39.5
	明水	39.0	-40.1	59.0	-40.1
	伊春	38.2	-43.1	58.2	-43.1
	鹤岗	37.7	-34.5	57.7	-34.5
	佳木斯	38.1	-41.1	58.1	-41.1
	宝清	38.3	-37.2	58.3	-37.2
	鸡西	37.6	-35.1	57.6	-35.1
	虎林	38.2	-36.1	58.2	-36.1
	牡丹江	38.4	-38.3	58.4	-38.3
	绥芬河	35.3	-37.5	55.3	-37.5

续表7-1

省/直辖市	地名	最高气温	最低气温	最高轨温	最低轨温
吉林	长春	38.0	-36.5	58.0	-36.5
	白城	40.7	-38.1	60.7	-38.1
	四平	37.3	-34.6	57.3	-34.6
	烟筒山	35.7	-41.7	55.7	-41.7
	吉林	36.6	-40.3	56.6	-40.3
	梅河口	36.1	-38.4	56.1	-38.4
	靖宇	34.3	-42.2	54.3	-42.2
	通化	35.6	-36.3	55.6	-36.3
	延吉	37.7	-32.7	57.7	-32.7
	集安	37.7	-36.2	57.7	-36.2
辽宁	沈阳	38.3	-32.9	58.3	-32.9
	阜新	40.9	-30.9	60.9	-30.9
	朝阳	43.3	-34.4	63.3	-34.4
	锦州	41.8	-24.8	61.8	-24.8
	鞍山	36.9	-30.4	56.9	-30.4
	本溪	37.5	-34.5	57.5	-34.5
	抚顺	37.7	-37.3	57.7	-37.3
	岫岩	37.7	-31.6	57.7	-31.6
	丹东	35.5	-28.0	55.5	-28.0
	庄河	36.0	-28.1	56.0	-28.1
	大连	35.5	-21.1	55.5	-21.1
内蒙古	呼和浩特	38.9	-32.8	58.9	-32.8
	图里河	37.9	-50.2	57.9	-50.2
	满洲里	40.5	-43.8	60.5	-43.8
	海拉尔	39.5	-48.5	59.5	-48.5
	新巴尔虎右旗	42.5	-40.1	62.5	-40.1
	新巴尔虎左旗	40.9	-40.8	60.9	-40.8
	扎兰屯	40.2	-35.5	60.2	-35.5
	乌兰浩特	40.3	-34.0	60.3	-34.0
	额济纳旗	43.7	-35.3	63.7	-35.3
	阿拉善右旗	41.5	-28.2	61.5	-28.2
	二连浩特	42.6	-40.2	62.6	-40.2

续表 7－1

省/直辖市	地名	最高气温	最低气温	最高轨温	最低轨温
内蒙古	满都拉	39.8	－35.6	59.8	－35.6
	苏尼特左旗	41.5	－36.9	61.5	－36.9
	包头	40.4	－31.4	60.4	－31.4
	集宁	35.7	－33.8	55.7	－33.8
	临河	39.4	－35.3	59.4	－35.3
	东胜	36.7	－29.8	56.7	－29.8
	锡林浩特	39.4	－42.4	59.4	－42.4
	通辽	39.1	－33.9	59.1	－33.9
	赤峰	42.5	－31.4	62.5	－31.4
河北	石家庄	42.9	－19.8	62.9	－19.8
	邢台	42.4	－22.4	62.4	－22.4
	张家口	41.1	－25.7	61.1	－25.7
	承德	43.3	－27.0	63.3	－27.0
	遵化	40.5	－25.7	60.5	－25.7
	秦皇岛	39.9	－26.0	59.9	－26.0
	霸州	41.3	－28.2	61.3	－28.2
	唐山	40.1	－25.2	60.1	－25.2
	保定	43.3	－22.0	63.3	－22.0
	沧州	42.9	－20.6	62.9	－20.6
	黄骅	41.8	－19.0	61.8	－19.0
山西	太原	39.4	－25.5	59.4	－25.5
	大同	39.2	－29.1	59.2	－29.1
	五台山	29.6	－44.8	49.6	－44.8
	原平	41.1	－27.2	61.1	－27.2
	介休	40.6	－24.5	60.6	－24.5
	临汾	42.3	－25.6	62.3	－25.6
	运城	42.7	－18.9	62.7	－18.9
新疆	乌鲁木齐	42.1	－41.5	62.1	－41.5
	吉木乃	39.0	－38.8	59.0	－38.8
	阿勒泰	37.6	－43.5	57.6	－43.5
	富蕴	42.2	－49.8	62.2	－49.8

续表7-1

省/直辖市	地名	最高气温	最低气温	最高轨温	最低轨温
新疆	塔城	41.6	-39.2	61.6	-39.2
	阿拉山口	44.2	-33.0	64.2	-33.0
	克拉玛依	44.0	-35.9	64.0	-35.9
	精河	42.3	-36.4	62.3	-36.4
	伊宁	39.2	-40.4	59.2	-40.4
	巴仑台	34.5	-26.4	54.5	-26.4
	达坂城	40.8	-31.9	60.8	-31.9
	吐鲁番	47.8	-28.0	67.8	-28.0
	拜城	38.3	-32.0	58.3	-32.0
	库车	41.5	-27.4	61.5	-27.4
	库尔勒	40.0	-28.1	60.0	-28.1
	吐尔尕特	23.8	-36.6	43.8	-36.6
	喀什	40.1	-24.4	60.1	-24.4
	巴楚	42.7	-25.1	62.7	-25.1
	阿拉尔	40.6	-28.4	60.6	-28.4
	若羌	43.8	-27.2	63.8	-27.2
	和田	41.1	-21.6	61.1	-21.6
	哈密	43.9	-32.0	63.9	-32.0
青海	西宁	36.5	-26.6	56.5	-26.6
	格尔木	35.5	-33.6	55.5	-33.6
	都兰	32.2	-29.8	52.2	-29.8
	茶卡	31.6	-31.3	51.6	-31.3
甘肃	兰州	39.8	-21.7	59.8	-21.7
	敦煌	43.6	-30.5	63.6	-30.5
	张掖	39.8	-28.7	59.8	-28.7
	威武	40.8	-32.0	60.8	-32.0
	天水	38.2	-19.2	58.2	-19.2
宁夏	银川	39.3	-30.6	59.3	-30.6
	惠农	38.7	-28.4	58.7	-28.4
	中卫	37.6	-29.2	57.6	-29.2
	同心	39.0	-28.3	59.0	-28.3

续表 7-1

省/直辖市	地名	最高气温	最低气温	最高轨温	最低轨温
陕西	西安	41.8	-20.6	61.8	-20.6
	榆林	39.0	-32.7	59.0	-32.7
	绥德	40.5	-25.4	60.5	-25.4
	延安	39.7	-25.4	59.7	-25.4
	宝鸡	41.6	-16.7	61.6	-16.7
	华山	29.0	-25.3	49.0	-25.3
	汉中	38.4	-10.1	58.4	-10.1
	安康	41.7	-9.7	61.7	-9.7
河南	郑州	43.0	-17.9	63.0	-17.9
	安阳	43.2	-18.1	63.2	-18.1
	新乡	42.7	-21.3	62.7	-21.3
	三门峡	43.2	-16.5	63.2	-16.5
	洛阳	44.2	-18.2	64.2	-18.2
	许昌	41.9	-19.6	61.9	-19.6
	开封	42.9	-16.0	62.9	-16.0
	南阳	41.4	-21.2	61.4	-21.2
	驻马店	41.9	-18.1	61.9	-18.1
	信阳	40.9	-20.0	60.9	-20.0
	商丘	43.0	-18.9	63.0	-18.9
山东	济南	42.5	-19.7	62.5	-19.7
	德州	43.4	-27.0	63.4	-27.0
	东营	41.3	-20.8	61.3	-20.8
	龙口	39.2	-21.3	59.2	-21.3
	烟台	38.0	-13.1	58.0	-13.1
	威海	38.4	-13.8	58.4	-13.8
	泰山	29.7	-27.5	49.7	-27.5
	泰安	40.7	-22.4	60.7	-22.4
	淄博	42.1	-23.0	62.1	-23.0
	青岛	38.9	-14.3	58.9	-14.3
	石岛	36.8	-14.6	56.8	-14.6
	菏泽	42.0	-20.4	62.0	-20.4
	兖州	41.1	-19.3	61.1	-19.3
	临沂	40.0	-16.5	60.0	-16.5
	日照	41.4	-14.5	61.4	-14.5

续表 7-1

省/直辖市	地名	最高气温	最低气温	最高轨温	最低轨温
江苏	南京	40.7	-14.0	60.7	-14.0
	徐州	40.6	-22.6	60.6	-22.6
	南通	39.5	-10.8	59.5	-10.8
	常州	39.4	-15.5	59.4	-15.5
浙江	杭州	40.3	-9.6	60.3	-9.6
	金华	41.2	-9.6	61.2	-9.6
	衢州	40.9	-10.4	60.9	-10.4
	温州	39.6	-4.5	59.6	-4.5
安徽	合肥	41.0	-20.6	61.0	-20.6
	阜阳	41.4	-20.4	61.4	-20.4
	蚌埠	41.3	-19.4	61.3	-19.4
	六安	41.0	-18.9	61.0	-18.9
	芜湖	39.5	-13.1	59.5	-13.1
	安庆	40.9	-12.5	60.9	-12.5
	黄山	28.0	-22.7	48.0	-22.7
江西	南昌	40.6	-9.7	60.6	-9.7
	吉安	40.9	-8.0	60.9	-8.0
	赣州	41.2	-6.0	61.2	-6.0
	九江	40.3	-9.7	60.3	-9.7
	景德镇	41.8	-10.9	61.8	-10.9
湖北	武汉	39.6	-18.1	59.6	-18.1
	麻城	41.5	-15.3	61.5	-15.3
	恩施	41.2	-12.3	61.2	-12.3
	老河口	41.0	-17.2	61.0	-17.2
	荆州	38.7	-14.9	58.7	-14.9
	宜昌	41.4	-9.8	61.4	-9.8
湖南	长沙	40.6	-10.3	60.6	-10.3
	石门	40.9	-13.0	60.9	-13.0
	岳阳	39.3	-11.8	59.3	-11.8
	常德	40.4	-13.2	60.4	-13.2
	邵阳	40.2	-10.5	60.2	-10.5
	永州	43.7	-7.0	63.7	-7.0
	衡阳	41.3	-7.9	61.3	-7.9
	郴州	41.2	-9.0	61.2	-9.0

续表 7－1

省/直辖市	地名	最高气温	最低气温	最高轨温	最低轨温
福建	福州	41.7	－1.7	61.7	－1.7
	南平	41.8	－5.8	61.8	－5.8
	长汀	39.5	－8.0	59.5	－8.0
	永安	40.5	－7.6	60.5	－7.6
	龙岩	39.0	－5.6	59.0	－5.6
	厦门	39.2	1.5	59.2	1.5
广东	广州	39.1	0.0	59.1	0.0
	韶关	42.0	－4.3	62.0	－4.3
	梅州	39.5	－7.3	59.5	－7.3
	汕头	38.8	0.3	58.8	0.3
	罗定	39.3	－1.3	59.3	－1.3
	深圳	38.7	0.2	58.7	0.2
	汕尾	38.5	1.6	58.5	1.6
	湛江	38.1	2.8	58.1	2.8
	珠海	38.5	2.5	58.5	2.5
	阳江	38.3	－1.4	58.3	－1.4
广西	南宁	40.4	－2.1	60.4	－2.1
	桂林	39.5	－4.9	59.5	－4.9
	河池	39.7	－2.0	59.7	－2.0
	柳州	39.2	－3.8	59.2	－3.8
	百色	42.5	－2.0	62.5	－2.0
	梧州	39.7	－3.0	59.7	－3.0
	玉林	38.4	－2.1	58.4	－2.1
	钦州	37.9	－1.8	57.9	－1.8
	北海	37.1	2.0	57.1	2.0
四川	成都	37.3	－5.9	57.3	－5.9
	阿坝	28.0	－33.9	48.0	－33.9
	都江堰	35.5	－7.1	55.5	－7.1
	绵阳	38.8	－7.3	58.8	－7.3
	峨眉山	23.9	－20.9	43.9	－20.9
	宜宾	40.7	－3.0	60.7	－3.0

续表 7-1

省/直辖市	地名	最高气温	最低气温	最高轨温	最低轨温
四川	西昌	36.6	-3.8	56.6	-3.8
	广元	40.5	-8.2	60.5	-8.2
	巴中	40.6	-5.3	60.6	-5.3
	达州	42.3	-4.7	62.3	-4.7
	遂宁	40.3	-3.8	60.3	-3.8
	内江	41.1	-3.0	61.1	-3.0
	泸州	40.3	-1.9	60.3	-1.9
	叙永	43.5	-1.5	63.5	-1.5
云南	昆明	31.5	-7.8	51.5	-7.8
	香格里拉	26.0	-27.4	46.0	-27.4
	邵通	33.5	-13.3	53.5	-13.3
	丽江	32.3	-10.3	52.3	-10.3
	保山	32.4	-3.8	52.4	-3.8
	大理	34.0	-4.2	54.0	-4.2
	沾益	33.2	-9.2	53.2	-9.2
	瑞丽	36.6	1.2	56.6	1.2
	玉溪	34.4	-5.5	54.4	-5.5
	临沧	34.6	-1.3	54.6	-1.3
	景洪	41.1	1.9	61.1	1.9
	元江	42.5	-0.1	62.5	-0.1
贵州	贵阳	37.5	-7.8	57.5	-7.8
	毕节	36.2	-10.9	56.2	-10.9
	遵义	38.7	-7.1	58.7	-7.1
西藏	拉萨	30.4	-16.5	50.4	-16.5
	狮泉河	32.1	-36.6	52.1	-36.6
	安多	23.5	-36.7	43.5	-36.7
	那曲	24.2	-41.2	44.2	-41.2
	日喀则	29.0	-25.1	49.0	-25.1
	聂拉木	22.4	-20.6	42.4	-20.6
	江孜	28.7	-23.9	48.7	-23.9
	波密	31.2	-20.3	51.2	-20.3
	林芝	31.4	-15.3	51.4	-15.3

续表 7－1

省/直辖市	地名	最高气温	最低气温	最高轨温	最低轨温
海南	海口	39.6	2.8	59.6	2.8
	儋州	40.2	0.4	60.2	0.4
	三亚	35.9	5.1	55.9	5.1
台湾	台北	38.6	−2.0	58.6	−2.0
	台南	39.0	2.0	59	2.0
香港	香港	36.1	0.0	56.1	0.0

注：最高气温和最低气温摘自国家气象信息中心各地有历史记录以来的气温资料。最高轨温为最高气温加 20℃，最低轨温与最低气温相同。

锁定轨温，又称零应力轨温。设计、施工、运营情况不同，运用锁定轨温的概念不同。设计确定的锁定轨温称为设计锁定轨温，施工确定的锁定轨温称为施工锁定轨温，无缝线路的运行过程中处于温度力为零状态时的轨温称为实际锁定轨温。这三个概念不能混淆，否则会产生误解。通常说锁定轨温发生变化，是指实际锁定轨温发生变化，而设计锁定轨温和施工锁定轨温，一旦设计和施工完成，记入技术档案，作为日后线路养护维修的依据，不允许随意改变。

7.2.3 线路纵向阻力

轨温变化时，影响钢轨两端自由伸缩的原因来自于线路纵向阻力的抵抗。线路阻力分接头阻力、扣件阻力和道床阻力。

1. 接头阻力

钢轨两端接头处由夹板通过螺栓拧紧，产生了阻止钢轨纵向位移的阻力，称为接头阻力。接头阻力由钢轨与夹板之间的摩擦力和螺栓的抗剪力提供，为了安全，我国铁路轨道的接头阻力 P_H 仅考虑钢轨与夹板间的摩阻力。

$$P_H = n \cdot s \tag{7-5}$$

式中：s 为钢轨与夹板间对应一个螺栓的摩阻力；n 为接头一端螺栓个数，对于 6 孔夹板，$n=3$。

每个螺栓产生的摩阻力与螺栓的拉力 P 和钢轨与夹板之间的摩擦系数有关，夹板的受力如图 7－1 所示。夹板螺栓拧紧后，在夹板与钢轨的上下接触面上产生水平反力 T，P 越大，T 也越大（$P=2T$）。N 为钢轨与夹板接触面的法向力，R 为 N 与 T 的合力。据此可知

$$R = \frac{P}{2\cos\theta} = \frac{P}{2\sin(\alpha+\varphi)} \tag{7-6}$$

从图 7－1 可知，$\theta = 90° - (\alpha+\varphi)$，$\cos\theta = \sin(\alpha+\varphi)$，$\tan\alpha = i$，$i$ 为夹板与钢轨接触面的斜率，60 kg/m 钢轨为 1/3，50 kg/m 钢轨为 1/4。当钢轨与夹板之间发生相对移动时，两者接触面就会产生摩擦力 F，F 将阻止钢轨与夹板的相对移动。摩阻力的计算式为

$$F = fN = \frac{Pf\cos\varphi}{2\sin(\alpha+\varphi)} \tag{7-7}$$

每块夹板有轨头和轨底两个接触面，两块夹板就有4个接触面，所以一个螺栓产生的摩阻力为

$$s = 4F = \frac{2Pf\cos\varphi}{\sin(\alpha+\varphi)} \tag{7-8}$$

钢与钢的摩擦系数一般为0.25，可得 $\cos\varphi = \cos(\arctan 0.25)$，$\sin(\alpha+\varphi) = \sin(\arctan i + \arctan 0.25)$，所以可得60 kg/m钢轨 $s = 0.90P$，50 kg/m 钢轨 $s = 1.03P$，即一个螺栓产生的摩阻力接近一个螺栓的拉力。

所以接头阻力为

$$P_{H} = ns = \frac{2nPf\cos\varphi}{\sin(\alpha+\varphi)} \approx n \cdot P \tag{7-9}$$

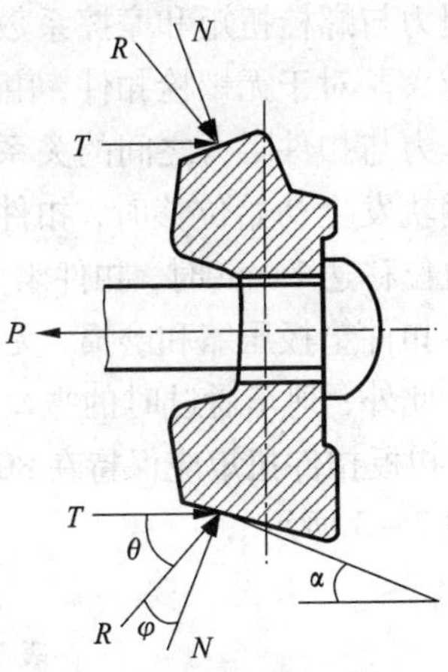

图7-1　夹板受力图

接头阻力与螺栓直径、材质、拧紧程度和夹板孔数有关。在其他条件不变的情况下，螺栓拧得越紧，接头越大。螺栓的扭力矩与螺栓拉力的关系可用经验公式表示：

$$T = K \cdot D \cdot P \tag{7-10}$$

式中：T 为拧紧螺帽时的扭力矩(N·m)；K 为扭矩系数，取0.18～0.24；D 为螺栓直径(mm)；P 为螺栓拉力(kN)。

列车通过钢轨接头时产生的振动，会使扭矩力下降、接头阻力值降低。根据国内测定，最低的接头阻力可降低到静力测定值的40%～50%。所以要定期检查接头螺栓，使之保持良好的工作状态。维修规则规定，无缝线路钢轨接头采用10.9级螺栓，扭矩应保持为700～900 N·m。表7-2所示为我国铁路计算时采用的接头阻力值。

表7-2　不同扭矩时的钢轨接头阻力 P_H(kN)

接头扭矩 T(N·m)	300	400	500	600	700	800	900	1000
43 kg/m 轨　ϕ22 螺栓	140	180	220	260				
50 kg 钢轨　ϕ24 螺栓	150	200	250	300	370	430	490	
60 kg 钢轨　ϕ24 螺栓	130	180	230	280	340 (390)	400 (450)	460 (510)	(570)

注：在年轨温差大于或接近90℃地区的60 kg/m 钢轨无缝线路缓冲区，为能按标准预留轨缝，可采用表中括号内的 P_H 值。

采用美国哈克螺栓和全螺纹自锁高强度螺栓(扭矩1100 N·m以上)联结的钢轨接头，接头阻力达700～900 kN，可承受60 kg/m 钢轨温度变化36～47℃时的纵向温度力，钢轨接头处于冻结状态，轨缝基本上不会发生变化，因而可用于构成准无缝线路。而胶接绝缘接头的阻力可达1500～3000 kN，基本上可承受住钢轨中的纵向力，不会拉开轨缝，因而可视为与焊接接头等强度。

2. 扣件阻力

扣件阻力是扣件和防爬设备抵抗钢轨沿轨枕面纵向位移的阻力。试验表明，有螺栓扣件

的阻力与螺栓扭矩和摩擦系数的大小有关，扣件扭矩越大，扣压力越大，扣件能提供的阻力也越大。对于无螺栓扣件，由弹条的变形量确定扣件的扣压力。一般情况下，可实测扣件的扣压力与扣件阻力之间的关系。钢轨与轨枕的相对位移和扣件阻力之间的关系也并非线性，在钢轨发生初始位移时，扣件阻力的增长率最大，随着位移的增大，阻力的增长率减小，当钢轨位移达 2 mm 时，扣件阻力的增长率就很小。

扣件垫板压缩和磨损、无螺栓扣件弹条的徐变都可导致扣压力下降，扣件阻力也随之下降。此外，列车通过时的振动，会使螺帽松动，导致扣压力下降。《铁路线路维修规则》规定，扣板扣件扭矩应保持在 80 ~ 120 N · m；弹条扣件为 100 ~ 150 N · m。各类扣件的扣压力如表 7 – 3 所示。

表 7 – 3　各类扣件的扣件阻力值(每组)(N)

扣件及防爬器类型	一般钢轨每套扣件的阻力	
	扭矩 80 N · m	扭矩 140 ~ 150 N · m
弹条Ⅰ型扣件	9000	12000
弹条Ⅱ型扣件	9300	15000
弹条Ⅲ型扣件	16000	
扣板式扣件	4000	6500
拱型弹片扣件	5500	9000
K 型	7500	
木枕混合式道钉扣件	500	
防爬器	15000	

无砟轨道单位长度扣件纵向阻力应符合下列规定：无砟轨道采用 WJ – 7 型或 WJ – 8 型扣件，扣件节点间距为 625 mm 时，线路单位长度的扣件纵向阻力可按表 7 – 4 取值。

表 7 – 4　WJ – 7 型或 WJ – 8 型扣件纵向阻力 [kN/(m · 轨)]

扣件类型	有载		无载	图示
	机车下	车辆下		
WJ – 7 型、WJ – 8 型扣件	$r = 18.6x$ $x \leqslant 2.0$ mm $r = 37.2$ $x > 2.0$ mm	$r = 12.0x$ $x \leqslant 2.0$ mm $r = 24.0$ $x > 2.0$ mm	$r = 12.0x$ $x \leqslant 2.0$ mm $r = 24.0$ $x > 2.0$ mm	图 7 – 2

注：x 为钢轨相对扣件的纵向位移。

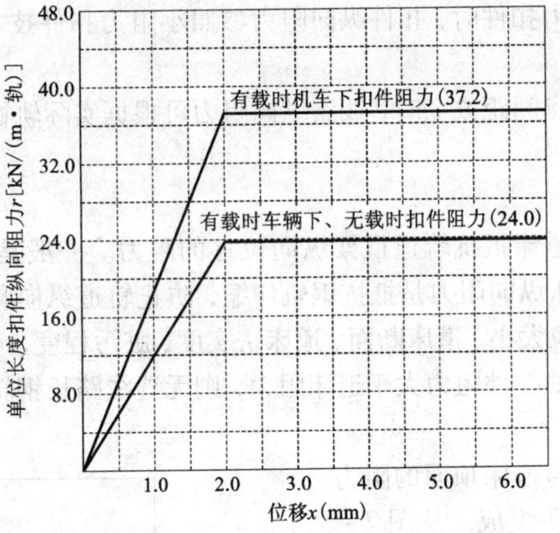

图 7-2　WJ-7 型、WJ-8 型扣件纵向阻力

小阻力扣件单位长度纵向阻力应符合下列规定：有砟轨道采用弹条 V 型小阻力扣件、扣件间距为 600 mm 时，单位长度纵向阻力可按表 7-5、图 7-3 取值。

表 7-5　有砟轨道采用弹条 V 型扣件纵向阻力[kN/(m·轨)]

扣件类型	有载		无载	图示
	机车下	车辆下		
弹条 V 型小阻力扣件	$r=24.8x$ $x\leqslant0.5$ mm $r=12.4$ $x>0.5$ mm	$r=16.0x$ $x\leqslant0.5$ mm $r=8$ $x>0.5$ mm	$r=16.0x$ $x\leqslant0.5$ mm $r=8$ $x>0.5$ mm	图 7-3

注：x 为钢轨相对扣件的纵向位移。

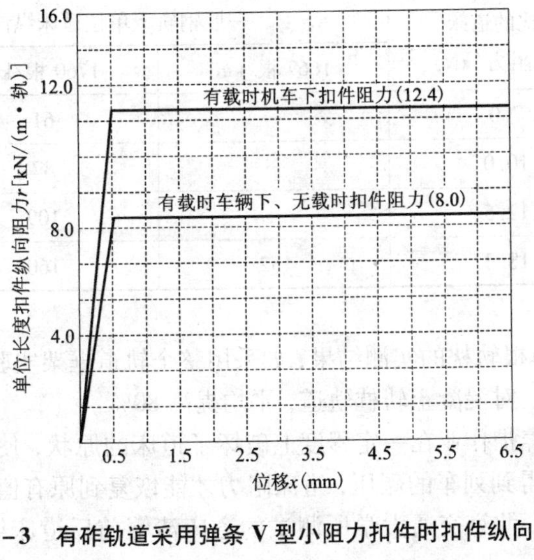

图 7-3　有砟轨道采用弹条 V 型小阻力扣件时扣件纵向阻力

无砟轨道采用小阻力扣件时，扣件纵向阻力参照小阻力扣件技术条件，经分析后确定设计值。

轨枕间距或扣件节点间距改变时，线路纵向阻力可根据实际轨枕间距或扣件节点间距进行换算。

3. 道床纵向阻力

道床纵向阻力是指道床抵抗轨道框架纵向位移的阻力。一般是以每根轨枕阻力 R 或每米分布阻力 r 表示。道床纵向阻力是抵抗钢轨伸缩，防止轨道纵向爬行的重要参数。道床纵向阻力受道砟材质、颗粒大小、道床断面、道床密实度、脏污程度、轨道框架质量等因素的影响。只要钢轨与轨枕间的扣件阻力大于道床阻力，则无缝线路长钢轨的温度力将完全由道床阻力和接头阻力承担。

道床阻力由轨枕底与道床顶面的阻力和枕木盒中的道砟阻力所组成。从图 7－4 可知，在正常状态下，单根轨枕的纵向阻力随着位移的增大而增加，当轨枕位移达到一定值后，枕木盒中道砟颗粒之间的啮合被破坏，因此，位移再增大，阻力也不再增大。在正常条件下，混凝土轨枕位移小于 2 mm，木枕位移小于 1 mm，道床纵向阻力呈现线性增长，位移超过此临界值后，纵向阻力增加减缓甚至下降。

在无缝线路设计中，线路阻力取轨枕位移为 2 mm 时相应的道床纵向阻力值，具体见表 7－6。

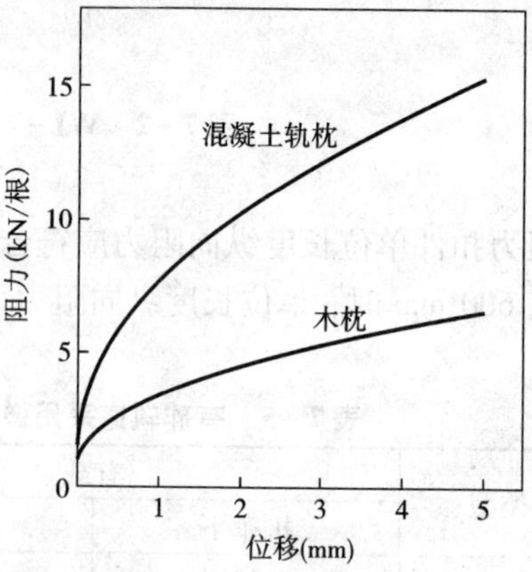

图 7－4　道床纵向阻力与轨枕位移的关系曲线

表 7－6　道床纵向阻力表

线路特征		单枕的道床纵向阻力(kN)	一股钢轨下单位道床纵向阻力(N/cm)		
			1667 根/km	1760 根/km	1840 根/km
木枕线路		7.0	—	61	64
混凝土枕线路	Ⅰ型	10.0	—	87	91
	Ⅱ型	12.5	—	109	115
	Ⅲ型	18.3	152	160	—

表 7－6 中数据是单根轨枕的实测结果，如采用整个轨道框架实验，则纵向阻力将比单根轨枕测得的结果大得多，对混凝土轨枕轨道，平均提高 80%。

此外，线路的维修养护作业在一定程度上破坏了道床的原状，使得道床阻力降低，需要通过一定运量后，线路得到列车的碾压，道床阻力才能恢复到原有值。道床纵向阻力与道床密实程度关系最为显著，北京交通大学所测试的道床清筛前后道床纵向阻力结果如表 7－7 所示。

表7-7　道床清筛前后的纵向阻力

作业项目	清筛前	筛边挖盒	枕后	枕后挖盒	综合捣固	筛后3d	筛后7d	筛后15d	筛后30d
纵向阻力（kN/根）	13.8	6.78	2.5	3.7	6.8	8.35	8.8	9.7	12.6
%	100	49.1	18.1	26.8	49.2	60.5	63.8	70.2	91.0

由于线路维修作业扰动道床，致使道床纵向阻力降低，为了保证轨道稳定性，只有采取限制施工作业轨温的方法来保证无缝线路的正常工作状态。对于一次性铺设跨区间无缝线路的新建铁路线路，如秦沈客运专线，根据《秦沈客运专线有砟轨道工程施工技术细则》规定，无缝线路锁定并经整理作业后，要求道床纵向阻力达到12 kN/枕以上。

7.2.4　温度力图

温度力图常用来表示温度力沿长钢轨的纵向分布，故温度力图实质是钢轨内力图。温度力图的横坐标轴表示钢轨长度，纵坐标轴表示钢轨的温度力(拉力为正、压力为负)。钢轨内部温度力和钢轨外部阻力随时保持平衡是温度力纵向分布的基本条件。焊接长钢轨温度力分布并不是均匀的。它不仅与阻力、轨温变化幅度、施工过程等因素有关，而且还与轨温变化的过程有关。

1. 约束条件

为简化钢轨内部温度力纵向分布的计算，通常假定钢轨接头阻力 P_H 为一常量。当长轨条中的温度力 p_t 小于接头阻力 P_H 时，钢轨与夹板之间不发生任何相对位移。温度力与接头阻力相等是钢轨与夹板发生相对移动的临界状态，只有当温度力大于接头阻力时，两者才发生相对移动。据此可知钢轨与夹板发生相对移动的轨温变化幅度为 $\Delta t_H = P_H/2.48F$。当轨温反向变化时，长轨条中的温度力减小，当温度力变化幅度小于接头阻力时，接头阻力不反向；当温度力变化幅度大于接头阻力时，接头阻力开始反向，但钢轨与夹板不发生相对反向移动；当长轨条中的温度力反向变化幅度大于2倍接头阻力时，钢轨与夹板才发生相对反向移动。

接头阻力被克服后，如温度力继续上升，则钢轨产生位移，道床阻力开始阻止钢轨的伸缩。但道床纵向阻力的产生是体现在道床对轨枕的相对位移阻力，随着轨枕位移根数的增加，道床阻力也相应增大。为了计算方便，将单根轨枕的阻力换算成钢轨单位长度的阻力 r，并取常量，所以道床纵向阻力是以阻力梯度的形式分布，在钢轨的各个截面，温度力是不相等的。

2. 基本温度力图

无缝线路锁定后，轨温单向变化时，温度力沿钢轨纵向分布的规律称为基本温度力图，图7-5所示是钢轨锁定后，轨温下降后的基本温度力图。

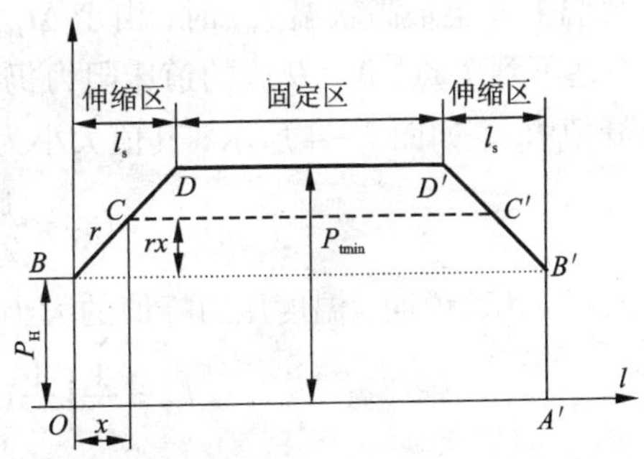

图7-5　长轨条中的基本温度力图

当轨温等于锁定轨温 T_{sf}时，在长轨条中温度力为零，即 $P_t=0$，如图中的 $A-A'$线。

当轨温下降，$\Delta t=T-T_{sf}=\Delta t_H$ 时，$P_t=P_H$，轨端无位移，温度力在整个长轨条中仍均匀分布，如图中的 $B-B'$线。

当轨温进一步下降，$\Delta t>\Delta t_H$ 时，$P_t>P_H$，道床阻力开始发挥作用，轨端出现收缩位移，在 x 长度范围内放散部分温度力，$P_t=P_H+rx$，温度力线 $B-C-C'-B'$。

当轨温降至最低轨温 T_{min}时，钢轨中产生最大温度拉力，此时 x 达到最大值 l_s，即为无缝线路伸缩区长度。温度力线为 $B-C-D-D'-C'-B'$。此时的固定区内的钢轨温度拉力达最大，即 $P_{tmin}=2.48\Delta t_{min}F$。伸缩区长度为

$$l_s=\frac{P_{tmin}-P_H}{r} \tag{7-11}$$

3. 轨温反向变化时的温度力图

前述为轨温从 $T_{sf}\to T_{min}$单向变化时，长轨条中温度力的变化情况。当轨温达到最低后，气温开始回升，轨温也就开始升高，所以轨温是随气温循环往复变化的。这时长轨条中的温度力变化与前述的轨温单向变化有所差别，而且与锁定轨温的取值也有关系。

在图 7-6 所示的温度力图，锁定轨温 T_{sf}大于中间轨温 T_z 的条件下，轨温变化的方向是 $T_{sf}\to T_{min}\to T_{sf}\to T_{max}$。

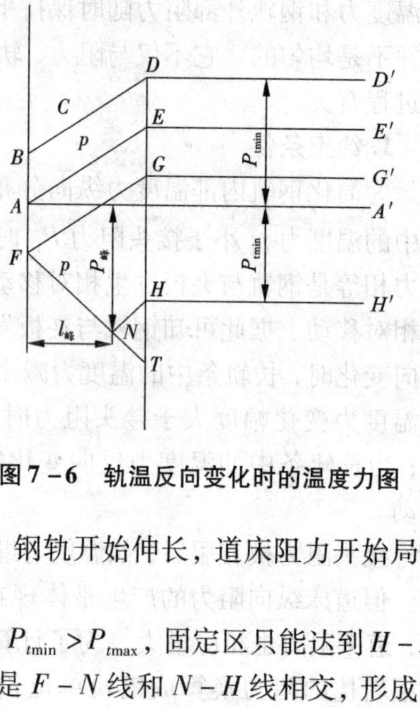

图 7-6 轨温反向变化时的温度力图

轨温最低时的温度力线为 $B-C-D-D'$。

轨温上升幅度小于 Δt_H 时，整条温度力线平移，钢轨接头所受的拉力也同时减小。当轨温上升幅度等于 Δt_H 时，钢轨接头阻力为零，温度力线为 $A-E-E'$。

轨温上升幅度大于 Δt_H，钢轨接头的受力开始反向，即受压。温度力线继续平移。当轨温变化幅度达 $2\Delta t_H$ 时，钢轨接头达到受压的接头阻力 P_H，固定区的温度力仍为温度拉力，道床阻力仍未反向。温度力线为 $F-G-G'$。

轨温上升幅度大于 $2\Delta t_H$，钢轨接头阻力被完全克服，钢轨开始伸长，道床阻力开始局部反向，如 $F-N$ 段所示。

轨温上升至最高轨温 T_{max}时，由于 $\Delta t_{min}>\Delta t_{max}$，所以 $P_{tmin}>P_{tmax}$，固定区只能达到 $H-H'$ 线，而达不到 T 点，$N-H$ 段的道床阻力仍不能反向，于是 $F-N$ 线和 $N-H$ 线相交，形成温度力峰值 $P_{峰}$，如图 7-4 所示，其值大小为

$$P_{峰}=\frac{1}{2}(P_{tmin}+P_{tmax}) \tag{7-12}$$

式(7-12)说明，温度压力峰值的大小与锁定轨温无关。温度力峰值位置为

$$l_{峰}=\frac{1}{r}\left[\frac{1}{2}(P_{tmin}+P_{tmax})-P_H\right] \tag{7-13}$$

温度力峰值的出现与锁定轨温和中间轨温有关。

当 $T_{sf}>T_z$，轨温变化为 $T_{sf}\to T_{min}\to T_{sf}\to T_{max}$时，则就会在伸缩区出现温度压力峰值(如前述)。

当 $T_{sf}<T_z$，轨温变化为 $T_{sf}\to T_{max}\to T_{sf}\to T_{min}$时，则就会在伸缩区出现温度拉力峰值。

当 $T_{sf}=T_z$，轨温变化为 $T_{sf}\to T_{min}\to T_{sf}\to T_{max}$ 时，或 $T_{sf}\to T_{max}\to T_{sf}\to T_{min}$，则都不会在伸缩区出现温度压力峰值。在轨温上升和下降过程中，在伸缩区会出现温度力峰值，但小于$(P_{tmin}+P_{tmax})/2$。

温度压力峰值是引起无缝线路失稳的重要隐患，特别是在春夏之交的3—5 月，发生的概率最大，所以在线路养护维修作业时，应特别注意伸缩区无缝线路的稳定性。

4. 轨端伸缩量计算

从温度力分布可知，无缝线路长轨节中部承受大小相等的温度力，钢轨不能伸缩，称为无缝线路固定区。在两端，温度力是变化的，在克服道床纵向阻力阶段，钢轨有少量的伸缩，称为伸缩区。伸缩区两端的调节轨，称为缓冲区。在设计中要对缓冲区的轨缝进行计算，因此需对长轨及标准轨端的伸缩量进行计算。

(1) 长轨一端的伸缩量

由温度力图 7 - 7 可见，阴影线部分为克服道床纵向阻力阶段释放的温度力，从而实现了钢轨伸缩。由材料力学可知，长轨条端部伸缩量 $\lambda_{长}$ 与阴影线部分面积的关系为

$$\lambda_{长}=\frac{\Delta ABC}{EF}=\frac{r\cdot l_s^2}{2EF}=\frac{(\max P_t-P_H)^2}{2EFr} \tag{7-14}$$

式中：E 为钢轨弹性模量，MPa；F 为钢轨断面面积，cm^2。

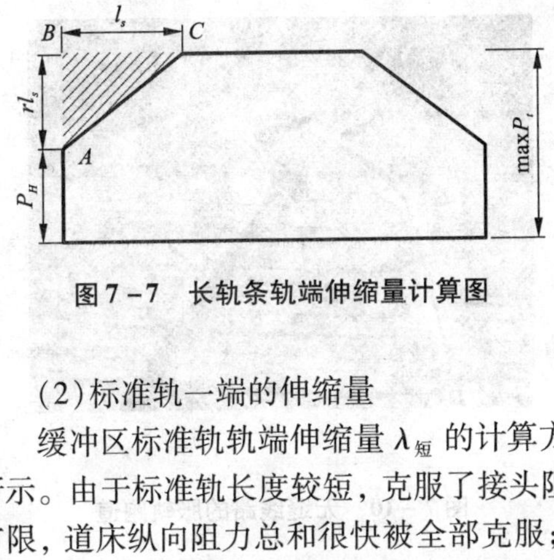

图 7 - 7　长轨条轨端伸缩量计算图

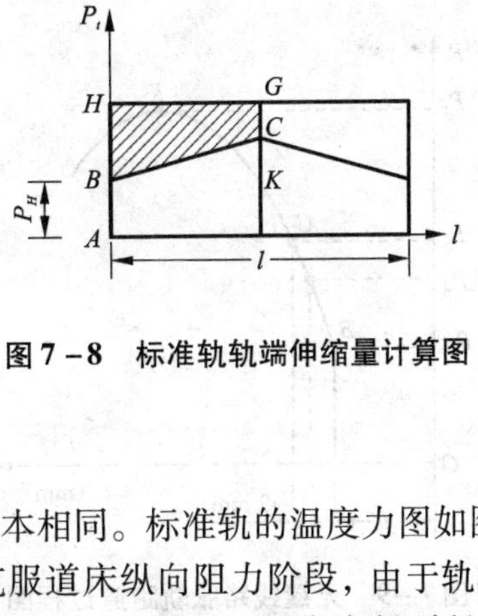

图 7 - 8　标准轨轨端伸缩量计算图

(2) 标准轨一端的伸缩量

缓冲区标准轨轨端伸缩量 $\lambda_{短}$ 的计算方法与 $\lambda_{长}$ 基本相同。标准轨的温度力图如图 7 - 8 所示。由于标准轨长度较短，克服了接头阻力后，在克服道床纵向阻力阶段，由于轨枕根数有限，道床纵向阻力总和很快被全部克服；此后，钢轨可以自由伸缩，温度力得到释放。标准轨内最大的温度力只有 $P_H+r\cdot l/2$（l 为标准轨长度）。标准轨一端温度力释放的面积为影阴线部分 $BCGH$。同理，可得到轨端伸缩量 $\lambda_{短}$ 的计算公式为

$$\lambda_{短}=\frac{BKGH}{EF}-\frac{\Delta BKC}{EF}=\frac{(\max P_t-P_H)\cdot l}{2EF}-\frac{rl_2}{8EF} \tag{7-15}$$

式中：$\max P_t$ 为从锁定轨温到最低或最高轨温时所产生的温度力，即 P_{tmax} 或 P_{tmin}。

7.3　无缝线路的稳定性

7.3.1　稳定性概念

在夏季高温季节，无缝线路的钢轨内部会产生巨大的温度压力，容易引起轨道横向变

形。在列车动力或人工作业等干扰下，轨道弯曲变形有时会突然增大，这一现象常称为胀轨跑道(臌曲)，在理论上称为丧失稳定。这对列车运行的安全是个极大的威胁。

无缝线路稳定性分析的主要目的是研究轨道臌曲发生的规律，分析其产生的力学条件及主要影响因素，计算出保证线路稳定的允许温度压力。因此，稳定性分析对无缝线路的设计、铺设及养护维修具有重要的理论和实践意义。

从国内外大量的室内模型试验、现场实际轨道稳定性试验以及对现场事故的观察分析表明，无缝线路的胀轨跑道可分为三个阶段，即持稳阶段、胀轨阶段和跑道阶段，如图7-9所示。图中纵坐标为钢轨压力 P_t，横坐标为轨道横向弯曲变形矢度 f_0+f，f_0 为钢轨的原始弯曲矢度。胀轨跑道总是从轨道的薄弱地段(即有原始弯曲不平顺)开始。在持稳阶段，即图中的 AB 段，随着轨温的升高，温度压力随之增加，但轨道不增大横向弯曲变形，B 点的温度力 P_{KA} 称为第一临界温度力。胀轨阶段，即图中的 BK 段，随着轨温的进一步升高，温度压力也进一步增加，轨道出现微小的横向弯曲变形，目视不明显。跑道阶段，当温度压力达到临界值 P_K 时，这时轨温稍有升高或轨道稍受外部干扰时，轨道就会突然发生横向臌曲，使积蓄于轨道中的能量突然释放，道砟抛出，轨枕裂损，钢轨发生较大变形，此为跑道阶段，即图中 K 点以后段，此时轨道稳定性完全丧失，其变形矢度可达30~50 cm。跑道导致轨道严重破坏，甚至颠覆列车，造成严重后果。跑道后的线路状态如图7-10所示。

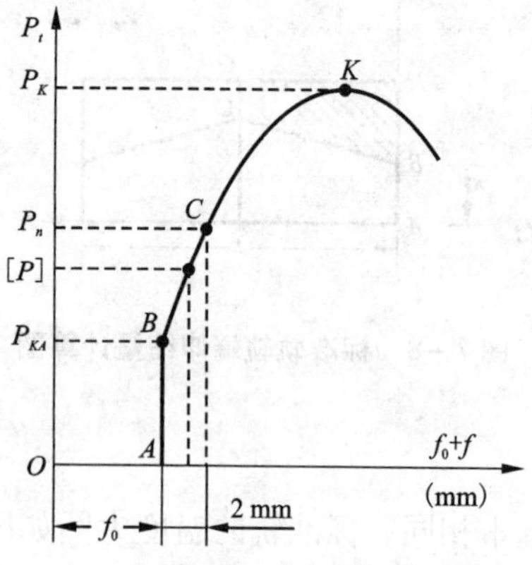

图7-9 无缝线路胀轨跑道过程图

图7-10 无缝线路的胀轨跑道

胀轨跑道的物理实质是轨道框架抵抗弯曲的能力，尤其是道床横向分布阻力已约束不住轨道横移和弯曲变形的发展，以致整个轨道失去平衡，从而使积存于轨道框架内的巨大弹性势能尤其是钢轨轴向的压缩变形能，突然释放出来。这个过程是在瞬间完成的，具有明显而强烈的动态特征。

7.3.2 影响无缝线路稳定性的因素

大量调查表明：大多数的胀轨跑道事故并非温度压力过大所致，而是由于对影响无缝线路稳定的因素认识不足，在养护维修中破坏了这些因素而发生。因此，研究无缝线路必须研究其丧失稳定与保持稳定两方面的因素，注意发展有利因素，克服、限制不利因素，防止胀轨跑道事故，以充分发挥无缝线路的优越性。

1. 保持稳定的因素

(1) 道床横向阻力

道床抵抗轨道框架横向位移的阻力称为道床横向阻力。它是保证无缝线路稳定性的主要因素之一。苏联的研究资料表明，稳定轨道框架的力，65% 是由道床提供的，钢轨为 25%，扣件为 10%。

道床横向阻力是由轨枕两侧、底部与道砟颗粒之间的摩擦力和枕端的砟肩横移的阻力组成。其中，道床肩部约占 30%，轨枕两侧占 20% ~ 30%，轨枕底部占 50%。道床横向阻力可用单根轨枕的横向阻力 Q 和道床单位长度横向阻力 q 表示，$q = Q/a$，a 为轨枕间距。

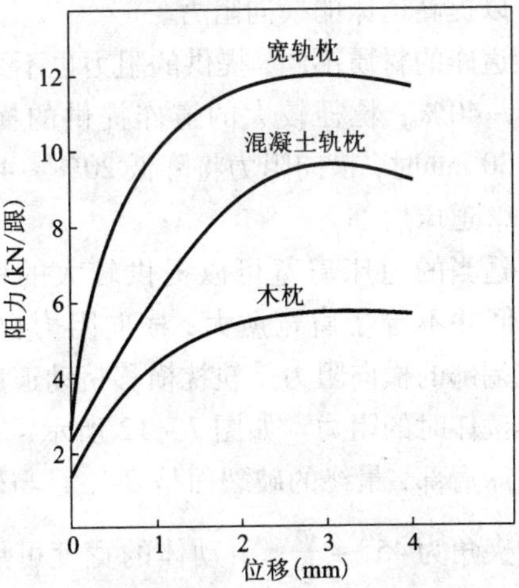

图 7 – 11　道床横向阻力

图 7 – 11 所示为实测得到的道床横向阻力与轨枕横向位移的关系曲线。由图 7 – 11 可以看出：随着轨枕的重量增加，横向阻力不断增大；横向阻力与轨枕横向位移成非线性关系，阻力随位移的增加而增加；当位移达到一定值时，横向阻力接近常量，位移继续增大时，道床的横向支撑会破坏。横向阻力与横向位移的相互关系可通过实测得到：

$$q = q_0 - By^z + Cy^{1/N} \tag{7-16}$$

式中：q_0 为初始道床横向阻力(N/cm)；y 为轨道弯曲时，各截面轨枕的横向位移(cm)；B，C，Z，N 为阻力系数，见表 7 – 8。

表 7 – 8　道床横向分布阻力系数

线路特征		q_0	B	C	Z	$1/N$
木枕	道床肩宽 40 cm，1840 根/km	12.4	215	296	1	2/3
	道床密实，标准断面，1840 根/km	20.0	8.0	60	1.7	1/3
混凝土枕	Ⅰ型，道床肩宽 40 cm，1840 根/km	15.0	444	583	1	3/4
	Ⅰ型，道床密实，标准断面，1840 根/km	22.0	38	110	1.5	1/3
	Ⅱ型，1760 根/km	11.6	214.8	597.5	1	3/4
	Ⅱ型，1840 根/km	12.1	225.1	624.6	1	3/4
	Ⅲ型，1667 根/km	14.6	357.2	784.7	1	3/4
	Ⅲ型，1760 根/km	15.4	366.6	819.7	1	3/4

无缝线路丧失稳定大多是由于维修作业不当，降低了道床横向阻力而发生的。因此要对

影响道床横向阻力的因素有所了解，以利于指导养护维修工作。影响道床横向阻力的因素很多，下面主要从道砟、肩宽以及维修作业方式等方面进行分析。

①道砟。

道床由道砟堆积而成，道床的饱满程度和道砟的材质、粒径尺寸对道床横向阻力都有影响。道床的饱满程度关系到轨枕与道砟接触面的大小及道砟之间的相互结合程度，饱满的道床可以提高道床的横向阻力。

道砟的材质不同，提供的阻力也不一样。根据国外资料，砂砾石道床比碎石道床阻力低30% ~40%；粒径较大的道砟提供的横向阻力也比较大，例如粒径由25 ~65 mm减小到15 ~30 mm时，横向阻力将降低20% ~40%。

②道床肩部。

适当的道床肩宽可以提供较大的横向阻力，但并不等于肩宽愈大，横向阻力也越大。轨枕端部的横向阻力是轨枕横移挤动道床肩部道砟棱体时的阻力。如图7－12所示，轨枕挤动道床肩部，最终的破裂面是BC，且与轨枕端面的夹角为$45° + \frac{\varphi}{2}$，滑动体的宽度可用下式计算

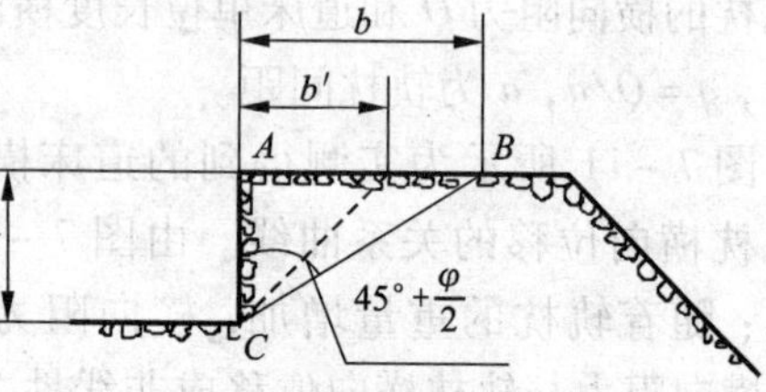

图7－12 轨枕端部道床破裂面示意图

$$b = H\tan\left(45° + \frac{\varphi}{2}\right) \tag{7-17}$$

式中：H为轨枕埋入道床的深度；φ为道砟内摩擦角，一般取35° ~50°。

对于混凝土轨枕，$H=228$ mm，$\varphi=38°$，则可得$b=470$ mm。道床肩部宽度在550 mm以上对增加道床横向阻力作用不大。

在道床肩部堆高道砟，加大了道砟滑动体的重量，增加了道床横向阻力，道床肩部的堆高形式如图7－13所示。图7－13中(a)，(b)和(c)的堆高形式可增加道床横向阻力分别为29%，34%和40%。

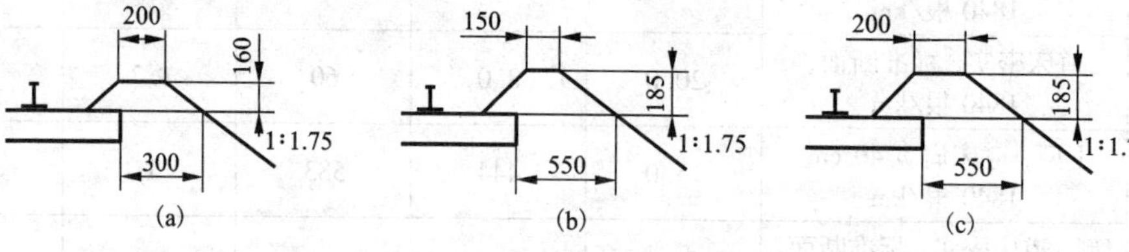

图7－13 道床肩部堆高示意图

不同的道砟材质具有不同的黏聚力和内摩擦角，因而道砟的摩阻力也不相同。如砂砾石道砟的阻力要比碎石道砟的阻力低30% ~40%。道砟粒径对横向阻力也有影响，在一定粒径范围内，道砟粒径大，则横向阻力也大。

③线路维修作业的影响。

线路养护维修作业中，凡扰动道床，如起道捣固、清筛等改变道砟间或与轨枕间的接触

状态，都会导致道床阻力下降，线路维修作业前后道床横向阻力的变化情况，表7－9所示是道床作业前后的阻力对比。

表7－9　维修作业前后道床横向阻力

作业项目	作业前	扒砟	捣固	回填	夯拍	逆向拨道10 mm
道床横向阻力(kN/根)	8.48	7.52	5.44	6.00	6.40	2.48
相对作业前的百分数(%)	100	89	64	71	75	29

线路中修破底清筛，整个道床会被扰动，道床阻力下降最大，清筛过后阻力才逐渐恢复，清筛后道床横向阻力的变化如表7－10所示。

表7－10　破底清筛前后道床横向阻力

破底清筛作业情况	清筛前	起道一遍捣固两遍	当天取消慢性后	作业后第二天
道床横向阻力(kN/根)	8.66	2.56	3.26	4.05
相对作业前的百分数(%)	100	30	36	47

值得注意的是，在列车的动荷载作用下，每根轨枕所提供的横向阻力是不同的。这是因为轨道框架在轮载作用点下产生正挠曲，而在距轮载作用点以外一段长度范围内会出现负挠曲使两转向架之间的轨道框架最大抬高量达0.1～0.3 mm，从而大大削弱这一范围内轨枕所能提供的横向阻力。

(2)轨道框架刚度

轨道框架刚度是抵抗轨道横向臌曲的另一重要因素。轨道框架刚度为在水平面内，两股钢轨的横向刚度加上钢轨与轨枕节点间的阻矩之和。

①两股钢轨的横向刚度即为$2EI_y$(J_y为一根钢轨对竖直轴的惯性矩)。

②扣件阻矩与轨枕类型、扣件类型、扣压力及钢轨相对于轨枕的转角β有关。阻矩M(单位为N·cm/cm)可表示为

$$M=H\cdot\beta^{1/\mu} \tag{7-18}$$

式中：H，μ为阻矩系数。对于弹条Ⅰ型扣件，螺母扭矩为100 N·m，则$H=2.2\times10^4$，$\mu=2$。

2. 丧失稳定因素

无缝线路丧失稳定的主要因素是温度压力与轨道初始弯曲。由于温升引起钢轨中的轴向温度压力是无缝线路稳定问题的根本原因，而轨道初始横向弯曲则是影响无缝线路稳定的直接原因。胀轨跑道多发生在轨道的初始弯曲处。因此，控制轨道的初始弯曲矢度对提高无缝线路的稳定性有重要作用。

初始弯曲一般可分为弹性初始弯曲和塑性初始弯曲。弹性初始弯曲是在温度力和列车横向力的作用下产生的；塑型初始弯曲是钢轨在轧制、运输、焊接和铺设过程中形成的。现场调查表明，大量塑性初始弯曲矢度为3～4 mm，测量的波长为4～7 m，塑性初始弯曲矢度占总初始弯曲矢度的58.33%。

7.3.3 无缝线路稳定性的不等波长计算公式

20 世纪 80 年代，铁道科学研究院卢耀荣研究员提出了轨道变形弦长与初始弯曲弦长不等的计算模型，推导了相应的稳定性计算公式，称之为卢耀荣公式，以下介绍不等波长下的无缝线路稳定性计算公式。

1. 公式推导

不等波长公式的基本假设为轨道框架是处在弹性均匀介质中的无限长梁，梁具有初始弯曲，在温度压力作用下，变形曲线与初始弯曲波形相似，但波长不相等，如图 7－14 所示。

初始弯曲的线形函数为正弦曲线，即

$$y_0 = f_0 \cdot \sin^2 \frac{\pi x}{l_0} \qquad (7-19)$$

该函数满足如下边界条件：当 $x=0$ 或 $x=l_0$ 时，$y_0=0$，$y_0'=0$。

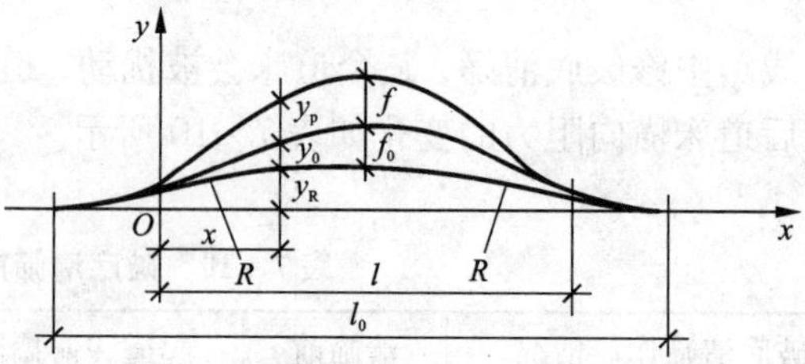

图 7－14　轨道初始弯曲及变形波长曲线

当初始弯曲位于曲线半径等于 R 的曲线轨道上时，初始弯曲中包括圆曲线在内的线性函数为

$$y_s = y_0 + y_R = f_0 \cdot \sin^2 \frac{\pi x}{l_0} + \frac{x(l_0 - x)}{2R} \qquad (7-20)$$

式中：f_0 为轨道初始弯曲矢度；l_0 为轨道原始弯曲波长（或称弦长）；y_0，y_R 为与坐标原点 O 距离为 x 处的纵坐标，如图 7－14 所示。

在温度力的作用下，轨道将在初始弯曲处变形。变形后的曲线仍保持连续，变形曲线的线性与初始弯曲的线性相似，但弦长不等，即

$$y = f \cdot \sin^2 \frac{\pi x}{l} \qquad (7-21)$$

式中：f 为变形曲线矢度；l 为变形曲线的弦长。

变形后的曲线仍保持连续，用函数 y_K 表示。

$$y_K = y + y_s \qquad (7-22)$$

相对图 7－14 所示的坐标系，初始弯曲 y_0 的表达式应改为

$$y_0 = f_0 \cdot \sin^2 \frac{\pi}{l_0}\left[\frac{l_0 - l}{2} + x\right] = f_0 \cdot \sin^2 \pi\left[\frac{l_0 - l}{2l_0} + xl_0\right]$$

$$= f_0 \cdot \sin^2 \pi\left[\frac{l_0 - l + 2x}{2l_0}\right] = f_0 \cdot \sin^2 \pi\left[\frac{1}{2} + \frac{2x - l}{2l_0}\right]$$

三角代换

$$y_0 = f_0 \cdot \sin^2\left[\frac{\pi}{2} + \left(\frac{2x - l}{2l_0}\right)\pi\right] = f_0 \cdot \left[\sin \frac{\pi}{2}\cos\left(\frac{2x - l}{2l_0}\right)\pi + \cos \frac{\pi}{2}\sin\left(\frac{2x - l}{2l_0}\right)\pi\right]^2$$

$$= f_0 \cos^2 \frac{\pi(2x - l)}{2l_0} \qquad (7-23)$$

同理，圆曲线的函数表达式可写成

$$y_R=\frac{x(l_0-x)}{2R}=\frac{\left(\frac{l_0-l}{2}+x\right)\left(\frac{l_0+l-2x}{2}\right)}{2R}=\frac{\left(\frac{l_0-l}{2}+x\right)\left(\frac{l_0+l}{2}-x\right)}{2R}$$
$$=\frac{\frac{l_0-l}{2}\left(\frac{l_0+l}{2}-x\right)+x\left(\frac{l_0+l}{2}-x\right)}{2R}$$

即

$$y_R=\frac{l_0^2-l^2-2x(l_0-l)+2x(l_0+l)-4x^2}{8R}=\frac{l_0^2-l^2-2xl_0+2xl+2xl_0+2xl-4x^2}{8R}$$

化简得

$$y_R=\frac{l_0^2-l^2+4xl-4x^2}{8R}=\frac{l_0^2-(2x-l)^2}{8R} \tag{7-24}$$

由上式得

$$y_K=y+y_s=y+y_0+y_R$$
$$=f\cdot\sin^2\frac{\pi x}{l}+f_0\cos^2\frac{\pi(2x-l)}{2l_0}+\frac{l_0^2-(2x-l)^2}{8R}(0\leqslant x\leqslant l) \tag{7-25}$$

根据以上基本假设，运用势能驻值原理，推求的稳定性计算公式表达式，钢轨受的总势能如(7-26)所示

$$A=A_1+A_2+A_3+A_4 \tag{7-26}$$

式中：A_1 为钢轨压缩变形能；A_2 为轨道弹性弯曲变形能；A_3 为道床形变能；A_4 为扣件形变能。

(1)钢轨压缩形变能 A_1

$$A_1=P\cdot\Delta l=P\int_0^l\left[\left(\frac{dS_K-dx}{dx}\right)-\left(\frac{dS_s-dx}{dx}\right)\right]dx \tag{7-27}$$

式中：S_s 为轨道初始状态的弧长；S_K 为轨道弯曲变形后的弧长；Δl 为轨道初始状态与弯曲变形后的弧长差。

则钢轨压缩变形能

$$A_1=P\cdot\int_0^l[(\sqrt{1+y'^2_K}-1)-(\sqrt{1+y'^2_s}-1)]dx$$
$$=P\cdot\int_0^l\left[\left(1+\frac{1}{2}y'^2_K\right)-\left(1+\frac{1}{2}y'^2_s\right)\right]dx$$
$$=P\cdot\int_0^l(1+\frac{1}{2}y'^2_K-1-\frac{1}{2}y'^2_s)dx$$
$$=P\cdot\int_0^l\left[\frac{1}{2}(y'^2_K-y'^2_s)\right]dx \tag{7-28}$$

由式(7-20)和式(7-25)可知 y_s、y_K 求导，求出 $y'^2_K-y'^2_s$，得：

$$y'^2_K-y'^2_s=\left(\frac{\pi f}{l}\right)^2\sin^2\frac{2\pi x}{l}-\left(\frac{f_0\pi}{l_0}\right)^2\cdot\sin^2\frac{2\pi x}{l_0}+$$
$$\frac{\pi^2 ff_0}{ll_0}\sin^2\frac{2\pi x}{l}\sin\frac{\pi(2x-l)}{l_0}\cdot(-2)-$$

$$\frac{f_0\pi(l_0-2x)}{l_0R}\sin\frac{2\pi x}{l_0}+\left(\frac{f_0\pi}{l_0}\right)^2\cdot\sin^2\frac{\pi(2x-l)}{l_0}-\left(\frac{l_0-2x}{2R}\right)^2 \tag{7-29}$$

将式(7-29)的结果代入式(7-28)得

$$A_1=P\cdot\left\{\frac{1}{2}\cdot\left(\frac{f\pi}{l}\right)^2\int_0^l\sin^2\frac{2\pi x}{l}\mathrm{d}x+\frac{1}{2}\cdot\frac{\pi^2ff_0}{ll_0}\int_0^l\left[-2\sin\frac{2\pi x}{l}\cdot\sin\frac{\pi(2x-l)}{l_0}\right]\mathrm{d}x+\right.$$
$$\left.\frac{1}{2}\cdot\frac{f\cdot\pi}{lR}\int_0^l\left[-(2x-l)\sin\frac{2\pi x}{l}\right]\mathrm{d}x\right\} \tag{7-30}$$

将式(7-30)中的 $\int_0^l\sin^2\frac{2\pi x}{l}\mathrm{d}x$ 积分求出

$$\int_0^l\sin^2\frac{2\pi x}{l}\mathrm{d}x=\int_0^l\frac{1-\cos\frac{4\pi x}{l}}{2}\mathrm{d}x=\frac{1}{2}\int_0^l\left(1-\cos\frac{4\pi x}{l}\right)\mathrm{d}x=\frac{1}{2}\int_0^l x\mathrm{d}x-\frac{1}{2}\int_0^l\cos\frac{4\pi x}{l}\mathrm{d}x$$
$$=\frac{1}{2}l-\frac{1}{8}\int_0^l\cos\frac{4\pi x}{l}d\frac{4\pi x}{l}=\frac{1}{2}l-\frac{1}{8}\int_0^l\sin\frac{4\pi x}{l}\Big|_0^l=\frac{1}{2}l$$

同样，将式(7-30)中的 $\int_0^l\left[-(2x-l)\sin\frac{2\pi x}{l}\right]\mathrm{d}x$ 也求出

$$\int_0^l\left[-(2x-l)\sin\frac{2\pi x}{l}\right]\mathrm{d}x=-\frac{1}{2}\int_0^l(2x-l)\,\mathrm{d}\cos\frac{2\pi x}{l}$$
$$=\frac{l}{2\pi}\left[(2x-l)\cos\frac{2\pi x}{l}\Big|_0^l-\int_0^l\cos\frac{2\pi x}{l}\mathrm{d}(2x-l)\right]$$
$$=\frac{l}{2\pi}\left[2l-\int_0^l\cos\frac{2\pi x}{l}\mathrm{d}2x\right]=\frac{l}{2\pi}\left(2l-\frac{l}{\pi}\sin\frac{2\pi x}{l}\cdot\frac{l}{2\pi}\Big|_0^l\right)$$
$$=\frac{l}{2\pi}\cdot 2l=\frac{l^2}{\pi}$$

所以 $\int_0^l\sin^2\frac{2\pi x}{l}\mathrm{d}x=\frac{1}{2}l\int_0^l\left[-(2x-l)\sin\frac{2\pi x}{l}\right]\mathrm{d}x=\frac{l^2}{\pi}$

设 $\eta_1=\frac{1}{l}\int_0^l\left[-2\sin\frac{2\pi x}{l}\sin\frac{\pi(2x-l)}{l_0}\right]\mathrm{d}x=\begin{cases}\frac{2l_0{}^2}{\pi(l_0{}^2-l^2)}\sin\frac{l}{l_0}\pi & (l\neq l_0)\\ 1.0 & (l=l_0)\end{cases}$

将上述结果代入式(7-30)得

$$A_1=P\left[\frac{1}{2}\left(\frac{f\pi}{l}\right)^2\cdot\frac{1}{2}l+\frac{1}{2}\frac{\pi^2ff_0}{l_0}\eta_1+\frac{1}{2}\frac{fl}{R}\right]=P\left[\frac{(f\pi)^2}{4l}+\frac{\pi^2ff_0}{2l_0}\eta_1+\frac{fl}{2R}\right] \tag{7-31}$$

(2)轨道弹性弯曲势能 A_2

轨道的初始弯曲 y_0 不仅包含塑性初始弯曲 y_{0P}（矢度为 f_{0P}），而且还包含弹性初始弯曲 y_{0s}（矢度为 f_{0s}），因此在其初始状态沿着轴向具有常量分布弯矩 M_{0s}，则在温度力 P 作用下，轨道在平面内弯曲。在局限于微小弯曲变形范围，略去剪切变形，其弹性弯曲势能为

$$A_2=-\int_0^l\left[\frac{M(x)^2}{2EI}+\frac{M_{0s}(x)M(x)}{EI}\right]\mathrm{d}x \tag{7-32}$$

式(7－32)中，$EI=2EI_y$ 为两股钢轨在平面内的抗弯刚度。

由于 $M(x)=EIy''$，$M_{0s}(x)=EIy''_{0s}$，故

$$A_2=-EI\left[\int_0^l\frac{1}{2}(y''_K-y''_s)^2\mathrm{d}x+\int_0^l(y''_K-y''_s)(y''_{0s})\mathrm{d}x\right] \tag{7-33}$$

由 y'_K 求导得

$$y'_K=f\cdot\sin\frac{2\pi x}{l}\cdot\frac{\pi}{l}-f_0\sin\frac{\pi(2x-l)}{l_0}\cdot\frac{\pi}{l_0}=\frac{f\pi}{l}\sin\frac{2\pi x}{l}-\frac{f_0\pi}{l_0}\sin\frac{\pi(2x-l)}{l_0} \tag{7-34}$$

求出二阶导 y''_K

$$y''_K=\frac{2f\pi^2}{l^2}\cos\frac{2\pi x}{l}-\frac{2f_0\pi^2}{l_0}\cos\frac{\pi(2x-l)}{l_0}$$

$$y''_s=\frac{f_0\pi}{l_0}\cos\frac{2\pi x}{l_0}\cdot\frac{2\pi}{l_0}-\frac{1}{R}=\frac{2f_0\pi^2}{l_0}\cos\frac{2\pi x}{l_0}-\frac{1}{R}$$

$$y''_K-y''_s=\frac{2f\pi^2}{l^2}\cos\frac{2\pi x}{l}-\frac{2f_0\pi^2}{l_0}\cos\frac{\pi(2x-l)}{l_0}-\frac{2f_0\pi^2}{l_0}\cos\frac{2\pi x}{l_0}+\frac{1}{R} \tag{7-35}$$

可知弹性初始弯曲 y_{0s} 为

$$y_{0s}=f_{0s}\sin^2\frac{\pi\left(x-\frac{l}{2}\right)}{l_0}=f_{0s}\sin^2\frac{\pi(2x-l)}{2l_0}$$

$$y'_{0s}=f_{0s}2\sin\frac{\pi(2x-l)}{2l_0}\cos\frac{\pi(2x-l)}{2l_0}\cdot\frac{\pi}{l_0}=\frac{f_{0s}\pi}{l_0}\sin\frac{2\pi(2x-l)}{2l_0} \tag{7-36}$$

由式(7－35)和式(7－36)得

$$y''_{0s}=\frac{f_{0s}\pi}{l_0}\cos\frac{\pi(2x-l)}{l_0}$$

$$y''=\frac{2f\pi^2}{l^2}\cos\frac{2\pi x}{l}$$

所以由 $A_2=-EI\left[\int_0^l\frac{1}{2}y''^2\mathrm{d}x+\int_0^l y''\cdot y''_{0s}\mathrm{d}x\right]$

将上式结果代入得

$$\begin{aligned}A_2&=-EI\left\{\int_0^l\frac{1}{2}\left[2\left(\frac{\pi}{l}\right)^2f\cos\frac{2\pi x}{l}\right]^2\mathrm{d}x+\int_0^l\left[-2f_{0s}\left(\frac{\pi}{l_0}\right)^2\cos\frac{\pi(2x-l)}{l_)}\right]\cdot\left[2f\left(\frac{\pi}{l}\right)^2\cos\frac{2\pi x}{l}\right]\mathrm{d}x\right\}\\&=-EI\left\{\int_0^l\frac{1}{2}\left[2\left(\frac{\pi}{l}\right)^2f\cos\frac{2\pi x}{l}\right]^2\mathrm{d}x+\int_0^l\left[-2f_{0s}\left(\frac{\pi}{l_0}\right)^2\left(\frac{\pi}{l}\right)^2\cdot2f\cos\frac{2\pi x}{l}\cos\frac{\pi(2x-l)}{l}\right]\mathrm{d}x\right\}\\&=-EI\left\{\int_0^l\frac{1}{2}\left[4\left(\frac{\pi}{l}\right)^4f^2\cos^2\frac{2\pi x}{l}\right]\mathrm{d}x+2f_{0s}\left(\frac{\pi}{l_0}\right)^2\left(\frac{\pi}{l}\right)^2f\int_0^l\left[-2\cos\frac{2\pi x}{l}\cos\frac{\pi(2x-l)}{l}\right]\mathrm{d}x\right\}\end{aligned}$$

求出上式中的 $\int_0^l\cos^2\frac{2\pi x}{l}\mathrm{d}x$ 积分得

$$\int_0^l\cos^2\frac{2\pi x}{l}\mathrm{d}x=\int_0^l\frac{1}{2}\left(\cos\frac{4\pi x}{l}+1\right)\mathrm{d}x=\frac{1}{2}\int_0^l\left(\cos\frac{4\pi x}{l}+1\right)\mathrm{d}x$$

$$= \frac{1}{2}\left[l + \int_0^l \cos\frac{4\pi x}{l}dx\right] = \frac{1}{2}\left[l + \frac{l}{4\pi}\int_0^l \cos\frac{4\pi x}{l}d\left(\frac{4\pi x}{l}\right)\right]$$

$$= \frac{1}{2}\left[l + \left(\frac{l}{4\pi}\right)\cdot \sin\frac{4\pi x}{l}\Big|_0^l\right] = \frac{l}{2}$$

设 $\varphi_1 = \frac{1}{l}\int_0^l\left[-2\cos\frac{2\pi x}{l}\cdot\cos\frac{\pi(2x-l)}{l_0}\right]dx = \begin{cases}\frac{2ll_0}{\pi(l_0^2-l^2)}\sin\frac{l}{l_0}\pi & l\neq l_0\\ 1.0 & l = l_0\end{cases}$

则

$$A_2 = -EI\left\{2\left(\frac{\pi}{l}\right)^4 f^2\int_0^l\cos^2\frac{2\pi x}{l}dx + 2f_{0s}\left(\frac{\pi}{l_0}\right)^2\cdot\frac{\pi^2}{l}f\varphi_1\right.$$

$$= -EI\left[2\left(\frac{\pi}{l}\right)^4 f^2\cdot\frac{l}{2} + \frac{2\pi^4 ff_{0s}}{l_0^2 l}\varphi_1\right]$$

$$= -EI\left[\frac{\pi^4 f^2}{l^3} + \frac{2\pi^4 ff_{0s}}{l_0^2 l}\varphi_1\right]$$

(3)道床形变能 A_3

沿着轨道的轴向分布单位长度上的道床横向阻力为 q，根据实测资料进行回归分析，求得道床横向阻力为轨枕横移量 y 的幂函数，如式(7－16)所示。则道床的形变能 A_3 可按下式计算

$$A_3 = -\int_0^l\int_0^y Q\,dy\,dx = -\int_0^l\int_0^y(Q_0 - By^z + Cy^{1/N})\,dy\,dx$$

求出二重积分得

$$A_3 = -\int_0^l\left[Q_0 y - \frac{B}{1+Z}y^{1+Z} + C\frac{N}{1+N}y^{\left(\frac{1+N}{N}\right)}\right]dx$$

$$= \int_0^l\left[Q_0 f\sin^2\frac{\pi x}{l} - \frac{B}{1+Z}\left(f\sin^2\frac{\pi x}{l}\right)^{1+Z} + C\frac{N}{1+N}\left(f\sin^2\frac{\pi x}{l}\right)^{\left(\frac{1+N}{N}\right)}\right]dx$$

$$= -\int_0^l Q_0 f\sin^2\frac{\pi x}{l}dx + \int_0^l\frac{B}{1+Z}f^{1+Z}\left(\sin\frac{\pi x}{l}\right)^{2(1+Z)}dx + \frac{CNf^{\frac{1+N}{N}}}{1+N}\int_0^l\left(\sin\frac{\pi x}{l}\right)^{\frac{2(1+N)}{N}}dx$$

设 $G = \frac{1}{l}\int_0^l\left(\sin\frac{\pi x}{l}\right)^{2(1+Z)}dx$，$K = \frac{1}{l}\int_0^l\left(\sin\frac{\pi x}{l}\right)^{2\left(\frac{1+N}{N}\right)}dx$，

由于变形波长的对称性，故

$$G = \frac{2}{l}\int_0^{l/2}\left(\sin\frac{\pi x}{l}\right)^{2(1+Z)}dx,\ K = \frac{2}{l}\int_0^{l/2}\left(\sin\frac{\pi x}{l}\right)^{2\left(\frac{1+N}{N}\right)}dx$$

可求出

$$\int_0^l\left(\sin\frac{\pi x}{l}\right)^{2(1+Z)}dx = 2\int_0^{\frac{l}{2}}\left(\sin\frac{\pi x}{l}\right)^{2(1+Z)}dx = l\cdot G$$

同理

$$\int_0^l\left(\sin\frac{\pi x}{l}\right)^{2\left(\frac{1+N}{N}\right)}dx = 2\int_0^{\frac{l}{2}}\left(\sin\frac{\pi x}{l}\right)^{2\left(\frac{1+N}{N}\right)}dx = l\cdot K$$

$$\int_0^l\sin^2\frac{\pi x}{l}dx = \int_0^l\frac{1}{2}\left(1-\cos\frac{2\pi x}{l}\right)dx = \frac{1}{2}\int_0^l\left(1-\cos\frac{2\pi x}{l}\right)dx$$

$$= \frac{1}{2}\left[\left(-\frac{l}{2\pi}\int_0^l \cos\frac{2\pi x}{l}\mathrm{d}\left(\frac{2\pi x}{l}\right)\right]\right.$$

$$= \frac{1}{2}\left[\left(l - 0 - \left(\frac{l}{2\pi}\right)\sin\frac{2\pi x}{l}\Big|_0^l\right] = \frac{1}{2}l\right.$$

若 Z 和 N 已知，则可用 β 函数和 γ 函数计算 G、K 的积分(查数学手册)，可得

$$A_3 = -Q_0 f\cdot\frac{l}{2} + \frac{Bf^{1+Z}}{1+Z}lG + \frac{CNf^{\frac{1+N}{N}}}{1+N}lK$$

$$= -\left[\frac{Q_0 lf}{2} - \frac{B}{1+Z}G\cdot f^{1+Z}l + CK\frac{N}{1+N}f^{\frac{1+N}{N}}l\right] \quad (7-37)$$

(4)扣件形变能 A_4

根据实测扣件阻力弯矩资料进行回归分析，求得阻矩 M 为角位移 β 的幂函数，如式(7-18)所示。在温度力 P 作用下，轨道弯曲变形时，钢轨相对于轨枕转动，产生扣件形变能 A_4 按下式计算

$$A_4 = -\int_0^l\int_0^\beta M\mathrm{d}\beta\mathrm{d}x = -\int_0^l\int_0^\beta 1 + \gamma'^{\frac{1}{\mu}}\mathrm{d}y'\mathrm{d}x$$

$$P_{峰} = \frac{1}{2}(P_{\mathrm{tmax}} + P_{\mathrm{tmin}})$$

当 $\beta = y'$ 时

$$A_4 = -\int_0^l\int_0^\beta Hy'^{\frac{1}{\mu}}\mathrm{d}y'\mathrm{d}x = -\int_0^l \frac{H\mu}{1+\mu}y'^{\frac{1+\mu}{\mu}}\mathrm{d}x = -H\frac{\mu}{1+\mu}\int_0^l\left(\frac{2\pi}{l}f\cos\frac{\pi x}{l}\sin\frac{\pi x}{l}\right)^{\frac{1+\mu}{\mu}}\mathrm{d}x$$

$$= -H\frac{\mu}{1+\mu}\int_0^l\left(\frac{f}{l}\right)^{\frac{1+\mu}{\mu}}\cdot\left(\pi\sin\frac{2\pi x}{l}\right)^{\frac{1+\mu}{\mu}}\mathrm{d}x = -H\frac{\mu}{1+\mu}\cdot\left(\frac{f}{l}\right)^{\frac{1+\mu}{\mu}}\cdot 2\int_0^l\left(\pi\sin\frac{2\pi x}{l}\right)^{\frac{1+\mu}{\mu}}\mathrm{d}x$$

$$= -H\frac{\mu}{1+\mu}\cdot\left(\frac{f^{\frac{1+\mu}{\mu}}}{l^{\frac{1}{\mu}}}\right)\cdot\frac{2}{l}\int_0^l\left(\pi\cdot\sin\frac{2\pi x}{l}\right)^{\frac{1+\mu}{\mu}}\mathrm{d}x$$

可设

$$\psi = \frac{1}{l}\int_0^l\left(2\pi\cos\frac{\pi x}{l}\sin\frac{\pi x}{l}\right)^{\frac{1+\mu}{\mu}}\mathrm{d}x = \frac{1}{l}\int_0^l\left(\pi\sin\frac{2\pi x}{l}\right)^{\frac{1+\mu}{\mu}}\mathrm{d}x = \frac{2}{l}\int_0^{\frac{l}{2}}\left(\pi\sin\frac{2\pi x}{l}\right)^{\frac{1+\mu}{\mu}}\mathrm{d}x$$

若 μ 为已知，则可用 β 函数和 Γ 函数计算 ψ 的积分，得

$$A_4 = -H\frac{\mu}{1+\mu}\psi f^{\frac{1+\mu}{\mu}}\left(\frac{1}{l}\right)^{\frac{1}{\mu}} \quad (7-38)$$

根据势能逗留值原理，对内力和外力平衡来说，弹性势能的一阶段变分等于零是充分必要条件。轨道在平面弯曲过程中，随着轨温的变化，弯曲矢度 f 随之改变，对于任意变形矢度 f_i，理论上存在无数多个 l_{in}，而实际存在的只能是与之对应的某一最不利的变形波长 l_i，则在计算时可假定总势能 A 仅与参数 f 有关。由于此处的变数仅是一个参变数，因此变分和微分是一致的，在形式上仍可写成

$$\frac{\mathrm{d}A}{\mathrm{d}f} = \frac{P\pi^2}{2l}\left(f + \frac{f_0 l}{l_0}\eta_1 + \frac{l^2}{R\pi^2}\right) - \frac{2EI\pi^4}{l}\left(\frac{f}{l^2} + \frac{f_{0s}}{l_0^2}\varphi_1\right) - \left(\frac{Q_0 l}{2} - BGf^Z l + CKf^{\frac{1}{N}}l\right) - H\left(\frac{f}{l}\right)^{\frac{1}{\mu}}\psi = 0$$

令初始弯曲矢长比为 $\frac{f_0}{l_0} = i_0$，弹性初始弯曲 f_{0s} 占总初始弯曲矢度 f_0 的比例为 $d = \frac{f_{0s}}{f_0}$，$\frac{f_{0s}}{l_0}$

$=\frac{f_{0s}}{f_0}\cdot\frac{f_0}{l_0}=i_0 d$，$\frac{f_0}{l_0}=i_0$。则可求得保证轨道稳定性的最小临界温度压力为

$$P\left(f+i_0 l\eta_1+\frac{l^2}{R\pi^2}\right)-4EI\pi^4\left(\frac{f}{l^2}+\frac{f_{0s}}{l_0^2}\varphi_1\right)-\frac{2l}{\pi^2}\left(\frac{Q_0 l}{2}-BGf^Z l+CKf^{\frac{1}{N}}l\right)-\frac{2lH}{\pi^2}\left(\frac{f}{l}\right)^{\frac{1}{\mu}}\psi=0$$

$$P\left(f+i_0 l\eta_1+\frac{l^2}{R\pi^2}\right)-4EI\pi^4\left(\frac{f}{l^2}+\frac{i_0 d}{l_0}\varphi_1\right)-\frac{l^2}{\pi^2}(Q_0-2BGf^Z l+2CKf^{\frac{1}{N}}l)-\frac{2H}{\pi^2}f^{\frac{1}{\mu}}l^{\frac{1+\mu}{\mu}}\psi=0$$

令 $\tau_i=4EI\pi^4\left(\frac{f}{l^2}+\frac{di_0}{l_0}\varphi_1\right)$，$\tau_q=\frac{l^2}{\pi^2}(Q_0-2BGf^Z+2CKf^{\frac{1}{N}})$

$$\tau_m=\frac{2H}{\pi^2}f^{\frac{1}{\mu}}l^{\frac{\mu-1}{\mu}}\psi,\ \tau_0=f+i_0 l\eta_1+\frac{l^2}{R\pi^2}$$

则当 $l\neq l_0$ 时，无缝线路处于平衡状态的温度力 P 可用下式计算

$$P=\frac{\tau_i+\tau_q+\tau_m}{\tau_0} \tag{7-39}$$

当用 $f=0.2$ mm 时，代入式(7-39)，计算所得的温度力 P 即为保持无缝线路稳定的允许温度压力[P]。

2. 稳定性安全储备量分析

无缝线路稳定性计算，显然不能把临界温升作为允许温升使用，而应顾及下列因素的影响。

①初始弯曲分布的随机性，道床密实度、扣件拧紧程度的不均匀性。

②轨温测量不精确。

③计算结果误差。

④高温条件下，无缝线路可能产生横向累积变形。

因而稳定性允许温升的计算，应当考虑一定的安全储备量，并以基本安全系数定量评价无缝线路稳定性安全储备量。

$$K_A=\frac{\Delta t_k}{\Delta t_u} \tag{7-40}$$

式中：K_A 为无缝线路稳定性基本安全系数；Δt_k 为无缝线路丧失稳定时的临界温升，其大小表征线路为保持稳定性能承受的最大轨温变化幅度；Δt_u 为无缝线路稳定性允许弯曲变形温升。

允许弯曲变形温升的取值，既有办法是取轨道变形量 $f=0.2$ cm 对应的温升，并认为轨枕位移量在 0.2 cm 以内，道床处于弹性变形范围。但根据实测资料，在荷载作用下，轨枕微量位移，卸载后，道床也会产生残余变形，因此取对应于 $f=0.2$ cm 的温升作为允许弯曲变形温升。高温季节，轨道会产生积累变形而降低稳定性。

允许弯曲变形温升取值应把防止无缝线路产生弹动现象作为先决条件，并限制轨道产生积累变形。据测得的日温差频数及轨温昼夜变化对无缝线路的横向变形积累变形，经计算，取 $f=0.02\sim0.05$ cm 所对应的温升 Δt 作为无缝线路稳定性允许弯曲变形温升 Δt_u，f 取值与轨道结构类型及道床密实度有关，通常取 $f=0.02$ cm。这样，只要初始弯曲不超设计允许值，锁定轨温至最高轨温的温升也不超过允许值，则在高温季节，一昼夜内，无缝线路的最大弯曲变形量不超过 0.02 cm，经过一个季节运行后，积累变形量不会超过 0.2 cm，并保证在温

度力和列车荷载作用下，不产生弹动现象而失稳。

根据两种轨型、混凝土轨枕(1840 根/km)，在列车荷载作用下，车辆两转向架之间的轨排受负弯矩而浮起的实测道床阻力，计算求得不同半径曲线的临界温升 Δt_k、允许弯曲变形温升 Δt_u，从而求得基本安全系数 K_A，如表 7－11 所示。

表 7－11 无缝线路的基本安全系数

钢轨类型	临界温升 Δt_k，允许弯曲变形温升 Δt_u，基本安全系数 K_A	直线及 $R \geqslant 2000$ m 曲线	曲线半径 R(m)				
			1000	800	600	500	400
60 kg/m	Δt_k(℃)	95	82	82	75	69	64
	Δt_u(℃)	66	56	55	50	46	43
	$[\Delta t_u]$(℃)	50	48	47	42	38	35
	K_A	1.44	1.46	1.49	1.50	1.50	1.49
	K_c	1.32	1.17	1.17	1.19	1.21	1.23
	K_0	1.90	1.71	1.74	1.79	1.82	1.83
75 kg/m	Δt_k(℃)	95	84	84	77	73	66
	Δt_u(℃)	66	56	55	52	49	45
	$[\Delta t_u]$(℃)	50	48	47	44	41	37
	K_A	1.44	1.50	1.53	1.48	1.49	1.47
	K_c	1.32	1.17	1.17	1.18	1.19	1.21
	K_0	1.90	1.76	1.79	1.75	1.77	1.78

由于无缝线路纵向力分布不均匀及运行过程中锁定轨温的变化两个附加因素，还应考虑附加安全系数 K_c。

稳定性计算时，不论直线或曲线均考虑在轨道弯曲变形范围内纵向力分布不均匀的峰值相当于10℃的温度力。但由于纵向力不均匀分布有较大的随机性，把其换算为均匀分布纵向力 ΔP，则相当于 8℃的温度力。

在确定稳定性允许温升时，还要考虑无缝线路经过长期运行后锁定轨温的变化，根据试验及统计分析，锁定轨温变化在 8℃以内时，由设计予以修正。对锁定轨温变化的修正，直线与曲线区段采取不同的处理办法。在直线和半径大于 2000 m 的曲线上，为保证有充裕的养护维修作业时间，考虑高温季节也可安排必要的养护维修作业，因此在允许温升中，修正锁定轨温 8℃。在半径小于 2000 m 的曲线上，锁定轨温差异在作业安排中加以修正，而允许铺设温升不作修正。

考虑以上因素后，计算得附加安全系数如表 7－11 所示。无缝线路稳定性的实际安全系数为基本安全系数和附加安全系数之积

$$K_0 = K_A \cdot K_c \tag{7-41}$$

最后得无缝线路稳定性的安全系数如表 7－11 所示。实际安全系数 K_0 表征无缝线路的

实际安全储备。

3. 无缝线路稳定允许温度力和允许温升算例

某无缝线路铺设 60 kg/m 钢轨，$R=2\times10^5$ cm，$F=77.45$ cm^2，$J_Z=524$ cm^4，$E=2.1\times10^7$ N/cm^2，$l_0=720$ cm，$i_0=1\%$，$d=58.33\%$，$\alpha=1.18\times10^{-5}$℃$^{-1}$。试计算 $f=0.02$ cm 所对应的稳定允许温差。

解：由式(7－39)有

$$P=\frac{\tau_i+\tau_q+\tau_m}{\tau_0}$$

$$\tau_i=8.68841\times10^{11}\left(\frac{0.02}{l^2}+8.10138\times10^{-7}\varphi_1\right),\ \tau_q=4.25l^2$$

$$\tau_m=1.95339\times10^{-3}l^{\frac{1}{2}},\ \tau_0=2\times10^{-2}+1\times10^{-3}l\eta_1+\frac{l^2}{1.97392\times10^6}$$

列表计算不同 l 对应的 P，从中求得 P_{min}。

由表 7－12 所列计算结果可以看出，当 $l=440$ cm 时，算得的 P 最小，故得 $P_{min}=2.53456\times10^6$ N(两根钢轨的允许最小温度压力值)，可计算得在 P_{min} 条件下的温升为 $t_{min}=\frac{P_{min}}{2EF\alpha}=66.03$℃。允许温升的确定，应考虑温度力的纵向分布不均匀因素，所以减去 8℃，直线及半径大于 2000 m 的曲线还应在设计中考虑运营过程中锁定轨温的变化，再减去 8℃，所以

$$[\Delta t_u]=50℃$$

表 7－12　60 kg/m 钢轨，$R=2\times10^5$ cm 稳定性计算表

l (cm)	φ_1	τ_i (10^5N·cm)	τ_q (10^5N·cm)	τ_m (10^4N·cm)	η_1	τ_0(cm)	P (10^6N)
400	0.50386	4.63263	6.79840	3.90678	0.90684	0.46379	2.54892
430	0.56364	4.90738	7.85325	4.05064	0.94378	0.51949	2.53528
440	0.58349	5.0050	8.2660	4.0975	0.9548	0.53819	2.53456
450	0.60324	5.10000	8.60625	4.14376	0.97395	0.55692	2.53547
500	0.69946	5.61845	10.6225	4.36798	1.00723	0.650266	2.56475

7.3.4 无缝线路稳定性的统一公式

统一无缝线路稳定性计算公式的基本假定为：整个轨道框架为铺设于均匀介质(道床)中的一根细长压杆；轨道弹性原始弯曲为半波正弦曲线，塑性原始弯曲为圆曲线，在变形过程中变形曲线端点无位移、曲线长度不变；不考虑扣件变形能。

1. 计算图式

统一无缝线路稳定性计算公式的计算图示如图 7－15 所示。

假设弹性原始弯曲与温度压力作用下的变形曲线线形相同，采用正弦曲线，即

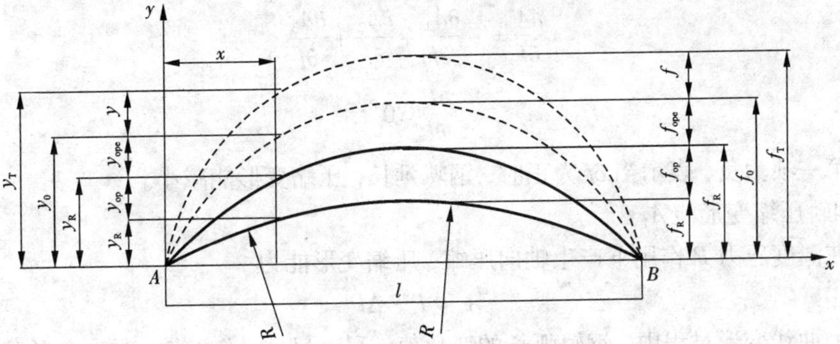

图 7－15　统一无缝线路稳定性计算公式的计算图示

$$y_{0e}=f_{0e}\sin\frac{\pi x}{l_0} \tag{7-42}$$

式中：f_{0e}为弹性原始弯曲矢度；l_0 为弹性原始弯曲半波长，通常取为 4.0 m。

塑性原始弯曲假设为圆曲线，并采用下式计算

$$y_{0p}=\frac{(l_0-x)x}{2R_0} \tag{7-43}$$

式中：R_0 为塑性原始弯曲半径，$R_0=\dfrac{l_0^2}{8f_{0p}}$；$f_{0p}$为塑性原始弯曲矢度。

温度压力作用下的轨道变形曲线为

$$y_f=f\sin\frac{\pi x}{l} \tag{7-44}$$

式中：f 为变形曲线矢度；l 为变形曲线弦长；y_f 为轨道横向变形量。

对于半径为 R 的圆曲线轨道，理想状态下其变形曲线为

$$y_R=\frac{(l-x)x}{2R} \tag{7-45}$$

对于具有塑性原始弯曲的圆曲线，其变形曲率为

$$\frac{1}{R'}=\frac{1}{R_0}+\frac{1}{R} \tag{7-46}$$

总的原始变形曲线为 $y_0=y_{0e}+y_{0p}$，总的变形曲线为 $y_T=y_f+y_0$。

2. 公式推导

轨道框架总变形能为变形曲线长度 l 和变形矢度 f 的函数，应用势能驻值原理，应有

$$\mathrm{d}A=\frac{\partial A}{\partial f}\delta f+\frac{\partial A}{\partial l}\delta l=0 \tag{7-47}$$

由于假定曲线在变形过程中弦长 l 是不变的，故式(7－36)第二项为 0。∂f 为任意不为零的微小值，故须有

$$\frac{\partial A}{\partial f}=0 \tag{7-48}$$

由此可得 P 和 l 之间的函数关系，为求 P 的最小值可利用极值条件，从而推导无缝线路

稳定性计算公式的基本公式为

$$\frac{\partial A}{\partial f}=-\frac{\partial A_1}{\partial f}+\frac{\partial A_2}{\partial f}+\frac{\partial A_3}{\partial f} \tag{7-49a}$$

$$\frac{\partial P}{\partial l}=0 \tag{7-49b}$$

式中第一项为负，表示当 δf 为正时，钢轨延长，压缩变形能减小。

(1)钢轨压缩变形能 A_1

钢轨在温度压力 P 作用下产生轴向压缩，压缩变形能为

$$A_1=P\cdot\Delta l \tag{7-50}$$

式中：Δl 为曲线变形过程中，钢轨弧长的变化值，$\Delta l=\Delta l_T-\Delta l_0$，前一项为变形后的弧弦差，后一项为变形前的弧弦差。

显然

$$\Delta l_0=\int_0^l(\mathrm{d}s-\mathrm{d}x)=\int_0^l\sqrt{1+(y_0')^2}\mathrm{d}x-\int_0^l\mathrm{d}x\approx\frac{1}{2}\int_0^l(y_0')^2\mathrm{d}x \tag{7-51}$$

同样，$\Delta l_T=\int_0^l(\mathrm{d}s-\mathrm{d}x)=\int_0^l\sqrt{1+(y_T')^2}\mathrm{d}x-\int_0^l\mathrm{d}x\approx\frac{1}{2}\int_0^l(y_T')^2\mathrm{d}x$ 代入式(7-50)中得

$$\begin{aligned}
A_1&=P\cdot\Delta l=P[\Delta l_T-\Delta l_0]=P\left\{\frac{1}{2}\int_0^l y'^2_T\mathrm{d}x-\frac{1}{2}\int_0^l y'^2_0\mathrm{d}x\right\}\\
&=P\left\{\frac{1}{2}\int_0^l\left[f\sin\frac{\pi x}{l}+f_{0e}\sin\frac{\pi x}{l}+\frac{1}{R'}\frac{(l-x)x}{2}\right]'^2\mathrm{d}x-\frac{1}{2}\int_0^l\left[f_{0e}\sin\frac{\pi x}{l}+\frac{1}{R'}\frac{(l-x)x}{2}\right]'^2\mathrm{d}x\right\}\\
&=P\left\{\frac{1}{2}\int_0^l\left[\frac{\pi}{l}(f+f_{0e})\cos\frac{\pi x}{l}+\frac{l-2x}{2R'}\right]^2\mathrm{d}x-\frac{1}{2}\int_0^l\left(\frac{\pi}{l}f_{0e}\cos\frac{\pi x}{l}+\frac{l-2x}{2R'}\right)^2\mathrm{d}x\right\}\\
&=P\left\{\frac{1}{2}\int_0^l\left[\frac{\pi^2}{l^2}(f^2+2ff_{0e}+f_{0e}^2)\cos^2\frac{\pi x}{l}+\frac{\pi}{l}f\frac{l-2x}{R'}\cos\frac{\pi x}{l}-\frac{\pi^2}{l^2}f_{0e}\cos^2\frac{\pi}{l}\right]\mathrm{d}x\right\}\\
&=P\left\{\frac{1}{2}\int_0^l\left[\frac{\pi^2}{l^2}(f^2+2ff_{0e})\cos^2\frac{\pi x}{l}+\frac{\pi}{l}f\frac{l-2x}{R'}\cos\frac{\pi x}{l}\right]\mathrm{d}x\right\}\\
&=P\left\{\frac{1}{2}\left[\frac{\pi^2}{l^2}(f^2+2ff_{0e})\frac{l}{2}+\frac{\pi}{l}f\frac{4}{R'}\frac{l^2}{\pi^2}\right]\right\}\\
&=P\left[\frac{\pi^2}{4l}(f^2+2ff_{0e})+\frac{2lf}{\pi R'}\right]
\end{aligned}$$

$$\frac{\partial A_1}{\partial f}=\frac{P}{2}\left[\frac{\pi^2}{l}(f+f_{0e})+\frac{4l}{\pi R'}\right] \tag{7-52}$$

(2)轨道框架弯曲变形能 A_2

轨道框架弯曲变形能 $A_2=\int M\frac{\mathrm{d}\theta}{2}$（式中 M 为弯矩，θ 为转角），由两部分组成：一是原始弹性弯曲内力矩 M_{0e} 所产生的变形能 $\int_0^l M_{0e}\mathrm{d}\theta_f$；二是在变形过程中因新增加的内力矩 M_f 所产生的变形能 $\frac{1}{2}\int_0^l M_f\mathrm{d}\theta_f$。故

$$A_2=\frac{1}{2}\int_0^l M_f\mathrm{d}\theta_f+\int_0^l M_{0e}\mathrm{d}\theta_f \tag{7-53}$$

式中：$\mathrm{d}\theta_f = y_f''\mathrm{d}x$；$M_f = 2EI_y y_f''\mathrm{d}x$；$M_{0e} = 2EI_y y_{0e}''\mathrm{d}x$。最后得

$$y_f = y_T - y_0 = f\sin\frac{\pi x}{l}\quad (y_T - y_0)'' = -f\frac{\pi^2}{l^2}\sin\frac{\pi x}{l}\quad [(y_T - y_0)'']^2 = f^2\frac{\pi^4}{l^4}\sin^2\frac{\pi x}{l}$$

$$y_{0e} = y_0 - y_{0p} = f_{0e}\sin\frac{\pi x}{l}\quad (y_0 - y_{0p})'' = -f_{0e}\frac{\pi^2}{l^2}\sin\frac{\pi x}{l}$$

$$\begin{aligned} A_2 &= \frac{1}{2}\int_0^l \beta EI[(y_T - y_0)'']^2\mathrm{d}x + \int_0^l \beta EI(y_0 - y_{0p})''(y_T - y_0)''\mathrm{d}x \\ &= \frac{\beta EI}{2}\int_0^l f^2\frac{\pi^4}{l^4}\sin^2\frac{\pi x}{l}\mathrm{d}x + \beta EI\int_0^l\left(-f_{0e}\frac{\pi^2}{l^2}\sin\frac{\pi x}{l}\right)\left(-f\frac{\pi^2}{l^2}\sin\frac{\pi x}{l}\right)\mathrm{d}x \\ &= \frac{\beta EI f^2\pi^4}{2l^4}\cdot\frac{l}{2} + \frac{\pi^4}{l^4}\beta EI f\cdot f_{0e}\cdot\frac{l}{2} = \frac{\beta EI\pi^4}{2l^3}\left(\frac{f^2}{2} + f\cdot f_{0e}\right) \end{aligned}$$

$$\frac{\partial A_2}{\partial f} = \frac{EI_y\pi^4}{l^3}(f + f_{0e}) \tag{7-54}$$

(3) 道床形变能 A_3

轨道框架变形时，由于道床具有阻力且被假定为弹性介质，从而在道床内储存形变能。在变形范围内，道床单位横向阻力 q 随轨枕位移量大小而异，不仅在横的方向上是变量，在纵的方向上也是变量，因此

$$A_3 = \int_0^l\int_0^{y_f} q\mathrm{d}y\mathrm{d}x \tag{7-55}$$

将式(7－16)的道床横向阻力表示式代入上式中，得

$$\int_0^l \sin^{n+1}\frac{\pi x}{l}\mathrm{d}x = c_n\cdot l\qquad 当\ n = \frac{3}{4}时，c_n = 0.526$$

$$\int_0^l \sin^2\frac{\pi x}{l}\mathrm{d}x = \frac{l}{2}\qquad 当\ n = \frac{2}{3}时，c_n = 0.535$$

$$q = q_0 - c_1 y_f + c_2 y_f^n \tag{7-56}$$

$$\begin{aligned} A_3 &= \int_0^l\left(q_0 y_f - \frac{c_1 y_f^2}{2} + \frac{c_2 y_f^{n+1}}{n+1}\right)\mathrm{d}x \\ &= q_0\int_0^l f\sin\frac{\pi x}{l}\mathrm{d}x - \frac{c_1 f^2}{2}\int_0^l\sin^2\frac{\pi x}{l}\mathrm{d}x + \frac{c_2 f^{n+1}}{n+1}\int_0^l\sin^{n+1}\frac{\pi x}{l}\mathrm{d}x \\ &= \frac{2}{\pi}lq_0 f - \frac{c_1 f^2 l}{4} + \frac{c_n c_2 f^{n+1} l}{n+1} \end{aligned}$$

$$\frac{\partial A_3}{\partial f} = \left(\frac{2}{\pi}q_0 - \frac{c_1}{2}f + c_n c_2 f^n\right)l = \frac{2}{\pi}Ql \tag{7-57}$$

式中：C_z 为常系数，是 Z 的函数，当 $Z = 1$ 时，$C_z = 1$；C_n 也是常系数，是 N 的函数，当 $N = 1.5$ 时，$C_n = 0.535$，当 $N = 1.333$ 时，$C_n = 0.526$。

将式(7－52)、式(7－54)、式(7－57)代入式(7－49a)中，可得

$$\frac{P}{2}\left[\frac{\pi^2}{l}(f + f_{0e}) + \frac{4l}{\pi R'}\right] - \frac{\beta EI\pi^4}{2l^3}(f + f_{0e}) - \left(\frac{2}{\pi}q_0 - \frac{c_1}{2}f + c_n c_2 f^n\right)l = 0$$

$$P = \frac{\beta EI\pi^2\dfrac{(f + f_{0e})}{l^2} + \dfrac{4}{\pi^3}\left(q_0 - \dfrac{\pi c_1}{4}f + \dfrac{\pi}{2}c_n c_2 f^n\right)l^2}{f + f_{0e} + \dfrac{4l^2}{\pi^3 R'}}$$

令上式中的 $q_0-\frac{\pi c_1 f}{4}+\frac{\pi}{2}c_n c_2 f^n=Q$，则得

$$P=\frac{\beta EI\pi^2\frac{(f+f_{0e})}{l^2}+\frac{4}{\pi^3}Ql^2}{f+f_{0e}+\frac{4}{\pi^3 R'}l^2} \tag{7-58}$$

式中，分子为抵抗轨道横向变形的单位长度抗力，分母为曲率。对式(7-58)进行分析，式中分子里面的 R 越小那么公式 P 中的分母也就越大，公式 P 中的分母越大那么 P 就越小。由 $\frac{\partial P}{\partial l}=0$ 可得

$$\frac{\partial P}{\partial l}=\left[\frac{-2\beta EI\pi^2}{l^3}(f+f_{0e})+\frac{8}{\pi^3}Ql\right]\left[f+f_{0e}+\frac{4l^2}{\pi^3 R'}\right]-\left[\frac{\beta EI\pi^2}{l^2}(f+f_{0e})+\frac{4Ql^2}{\pi^2}\right]\left[\frac{8l}{\pi^3 R'}\right]=0$$

$$\frac{-2\beta EI\pi^2}{l^3}(f+f_{0e})^2+\frac{-8\beta EI}{l^3}(f+f_{0e})+\frac{8}{\pi^3}Ql(f+f_{0e})+\frac{32}{\pi^6 R'}Ql^3=\frac{8\beta EI}{\pi lR'}(f+f_{0e})+\frac{32}{\pi^6 R'}Ql^3$$

$$\frac{8}{\pi^3}Ql^4-\frac{16\beta EI}{\pi R'}l^2-2\beta EI\pi^2(f+f_{0e})=0$$

$$l^2=\frac{1}{Q}\left[\beta EI\pi^2+\sqrt{(2\beta EI\pi^2)^2+\frac{\beta EI\pi^5}{4}(f+f_{0e})Q}\right] \tag{7-59}$$

式中：Q 为等效道床阻力，当 $f=0.2$ cm 时，取值见表 7-13。

表 7-13 等效道床阻力(N/cm)

轨枕铺设根数	碎石道床、木枕		碎石道床、混凝土枕	
	肩宽 30 cm	肩宽 40 cm	肩宽 30 cm	肩宽 40 cm
1760	—	—	76	84
1840	54	62	79	87
1920	56	65	—	—

当 $f=0.2$ cm 时，由式(7-59)求取变形曲线的弦长 l，如果 l 与 $l_0=4$ m 有较大出入，再假设 $l_0=l$，并在弹性原始弯曲曲率不变的条件下，按下式重新计算其矢度

$$f'_{0e}=l_0^2\frac{f_{0e}}{400^2} \tag{7-60}$$

将 f'_{0e} 代入式(7-59)重新计算 l，如果 l 与最后假定的 l_0 相差不大，就可将 f_{0e} 及相应的 l 代入式(7-58)计算出计算温度力 P_N，再除以安全系数 K，即可得到轨道框架的允许温度压力

$$[P]=\frac{P_N}{K} \tag{7-61}$$

式中：安全系数 K 取为 1.3。

7.4　一般无缝线路结构设计方法

普通无缝线路设计，主要指区间内的无缝线路设计，其主要内容为确定设计锁定轨温和无缝线路结构计算两部分。

7.4.1　设计锁定轨温的确定

由于长轨条在锁定施工过程中轨温是不断变化的，因而施工锁定轨温应该是一个范围，通常为设计锁定轨温 $T_e \pm 5℃$，困难条件下也可严格控制施工锁定轨温的变化范围，取为 $T_e \pm 3℃$。实际锁定轨温为零应力状态轨温，在设计检算时为安全计，取最大升温为最高轨温与施工锁定轨温下限之差，最大降温为施工锁定轨温上限与最低轨温之差。

1. 根据强度条件确定允许降温幅度

无缝线路钢轨应有足够的强度，以保证在轮载作用下的弯曲应力、温度应力及其他附加应力的共同作用下，钢轨仍能安全工作。所以要求钢轨能承受的各种应力总和不超过规定的容许值$[\sigma_s]$，即

$$\sigma_d + \sigma_t + \sigma_c \leqslant [\sigma_s] \tag{7-62}$$

式中：σ_d 为钢轨承受在轮载作用下的最大弯曲应力(MPa)；σ_t 为温度应力(MPa)；σ_c 为列车制动应力(MPa)；$[\sigma_s]$为钢轨容许应力，为$[\sigma_S]=\dfrac{\sigma_s}{K}$；$\sigma_s$ 为钢轨钢的屈服强度；K 为安全系数。极限强度为 785 MPa 的钢轨，$\sigma_s=405$ MPa；极限强度为 883 MPa 的钢轨，$\sigma_s=457$ MPa；一般钢轨 $K=1.3$，再用轨 $K=1.35$。

则可求得允许的钢轨降温幅度$[\Delta t_d]$的计算式为

$$[\Delta t_d] = \frac{[\sigma_s] - \sigma_{1d} - \sigma_c}{E\alpha} \tag{7-63}$$

式中：σ_{1d}为轨底下缘动弯应力，由轨道强度计算所得。

2. 根据稳定条件确定允许升温幅度

从理论分析和实践观察都表明，钢轨的升温幅度不由强度控制，而是由稳定性控制。在计算允许温升时，采用 7.3 中的无缝线路稳定性计算结果$[P]$，然后按下式计算钢轨的允许温升$[\Delta t_u]$。

对于路基上无缝线路

$$[\Delta t_d] = \frac{[P]}{2E\alpha F} \tag{7-64a}$$

对于桥上无缝线路

$$[\Delta t_d] = \frac{[P] - 2P_1}{2E\alpha F} \tag{7-64b}$$

式中：P_1 为桥上无缝线路一根钢轨附加伸缩力和挠曲力中的最大值。

3. 设计锁定轨温的确定

设计锁定轨温 T_e 按图 7-16 计算

$$T_e = \frac{T_{max} + T_{min}}{2} + \frac{[\Delta t_d] - [\Delta t_u]}{2} \pm \Delta t_k \tag{7-65}$$

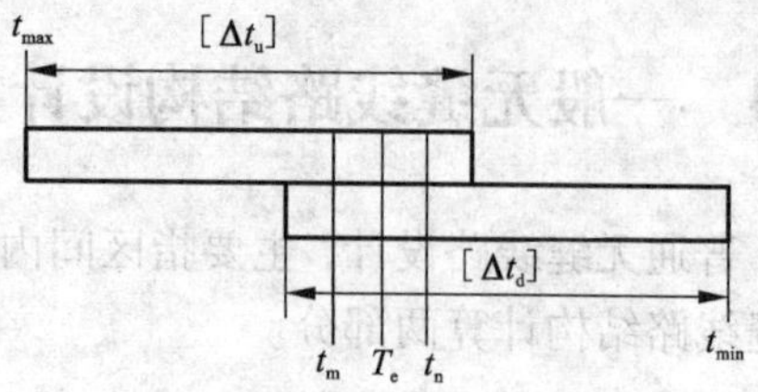

图 7-16 锁定轨温计算图

式中：T_{max} 和 T_{min} 分别为铺轨地区的历史最高、最低轨温；$T_z = \frac{T_{max} + T_{min}}{2}$ 为中间轨温；Δt_k 为设计锁定轨温修正值，可根据当地具体情况取 0 ~ 5℃。

无缝线路铺设时，施工锁定轨温应有一个范围，一般取设计锁定轨温 ±5℃，则

施工锁定轨温上限 $t_m = t_e + 5℃$；

施工锁定轨温下限 $t_n = t_e - 5℃$；

且需满足 $T_{max} - t_n < [\Delta t_u]$ 和 $t_m - T_{min} < [\Delta t_d]$。

7.4.2 无缝线路结构计算

1. 轨条长度

轨条长度应考虑线路平、纵面条件，道岔、道口、桥梁、隧道所在位置，原则上按闭塞区间长度设计轨条长度，一般长度为 1000 ~ 2000 m。轨条长度最短一般为 200 m，特殊情况下不短于 150 m。在长轨之间、道岔与长轨之间、绝缘接头处，需设置缓冲区，缓冲区一般设置 2 ~ 4 根同类型的 25 m 长标准轨。

对于缓冲区、伸缩区，以及区间接头的布置，均有一系列规定，设计时执行《无缝线路铺设及养护方法》中的有关规定。

2. 伸缩区长度

伸缩区长度按 $l_s = (\max P_{t拉} - P_H)/r$ 和 $l_s = (\max P_{t压} - P_H)/r$ 计算，两者取大值。但一般将伸缩区长度取 50 ~ 100 m，即取标准轨长度的整倍数。

3. 预留轨缝设计

长轨条一端的伸缩量 $\lambda_{长}$ 按式 7-14 计算，标准轨一端的伸缩量 $\lambda_{短}$ 按式(7-15)计算。确定预留轨缝的原则与普通线路轨缝的原则相同。缓冲区中，标准轨之间的预留轨缝与普通线路相同。长轨条与标准规之间的预留轨缝计算方法如下：

按冬季轨缝不超过构造轨缝 a_g 的条件，可算得预留轨缝上限 $a_{上}$ 为

$$a_{上} = a_g - (\lambda_{长} + \lambda_{短}) \tag{7-66}$$

按夏季轨缝不顶严的条件，可计算其下限为

$$a_{下} = \lambda'_{长} + \lambda'_{短} \tag{7-67}$$

式中：$\lambda_{长}$ 和 $\lambda_{短}$ 分别为从锁定轨温至当地最低轨温时，长轨、短轨一端的缩短量；$\lambda'_{长}$ 和 $\lambda'_{短}$ 分别为从锁定轨温至当地最高轨温时，长轨、短轨一端的缩短量。

无缝线路缓冲区预留轨缝 a_0 为

$$a_0 = \frac{a_{上} + a_{下}}{2} \tag{7-68}$$

4. 防爬器设置

线路爬行是造成轨道病害的主要原因之一。无缝线路地段，如发生线路爬行，其后果比普通线路更为严重，主要是因为线路爬行后，在长轨条中的温度力分布不均匀，改变了锁定轨温，产生了胀轨跑道和钢轨拉断的隐患。

在无缝线路伸缩区上，因钢轨要产生伸缩，必须有足够的接头阻力和道床阻力与长钢轨

中的温度力平衡，如果接头阻力和道床阻力较小，就会造成较长的伸缩区长度，增加了无缝线路养护的难度。为充分发挥道床阻力的作用，在进行无缝线路结构设计时，要保证扣件阻力大于道床阻力。如扣件阻力不足，则需安装防爬器以增大钢轨与轨枕之间的阻力。即

$$P_{防}+nP_{扣}\geqslant nR \tag{7-69}$$

式中：$P_{防}$ 为一对防爬器的阻力(N)，见表(7-3)；$P_{扣}$ 为一根轨枕上的扣件阻力(N)；R 为一根轨能提供的道床阻力，见表(7-6)；n 为两对防爬器之间的间隔轨枕数。

缓冲区设置的防爬器与伸缩区相同。缓冲区为木枕时，一般应增设防爬器；而为混凝土轨枕，由于扣件的阻力较大，一般不设防爬器。

7.5 桥上无缝线路

7.5.1 桥上无缝线路概述

在桥上铺设无缝线路，可以减轻机车车辆对桥的冲击，改善列车和桥梁的运行条件，延长设备使用寿命，减少线路养护维修工作量。在提速和高速线路上，桥上无缝线路的这一优点更加明显。

桥上无缝线路的受力情况和路基上有所不同。桥上无缝线路除受到列车动荷载、温度力和制动力等作用外，还要受到桥梁的伸缩或挠曲变形位移而引起的附加力作用。因温度变化桥梁伸缩引起的梁轨相互作用力称为附加伸缩力；因桥梁挠曲引起的梁轨相互作用力称为附加挠曲力。此外，桥上无缝线路长钢轨一旦断裂，不仅影响到行车安全，也将对桥跨结构施加断轨力。所有这些，均通过桥跨结构而作用于桥梁墩台，因此在设计桥上无缝线路时，为保证安全，必须考虑在各种附加纵向力的作用下，保证钢轨、桥跨、墩台均能满足各自的强度条件、稳定条件以及钢轨断缝条件。

我国自1963年开始，先后在一些中小跨度的多种类型的桥梁(简支梁、连续梁、桁梁有砟无砟桥)上铺设无缝线路，并对桥上无缝线路梁轨相互作用的原理进行了大量的试验研究。根据梁轨相互位移所产生的相互作用理论，对伸缩力和挠曲力进行了深入的研究。研究了多种类型桥梁上无缝线路长钢轨中纵向力的作用规律，以及桥梁墩顶位移(高墩)等多种因素影响，并建立了桥上无缝线路纵向力、挠曲力的计算原理和计算方法，为我国铁路在桥上铺设无缝线路奠定了基础。至今已成功地在桥上铺设了无缝线路。除一般中小桥外，在一些特大桥上也成功地铺设了无缝线路，如南京长江大桥(大跨度桁梁)、武汉长江大桥(大跨度桁梁)、九江长江大桥(引桥为无砟轨道)、京沪高速铁路桥上无砟轨道无缝线路等。

7.5.2 梁轨相互作用原理和基本微分方程

梁轨相互作用原理是分析桥上无缝线路长钢轨中纵向力产生的基础，这一原理说明了产生纵向力的充要条件为：梁轨相对位移和扣件纵向阻力的作用。由此可知，扣件纵向阻力的大小对梁轨受力有很大影响。从减小纵向力考虑，减小扣件纵向阻力是有利的，但过小的扣件阻力会使焊接长钢轨在低温断裂后产生过大的轨缝，影响行车安全。因此，对扣件纵向阻力要有一个合理的取值。

以钢轨为研究对象，任取 dx 微段，其受力的平衡图式如图7-17所示。图中 $Q(u)$ 为梁

轨间发生相对位移时产生的摩阻力，u 是梁轨间的相对位移，为钢轨纵向位移与梁纵向位移之差。

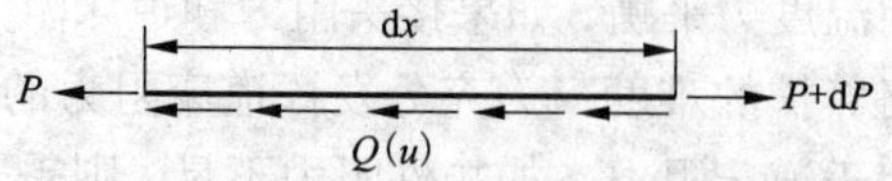

图 7－17　梁轨相互作用原理简图

由力的平衡条件，可得

$$P+\mathrm{d}P=P+Q(u)\mathrm{d}x,\ \mathrm{d}P=Q(u)\mathrm{d}x,\ \frac{\mathrm{d}P}{\mathrm{d}x}=Q(u)$$

在 dx 微段内，其变形量为：$\mathrm{d}y=\frac{P}{EF}\mathrm{d}x$，于是可得$\frac{\mathrm{d}P}{\mathrm{d}x}=EF\frac{\mathrm{d}^2y}{\mathrm{d}x^2}$，即

$$EF\frac{\mathrm{d}^2y}{\mathrm{d}x^2}=Q(u) \tag{7-70}$$

式中：E 为钢轨钢的弹性模量；F 为钢轨截面面积；$Q(u)$ 为线路纵向阻力；y 为钢轨纵向位移。

梁轨间的相对位移为 $u=y-\delta$，y 为钢轨位移，δ 为梁位移。则可知

$$\frac{\mathrm{d}^2y}{\mathrm{d}x^2}=\frac{\mathrm{d}^2u}{\mathrm{d}x^2}+\frac{\mathrm{d}^2\delta}{\mathrm{d}x^2},\ \frac{\mathrm{d}^2u}{\mathrm{d}x^2}=\frac{Q(u)}{EF}-\frac{\mathrm{d}^2\delta}{\mathrm{d}x^2} \tag{7-71}$$

式(7－71)称为梁轨相对位移微分方程，其中梁的位移 δ 为已知函数。计算附加伸缩力时，δ 为梁的伸缩位移；计算附加挠曲力时，δ 为列车荷载作用下梁上翼缘的位移。对高墩桥梁，应考虑墩顶位移的影响。

以往计算桥上无缝线路附加力时，考虑为线路纵向阻力 $Q(u)$ 为常量，但实测表明，梁轨间摩阻力随着位移的增大而增大，当位移增大到某一值时，梁轨间产生滑移，摩阻力趋于一极限值。在计算时，为提高计算精度，常将 $Q(u)$ 定为线性或非线性变化函数。

7.5.3　附加伸缩力的计算

当梁温变化时，梁的伸缩对钢轨作用纵向力，附加伸缩力大小和分布除与梁轨间的纵向阻力、梁的伸缩量有关外，与长钢轨的布置方式、梁跨支座布置方式等有关。其作用过程是当温度变化梁伸缩并对钢轨施加纵向力，随着一天内梁温的循环变化，对钢轨的作用力也发生拉压变化。

1. 计算假定

在附加伸缩力计算时假定：梁的伸缩不受钢轨的约束，梁由固定端向活动端自由伸缩；假设梁温变化为单向，不考虑梁温的交替变化，取一天内出现的最大梁温差，钢梁取 25℃，混凝土梁取 15℃；不考虑伸缩力、挠曲力的相互影响，伸缩力、挠曲力分别计算，对于矮墩桥梁，考虑墩顶位移为零。

2. 计算方法

下面以单跨梁升温时为例说明附加伸缩力的计算原理。

图 7－18 表示单跨明桥面桥梁，无缝线路固定区设置在桥上。当梁温上升时，梁由原始位置向活动端伸长，梁内各截面的伸长量按自由伸缩计算，计算式如下

$$\delta_i=\alpha l_i\Delta t \tag{7-72}$$

式中：α 为梁的线膨胀系数，钢梁为 11.8×10^{-6}℃$^{-1}$，混凝土梁为 10.0×10^{-6}℃$^{-1}$；l_i 为截面

i 至固定支座的距离；Δt 为梁的日温差，上承板梁取 25℃，混凝土有砟桥梁取 15℃，混凝土无砟桥梁取 20℃。

梁的位移如图 7－18 中的 BG 线所示。

钢轨跟着梁一起向活动端位移。在固定支座处钢轨因固定端外侧路基线路纵向阻力拉住，故在钢轨中产生拉力 P_B；活动端钢轨因其外侧路基线路纵向阻力顶住，故钢轨中产生压力 P_E。在梁轨位移相等点 C 处，钢轨拉力达到最大值 P_C。在 C 和 E 点之间，梁内伸缩力按直线变化，如图 7－18 所示。显然，在 B 和 E 截面外侧的线路纵向阻力 P 的方向和钢轨的附加伸缩力性质不难确定。而在 BE 截面间的线路纵向阻力与附加伸缩力性质，则应按梁轨相互作用原理来确定。

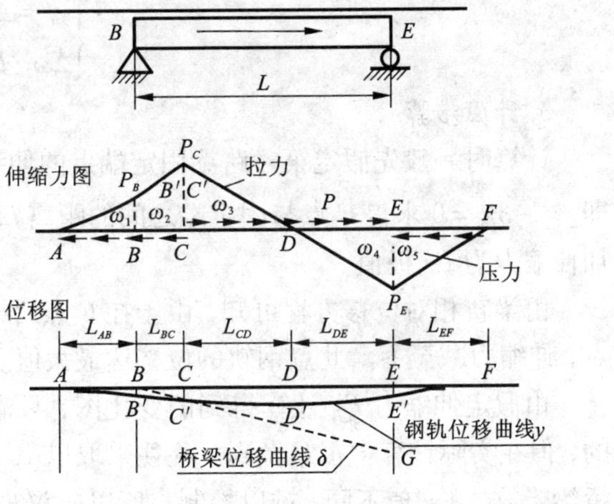

图 7－18　单跨简支梁升温时伸缩力计算原理

当梁的位移 δ 小于钢轨的位移 y_i 时，则作用在钢轨上的线路纵向阻力 P 阻止钢轨沿梁位移方向移动，故指向左方（BC 段）；当梁的位移 δ 大于钢轨的位移 y_i 时，则钢轨向梁位移方向移动，故指向右方（CE 段）。根据纵向阻力 P 与钢轨附加伸缩力的平衡关系，可知 AC 段为附加拉力增加段，CD 段为附加拉力减小段；在 D 点，附加伸缩力为零，但位移不为零；DE 段为附加压力增加段；EF 段为附加压力减小段。由此可知，附加拉力最大点在梁轨位移相等点 C 点处，附加压力最大点位于活动支点 E 处。

根据在 C 点处的梁轨位移相等条件，可得平衡方程

$$\delta_C = y_C,\ \delta_C = \alpha \cdot \Delta t \cdot x,\ y_C = \frac{\omega_1 + \omega_2}{EF} \tag{7-73}$$

式中：x 为梁固定端与 C 点之间的距离；ω_i 为钢轨伸缩力图面积。

根据钢轨拉压变形相等的平衡条件，即钢轨伸缩变形的代数和为零。则有

$$\frac{\sum \omega_i}{EF} = 0,\quad 即 \sum \omega_i = 0 \tag{7-74}$$

钢轨的附加伸缩力和位移可根据式（7－60）和式（7－61）两个平衡条件方程求得。

若考虑墩顶位移的影响，则

$$\Delta_{\delta i} = \delta_i - \frac{T}{K} \tag{7-75}$$

式中：T 为作用在墩台顶的纵向附加力，单线墩台按桥跨两端钢轨伸缩力之差计算，即 $T = 2(P_B - P_E)$；K 为墩台顶纵向水平线刚度。

将式（7－73）改写为

$$\Delta_{\delta c} = y_C,\ \Delta_{\delta c} = \alpha \cdot \Delta t \cdot x - \frac{T}{K},\ y_C = \frac{\omega_1 + \omega_2}{EF} \tag{7-76}$$

由此，考虑墩顶水平线刚度影响后的伸缩力计算基本方程为：

$$\begin{cases} y_C = \Delta_{\delta c} \\ \Sigma\omega_i / EF = 0 \end{cases} \tag{7-77}$$

3. 计算步骤

计算时一般先假定第一跨梁固定端点的伸缩力为 P_B，然后由第一跨梁轨位移相等方程，即 $y_{C1} - \delta_{C1} = 0$ 求得 C 点与固定端之间的距离 L_{C1}，由于梁轨位移相等，由 $dP = 0$，在此点的附加伸缩力为 P_C 极值。

由梁轨相对位移方程可知，由于在 C 点后线路 $Q(u)$ 的方向改变，伸缩力逐渐减小，至 D 点，伸缩力减至零。此点钢轨的位移达最大值。

由假定伸缩力 P_B 计算得到的变化图，只满足位移协调方程 $\sum\omega_i = 0$ 或 $y_F = 0$ 才是正确的，但在实际计算中很难做到。往往采取以 y_F 的允许误差 $\pm\varepsilon$ 来控制。根据计算经验，不同桥梁跨数，$\pm\varepsilon$ 值不同，难以控制。所以建议最好采取计算和 $y_F < 0$ 前后两次中所对应的最大伸缩值之差来控制，如差值小于 0.5 kN，即认为计算通过。

附加伸缩力计算时还应注意，当计算桥梁为多跨时，计算方法不变，但梁轨位移平衡方程增加，有几跨梁，就有几个梁轨位移平衡方程。

当桥梁位于无缝线路伸缩区，或在长轨条端部设有温度调节器时，在计算时要考虑温度力的放散量，此时钢轨的拉、压变形相等协调条件不再存在。而要用力的平衡条件来代替，即最后一跨梁的总阻力值与计算的伸缩力要一致。同时要注意到由于在无缝线路伸缩区，钢轨的伸缩量较大，有时在连续梁前一跨的简支梁上出现的位移大于梁的位移，这时梁轨位移没有相等点，但需要满足力的平衡条件。

在计算中，采用线路纵向阻力（扣件阻力）有常量，也有变量（线性或非线性）。当采用常量计算时，计算过程相对较为简单些，但与实际情况有所差别，这时的附加伸缩力为直线变化，直线的斜率即为线路纵向阻力值，伸缩力的变化点即为两直线相交点，伸缩力图为三角形。当采用变量计算时，计算过程较为繁琐，对位移或伸缩力积分比较困难，但可采用数值解法。其他扣件的纵向阻力参考卢耀荣的《无缝线路研究与应用》。

由计算可知，一般多孔等跨简支梁，伸缩力随跨度长度的增长而增加较大，而随跨数变化较小，计算结果表明，一般可用 8 跨简支梁的伸缩力和伸缩位移来代表多孔梁的伸缩力和伸缩位移。图 7－19 是轨道纵向阻力为 $Q(u) = 58.5(1.2 - e^{-4.4u^{0.8}})$，梁温差为 $\Delta t_b = 15$℃计算所得的 10 跨简支梁的无缝线路附加温度力图。图 7－20 所示为一座联长（40＋64＋40）m 混凝土连续梁，两端为 32 m 简支梁的桥上无缝线路温度力分布图。

在计算钢轨纵向力时，如为不等跨，则应按实际跨数计算，如按等跨梁或单跨梁计算，则误差过大。如桥墩的纵向刚度较大（＞1000 kN/（cm·线））时，墩顶单向纵向位移一般为 0.23～0.52 mm，而橡胶或铸钢支座的间隙也能达 0.5 mm，故可不考虑墩顶位移的影响。如高桥墩，纵向刚度较小（≤1000 kN/（cm·线）），则钢轨所受的附加伸缩力要减小，计算时需要加以考虑。

4. 三跨简支梁伸缩力计算算例

已知条件：桥上线路阻力 $r = 70$ N/cm，路基上线路阻力 $r_0 = 70$ N/cm，钢轨弹性模量 $E = 2.1\times10^7$ N/cm^2，钢轨采用 60 钢轨，钢轨截面面积 $F = 77.45$ cm^2。3×40 m 混凝土简支梁，不考虑墩顶位移的影响，如图 7－21 所示。

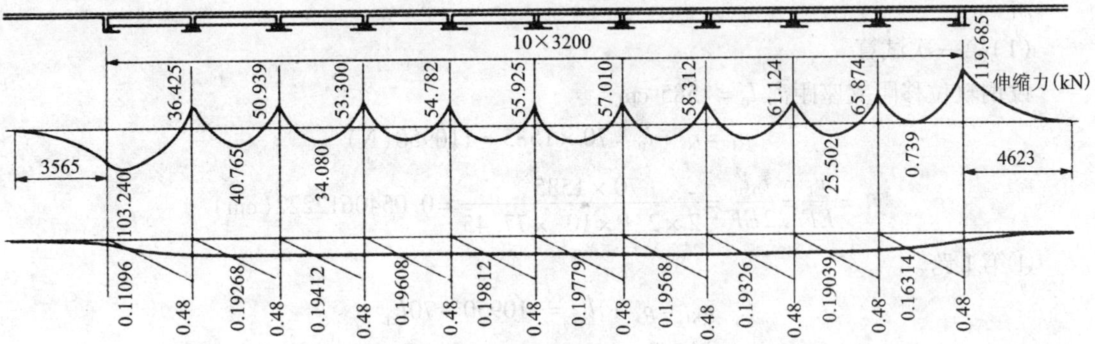

图 7－19　在多孔简支梁上的钢轨伸缩力分布图

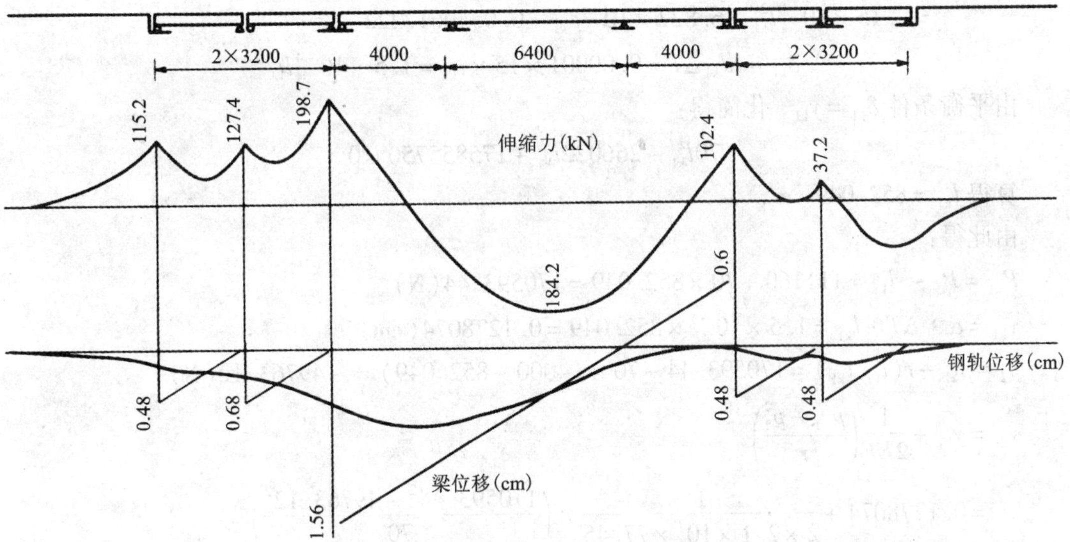

图 7－20　在连续梁上的钢轨伸缩力分布图

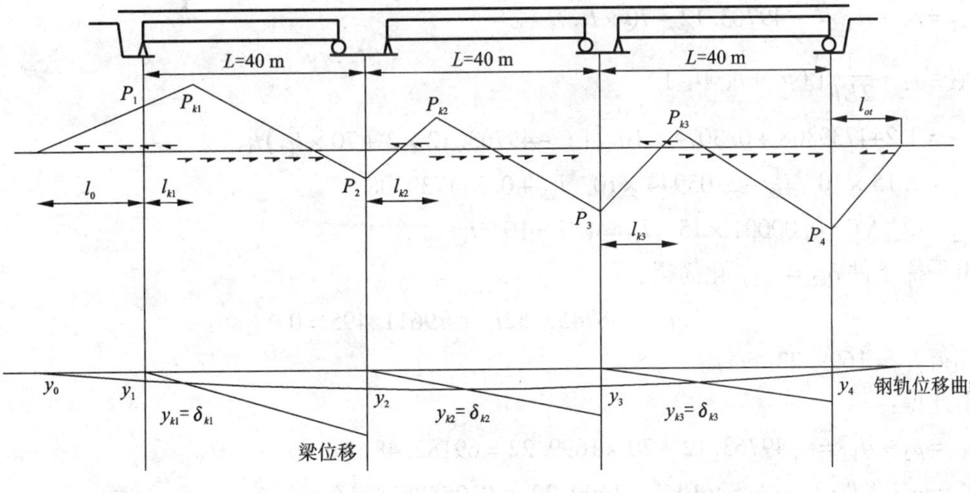

图 7－21　三跨简支梁伸缩力以及梁轨位移曲线示意图

解：

(1)第一次试算

设钢轨位移距支座距离 $l_0 = 1585$ cm

$$p_1 = r_0 \cdot l_0 = 70 \times 1585 = 110950(\mathrm{N})$$

$$y_1 = \frac{w_1}{EF} = \frac{r_0 l_0^2}{2EF} = \frac{70 \times 1585^2}{2 \times 2.1 \times 10^7 \times 77.45} = 0.0540612222(\mathrm{cm})$$

①第 1 跨。

$$p_{\mathrm{K1}} = p_1 + r l_{\mathrm{k1}} = 110950 + 70 l_{\mathrm{k1}}$$

$$y_{\mathrm{k1}} = \frac{w_{\mathrm{k1}}}{EF} = y_1 + \frac{(p_1 + p_{\mathrm{k1}}) l_{\mathrm{k1}}/2}{EF} = 0.0540612222 + \frac{(2 \times 110950 + 70 l_{\mathrm{k1}}) l_{\mathrm{k1}}}{2 \times 2.1 \times 10^7 \times 77.45}$$

$$= 2.15 \times 10^{-8} l_{\mathrm{k1}}^2 + 6.822 \times 10^{-5} l_{\mathrm{k1}} + 0.0540612222$$

$$\delta_{\mathrm{k1}} = \alpha l_{\mathrm{k1}} \Delta T = 0.00001 \times 15 \times l_{\mathrm{k1}} = 1.5 \times 10^{-4} l_{\mathrm{k1}}$$

由平衡条件 $\delta_{\mathrm{k1}} = y_{\mathrm{k1}}$，化简得：

$$70 l_{\mathrm{k1}}^2 - 266022 l_{\mathrm{k1}} + 175855750 = 0$$

算得 $l_{\mathrm{k1}} = 852.049$ cm。

由此得：

$P_{\mathrm{k1}} = P_1 + r l_{\mathrm{k1}} = 111160 + 70 \times 852.049 = 170593.44(\mathrm{N})$

$y_{\mathrm{k1}} = \alpha \cdot \Delta T \cdot l_{\mathrm{k1}} = 1.5 \times 10^{-4} \times 852.049 = 0.1278074(\mathrm{cm})$

$p_2 = p_{\mathrm{k1}} - r(l - l_{\mathrm{k1}}) = 170593.44 - 70 \times (4000 - 852.049) = -49763.12(\mathrm{N})$

$$y_2 = y_{\mathrm{k1}} + \frac{1}{2EF}\left(\frac{p_{\mathrm{K1}}^2 - p_2^2}{r}\right)$$

$$= 0.1278074 + \frac{1}{2 \times 2.1 \times 10^7 \times 77.45} \times \left(\frac{170593.44^2 - 49763.12^2}{70}\right)$$

$$= 0.244739308(\mathrm{cm})$$

②第 2 跨。

$p_{\mathrm{k2}} = p_2 + r l_{\mathrm{k2}} = -49763.12 + 70 \times l_{\mathrm{k2}}$

$$y_{\mathrm{k2}} = y_2 + \frac{1}{2EF}[(p_2 + p_{\mathrm{k2}}) l_{\mathrm{k2}}]$$

$$= 0.244739308 + 0.3074 \times 10^{-9}[(-49763.12 \times 2 + 70 \times l_{\mathrm{k2}}) l_{\mathrm{k2}}]$$

$$= 2.15 \times 10^{-8} l_{\mathrm{k2}}^2 - 3.05944 \times 10^{-5} l_{\mathrm{k2}} + 0.244739308$$

$\delta_{\mathrm{k2}} = \alpha l_{\mathrm{k2}} \Delta T = 0.00001 \times 15 \times l_{\mathrm{k2}} = 1.5 \times 10^{-4} l_{\mathrm{k2}}$

由平衡条件 $\delta_{\mathrm{k2}} = y_{\mathrm{k2}}$，化简得：

$$70 l_{\mathrm{k2}}^2 - 587455.52 l_{\mathrm{k2}} + 796112495 = 0$$

算得 $l_{\mathrm{k2}} = 1699.22(\mathrm{cm})$。

由此得：

$p_{\mathrm{k2}} = p_2 + r l_{\mathrm{k2}} = -49763.12 + 70 \times 1699.22 = 69182.48(\mathrm{N})$

$y_{\mathrm{k2}} = \alpha \cdot \Delta T \cdot l_{\mathrm{k2}} = 1.5 \times 10^{-4} \times 1699.22 = 0.254883431(\mathrm{cm})$

$p_3 = p_{\mathrm{k2}} - r(l - l_{\mathrm{k2}}) = 69182.48 - 70 \times (4000 - 1699.22) = -91871.92(\mathrm{N})$

$$y_3 = y_{k2} + \frac{1}{2EF}\left(\frac{P_{k2}^2 - P_3^2}{r}\right)$$

$$= 0.254883431 + 0.3074 \times 10^{-9} \times \left(\frac{69182.48^2 - 91871.92^2}{70}\right)$$

$$= 0.238835183(\text{cm})$$

③第 3 跨。

$$p_{k3} = p_3 + rl_{k3} = -91871.92 + 70 \times l_{k3}$$

$$y_{k3} = y_3 + \frac{1}{2EF}[(P_3 + P_{k3})l_{k3}]$$

$$= 0.238835183 + 0.3074 \times 10^{-9}[(-91871.92 \times 2 + 70 \times l_{k3})l_{k3}]$$

$$= 2.15 \times 10^{-8} l_{k3}^2 - 5.64829 \times 10^{-5} l_{k3} + 0.238835183$$

$$\delta_{k3} = \alpha l_{k3} \Delta T = 0.00001 \times 15 \times l_{k3} = 1.5 \times 10^{-4} l_{k3}$$

由平衡条件：$\delta_{k3} = y_{k3}$，化简得：

$$70 l_{k3}^2 - 671668.23 l_{k3} + 776906966.8 = 0$$

算得 $l_{k3} = 1345.2704(\text{cm})$。

由此得：

$$p_{k3} = p_3 + rl_{k3} = -91871.92 + 70 \times 1345.27 = 2297.01(\text{N})$$

$$y_{k3} = \alpha \cdot \Delta T \cdot l_{k3} = 1.5 \times 10^{-4} \times 1345.27 = 0.201790553(\text{cm})$$

④检算。

$$p_4 = p_{k3} - r(l - l_{k3}) = 2297.01 - 70(4000 - 1345.2704) = -183534.1(\text{N})$$

$$y_4 = y_{k3} + \frac{1}{2EF}\left(\frac{P_{k3}^2 - P_4^2}{r}\right)$$

$$= 0.201790553 + 0.3074 \times 10^{-9} \times \left(\frac{2297.01^2 - 183534.1^2}{70}\right)$$

$$= 0.053880869(\text{cm})$$

$$l_0' = \frac{|p_4|}{r} = \frac{183534.1}{70} = 2621.915(\text{cm})$$

$$y = y_4 + \frac{|p_4| \cdot p_4}{2EFr_0} = -0.094052(\text{cm})$$

$y > 0.01$ cm，不符合工程要求，需重新假设。

$y < 0$，说明假设的 l 偏小。

(2)第二次试算

重新假设 $l_0 = 1589$ cm，经计算钢轨位移为 $y = 0.0295609$ cm，不符合工程规范要求，需重新假设。

(3)第三次试算

重新假设钢轨位移距支座距离 $l_0 = 1588$ cm，

$$P_1 = r \cdot l_0 = 70 \times 1588 = 111160(\text{N})$$

$$y_1 = \frac{w_1}{EF} = \frac{r_0 {l_0}^2/2}{EF} = \frac{70 \times 1588^2}{2 \times 2.1 \times 10^7 \times 77.45} = 0.05426606413(\text{cm})$$

①第 1 跨。

$P_{K1}=P_1+rl_{k1}=111160+70l_{k1}$

$y_{k1}=\dfrac{w_{k1}}{EF}=y_1+\dfrac{(p_1+p_{k1})l_{k1}/2}{EF}=0.05426606413+\dfrac{(2\times111160+70l_{k1})l_{k1}}{2\times2.1\times10^7\times77.45}$

$=2.15\times10^{-8}l_{k1}^2+6.835\times10^{-5}l_{k1}+0.054266066413$

$\delta_{k1}=\alpha l_{k1}\Delta T=0.00001\times15\times l_{k1}=1.5\times10^{-4}l_{k1}$

由平衡条件 $\delta_{k1}=y_{k1}$，化简得：

$$70l_{k1}^2-265615l_{k1}+176522080=0$$

算得 $l_{k1}=859.072$(cm)。

由此得：

$P_{k1}=P_1+rl_{k1}=111160+70\times859.072=171295.04$(N)

$y_{k1}=\alpha\cdot\Delta T\cdot l_{k1}=1.5\times10^{-4}\times859.072=0.1288608$(cm)

$p_2=p_{k1}-r(l-l_{k1})=171295.04-70\times(4000-895.072)=-48569.92$(N)

$y_2=y_{k1}+\dfrac{1}{2EF}\left(\dfrac{P_{K1}^2-P_2^2}{r}\right)$

$=0.1288608+0.3074\times10^{-9}\times\left(\dfrac{171295.04^2-48569.92^2}{70}\right)$

$=0.2473614504$(cm)

②第 2 跨。

$p_{k2}=p_2+rl_{k2}=-48569.92+70\times l_{k2}$

$y_{k2}=y_2+\dfrac{1}{2EF}[(P_2+P_{k2})l_{k2}]$

$=0.2473614504+0.3074\times10^{-9}[(-48569.92\times2+70\times l_{k2})l_{k2}]$

$=2.15\times10^{-8}l_{k2}^2-2.98608\times10^{-5}l_{k2}+0.2473614504$

$\delta_{k2}=\alpha l_{k2}\Delta T=0.00001\times15\times l_{k2}=1.5\times10^{-4}l_{k2}$

由平衡条件 $\delta_{k2}=y_{k2}$，化简得：

$$70l_{k2}^2-585074.84l_{k2}+804642062=0$$

算得 $l_{k2}=1735.74$(cm)。

由此得：

$p_{k2}=p_2+rl_{k2}=-48569.92+70\times1735.74=72931.84$(N)

$y_{k2}=\alpha\cdot\Delta T\cdot l_{k2}=1.5\times10^{-4}\times1735.74=0.2603609094$(cm)

$p_3=p_{k2}-r(l-l_{k2})=72931.84-70\times(4000-1735.739)=-85566.41$(N)

$y_3=y_{k2}+\dfrac{1}{2EF}\left(\dfrac{P_{k2}^2-P_3^2}{r}\right)$

$=0.2603609094+\dfrac{1}{2\times2.1\times10^7\times77.45}\times\left(\dfrac{72931.84^2-85566.41^2}{70}\right)$

$=0.2515663101$(cm)

③第 3 跨。

$p_{k3}=p_3+rl_{k3}=-85566.41+70\times l_{k3}$

$y_{k3}=y_3+\dfrac{1}{2EF}[(P_3+P_{k3})l_{k3}]$

$$=0.2515663101+0.3074\times10^{-9}[(-85566.41\times2+70\times l_{k3})l_{k3}]$$

$$=2.15\times10^{-8}l_{k3}^2-5.26062\times10^{-5}l_{k3}+0.2515663101$$

$\delta_{k3}=\alpha l_{k3}\Delta T=0.00001\times15\times l_{k3}=1.5\times10^{-4}l_{k3}$

由平衡条件：$\delta_{k3}=y_{k3}$，化简得，

$$70l_{k3}^2-659067.81l_{k3}+818320050.1=0$$

算得 $l_{k3}=1471.662514(\text{cm})$。

由此得：

$p_{k3}=p_3+rl_{k3}=-85566.41+70\times1471.66=17449.97(\text{N})$

$y_{k3}=\alpha\cdot\Delta T\cdot l_{k3}=1.5\times10^{-4}\times1471.66=0.2207493771(\text{cm})$

④检算。

$p_4=p_{k3}-r(l-l_{k3})=17449.97-70(4000-1471.662514)=-159533.65(\text{N})$

$$y_4=y_{k3}+\frac{1}{2EF}\left(\frac{P_{k3}^2-P_4^2}{r}\right)$$

$$=0.2207493771+0.3074\times10^{-9}\times\left(\frac{17449.97^2-159533.65^2}{70}\right)$$

$$=0.1103139203(\text{cm})$$

$$l_0'=\frac{|p_4|}{r}=\frac{159533.65}{70}=2279.05(\text{cm})$$

$$y=y_4+\frac{|p_4|\cdot p_4}{2EFr_0}=-0.001459(\text{cm})$$

$|y|<0.01$ cm，符合工程要求。

7.5.4　附加挠曲力的计算

在列车荷载作用下，梁发生挠曲变形，梁的上翼缘受拉，下翼缘受压。梁轨产生相对位移通过扣件给钢轨施加纵向水平力，即挠曲力。挠曲力的大小与扣件类型、分布、扣压力大小、列车荷载，列车从活动端还是从固定端进入桥梁等有关。在计算挠曲力时，荷载采用中活载。

1. 计算假定

以简支梁为例，在列车荷载作用下，梁发生挠曲，上翼缘受压，下翼缘受拉，梁向活动支座一端伸，活动端处梁的上翼缘不发生移动，固定端处的梁的上翼缘位移量最大，为 δ，如图7－22所示。

2. 计算方法

计算梁的位移，按照桥规有关规定，不考虑冲击力影响。为便于计算，将中活载换算成分布荷载 q，梁的挠曲刚度采取各截面的换算值。对于实体简支梁，由于梁截面的偏转，梁任意截面上翼缘各点产生的水平位移为：

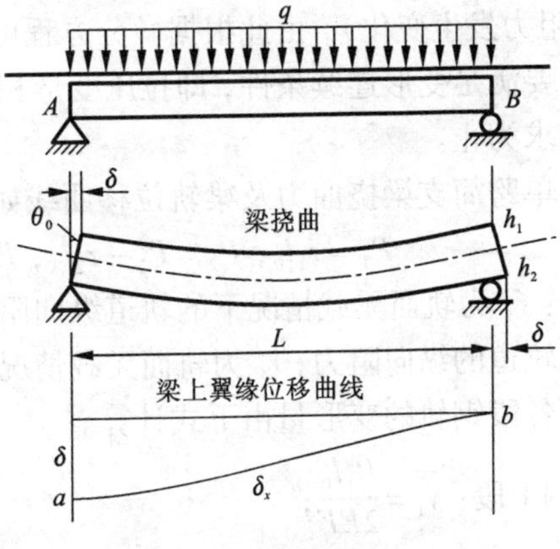

图7－22　支梁上翼缘位移计算图

$$\delta_x = h_1\theta_x + h_2\theta_0 \tag{7-78}$$

式中：h_1 和 h_2 分别为梁中和轴离上、下翼缘距离；θ_x 为梁任一截面的转角；θ_0 为梁固定端转角。

由材料力学可知，在均布荷载作用下，任一截面的转角为 $\theta_x = \int \frac{M_x M_0}{E_1 J}dx$，对于两端铰支的简支梁，任意截面的弯矩为：$M_x = q\frac{lx}{2} - q\frac{x^2}{2}$，$M_0 = 1$，边界条件$\theta_x|_{\frac{l}{2}} = 0$；于是有

$$\theta_x = \frac{q}{24E_1 J}(6lx^2 - 4x^3 - l^3) \tag{7-79}$$

式中：E_1 为梁体材料和弹性模量；J 为梁换算截面惯性矩。

将式(7-79)代入式(7-78)，得

$$\delta_x = \frac{ql^3 h_1}{24E_1 J}(6C^2 - 4C^3 - 1) + \frac{ql^3 h_2}{24E_1 J} \tag{7-80}$$

式中：$C = \frac{x}{l}$，其值可为 0.01，0.02，…，表示将梁跨分成几小段。

在计算钢轨挠曲时，所用的梁轨相对位移线路阻力与计算伸缩力时情况不一样，此时的线路阻力有的部位是有车辆荷载作用下的阻力，有的部位是无车辆荷载作用下的阻力。行车方向对挠曲力也有影响，一般是以梁的固定端迎车计算所得的挠曲力较大，原因是固定端处梁的位移最大，从列车由固定端进入梁跨开始，梁轨相对位移所作用的纵向力，一直是在有荷状态下产生的，有荷条件下的线路阻力较大，钢轨承受最大的挠曲拉力。但在第二跨梁，考虑到挠曲力对墩台的作用，对墩台检算时，墩上荷载的影响，在活动端迎车时所检算的墩上前方的梁跨上无荷载为最不利，所以在对钢轨强度和墩台稳定检算时应进行分析比较，分别对待。

桥上无缝线路设计暂行规定中，对有载时的扣件阻力作如下规定：车前、车尾采用无载阻力，机车、煤水车、车辆下采用有载阻力，分别为 r_1，r_2 和 r_3。

根据梁轨位移相等条件来计算挠曲力时，由于梁挠曲所引起的纵向水平位移是梁长的三次幂函数，钢轨的位移是二次曲线变化，要精确求解是困难的。一般应用微分方程组，采用数值解法，分段计算出梁各断面的位移量。当初步确定位移相等点所在范围后，假定在其前后两断面的位移量为线性变化来推求梁轨位移相等点的位置，钢轨的轴向力图在此发生转折(即阻力发生变化)，由此根据微分方程可绘出钢轨挠曲力图。由挠曲力图计算钢轨的位移，最后要满足变形连续条件，即拉压变形相等，否则要重新假定 P_A 进行计算，直到满足计算精度要求为止。

单跨简支梁挠曲力及梁轨位移曲线如图 7-23 所示。具体计算如下：

$$P_1 = r_1 l_0,\ P_2 = P_1 - r_2 l_1,\ P_k = P_2 - r_3(L - l_1 - l_k),\ P_3 = P_k + r_4 l_k \tag{7-81}$$

式中：r_1 为轨面无载情况下的轨道纵向阻力($A'A$ 段)；r_2 为机车下轨道的纵向阻力；r_3 为车辆下轨道的纵向阻力；r_4 为轨面无载情况下的轨道纵向阻力($B'B$ 段)。

各段钢轨的变形量由下式计算。

AA'段：$y_1 = \frac{P_1 l_0}{2EF}$；

AC 段：$y_2 = \frac{(P_1 + P_2)l_1}{2EF}$；

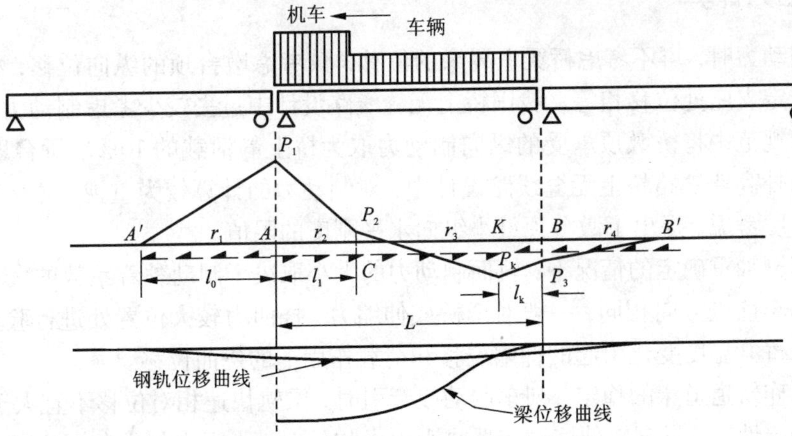

图7－23　活动端迎车挠曲力计算图

CK段：$y_3 = \dfrac{(P_2 + P_k)(L - l_1 - l_k)}{2EF}$；

KB段：$y_4 = \dfrac{(P_k + P_3) l_k}{2EF}$；

BB′段：$y_5 = \dfrac{P_3 |P_3|}{2EFr_4}$。

梁轨位移相等点K的钢轨位移为：$y_k = y_1 + y_2 + y_3$。

根据梁轨变形协调条件为：$\delta_k = y_1 + y_2 + y_3$，$\sum y = y_1 + y_2 + y_3 + y_4 + y_5 = 0$。

以上两式包含有两个未知数l_0和l_k，可以通过数值法求解，从而可计算挠曲力和钢轨位移，计算方法与伸缩力计算基本相同。

对于高墩桥的无缝线路，要考虑荷载作用下墩顶位移对无缝线路挠曲力的影响。

7.5.5　断缝和断轨力的计算

当钢轨受到最大温度拉力和附加伸缩力的共同作用下，钢轨可能出现断裂。为保证行车安全，要求在两力作用下发生的钢轨断缝值小于允许值。断缝值可按式(7－82)计算。

$$\lambda = \frac{P_{\text{tmin}}^2}{pEF} + y_s \leqslant [\lambda] \tag{7-82}$$

式中：P_{tmin}为最大温度拉力；p为线路纵向阻力；E为钢轨钢弹性模量；F为钢轨截面积；y_s为近似地取附加伸缩力产生的最大位移(mm)；$[\lambda]$为允许断轨轨缝宽度(mm)。

当钢轨断裂后，温度力就作用在桥梁墩台和固定支座上，按一跨简支梁长或一连续梁长之内的线路纵向阻力之和计算，但断轨力不大于最大温度拉力。于是可得断轨力计算式

$$T_s = p \cdot l \tag{7-83}$$

式中：l为一跨简支梁或一跨连续梁的长度。

无论是单线和双线桥，只计算一根钢轨的断轨力。

7.5.6 制动力计算

在计算制动力时，可不考虑桥梁上翼缘的位移，只考虑墩台顶的纵向位移，桥梁上翼缘各处位移与固定支座处位移相等。我国桥上无缝线路设计中过去较少考虑制动力的计算，在铁路桥涵设计规范中将桥墩顶承受的纵向制动力取为桥上静活载的10%，桥台取为15%进行验算。但国外高速铁路桥上无缝线路设计中，对制动力的计算较为重视，并从控制钢轨制动附加力的角度考虑，提出了墩台顶最小纵向水平刚度的限值。

在机车车辆轴重确定的情况下，轨面制动力的大小取决于制动黏着系数的大小。制动力作用方向与列车前进方向相同，一般对全桥或伸缩力、挠曲力较大位置处进行验算。制动力计算时不考虑桥梁温度变化引起的伸缩位移和荷载作用下的挠曲位移。

为保证有砟轨道道床的稳定，列车制动或牵引时，梁轨快速相对位移不宜大于4 mm；为保证扣件的稳定性，设有钢轨伸缩调节器或小阻力扣件时，小阻力扣件范围内梁轨快速相对位移不宜大于30 mm。

7.5.7 桥上无缝线路设计要点

桥上无缝线路设计要合理选择轨道结构形式、长轨条布置和锁定方式，使墩台、轨道受力及钢轨折断的断缝不超过允许值，并保证轨道具有足够的稳定性和强度，对于桥上板式无砟轨道，还应保证轨道板凸形挡台及CA砂浆的强度。

1. 轨条布置原则

桥上长轨条的布置应根据桥梁设备情况、自动闭塞区段绝缘接头设置的要求、施工条件和维修条件来确定。一般说来，设计整根轨条通过全桥，使桥梁位于无缝线路固定区，尽量不使用伸缩调节器，这样就有结构简单、桥上不需要特殊设备、完全消除桥上的钢轨接头、减少冲击力、维修方便的优点。尽量使桥上无缝线路设计锁定轨温与桥头路基无缝线路一致，便于现场管理。

桥上无缝线路经检算需要铺设钢轨伸缩调节器，应遵循以下原则：采用曲线型钢轨伸缩调节器；在桥梁端头布置单伸缩调节器，在跨中布置双向伸缩调节器，以尽量减少尖轨相对路基或桥梁的位移；选型应与列车速度匹配，动程能满足基本轨伸缩要求；伸缩调节器基本轨的材质应与长轨条相同；应在伸缩调节器基本轨一侧设置不少于100 m的小阻力扣件，同时为便于管理，同一梁跨上最好为同一扣件；应确保伸缩调节器尖轨不跨桥梁伸缩缝；钢轨伸缩调节器不宜铺设在竖曲线及曲线地段。

2. 轨道检算

①钢轨断缝检算。在断轨力计算中，判断钢轨折断时的断缝能否满足规范要求。

②钢轨强度检算。检算钢轨强度是否在允许范围内，σ_c为伸缩附加应力或挠曲附加应力中的较大值与制动附加应力之和。

③无缝线路稳定性检算。计算公式如下

$$(T_{\max}-t_n)\alpha EF+\Delta P\leqslant\frac{[P]}{2} \tag{7-84}$$

式中：ΔP为伸缩压力或挠曲压力中的较大值与制动附加压力之和。

④道床稳定性检算。在制动力计算中，检算梁轨快速相对位移是否满足规范要求。

⑤其他检算。如桥上采用板式无砟轨道，应考虑无缝线路纵向力对 CA 砂浆和凸型挡台的影响，增加纵向力组合作用下的检算。

3. 桥梁墩台检算

桥上无缝线路纵向力是在考虑了最不利情况下的计算结果，钢轨断轨力、制动力均是在线路纵向阻力已接近或达到临界值时产生的。且由于列车动载的作用，产生挠曲力时，伸缩力已有所放散，因此墩台检算时，同一根钢轨作用力在墩台上的各项纵向力不作叠加。无缝线路作用于桥梁墩台的纵向力，分主力、附加力和特殊力。伸缩力、挠曲力是经常作用在桥墩台的纵向力，按主力计算，制动力按附加力考虑，断轨力是偶然作用于墩台上的纵向力，出现概率较低，按特殊力考虑。

桥梁墩台检算用的荷载组合有主力、主力 + 附加力、主力 + 特殊力、主力 + 附加力 + 特殊力，单双线采用不同的纵向力组合，这四种组合方式下，容许应力的提高系数分别为 1.0、1.2、1.4、1.4。桥梁墩台检算内容包括：墩台顶水平位移、墩台身强度及合力偏心、基底应力及合力偏心、基底倾覆和滑动稳定性等；桥梁固定支座应进行支座锚固螺栓强度检算；钢桁梁应进行桥面系杆件强度检算。桥梁墩台设计荷载除按《铁路桥涵基本设计规范》(TB 10002.1—2005)规定组合外，还应考虑其他纵向力的组合，可具体参考《铁路无缝线路规范》。

计算墩台时伸缩力、挠曲力、断轨力作用点为墩台支座铰中心，检算支座时伸缩力、挠曲力、断轨力支座作用点为支座顶中心，台顶断轨力作用点为台顶。简支梁桥墩顶纵向水平线刚度应不小于表(7－14)的规定；简支梁桥台顶纵向水平线刚度不宜小于 3000 kN/cm · 双线。

表 7－14　简支梁桥墩顶纵向水平线刚度限值

跨度(m)	≤12	16	20	24	32	40	48
桥墩顶线刚度(kN/cm · 双线)	120	200	240	300	400	700	1000

注：单线墩台顶的最小水平线刚度限值按表中规定值的 1/2 计。

我国的高速铁路及客运专线长大桥上铺设无砟轨道无缝线路时，应对制动力、伸缩力、断轨力和施工温差的影响进行分析，对桥上无缝线路结构进行专门设计。如桥上采用 CRTS Ⅱ板式轨道时，则需在混凝土底座板和桥梁间设置两布一膜滑动层，可不设置伸缩调节器结构；桥上无砟轨道采用双块式等结构时，则需根据桥上无缝线路钢轨受力、梁轨相对位移等情况，确定是否设置伸缩调节器。

7.6　跨区间无缝线路

7.6.1　跨区间无缝线路特点

1. 跨区间无缝线路发展简况

跨区间无缝线路是在完善了桥上无缝线路、高强度胶接绝缘接头、无缝道岔等多项技术以后，把闭塞区间的绝缘接头乃至整区间甚至几个区间(包括道岔、桥梁、隧道等)都焊接(或胶接、冻结)在一起，最终取消了缓冲区的无缝线路，是与高速重载铁路相适应的轨道结构。

根据无缝线路受力原理。理论上讲无缝线路的轨条长度可以无限长。目前在普通无缝线路上，由于各种原因，轨条长度一般在1500 m左右。由于现有无缝线路仍存在着缓冲区，无缝线路的优越性没有完全充分发挥。随着高速重载运输的发展，要求必须强化轨道结构，全面提高线路的平顺性和整体性。为此要求把缓冲区消除，无缝线路轨条延长，甚至与道岔焊连成一体，成为跨区间无缝线路，跨区间无缝线路最大限度地减少了钢轨接头，实现了线路的无缝化，消除了缓冲区和伸缩区的影响，这是当代无缝线路的重要发展方向。

道岔结构无缝化设计是跨区间无缝线路设计中的一项重要内容，是实现区间无缝线路与道岔区焊联的关键技术。从提速道岔开始，我国一直在进行无缝道岔结构形式的改进、电务转换设备对尖轨及心轨伸缩的适应性研究、无缝道岔设计理论与方法的优化研究、无缝道岔与区间轨条的焊联技术开发、无缝道岔铺设与养护维修技术的积累工作，并取得了显著的成绩。目前，无缝道岔技术已成功应用于我国的多条提速线路及客运专线。

从1993年开始，我国先后在京山、京广、大秦线上铺设了4处轨节长度为20 km的跨区间无缝线路试验段。京山、京广线试验段采用进口60 kg/m全长淬火轨，大秦线铺设的75 kg/m轨采用了TK－Ⅲ型混凝土枕和无螺栓新型扣件，为我国发展跨区间无缝线路提供了科学实践的依据。之后，各铁路局竞相铺设跨区间无缝线路，使其数量猛增。目前，我国的新建客运专线和高速铁路均采用跨区间无缝线路技术。

2. 跨区间无缝线路的特点

跨区间无缝线路从本质上说与普通无缝线路没有什么区别，但其在结构、铺设、养护维修等方面具有不同的特点，并带来很多新的技术问题。主要特点如下：

(1)胶接绝缘接头和冻结接头的广泛应用

整体性好、强度高、刚度大、绝缘性能好、寿命长、养护少的胶接绝缘接头的研制成功是跨区间无缝线路得以发展的重要前提，这种胶接接头的使用寿命可达到与基本轨同步的水平。此外，在焊接条件不具备而又希望消灭轨缝时，也可采用冻结接头，全螺纹自锁紧防螺母与高强度螺栓配合使用，可实现高强度冻结接头，在无缝道岔、缓冲区上推广应用具有现实意义。

(2)道岔无缝化技术

无缝道岔内各轨条间存在着极为复杂的承力、传力和位移关系，且由于长轨条在列车制(启)动较多的区段、长大坡道或变坡点附近，容易产生不均匀爬行的现象，这种爬行一般会受到道岔的阻碍，导致道岔的受力变形规律更为复杂。弄清并掌握无缝道岔中钢轨受力与变形的复杂关系，是无缝道岔设计、铺设和养护的关键。

(3)跨区间无缝线路的焊接和施工

由于跨区间无缝线路不是一次完成铺设，要使整个轨条温度力均匀，即锁定轨温一致，在铺设施工中，如何组织施工队伍，安排施工程序，使得铺设、焊接、放散应力、锁定等工作有序进行，且保证锁定轨温符合要求，就成为施工中的一个关键问题。

(4)跨区间无缝线路的养护维修方法

跨区间无缝线路养护维修实施起来比较困难，须严格控制作业轨温，同时应配有快速切割、拉轨方便、焊接简便等相应的施工设备，便于处理各种应急情况。另外在道岔区由于钢轨受力状态较为复杂，而道岔的各部件结构和尺寸要求也较严，在有温度力状态下如何作业尚没有经验。这些都有待进一步研究和实践。

7.6.2　跨区间无缝线路设计

跨区间无缝线路不论是新线或运营结合大修铺设，其线路平纵面设计与普通无缝线路设计一样。跨区间无缝线路与普通无缝线路的不同在于轨条贯穿整个区间或区段，其长轨条不可能一次铺成，为此将长轨条分成若干个单元轨条，然后分次焊联铺入。单元轨条长度多长为合理，需要进行设计。此外还包括单元轨条的锁定轨温、轨条位移观测桩的设置、道岔区温度纵向力位移、轨道稳定和强度检算内容。

1. 单元轨条长度设计

跨区间无缝线路长轨条长度设计与普通无缝线路不同，跨区间无缝线路长轨条长度的设计是一次铺入长度的设计，即单元铺设长度的设计。跨区间无缝线路按单元轨节和单组道岔划分管理单元。单元轨节长度的确定应根据线路条件、工点情况、施工工艺及方法等因素综合研究确定。

2. 锁定轨温设计

跨区间无缝线路应综合考虑路基、岔区及桥上无缝线路的允许温升和允许温降计算结果，综合确定线路的设计锁定轨温，为便于跨区间无缝线路的管理，路基、桥梁、隧道、岔区内应采用相同的设计锁定轨温。但遇到长大隧道、长大桥梁等特殊情况时，也可分级采用不同的设计锁定轨温。

3. 爬行观测桩的设置

通过爬行观测桩的观察与换算，分析研究锁定轨温有无变化、纵向力的分布是否均衡。位移观测桩的设置应满足《铁路管理修理规则》要求，观测桩必须预先埋设牢固，在单元轨节两端就位后立即进行标记，标记应明显、耐久、可靠。对于高速铁路及客运专线，无缝线路、无缝道岔的受力和变形规律难以把握，位移观测桩可参考相关规定进行专门设计。

4. 无缝道岔单元轨条设计

无缝道岔铺设中通常将岔内所有接头先焊接后，在合适的锁定轨温范围内，再与区间长轨条焊接，此时将无缝道岔视为一个特殊的单元轨节。此外，无缝道岔也是跨区间无缝线路中的重点观测对象，在岔头、岔尾及辙跟处均设置有位移观测桩，虽然其长度达不到 200 m，但也应作为一个单元进行管理。因此，在跨区间无缝线路中均将单组无缝线路道岔作为一个单元轨节进行设计。

对于新建铁路一次性铺设无缝线路技术的要求非常严格，诸如轨道结构、路基的构造、施工装备和工艺等，都有更高的标准和更严格的要求。新建铁路一次性铺设无缝线路归纳起来，应具备以下三个条件：

①稳固的基础。

②先进的施工装备和施工技术。

③平顺的轨道几何形位。

只有满足以上条件，才能保证新建铁路一次性铺设无缝线路的质量状态，确保列车运行的安全性和旅客乘坐的舒适性。

重点与难点

1. 无缝线路的基本原理。
2. 无缝线路的关键技术。
3. 不同工况下温度力图的绘制。
4. 无缝线路的结构设计和稳定性分析。
5. 桥上无缝线路的计算理论。

思考与练习

1. 试述无缝线路的优点。
2. 无缝线路有哪些类型?
3. 简述无缝线路的关键技术。
4. 无缝线路可以无限长铺设的理论依据是什么?
5. 轨温都包括哪些?三种锁定轨温之间的关系如何?
6. 如何确定允许温升和允许温降?
7. 跨区间无缝线路的优点有哪些?其设计包含哪些内容?
8. 钢轨接头阻力怎样计算,扣件阻力起什么作用?
9. 影响无缝线路稳定性的因素有哪些?如何提高无缝线路的稳定性?
10. 试用公式说明无缝线路设计锁定轨温的求解过程。
11. 试述普通无缝线路结构设计的方法和过程?
12. 试述桥上无缝线路的受力特点。
13. 试述桥上无缝线路的设计要点。

第 8 章

轨道结构修理与维护

铁路线路是铁路运输的基础设施，这一连续的长大工程结构物，在机车车辆荷载作用和自然条件影响下，随着通过总重的累积，不同类型轨道结构(如有砟轨道和无砟轨道)必然发生不同程度的残余变形，使线路平顺性恶化，轨道结构及部件产生伤损。因此，必须对不同类型的轨道结构及时进行科学地检测、修理及维护，以提高设备质量，确保轨道状态良好并符合技术标准，保证列车平稳、安全和正点运行。

8.1　线路设备修理概述

8.1.1　线路设备修理原则

我国《铁路线路修理规则》将线路设备修理分为线路设备大修和维修。线路设备大修的基本任务是根据运输需要及线路设备损耗规律，有计划、按周期地对线路设备进行更新和修理，恢复和提高线路设备强度，增强轨道承载能力；线路设备维修的基本任务是保持线路设备完整和质量均衡，使列车能以规定速度安全、平稳和不间断地运行，并尽量延长线路设备使用寿命。

线路设备大修应贯彻“运营条件匹配，轨道结构等强。修理周期合理，线路质量均衡”的原则，坚持全面规划、适度超前、区段配套的方针，并应采用无缝线路。

线路设备维修应贯彻“预防为主，防治结合，修养并重”的原则，按线路设备技术状态的变化规律和程度，相应地进行综合维修、经常保养和临时补修，有效地预防和整治线路病害，有计划地补偿线路设备损耗，以取得较好的技术经济效益。

线路设备大修应由大修设计和施工专业队伍承担，采用必要的施工机械和运输车辆，并安排与施工项目相适应的施工天窗。

线路设备维修应实行天窗修制度，并实行检修分开的管理体制。应采用新技术、新设备、新材料、新工艺和先进的施工作业方法，优化劳动组织，提高劳动生产率和施工作业质量，降低成本；改进检测方法，推行信息化技术，健全并严格执行安全管理和检查验收制度。

8.1.2　线路设备维修管理组织

线路设备大修施工应由专业队伍承担，并有固定的生产人员作为基本队伍。大修施工单位必须具备如下设施：

①铁路局应根据近、远期规划，统筹安排，修建必要的大修基地。大修基地应有足够的

配线和场地，具备必要的生产和生活设施，交通便利。

②配备与大修施工任务相适应的施工机械、交通运输工具、通信设备和相应的检修设施。

③配备宿营车辆等必要的流动生活设施。

线路设备大修施工单位应依据设计文件进行现场调查和施工测量，研究制订施工方案；按工程件名及批准的施工计划编制施工组织设计。线路设备大修施工必须认真贯彻执行安全第一、预防为主的方针，严格执行各项施工作业标准，科学组织施工，确保施工安全、质量和进度。施工单位应建立健全各种施工、运输和装卸机械的管理制度，加强设备台账和技术档案的管理，实行岗位责任制，严格执行设备检修保养制度，保证配件储备，提高设备完好率。施工单位应建立健全材料管理制度。

工务段的管辖范围：正线延长单线以 500 ~ 700 km 为宜，双线以 800 ~ 1000 km 为宜，特殊情况下由铁路局规定；山区铁路或管辖范围内有编组站或一等及以上车站时，管辖正线长度可适当减少。线路车间的管辖范围：正线延长单线以 60 ~ 80 km 为宜，双线以 100 ~ 120 km 为宜。线路工区的管辖范围：正线延长以 10 ~ 20 km 为宜。

工务段应按检修分开的原则，下设线路车间、检查监控车间和综合机修车间，根据需要还可设机械化维修、道口、路基等车间。线路车间下设线路工区和机械化维修工区，未设检查监控车间的工务段应在线路车间设置检查监控工区。其他车间可根据需要设置工区。

线路设备维修实行检修分开制度。检修分开的基本原则是实行专业检查和机械化集中修理，实现检查与维修的异体监督。检查监控车间(工区)应按规定的项目和周期进行设备检查分析，并及时传递检查信息；线路车间负责安全生产的组织实施；线路工区主要负责线路设备巡查、临时补修、故障处理；机械化维修车间(工区)主要负责综合维修、配合大机维修作业和经常保养；综合机修车间负责钢轨、道岔焊补，养路机械的维修保养，工具制作、修理及线路配件修理等工作。

综合维修组织形式为工务机械段负责综合维修的大型养路机械作业项目，工务段配合施工，并负责其他作业项目和质量验收；当大型养路机械维修不能覆盖时，由工务段按检修分开的原则组织综合维修和质量验收。

工务段设有路基工区时，路基维修工作由路基工区负责；未设路基工区时，路基维修工作由线路工区负责，并根据路基设备数量配置相应定员。凡影响行车的线路施工、维修作业均应在天窗内进行，用于线路大、中修及大型养路机械作业的施工天窗不少于 180 min，维修天窗根据维修作业需要合理安排，并应做到综合利用，平行作业。

8.2 铁路线路维修与线路设备大修

铁路线路设备是铁路运输业的基础设备。它常年裸露在大自然中，经受着风雨冻融和列车荷载的作用，轨道几何尺寸不断变化，路基及道床不断产生变形，钢轨、联结零件及轨枕不断磨损，因而使线路设备的技术状态不断地发生变化。根据线路设备技术状态变化的规律，我国铁路线路的修理，划分为铁路线路维修和设备大修两种修程。

8.2.1　线路维修及其基本内容

铁路线路维修按工作内容和目的，分为综合维修、经常保养和临时补修。

1. 综合维修

综合维修是根据线路变化规律和特点，以全面改善轨道弹性、调整轨道几何尺寸和更换、整修失效零部件为重点，以大型养路机械为主要作业手段，按周期、有计划地对线路进行的综合性维修，以恢复线路完好技术状态。

(1)综合维修周期

在一般条件下，影响线路综合维修周期的主要因素是与通过总重有直接关系的道床技术状态，包括道床残余变形和道床脏污率两个方面。一般认为道床技术状态达到下列程度之一时，即已达到综合维修周期，应该进行综合维修。

①道床残余变形积累较大，轨面沉落和弹性不均匀，水平状态不良，达到需要全面起道整修的程度。

②道床脏污(石灰岩道床脏污率达到 20%)或开始局部板结，达到需要清筛枕盒道床或适当起道整修的程度。

③轨道几何尺寸变化较快，调高垫板用量较大，保养周期缩短，已不适于继续进行经常保养的情况。

正线线路综合维修周期年数，依照上述条件，并结合线路大、中修周期，根据各线(或区段)的线路条件、运输条件、自然条件等具体情况，由铁路局确定。《铁路线路修理规则》对正线线路综合维修周期的规定如表 8－1 所示。

表 8－1　线路设备修理周期表(v_{max}≤200 km/m)

轨道条件			周期(通过总重，Mt)		
轨型	轨枕	道床	大修	中修	维修
75 kg/m 无缝线路	混凝土枕	碎石	900	400～500	120～180
75 kg/m 普通线路	混凝土枕	碎石	700	350～400	60～90
60 kg/m 无缝线路	混凝土枕	碎石	700	300～400	100～150
60 kg/m 普通线路	混凝土枕或木枕	碎石	600	300～350	50～75
50 kg/m 无缝线路	混凝土枕或木枕	碎石	550	300	70～100
50 kg/m 普通线路	混凝土枕或木枕	碎石	450	250	40～60
43 kg/m 及以下钢轨普通线路	混凝土枕或木枕	碎石	250	160	30

注：当钢轨累积疲劳重伤平均达到 2～4 根/km 时，应安排线路大修。

对规定的综合维修周期，铁路局、工务段在实际执行时，还要因地制宜。在线路大、中修后的道床稳定期，综合维修周期可适当长一些。当年线路大、中修过的地段可不安排综合维修，但应加强经常保养。线路状态较差的地段应适当缩短周期，薄弱地段须每年都安排综合维修。

在安排维修计划时，应按道床的技术状态和轨道几何尺寸变化频率来决定是否安排综合维修，一般不宜滞后。安排维修计划时要求做到：

①要使线路保持一定的储备能力，避免缩短设备使用寿命；

②要有一定的预防性，避免线路病害的发生或发展；

③要与线路大、中修计划相结合，避免设备技术状态恶化。

正线、到发线道岔的综合维修周期，所在线路的综合维修周期较短时，可与线路同步。如所在线路的综合维修周期较长，道岔的综合维修周期应视道岔状态适当缩短，一般不超过两年。

(2)线路、道岔综合维修基本内容

①根据线路、道岔状态起道、拨道和改道，全面捣固。混凝土枕地段，捣固前撤除所有调高垫板；混凝土宽枕地段，垫砟与垫板相结合。

②调整线路、道岔各部尺寸，拨正曲线。

③清筛枕盒不洁道床和边坡，整治道床翻浆冒泥，补充道砟，整理道床。

④更换、方正和修理轨枕。

⑤调整轨缝，整修、更换和补充轨道加强设备，整治线路爬行，锁定线路、道岔。

⑥矫直、焊补、打磨钢轨，综合整治接头病害。

⑦有计划地采用打磨列车对钢轨、道岔进行预防性或修理性打磨。

⑧整修、更换和补充联结零件，并有计划地涂油。

⑨整修路肩，疏通排水设备，清除道床杂草和路肩大草。

⑩修理、补充和刷新线路标志，整修道口及其排水设备，收集旧料。

⑪其他病害的预防和整治。

在综合维修作业中，与起道有关的各项作业可合并进行，其他作业可几项配合进行或单项进行。如有的单项作业已在综合作业前完成，综合维修时不需再做，但应按综合维修验收标准验收。

2. 经常保养

经常保养是根据线路变化情况，以养路机械为主要作业手段，对全线进行有计划、有重点的经常性养护，以保持线路质量处于均衡状态。经常保养的时间是全年度，范围是线路全长。

(1)线路、道岔经常保养的基本内容

①根据轨道几何尺寸超过经常保养容许偏差管理值的状态，成段整修线路。

②整治道床翻浆冒泥，均匀道砟，整理道床。

③更换和修理轨枕。

④调整轨缝，锁定线路。

⑤焊补、打磨钢轨，整治接头病害。

⑥有计划地成段整修扣件，螺栓涂油。

⑦无缝线路应力放散或调整。

⑧更换伤损钢轨，断轨焊复。

⑨整修防沙、防雪设备，整治冻害。

⑩整修道口，疏通排水设备，清除道床杂草和路肩大草。

⑪季节性工作、周期短于综合维修的其他单项工作。

(2)经常保养的季节性工作

线路设备变化和作业内容与季节特点密切相关，所以要针对不同地区、季节特点，加强季节性工作。

①春融时期。

a. 加强线路和山体检查。加固或清除山体危石，及时撤换冻害垫板，以整修轨道几何尺寸为重点，成段整修线路。

b. 调整轨缝，按计划进行夹板及螺栓涂油，抽换接头及连续失效轨枕，在道床不足地段补充和匀卸道砟，为夏季综合维修作业做好准备。

c. 疏通排水设备，排除路基积水，整治路基翻浆冒泥，防止春汛水漫路基。

②炎热季节。

注意调整连续瞎缝，加强轨道框架的整体稳定性，防止胀轨跑道。

③防洪时期。

雨季前应做好防洪准备，落实防洪重点地段，尽可能做好整修路基排水设备及整治路基、道床病害。对维修解决不了的病害，应安排好洪期行车安全措施。执行雨前、雨中、雨后检查制度，加强巡山巡河，及时掌握线路变化规律及险情，确保行车与人身安全。

④冬前找细作业。

a. 整正线路方向，全面拨正直线和曲线。

b. 整治低接头，消灭三角坑、空吊板，加强钢轨接头和桥头线路捣固，整治线路坑洼。

c. 备足过冬材料，如冻害垫板、冻害道钉等。

⑤冬季作业。

a. 进行冻害垫板作业，除冰雪，保持线路状态良好。

b. 检查、更换伤损轨件，预防钢轨、夹板和辙叉的折损。

c. 为夏季综合维修尽可能多做准备工作，如：木枕削平，调整“三不密”扣件、路料卸车等。

3. 临时补修

临时补修是以小型养路机械为主要作业手段，及时对线路几何尺寸超过临时补修容许偏差管理值及其他不良处所进行的临时性整修，以保证行车安全和平稳。

线路、道岔临时补修的主要内容如下：

①整修轨道几何尺寸超过临时补修容许偏差管理值的处所。

②更换(或处理)折断、重伤钢轨及桥上、隧道内轻伤钢轨。

③更换达到更换标准的伤损夹板，更换折断的接头螺栓、道岔护轨螺栓、可动心轨凸缘与接头铁连接螺栓、可动心轨咽喉和叉后间隔铁螺栓、长心轨与短心轨联结螺栓、钢枕立柱螺栓等。

④调整严重不良轨缝。

⑤疏通严重淤塞的排水设备，处理严重冲刷的路肩和道床。

⑥整修严重不良的道口设备。

⑦其他需要临时补修的工作。

8.2.2 线路设备大修及其基本内容

1. 线路设备大修工作分类

①线路大修。线路上的钢轨疲劳伤损，轻型钢轨不符合要求，不满足铁路运输需要时，必须进行线路大修。线路大修分为普通线路换轨大修和无缝线路换轨大修。无缝线路换轨大修按施工阶段可分为铺设无缝线路前期工程和铺设无缝线路。

②成段更换再用轨(整修轨)。

③成组更换道岔和岔枕。

④成段更换混凝土枕。

⑤道口大修。

⑥隔离栅栏大修。

⑦其他大修(以上未涵盖的线路设备大修项目列其他大修)。

⑧线路中修。

在线路大修周期内，道床严重板结或脏污，其弹性不能满足铁路运输需要时，应进行线路中修。石灰岩道砟应结合中修有计划地更换为一级道砟。

在无路基病害、一级道砟、道床污染较轻、使用大型养路机械按周期进行修理的区段，通过有计划地进行边坡清筛，应取消线路中修。

由于进行线路设备大修而涉及其他设备变动时，由铁路局在各有关部门的大修计划内统一安排。

2. 线路设备大修工作内容

(1)普通线路换轨大修主要内容

①清筛道床，补充道砟，改善道床断面，整治基床翻浆冒泥和超过 15 mm 的冻害，石灰岩道砟应结合大修有计划地更换为一级道砟。

②校正、改善线路纵断面和平面。

③更换Ⅰ型混凝土枕、失效轨枕和严重伤损混凝土枕，补充轨枕配置根数，有计划地将木枕成段更换为混凝土枕(另列件名)。

④全面更换新钢轨、桥上钢轨伸缩调节器、联结零件、绝缘接头及钢轨接续线，更换不符合规定的护轨。

⑤成组更换新道岔和新岔枕(另列件名)。

⑥安装轨道加强设备。

⑦整修路肩、路基面排水坡，清理侧沟，清除路堑边坡弃土。

⑧整修道口及其排水设备。

⑨抬高因线路换轨大修需要抬高的道岔、桥梁，加高挡砟墙。

⑩补充、修理并刷新由工务管理的各种线路标志、信号标志、位移观测桩及备用轨架。

⑪回收旧料，清理场地，设置常备材料。

(2)铺设无缝线路前期工程主要内容

①清筛道床，补充道砟，改善道床断面，整治基床翻浆冒泥和超过 15 mm 的冻害，石灰岩道砟应结合大修有计划地更换为一级道砟。

②校正、改善线路纵断面和平面。

③更换Ⅰ型混凝土枕、失效轨枕和严重伤损混凝土枕，补充轨枕配置根数，有计划地将木枕成段更换为混凝土枕（另列件名）。

④抽换轻伤有发展的钢轨，更换失效的联结零件。

⑤均匀轨缝，螺栓涂油，锁定线路。

⑥整修路肩、路基面排水坡，清理侧沟，清除路堑边坡弃土。

⑦整修道口及其排水设备。

⑧抬高因线路换轨大修需要抬高的道岔、桥梁，加高挡砟墙。

⑨补充、修理并刷新由工务管理的各种线路标志、信号标志、位移观测桩及备用轨架。

⑩回收旧料，清理场地，设置常备材料。

(3)铺设无缝线路主要内容

①焊接、铺设新钢轨，更换联结零件、桥上钢轨伸缩调节器及不符合规定的护轨，铺设胶接绝缘钢轨（接头）并按设计锁定轨温锁定线路，埋设位移观测桩。

②整修线路，安装轨道加强设备。

③整修道口。

④回收旧料，清理场地，设置常备材料。

(4)成段更换再用轨（整修轨）主要内容

①更换再用轨（整修轨）普通线路。

a. 更换再用轨（整修轨）、联结零件、绝缘接头及钢轨接续线，更换不符合规定的护轨。

b. 更换失效轨枕、严重伤损混凝土枕。

c. 整修线路，安装轨道加强设备。

d. 整修道口及其排水设备。

e. 回收旧料，清理场地，设置常备材料。

②更换再用轨（整修轨）无缝线路。

a. 清筛道床，补充道砟，改善道床断面，整治基床翻浆冒泥，石灰岩道砟应结合大修有计划地更换为一级道砟。

b. 校正、改善线路纵断面和平面。

c. 更换Ⅰ型混凝土枕、失效轨枕和严重伤损混凝土枕，补充轨枕配置根数，有计划地将木枕成段更换为混凝土枕（另列件名）。

d. 焊接、铺设再用轨（整修轨），更换联结零件，更换不符合规定的护轨，铺设胶接绝缘钢轨（接头）并按设计锁定轨温锁定线路，埋设位移观测桩。

e. 整修线路，安装轨道加强设备。

f. 整修路肩、路基面排水坡，清理侧沟，清除路堑边坡弃土。

g. 整修道口及其排水设备。

h. 补充、修理并刷新由工务管理的各种线路标志、信号标志及备用轨架。

i. 回收旧料，清理场地，设置常备材料。

(5)成组更换道岔和岔枕主要内容

①铺设新道岔和岔枕；铺设无缝道岔时含焊接钢轨、铺设胶接绝缘钢轨（接头）并按设计锁定轨温锁定线路，埋设位移观测桩。

②更换道砟。

③整修道岔及其前后线路，做好排水工作。

④回收旧料，清理场地。

(6)成段更换混凝土枕的主要工作内容

①全面更换混凝土枕及扣件，螺栓涂油，整修再用枕螺旋道钉。

②清筛道床，补充道砟，整治基床翻浆冒泥和超过 15 mm 的冻害。

③整修线路，安装轨道加强设备。

④整修路肩、道口及其排水设备。

⑤封闭宽枕间的缝隙。

⑥回收旧料，清理场地，设置常备材料。

(7)道口大修的主要工作内容

①整修道口平台。

②更换道口铺面、护轨。

③改善防护设备。

④清筛道床，更换失效轨枕、严重伤损混凝土枕，整修线路及排水设备。

⑤回收旧料，清理场地。

(8)隔离栅栏大修的主要工作内容

①更换隔离栅栏。

②更换或整修隔离栅栏立柱。

③回收旧料，清理场地。

(9)线路中修的主要工作内容

①清筛道床，补充道砟，改善道床断面，整治基床翻浆冒泥。

②校正、改善线路纵断面和平面。

③更换失效轨枕、严重伤损混凝土枕。

④普通线路(含无缝线路缓冲区)抽换轻伤有发展的钢轨，更换失效的联结零件。

⑤均匀轨缝，螺栓涂油，整修补充防爬设备，对无缝线路进行应力放散或调整，按设计锁定轨温锁定线路。

⑥整修路肩、路基面排水坡，清理侧沟，清除路堑边坡弃土。

⑦整修道口及其排水设备。

⑧补充、修理并刷新由工务管理的各种线路标志、信号标志、位移观测桩及备用轨架。

⑨回收旧料，清理场地，设置常备材料。

8.3 铁路轨道检测与质量评定

铁路轨道检测主要包括几何形位和轨道结构及部件的状态检测。我国铁路对轨道几何尺寸的管理，实行静态管理与动态管理相结合的管理模式。线路和道岔轨道几何尺寸管理值标准，包括轨距、水平、三角坑、轨向、高低等项目。

8.3.1　铁路线路的静态和动态检查

工务段段长、副段长、指导主任、检查监控车间主任、线路车间主任和线路工长应定期检查线路、道岔和其他线路设备，并重点检查薄弱处所，具体办法由铁路局规定。检查结果应认真分析，对超过临时补修管理值的处所应及时处理。应积极采用轨道检查仪检查线路，提高线路静态检查质量，加强线路设备状态分析，指导线路养修工作。

1. 线路静态检查

设有检查监控车间的工务段，应由检查监控车间有计划地对工务段管辖线路设备进行月度周期性检查，线路车间参加月度周期性检查并负责检查监控车间检查内容以外的检查工作。

未设检查监控车间的工务段，应由线路车间组织检查监控工区有计划地对线路车间管辖线路设备进行月度周期性检查，组织线路工区参加月度周期性检查并进行检查监控工区检查内容以外的检查工作。

(1)线路设备检查内容及检查周期

①正线线路和道岔，每月应检查 2 次(当月有轨检车检查的线路可减少 1 次)；其他线路和道岔，每月应检查 1 次。轨距、水平、三角坑应全面检查，轨向、高低及设备其他状态应全面查看，重点检查，对伤损钢轨、夹板和焊缝应同时检查。

②曲线正矢，每季应至少全面检查 1 次。

③对无缝线路长轨条纵向位移(爬行)，应每月观测 1 次。

④对钢轨焊接接头的表面质量及平直度，应每半年检查 1 次。

⑤对线路病害严重地段和薄弱处所，应经常检查。

检查结果应做好记录。

(2)线路静态检测设备

静态检查有以下设备：

①道尺(轨距尺)(图 8－1)或数字道尺(图 8－2)。道尺是检测铁路轨道轨距、水平和超高的主要静态测量工具。数字道尺是基于计算机的智能化轨道几何形位静态测量工具，其特点是测量精度高、速度快、自动化程度高、显示清晰直观、检定方便快捷、节省维修费用。

图 8－1　道尺(轨距尺)

图 8－2　数字道尺

②轨道检查仪。轨道检查仪也称轨检小车(图 8 –3)，是用于测量轨道静态几何参数的小型推车。配有高精度的传感器、无线电通讯设备、户外计算机，借助专业软件控制测量和数据存储管理，数据采集速度快、数量大，对采集到的数据能及时地进行分析与报警，用于现场指导维修、复核和验收作业。线路检查仪可以测量轨道的几何尺寸及三维绝对坐标，自动测量轨距、水平(三角坑)、高低和轨道 360 °横断面。

③弦线。弦线用于检测轨道的高低和方向(图 8 –4)。标准有 10 m 长、20 m 长和 40 m 长弦线等。图 8 –5 所示是用弦线测量轨道的方向，图 8 –6 所示是用弦线测量轨道的高低。

图 8 –3 轨道检查仪(轨检小车)

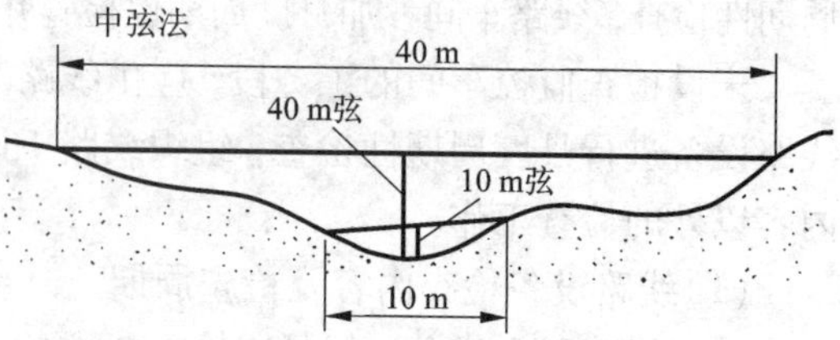

图 8 –4 弦线高低的测量

图 8 –5 测量轨道的方向

图 8 –6 测量轨道的高低

④基尺和电子平直尺。对钢轨波磨等不平顺，以往通常采用基尺和塞尺进行测量。塞尺厚度为 0.1 ~1.0 mm 不等，可随意组合成各种厚度。基尺通常是不易变形的钢板尺或特制钢尺，长度为 50 ~120 cm。在钢轨顶部放置基尺，在波磨波谷或低接头处试塞各种厚度的塞尺。这种检测方法的精度低，但简便易行。电子平直尺(图 8 –7)是目前使用的较为精确的静态测量钢轨平顺性、焊缝及波磨检测设备。

⑤无缝线路爬行观测设备。进行无缝线路维修必须掌握轨温，观测钢轨位移，分析锁定轨温变化。当长轨条铺设锁定之后，即在与观测桩相对应的钢轨上做好标记(图 8 –8)，作为观测钢轨爬行的观测点。在日常管理中，要对爬行观测桩和轨长标定的设标点进行定期观测，并互相核对。如发现两观测桩之间有位移，则进一步对两观测桩之间的设标点进行取标测量，详查发生位移的实际段落所在。核定后进行局部应力调正，使之均匀。使用光学准直仪和对中器来进行观测(图 8 –9)。

图 8-7 电子平直尺

图 8-8 贴在钢轨上的测标

(a) (b)

图 8-9 无缝线路爬行观测

(a)对中器；(b)光学准直仪

2. 线路动态检查

(1)检测手段

线路动态检查主要是通过轨检车(图 8-10)的检查，了解和掌握线路局部不平顺(峰值管理)和线路区段整体不平顺(均值管理)的动态质量，指导线路养护维修工作。目前也使用添乘仪、车载动态检查仪等辅助动态检测手段。

图 8-10 轨检车

目前轨检车是我国干线轨道检测的主要设备。轨检车可加强轨道动态检测力度，及时掌握轨道质量状态，正确指导线路养护维修，确保铁路运输安全，已成为铁路工作中的一项重要基础工作。

轨检车由检测装置和数据处理系统两大部分组成。检测装置包括：惯性基准轨道不平顺测量装置、激光轨距测量装置(图 8－11)和多功能振动测量装置等。数据处理系统包括模数转换器、计算机、打印机等。

图 8－11　激光轨距测量装置

截至 2004 年，我国轨检车按检测系统类型划分为四类：GJ－3 型，GJ－4 型，GJ－4G 型，GJ－5 型；按车辆速度等级划分为：120 km/h 等级，140 km/h 等级，160 km/h 等级，160 km/h 等级。

(2)检查评定标准

轨检车对线路局部不平顺(峰值管理)检查评定标准。

①各项偏差等级扣分标准：Ⅰ级每处扣 1 分，Ⅱ级每处扣 5 分，Ⅲ级每处扣 100 分，Ⅳ级每处扣 301 分。

②线路动态评定标准：

线路动态评定以 km 为单位，每 km 扣分总数为各级、各项偏差扣分总和。

每 km 线路动态评定标准分为：优良(扣分总数在 50 分及以内)、合格(扣分总数在 51 ~ 300 分)和失格(扣分总数在 300 分以上)。

③轨检车检查结果应分线、分段汇入轨检车线路评分统计报告表中。

(3)动态检测周期

轨检车动态检测周期一般根据运量和线路状态确定。

铁路局轨道检查车，对允许速度大于 120 km/h 的线路每月检查不少于 2 遍，对年通过总重不小于 80 Mt 的正线 15 ~ 30 天检查 1 遍，对年通过总重为 25 ~ 80 Mt 以内的正线每月检查 1 遍，对年通过总重小于 25 Mt 的正线每季检查 1 遍，对状态较差的线路可适当增加检查遍数。

轨道检查车检测中发现的问题，应及时通知有关单位，检查后及时将检测报告提交有关单位，每月末(或年底)向铁路总公司(原铁道部)提报月度(或年度)检测、分析报告(含轨检车线路评分统计报告表)。铁路局轨道检查车检测中发现的问题，应立即通知工务段，检查后向有关单位通报检查结果，每月上旬(或年初)向铁路总公司(原铁道部)提报上月(或上年度)检查、分析报告(含轨检车线路评分统计报告表)。

对线路区段整体不平顺(均值管理)动态质量指标——轨道质量指数(TQI)超过管理值的

线路，应有计划地安排维修或保养。

工务段(或由工务段通知管内施工的责任单位)应对轨检车查出的Ⅲ级超限处所及时处理，对查出的Ⅳ级超限处所立即限制行车速度并及时处理。

(4)应重视轨道不平顺的判别

①周期性连续三波及多波的轨道不平顺中，幅值为 10 mm 的轨向不平顺、12 mm 的水平不平顺、14 mm 的高低不平顺。

②对于 50 m 范围内有 3 处大于以下幅值的轨道不平顺：12 mm 的轨向不平顺、12 mm 的水平不平顺、16 mm 的高低不平顺。

③轨向、水平逆向复合不平顺。

④速度大于 160 km/h 区段，高低、轨向的波长在 30 m 以上的长波不平顺，当轨道检查车检查其高低幅值达到 11 mm 或轨向幅值达到 8 mm 时。

以上轨道不平顺判别出后，应及时处理。

在提速线路上，工务段要强化线路动态检查意识，工务段段长(或副段长)、指导主任和线路车间主任对管内正线每月应用添乘仪至少检查 1 遍。发现超限处所和不良地段，应及时通知线路车间或工区进行整修，并在段添乘检查记录簿上登记。

机车轨道动态监测装置对年通过总重不小于 25 Mt 或允许速度大于 120 km/h 的线路每天应至少检查 1 遍。具体使用及管理办法由铁路局规定。

8.3.2　铁路轨道不平顺的质量评定

1. 轨道静态不平顺的质量评定

轨道静态检测评价标准按铁路的行车速度、线路类别、作业类别确定。在《铁路线路修理规则》中，制订了综合维修、经常保养、临时补修等各项维修作业验收标准的三道防线，使轨道几何尺寸经常保持良好和质量均衡。轨道静态几何尺寸容许偏差管理值见表 4 – 4。

2. 轨道动态不平顺的质量评定

线路动态不平顺是指线路不平顺的动态质量反映，主要通过轨道检查车进行检测。提速 200 ~ 250 km/h 的区段，线路检查要以动态检查为主，采用动静态检查相结合的方式。

①轨道检查车对轨道动态局部不平顺(峰值管理)检查的项目为轨距、水平、高低、轨向、三角坑、车体垂向振动加速度和横向振动加速度七项。各项偏差等级划分为四级：Ⅰ级为保养标准，Ⅱ级为舒适度标准，Ⅲ级为临时补修标准，Ⅳ级为限速标准。各级容许偏差管理值见表 4 – 5。

②轨道质量指数 (TQI-Track Quality Index)。轨道检查车检查线路区段整体不平顺(均值管理)的动态质量用轨道质量指数(TQI)评定。轨道质量指数 (TQI)是反映轨道不平顺质量状态的统计特征值。将线路划分为 200 m 或 500 m 一个单元区段，每 250 mm 采集轨距、轨向(左，右)、高低(左，右)、水平及三角坑等 7 项不平顺参数，每单元区段每单项采集 800 个或 2000 个数据，经计算机处理得出 7 项标准差之和，如式(8 – 1)和式(8 – 2)所示。

$$TQI = \sum_{i=1}^{7} \sigma_i \tag{8-1}$$

$$\sigma_i = \sqrt{\frac{1}{n}\sum_{j=1}^{n}(x_{ij} - \overline{x_{ij}})^2} \tag{8-2}$$

式中：σ_i 为各项几何偏差的均方差(或标准差)，表示不平顺值对于它们平均值的偏离程度，值越小，平顺性越好；x_{ij} 为各项几何偏差在单元区段中连续采样点的随机测值；$\overline{x_{ij}}$ 为 x_{ij} 的算数平均值；n 为单元区段采样点个数，每米采集 4 个，当区段长为 200 m 时，$n = 4 \times 200 = 800$，当区段长为 500 m 时，$n = 4 \times 500 = 2000$。

TQI 实质是对轨道几何偏差值离散程度的描述，能较准确地反映轨道质量状态和轨道状态的恶化程度，可用数值明确表示各个轨道区段的好坏；能作为各级工务管理部门对轨道状态进行宏观管理和质量控制的依据，能用于编制轨道维修计划，指导养护维修作业；用于计算轨道质量指数的轨道几何量值原始数据容易采集和记录，计算简便；TQI 数值与轨道质量状态的对应关系明确，易于被现场人员掌握和使用，表 8－2 为我国根据轨道质量指数确定的轨道质量状态管理标准值。

表 8－2　轨道质量指数(TQI)管理值

项目			高低	轨向	轨距	水平	三角坑	TQI
管理值	$v_{max} \leqslant 160$ m/h		2.5×2	2.2×2	1.6	1.9	2.1	15.0
	$v_{max} > 160$ km/h		1.5×2	1.6×2	1.1	1.3	1.4	10.0
	200 m/h $\leqslant v_{max} \leqslant$ 250 m/h	波长范围为 1.5～42 m	1.3×2	1.2×2	0.7	1.1	1.2	8.0
		波长范围为 1.5～70 m	2.8×2	2.0×2				

注：波长范围为 1.5～42 m 的单项标准差单元区段计算长度为 200 m，波长范围为 1.5～70 m 的单项标准差单元区段计算长度为 500 m。

轨道状态图(图 8－12)是将线路上 TQI 数据(或单项指数)以直方图的形式表示出来，图中横坐标表示单元区段的位置，纵坐标表示 TQI 数值的大小，横线是 TQI 管理目标值，从轨道状态图可直观地看出轨道状态的好坏，以便进行质量控制。

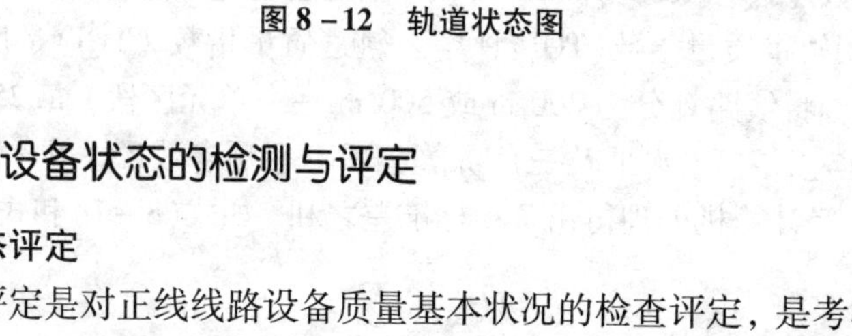

图 8－12　轨道状态图

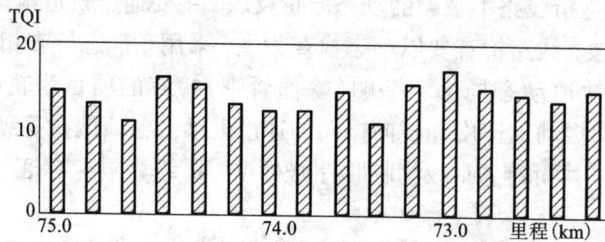

8.3.3　铁路轨道设备状态的检测与评定

1. 线路设备状态评定

线路设备状态评定是对正线线路设备质量基本状况的检查评定，是考核各级线路设备管理工作和线路设备状态改善情况的基本指标。线路设备状态评定结合秋检资料分析，是安排线路大、中维修计划的主要依据。每年 9 月，铁路局应组织工务段结合秋季设备检查，对管内正线全面评定一次。每年 10 月 20 日前，由铁路局汇总和分析评定结果，上报铁路总公司。线路设备状态评定应以 km 为单位(评定标准见表 8－3)，满分为 100 分，100～85 分为优良，85(不含)～60 分为合格，60 分以下为失格。

表 8－3　线路设备状态评定评分标准

编号	项目	扣分条件	计算单位	扣分(分)	说明
1	慢行	线路设备不良(不含路基)	处	41	检查时现存慢行处所
2	道床	翻浆冒泥	每延长 10 m	4	
		道床不洁率大于 25%(在枕盒底边向下 100 mm 处取样)	每延长 100 m	8	道床不洁率指通过边长 25 mm 筛孔的颗粒的质量比
3	轨枕	木枕失效率超过 8%	每增 1%	8	
		混凝土枕失效率超过 4%	每增 1%	8	
4	钢轨	一年内新生轻伤钢轨(不含曲线磨耗)	根	2	长轨中 2 个焊缝间为 1 根
		现存曲线磨耗轻伤钢轨	每延长 100 m	4	按单股计算
		一年内新生重伤钢轨(不含焊缝)	根	20	长轨中 2 个焊缝间为 1 根
		无缝线路现存重伤钢轨(不含焊缝)	根	20	同上
		无缝线路现存重伤焊缝	个	20	

2. 线路设备保养质量评定

线路、道岔保养质量评定，是考核线路、道岔养护质量的基本指标，也是安排维修计划的主要依据之一。

正线线路和正线、到发线道岔的保养质量评定应由工务段组织，采取定期抽样的办法进行。具体组织办法由各铁路局制定。线路保养质量评定应以 km 为单位(评定标准见表 8－4)，满分为 100 分，100～85 分为优良，85(不含)～60 分为合格，60 分以下为失格。道岔保养质量评定应以组为单位(评定标准见表 8－5)，满分为 100 分，100～85 分为优良，85(不含)～60 分为合格，60 分以下为失格。

表 8－4　线路保养质量评定标准

项目	编号	扣分条件	抽查数量	单位	扣分(分)	说明
轨道几何尺寸	1	超过经常保养标准容许偏差	轨距、水平、三角坑连续检测 100 m；轨向、高低全面查看，重点检测	处	4	选择线路质量较差地段检查，曲线正矢全面检测，曲线正矢超过容许偏差，每处扣 4 分
	2	超过临时补修标准容许偏差		处	41	
	3	允许速度大于 120 km/h 线路轨距变化率大于 1‰，其他线路大于 2‰(不含规定的递减率)		处	2	

续表 8－4

项目	编号	扣分条件	抽查数量	单位	扣分(分)	说明
钢轨	4	钢轨接头顶面或内侧面错牙大于 2 mm	全面查看，重点检测	处	4	错牙大于 3 mm 时，每处扣 41 分
	5	轨缝大于构造轨缝或连续 3 个及以上瞎缝。普通绝缘接头轨缝小于 6 mm	全面查看，重点检测	处	8	轨缝在调整轨缝轨温限制范围以内时检查，“未及时”是指钢轨折断后超过一天未进行临时处理或进入设计锁定轨温季节超过一个月未进行永久处理
	6	轨端肥边大于 2 mm	全面查看，重点检测	处	4	
	7	无缝线路钢轨折断未及时进行临时处理或插入短轨未及时进行永久性处理	全面查看	处	16	
轨枕	8	钢轨接头或焊缝处轨枕失效，其他处轨枕连续失效	全面查看，重点检测	处	6	
	9	每处调高垫板超过 2 块或总厚度超过 10 mm	连续查看，检测 100 头	头	1	使用调高扣件，每头超过 3 块或总厚度超过 25 mm
联结零件	10	铁垫板、橡胶垫板、橡胶垫片道钉、扣件缺少	连续查看 100 头	块、头	1	一组扣件的零件不全，按缺少一个扣件计算
	11	道钉浮离或扣件前、后离缝大于 2 mm的超过 12%	连续检测 50 头	每增 2%	1	
	12	扣件扭矩（扣压力）不符合规定或弹条扣件中部前端下颚离缝大于 1 mm 者，超过 12%	同上	每增 1%	1	
	13	接头螺栓缺少/松动或扭矩不符合规定	全面查看，抽测 4 个接头扭矩	个	8/2	
防爬设备	14	防爬器、支撑缺损或失效	连续查看，检测防爬器、支撑各 50 个	个	2	
	15	爬行量超过 20 mm，观测桩缺损、失效，无缝线路位移观测无记录	全面检测	km	16	爬行超过 30 mm 扣 41 分
道床	16	翻浆冒泥　$v_{max}>160$ km/h	全面查看	孔	5	
		翻浆冒泥　160 km/h $\geqslant v_{max}>$ 120 km/h	全面查看	孔	3	
		翻浆冒泥　$v_{max}\leqslant$ 120 km/h	全面查看	孔	1	
	17	肩宽不足、不饱满、有杂草	全面查看	每 20 m	2	单侧计算
路基	18	排水沟未疏通	全面查看	每 10 m	1	单侧计算
	19	路肩冲沟未修补	全面查看	每 10 m	1	单侧计算
	20	路肩有大草	全面查看	每 10 m	1	单侧计算
道口	21	铺面缺损、松动，护桩缺损	全面查看	块、个	4	
	22	护轨不符合标准	全面检测	处	16	
标志	23	线路标志缺少或不规范、不清晰或错误	全面查看	个	1	

表 8－5　道岔保养质量评定标准

项目	编号	扣分条件	抽查数量	单位	扣分（分）	说明
轨道几何尺寸	1	轨距、水平、轨向、支距、高低超过经常保养标准容许偏差	轨距、支距、水平全面检测；轨向、高低全面查看，重点检测	处	4	同时检测线间距小于 5.2 m 的连接曲线，用 10 m 弦测量，连续正矢差超过 4 mm，每处扣 4 分
	2	轨距、水平、轨向、支距、高低超过临时补修标准容许偏差		处	41	
	3	查照间隔、护背距离、尖趾距离超过容许限度	全面检测	组	41	
钢轨	4	钢轨接头顶面或内侧面错牙超过 2 mm	全面查看，重点检测	处	4	错牙大于 3 mm 时，每处扣 41 分
	5	存在以下病害之一：①尖轨尖端与基本轨或可动心轨尖端与翼轨不靠贴大于 1 mm；②尖轨、可动心轨顶面宽 50 mm及以上断面处，尖轨顶面低于基本轨顶面、可动心轨顶面低于翼轨顶面 2 mm 及以上；③尖轨、可动心轨工作面伤损，继续发展，轮缘有爬上尖轨、可动心轨的可能；④内锁闭道岔两尖轨相互脱离时，分动外锁闭道岔两尖轨与连接装置相互分离或外锁闭装置失效时	全面查看，重点检测	组	41	
	6	存在以下病害之一：①尖轨、可动心轨侧弯造成轨距不符合规定；②尖轨、可动心轨顶面宽 50nm 及以下断面处，尖轨顶面高于基本轨顶面、可动心轨顶面高于翼轨顶面 2 mm 及以上；③曲股基本轨的弯折点位置或弯折尺寸不符合要求，造成轨距不符合规定；④基本轨垂直磨耗，50 kg/m 及以下钢轨，在正线上超过 6 mm，到发线上超过 8 mm，其他站线上超过 10 mm；60 kg/m 及以上钢轨，在允许速度大于 120 km/h 的正线上超过 6 mm，其他正线上超过 8 mm，到发线上超过 10 mm，其他站线上超过 11 mm（33 kg/m及其以下钢轨由铁路局稠定）；⑤其他伤损达到钢轨轻伤标准时	全面查看，重点检测	组	16	
	7	轨缝大于构造轨缝或有连续 3 个及以上瞎缝，普通绝缘接头轨缝小于 6 mm	全面查看，重点检测	处	4	
	8	轨端肥边大于 2 mm	全面查看，重点检测	处	4	含胶接绝缘钢轨
岔枕	9	接头岔枕失效，其他处岔枕连续失效	全面查看，重点检测	处	6	

续表 8-5

项目	编号	扣分条件		抽查数量	单位	扣分（分）	说明
联结零件	10	尖轨、可动心轨与滑床板间缝隙大于 2 mm		全面检测	块	2	一组扣件的零件不全，按缺少一个扣件计算
	11	连杆、顶铁、间隔铁及护轨螺栓缺少，顶铁离缝大于 2 mm		全面检测	个、块	8	
	12	心轨凸缘螺栓缺少、松动		查看检测	个	41	
	13	长心轨与短心轨联结螺栓缺少/松动		查看检测	个	41/16	
	14	接头螺栓缺少/松动或扭矩不足		全面查看	个	8/2	
	15	其他螺栓缺少、松动		全面查看	个	1	
	16	垫板、道钉、胶垫、扣件缺少		全面查看	个、块	1	
	17	道钉浮离、扣件扭矩（扣压力）不符合规定或弹条扣件中部前端下颚离缝大于 1 mm 者、轨距挡板前、后离缝大于 2 mm，不良者超过 12%		各连续检测 50 个	每增 1%	1	
轨道加强设备	18	转辙和辙叉部分轨撑离缝大于 2 mm，其他部分轨撑或轨距杆损坏、松动		全面查看、检测	个、根	1	
	19	防爬器、支撑缺损或失效		全面查看	个	2	
	20	道岔两尖轨尖端相错量大于 20 mm、无缝道岔位移超过 10 mm 或无观测记录		全面查看	组	16	
道床	21	翻浆冒泥	$v_{max}>160$ km/h	全面查看	孔	5	
			160 km/h $\geqslant v_{max}>120$ km/h	全面查看	孔	3	
			$v_{max}\leqslant 120$ km/h	全面查看	孔	1	
	22	肩宽不足，不饱满，有杂草		全面检测	组	4	
警冲标	23	损坏或不清晰		全面查看	组	8	缺少或位置不对，扣 41 分
标记	24	缺少、不清晰或错误		全面查看	处	1	

8.4 轨道常见病害及维修

8.4.1 钢轨常见伤损及伤损处理

本小节详见第 2 章 2.2.5。

8.4.2　轨枕常见病害及维修

应及时更换失效、修理伤损的混凝土枕。混凝土枕失效及严重伤损判定标准如表 8－6 所示。

表 8－6　混凝土枕失效及严重伤损判定标准

伤损等级	伤损判定
失效	①明显折断； ②沿轨枕纵向通裂：挡肩顶角处缝宽大于 1.5 mm；纵向水平裂缝基本贯通（缝宽大于 0.5 mm）； ③沿轨枕横裂（或斜裂）接近环状裂纹（残余裂缝宽度超过 0.5 mm 或长度超过 2/3 枕高）； ④挡肩破损，接近失去支承能力（破损长度超过挡肩长度的 1/2）； ⑤严重掉块
严重伤损	①沿轨枕横裂或斜裂的裂缝长度为枕高的 1/2～2/3； ②沿轨枕纵裂：两螺栓孔间纵裂（挡肩顶角处缝宽不大于 1.5 mm）；纵向水平裂缝基本贯通（缝宽不大于 0.5 mm）； ③挡肩破损长度为挡肩长度的 1/3～1/2； ④严重网状龟裂和掉块； ⑤承轨槽压溃，深度超过 2 mm； ⑥钢筋（或钢丝）外露（钢筋未锈蚀，长度超过 100 mm）

8.4.3　道床常见病害及维修

①有砟道床应采用特级碎石道床，其材质应符合相关标准要求，道砟上道前应进行清洗。

②正线有砟道床尺寸应符合表 8－7 要求。单线道床顶面宽度 3.6 m，双线道床顶面宽度应分别按单线设计。

表 8－7　道床断面尺寸

<table>
<tr><th rowspan="2">速度等级</th><th rowspan="2">砟肩宽度（m）</th><th rowspan="2">厚度（m）</th><th rowspan="2">边坡</th><th rowspan="2">砟肩堆高（m）</th><th colspan="3">道床顶面位置（m）</th></tr>
<tr><th>轨枕中部</th><th>轨底处</th><th>道岔区</th></tr>
<tr><td>200～250（不含）km/h</td><td rowspan="2">不小于 0.5</td><td rowspan="2">0.35</td><td rowspan="2">1∶1.75</td><td rowspan="2">0.15</td><td rowspan="2">与轨枕顶面平齐</td><td>轨枕承轨面以下 30～40</td><td>岔枕顶面以下 30～40</td></tr>
<tr><td>250～300 km/h</td><td>轨枕承轨面以下 40～50</td><td>岔枕顶面以下 40～50</td></tr>
</table>

③道砟必须有“碎石道砟产品合格证”，作为竣工验收和道床质量评定的依据。碎石道砟粒径级配应符合表 8－8 的要求。

表 8-8　道砟粒径级配要求

粒径	筛分机底筛孔边长(mm)					
级配	方孔筛孔边长(mm)	22.4	31.5	40	50	63
	过筛质量百分率(%)	0~3	1~25	30~65	70~99	100
粒径分布	方孔筛*孔边长(mm)	31.5~50				
	颗粒质量百分率(%)	≥50				

*：指金属丝编织的标准方孔筛

④道床应保持饱满、密实，道床阻力等状态参数应符合表 8-9 的要求。

表 8-9　道床主要状态参数指标

速度(km/h)	纵向阻力(kN/枕)	横向阻力(kN/枕)	支承刚度(kN/mm)	道床密实度(g/cm^3)
200~250(含)	≥12	≥10	≥110	≥1.75
250(不含)~350	≥14	≥12	≥120	≥1.75

应根据道床脏污程度有计划地进行清筛，保持道床弹性和排水良好，防止轨枕空吊和道床翻浆，应采取措施防止道砟飞溅。

8.4.4　无砟轨道常见病害及维修

无砟轨道伤损等级分为Ⅰ、Ⅱ、Ⅲ级。对Ⅰ级伤损应做好记录，对Ⅱ级伤损应列入维修计划并适时进行修补，对Ⅲ级伤损应及时修补。

①CRTSⅠ型板式无砟轨道道床伤损形式及伤损等级判定标准见表 8-10。

表 8-10　CRTSⅠ型板式无砟轨道道床伤损形式及伤损等级判定标准

伤损部位	伤损形式	判定项目	评定等级			备注
			Ⅰ	Ⅱ	Ⅲ	
预应力轨道板	裂缝	宽度(mm)	0.1	0.2	0.3	掉块、缺损或封端脱落应适时修补
	锚穴封端离缝	宽度(mm)	0.2	0.5	1.0	
普通轨道板	裂缝	宽度(mm)	0.2	0.3	0.5	
凸形挡台	裂缝	宽度(mm)	0.2	0.3	0.5	
底座	裂缝	宽度(mm)	0.2	0.3	0.5	
底座伸缩缝	离缝	宽度(mm)	1.0	2.0	3.0	路基、隧道地段

续表 8 – 10

伤损部位	伤损形式	判定项目	评定等级			备注
			Ⅰ	Ⅱ	Ⅲ	
水泥乳化沥青砂浆	离缝	宽度(mm)	1.0	1.5	2.0	掉块、缺损或剥落应适时修补
		横向深度(mm)	20～50	50～100	≥100	
		对角长度(mm)	20～30	30～50	≥50	
	裂缝	宽度(mm)	0.2	0.5	1.0	
凸形挡台周围填充树脂	离缝	宽度(mm)	1.0	2.0	3.0	缺损应适时修补
	裂缝	宽度(mm)	0.2	0.5	1.0	

②CRTSⅡ型板式无砟轨道道床伤损形式及伤损等级判定标准见表 8 – 11。

表 8 – 11　CRTSⅡ型板式无砟轨道道床伤损形式及伤损等级判定标准

伤损部位	伤损形式	判定项目	评定等级			备注
			Ⅰ	Ⅱ	Ⅲ	
轨道板	裂缝	宽度(mm)	0.1	0.2	0.3	预裂缝处的裂缝除外，掉块或缺损应适时修补
板间接缝	裂缝	宽度(mm)	0.2	0.3	0.5	掉块或缺损应适时修补
	离缝	宽度(mm)	0.2	0.3	0.5	
支承层	裂缝	宽度(mm)	0.2	0.5	1.0	
底座板	裂缝	宽度(mm)	0.2	0.3	0.5	
侧向挡块	裂缝	宽度(mm)	0.2	0.3	0.5	
挤塑板	离缝	宽度(mm)	0.2	0.5	1.0	
水泥乳化沥青砂浆充填层	离缝	宽度(mm)	0.5	1.0	1.5	掉块、缺损或剥落应适时修补
		深度(mm)	20～50	50～100	≥100	
		对角长度(mm)	20～30	30～50	≥50	
	裂缝	宽度(mm)	0.2	0.5	1.0	

③双块式无砟轨道道床伤损形式及伤损等级判定标准(表 8 – 12)。

表 8－12 双块式无砟轨道道床伤损形式及伤损等级判定标准

伤损部位	伤损形式	判定项目	评定等级			备注
			Ⅰ	Ⅱ	Ⅲ	
双块式轨枕	裂缝	宽度(mm)	0.1	0.2	0.3	掉块、缺损或剥落应适时修补，挡肩失效应适时修补
道床板	裂缝	宽度(mm)	0.2	0.3	0.5	
	轨枕界面裂缝	宽度(mm)	0.2	0.3	0.5	
支承层	裂缝	宽度(mm)	0.2	0.5	1.0	
底座	裂缝	宽度(mm)	0.2	0.3	0.5	

④道岔区轨枕埋入式无砟轨道道床伤损形式及伤损等级判定标准(表 8－13)

表 8－13 道岔区轨枕埋入式无砟轨道道床伤损形式及伤损等级判定标准

伤损部位	伤损形式	判定项目	评定等级			备注
			Ⅰ	Ⅱ	Ⅲ	
岔枕	裂缝	宽度(mm)	0.1	0.2	0.3	掉块、缺损或剥落应适时修补
道床板	裂缝	宽度(mm)	0.2	0.3	0.5	
	岔枕界面裂缝	宽度(mm)	0.2	0.3	0.5	
底座	裂缝	宽度(mm)	0.2	0.3	0.5	
支承层	裂缝	宽度(mm)	0.2	0.5	1.0	
底座伸缩缝	离缝	宽度(mm)	1.0	2.0	3.0	

⑤道岔区板式无砟轨道道床伤损形式及伤损等级判定标准见表 8－14。

表 8－14 道岔区板式无砟轨道道床伤损形式及伤损等级判定标准

伤损部位	伤损形式	判定项目	评定等级			备注
			Ⅰ	Ⅱ	Ⅲ	
道岔板	裂缝	宽度(mm)	0.2	0.3	0.5	掉块或缺损应适时修补
底座	裂缝	宽度(mm)	0.2	0.3	0.5	路基地段，掉块或缺损应适时修补
	离缝	宽度(mm)	0.2	0.3	0.5	
找平板	裂缝	宽度(mm)	0.2	0.3	0.5	

续表 8-14

伤损部位	伤损形式	判定项目	评定等级			备注
			Ⅰ	Ⅱ	Ⅲ	
底座板	裂缝	宽度(mm)	0.2	0.3	0.5	
侧向挡块	裂缝	宽度(mm)	0.2	0.3	0.5	
水泥乳化沥青砂浆	离缝	宽度(mm)	0.5	1.0	1.5	桥梁地段，掉块或缺损应适时修补
		深度(mm)	20~50	50~100	≥100	
		对角长度(mm)	20~30	30~50	≥50	
	裂缝	宽度(mm)	0.2	0.5	1.0	
挤塑板	离缝	宽度(mm)	0.2	0.5	1.0	

8.4.5　道岔常见病害及维修

1. 道岔伤损标准

(1)道岔轮缘槽

①应根据线路允许速度等运营条件采用相应的可动心轨无缝道岔，道岔各部尺寸按标准图或设计图办理。

②查照间隔(心轨工作边至护轨头部外侧的距离)不得小于 1391 mm，测量位置按设计图纸规定。

③护轨轮缘槽宽度为 42 mm，容许误差为 -1 ~ +3 mm，尖轨非工作边与基本轨工作边的最小距离不小于 63 mm。

④岔后到发线连接曲线半径不应小于该道岔导曲线半径，超高不应大于 15 mm，顺坡率不应大于 2‰。

(2)尖轨、心轨、叉跟尖轨伤损标准

尖轨、心轨、叉跟尖轨出现以下不良状态或伤损，应进行修理或更换：

①尖轨尖端与基本轨或可动心轨尖端与翼轨间隙大于 1 mm。

②尖轨、可动心轨侧弯，造成轨距不符合要求，或尖轨与基本轨、可动心轨与翼轨间隙超过 2 mm。

③尖轨、可动心轨拱腰，造成与滑床台间隙超过 2 mm。

④尖轨相对于基本轨降低值、心轨相对于翼轨降低值偏差超过 1 mm，且对行车平稳性有影响。

⑤尖轨与心轨因扭转或磨耗等原因造成光带异常，且对行车平稳性有影响。

⑥其他伤损达到钢轨轻伤标准。

(3)基本轨、翼轨、导轨和护轨伤损标准

基本轨、翼轨、导轨和护轨出现以下不良状态或伤损，应进行修理或更换：

①弯折点位置或弯折尺寸不符合要求。

②高锰钢摇篮出现裂纹。

③其他伤损达到钢轨轻伤标准。

(4)扣件及其零部件伤损标准

扣件及其零部件应满足以下要求：

①道岔扣件安装与调整应符合铺设图要求，各零部件应保持齐全，作用良好。

②应使用铁路专用防腐油脂定期对螺栓涂油，螺栓保持润滑状态。

③扣件有以下伤损情况，应及时更换：

a. 岔枕螺栓、T 型螺栓折断或严重锈蚀。

b. 调高垫板损坏。

c. 弹性铁垫板或弹性基板的橡胶与铁件严重开裂。

d. 弹条、弹性夹、拉簧、弹片等损坏或不能保持应有的扣压力。弹性夹、弹片、挡板损坏。弹性夹离缝、弹片与滑床板挡肩离缝、挡板前后离缝大于 2 mm。

e. 轨距块、挡板、缓冲调距块、偏心锥等严重磨损。

f. 套管失去固定螺栓的能力。

g. 垫板、滑床板、护轨垫板的焊缝开裂。

h. 滑床板损坏、变形或滑床台磨耗大于 3 mm。

i 弹性垫板静刚度值超过设计上限的 25% 。

④不得对转辙器滑床台涂油，辙叉滑床台可涂固体润滑剂。各部位螺栓涂油时不得污染橡胶垫板、弹性铁垫板和弹性基板。

(5)辊轮系统及其部件伤损标准

辊轮系统及其部件应满足以下要求：

①辊轮安装与调整应符合铺设图要求，各零部件应保持齐全，作用良好。

②闭合状态下，辊轮与尖轨轨底边缘间的空隙应为 1 ~ 2 mm；辊轮顶面应高于滑床台上表面 1 ~ 3 mm。

③辊轮槽排水孔应保持畅通。

④辊轮上、下部分连接螺栓松动、折断、缺失或辊轮转动不灵活、破损时应立即修理或更换。

(6)其他零部件伤损标准

其他零部件应满足以下要求：

①其他零部件安装应符合铺设图要求，缺少时应及时补充。

②应使用铁路专用防腐油脂定期对螺栓涂油，螺栓保持润滑状态。

③间隔铁、限位器的联结螺栓、护轨螺栓、长短心轨联结螺栓、接头铁螺栓必须齐全，作用良好，折断时必须立即更换。同一部位同时有两条螺栓或接头铁螺栓有一条缺少或折损时，道岔应停止使用。

④顶铁、心轨防跳铁、尖轨防跳限位装置等各部件的联结和固定螺栓变形、损坏或作用不良时应进行修理或更换。

⑤尖轨防跳限位装置、心轨防跳顶铁和心轨防跳卡铁损坏或作用不良时应进行修理或更换。

2. 道岔常见病害及整治

(1)尖轨、心轨与基本轨、翼轨竖切不靠的原因及整治

①尖轨、心轨前靠后不靠的原因。

a. 尖轨心轨顶铁过长或顶得过死。

b. 基本轨、尖轨、长心轨有硬弯。

c. 曲基本轨第一弯折点位置靠尖轨尖端太近(理论上弯折点在尖轨尖，但一般以距尖轨尖端 70 ~ 90 mm 为宜)；曲基本轨第一弯折点弯折量过大(理论上用 4 m 长弦线拉矢度为 5.2 mm，但现场一般是用 4 m 长弦线拉矢度为 4.5 mm 为宜)。

d. 尖轨、心轨尖端有方向或轨距偏小，即 1435 mm 框架尺寸过小或实际咽喉尺寸 112.8 mm过小，造成尖轨、心轨第一动程不够。

②尖轨、心轨后靠前不靠的原因。

a. 基本轨、尖轨有硬弯。

b. 转辙部位第二、三动作杆的框架尺寸 1462.4 mm、1504.3 mm 过小。

③尖轨与基本轨动作杆处靠中间不靠的原因。

a. 直尖轨有向内侧的硬弯。

b. 两基本轨中间框架尺寸过大(原因有：曲股轨距大；曲基本轨长 5160.8 mm 平直段外凸)。

c. 第一动作杆与第二动作杆之间有小方向。

d. 基本轨在动作杆处框架尺寸(1437.5/1462.5/1504.3 mm)过小。

④心轨与翼轨两头都不靠的原因。

电务密贴调整不良，原则上，只要心轨用撬棍撬密贴后不反弹，电务就能调密贴。

⑤尖轨、心轨与基本轨、翼轨竖切不靠的整治方法。

a. 改正道岔的方向，减少方向对密贴的影响。建议改道时，将顶铁部分拆除(与尖轨、心轨离缝 2 ~3 mm)，减少顶铁对密贴的影响。

b. 尖轨尖端可动心轨以及一动、二动、三动不密贴改框架尺寸、轨距后由电务部门调整密贴。

c. 整修过长或过短的顶铁，规范顶铁垫插片作业。尖轨、心轨部分的顶铁离缝，有时是一种表面现象，不能看到离缝就用插片去垫。正常情况下所有顶铁的插片不应该超过 2 ~3 mm，如果发现顶铁插片已经用了很多但还是离缝的话应该全面检查前后各部分框架是否有偏差，辙叉部分是否有方向，要从结构上来整治顶铁离缝。原则上应由电务先调整密贴，再根据实际情况垫顶铁插片。

d. 校正基本轨弯折点的位置与弯折量，使之符合设计要求。

e. 整修基本轨或尖轨硬弯，长短心轨或翼轨硬弯。

f. 整治尖轨，可动心轨爬行(加强各种螺栓的扭矩与扣件压力，减少温度应力的密贴的影响)。

(2)尖轨、心轨与滑床板离缝的原因及整治

①尖轨、心轨与滑床板离缝的原因。

尖轨、心轨与滑床板的离缝是造成道岔上动态水平三角坑的重要原因之一，形成尖轨、心轨与滑床板的离缝原因有：

a. 埋入式岔枕在浇筑前的精调时，对道岔曲股高低重视不够，岔枕没有调平，表现在曲基本轨和辙叉部位曲下股轨面低。

b. 尖轨辊轮安装不到位，造成尖轨轨底卡在辊轮上，抬高了尖轨。

c. 尖轨的拱腰：由于尖轨在吊装、运输或存放操作不规范，造成尖轨上拱。

②尖轨、心轨与滑床板离缝的整治方法。

a. 通过在岔枕与滑床板之间调高垫片的方法将滑床板垫高，消除离缝。

b. 按规定调整辊轮的位置，滑床板表面与尖轨轨底理想空隙应该是0 mm，具体的标准按“1－2－3”原则进行，即保证密贴尖轨轨底与相邻的辊轮间用塞尺在45°角时有至少1 mm空隙，内侧辊轮的高度比滑床台高2 mm，外侧辊轮的高度比滑床台高3 mm。

③更换尖轨。

(3) 焊接接头的质量控制不良

随着列车速度不断提高，钢轨焊接接头不平顺对列车的平稳运行影响越来越大，高速铁路上，就显得更为重要。接头焊接不良，不仅在静态上会影响接头前后几何尺寸的调整，动态上造成列车点晃，而且也是造成列车高速运行时动力学指标(脱轨系数和减载率)超限主要原因，沪杭高铁在联调联试期间的动力学指标超限95%发生在焊接接头上，直接关系到线路的运行品质。造成焊接接头质量不高的原因有：对轨不良，对轨时的上拱度控制不合理，打磨不到位等。

提高焊接接头质量的措施有：

a. 加大对轨工作控制力度，原则上以尖轨、基本轨和辙叉的前后趾为基准(尖轨与基本轨、辙叉厂家是以组件形式出厂的，尺寸相对比较准确)。

b. 严格控制接头的上拱度，不能太高。

c. 采用昆明奥通的精打磨机进行精细打磨，不合格接头必须重新处理，努力将其作用面精度要求控制在0～0.2 mm以内，以改善轮、轨接触关系，减少钢轨件作用面不平顺对列车的影响。

(4) 第三动作杆之后尖轨的不足位移

由于P601－18号高速道岔的尖轨比较长(达到21450 mm)，转辙部位采用3个牵引点，第三牵引点距尖轨尖10680 mm，在第三牵引点之后有近8 m的尖轨处于自由状态，采道岔扳动时往往会在此段位移不足，静态体现在尖轨侧弯，轨距偏小，顶铁离缝。

8.5 无缝线路的养护维修技术

为保持无缝线路良好的轨道状态，防止胀轨跑道和断轨事故，确保行车安全，在无缝线路养护维修工作中，除遵守普通线路有关规定的要求外，还须遵守针对无缝线路特点所提出的一些要求和规定。

为保持无缝线路有足够的强度、稳定，防止胀轨跑道和钢轨折断，确保列车安全运行，其养护维修工作除必须遵守有关的特殊规定外，还要根据线路状态、季节特点、实际锁定轨温等，合理安排作业内容。

8.5.1 无缝线路养护维修技术要求和计划安排

无缝线路地段应根据季节特点、锁定轨温和线路状态，合理安排全年的维修计划：在气温较低的季节，应安排锁定轨温较低或薄弱地段进行综合维修；在气温较高的季节，应安排锁定轨温较高地段进行综合维修。

高温季节可安排矫直钢轨硬弯、钢轨打磨、焊补等作业，不应安排综合维修和影响线路稳定的作业。如必须进行综合维修或成段保养时，应有计划地对无缝线路先进行放散作业，并适时重新做好放散和锁定线路工作。其他保养和临时补修，可采取调整作业时间的办法进行。在较低轨温时，如需更换钢轨或夹板，可采用钢轨拉伸器进行。

无缝线路综合维修计划，宜以单元轨条为单位安排作业。进行无缝线路维修作业，必须掌握轨温，观测钢轨位移，分析锁定轨温变化，按实际锁定轨温，根据作业轨温条件进行作业，严格执行“维修作业半日一清，临时补修作业一撬一清”和“作业前、作业中、作业后测量轨温”制度，并注意做好以下各项工作：

①在维修地段按需要备足道砟；

②起道前应先拨正线路方向；

③起、拨道机不得安放在铝热焊缝处；

④列车通过前，起道、拨道应做好顺坡、顺撬；

⑤扒开的道床应及时回填、夯实。

8.5.2　维修作业的轨温条件及注意事项

无缝线路在进行维修作业过程中，线路要受到一定程度的破坏，线路阻力、轨道框架刚度会相应降低。即使作业后恢复了线路，线路阻力也不能达到作业前的数值。所以，为了保证线路在作业过程中不至于发生胀轨跑道或折断钢轨的事故，要对作业的内容和作业范围进行控制。为确保作业的绝对安全，要严格控制作业时的轨温，使其与实际锁定轨温相差度数不超过允许限度（温度差不致影响线路的稳定性）。为此，无缝线路作业必须严格执行《铁路线路修理规则》的有关规定。

无缝线路作业，必须遵守下列作业轨温条件：

①混凝土枕（含混凝土宽枕）无缝线路维修作业轨温条件见表 8 – 15 和表 8 – 16。

表 8 – 15　混凝土枕无缝线路维修作业轨温条件

作业项目及作业量、作业轨温 范围线路条件	连续扒开道床不超过 25 m，起道高度不超过 30 mm，拨道量不超过10 mm	连续扒开道床不超过 50 m，起道高度不超过 40 mm，拨道量不超过 20 mm	扒道床、起道、拨道与普通线路相同
直线及 $R \geqslant 2000$ m	+20℃	+15℃ –20℃	±10℃
800 m $\leqslant R <$ 2000 m	+15℃ –20℃	+10℃ –15℃	±5℃
400 m $\leqslant R <$ 800 m	+10℃ –15℃	+5℃ –10℃	

注：作业轨温范围按实际锁定轨温计算。

表 8－16　混凝土枕无缝线路维修作业轨温条件

序号	作业项目	按实际锁定轨温计算				
		－20℃以下	－20～－10℃	－10～＋10℃以内	＋10～＋20℃	＋20℃以上
1	改道	与普通线路同	与普通线路同	与普通线路同	与普通线路同	禁止
2	松动防爬设备	同时松动不超过 25 m	同左	与普通线路同	同时松动不超过 12.5 m	禁止
3	更换扣件或涂油	隔二松一，流水作业	同左	同左	同左	禁止
4	方正轨枕	当日连续方正不超过 2 根	隔二方一，方正后捣固，恢复道床，逐根进行(配合起道除外)	与普通线路同	隔二方一，方正后捣固，恢复道床，逐根进行(配合起道除外)	禁止
5	更换轨枕	当日不连续更换	当日连续更换不超过 2 根(配合起道除外)	与普通线路同	当日连续更换不超过 2 根(配合起道除外)	禁止
6	更换接头螺栓或涂油	禁止	逐根进行	同左	同左	禁止
7	更换钢轨或夹板	禁止	同左	与普通线路同	禁止	禁止
8	不破底清筛道床	逐孔倒筛夯实	同左	同左	同左	禁止
9	处理翻浆冒泥(不超过 5 孔)	与普通线路同	同左	同左	禁止	禁止
10	矫直硬弯钢轨	禁止	同左	同左	与普通线路同	同左

②混凝土枕(含混凝土宽枕)无缝线路，当轨温在实际锁定轨温减 30℃以下时，伸缩区和缓冲区禁止进行维修作业。

③木枕地段无缝线路作业轨温按表 8－15 和表 8－16 规定减 5℃，当轨温在实际锁定轨温减 20℃以下时，禁止在伸缩区和缓冲区进行维修作业。

④在跨区间无缝线路上的无缝道岔尖轨及其前方 25 m 范围内综合维修，作业轨温范围为实际锁定轨温 ±10℃。

⑤凡进行影响无缝线路稳定性的维修作业，必须测量轨温，检查钢轨位移情况，切实按作业轨温条件作业。作业过程中应注意：

a. 起道必须有足够的道砟，起道前要拨正线路方向；

b. 起、拨道机具不得安放在铝热焊缝处；

c. 列车通过前，起道要顺坡捣固，拨道要拨顺；

d. 扒开的道床要及时回填饱满和夯实；

e. 为确保行车安全，在进行无缝线路作业时，应做到“一准、二清、三测、四不超、五不走”。

8.5.3　应力放散与调整

无缝线路的锁定轨温，应为长轨条处于无温度应力状态的轨温，通常将长轨条两端正常就位的轨温平均值作为锁定轨温。无缝线路的锁定轨温必须准确、均匀，当无缝线路的实际锁定轨温与设计锁定轨温不符或原锁定轨温不明时，应进行应力放散或调整。

1. 需进行应力放散或调整的集中情况

无缝线路由于以下原因，会影响其强度和稳定性，需要进行应力放散。

①由于条件限制，实际锁定轨温不在设计锁定轨温范围以内，或左、右股轨条的实际锁定轨温相差超过 5℃。

②锁定轨温不清楚或不准确。

③跨区间和全区间无缝线路的两相邻单元轨条的锁定轨温差超过 5℃，同一区间内单元轨条的最低、最高锁定轨温相差超过 10℃。

④铺设或维修作业方法不当，使轨条产生不正常的伸缩。

⑤固定区或无缝道岔出现严重的不均匀位移。

⑥夏季线路轨向严重不良，碎弯多。

⑦通过测试，发现长轨条产生不正常的伸缩，温度力分布严重不匀。

⑧因处理线路故障(如冬季断轨再焊)或施工改变了原锁定轨温。

⑨低温铺设轨条时，拉伸不到位或拉伸不均匀。

无缝线路应力放散是指在轨温适当时，将接头夹板、中间扣件和防爬设备松开，采取措施使钢轨伸缩，释放内部应力，再重新锁定。在固定区的温度应力不均匀的情况下，为使其均匀，就需要在固定区或局部地段松开扣件及防爬设备，使钢轨内部应力相互调整，称为无缝线路应力调整。

在无缝线路应力放散和调整施工前，应详细了解该地段无缝线路的铺设、养护和观察资料，制订施工计划及安全措施，组织人力，备齐料具，充分做好施工前的准备。无缝线路应力放散或调整后，应做好记录并按实际锁定轨温，及时修改有关无缝线路技术资料和位移观测标记。

2. 应力放散或调整的基本方法

无缝线路应力放散办法有两类：一是控制温度法，即在适合的轨温范围内，使钢轨自由伸缩，处于零应力状态，放散应力后再锁定，如滚筒放散法；二是长度控制法，即依靠外力，强迫钢轨伸缩，如撞轨法、列车碾压法、机械拉伸法。

(1)滚筒放散法

封锁线路后，将钢轨扣件松开，将长轨节抬起，每隔 15 ~ 20 根轨枕，撤除胶垫，在承轨槽上放置 30 mm 直径的滚筒(钢管或圆钢)，长轨节放在滚筒之上，并使用撞轨器撞击串动长轨节，观察长钢轨的伸缩量，当达到放散要求后，撤除滚筒，钢轨落槽，重新拧紧扣件锁定。

(2)机械拉伸法

在新线铺设和既有线维修时，由于施工条件限制，在低温放散时，为了满足设计锁定轨温的要求，对低于设计锁定轨温地段采用滚筒和拉轨器等设备工具，拉长轨节，达到计算拉长量后，锁定无缝线路钢轨。

(3)列车碾压法

列车碾压法是在设计锁定轨温范围内，将扣件和防爬器松动，利用列车通过时的振动纵向力以及轨温变化，使钢轨长度改变，强迫放散其应力。该方法过去多用于木枕或扣板扣件地段，由于弹条扣件阻力比较大，只能解开，不易松开，现在很少应用。

无论采用何种方法进行无缝线路应力放散，都要求放散均匀。因此在放散应力时，应每隔 50 m 设置一个观测点(可在轨枕与钢轨之间做记号)，观测位移和扣件松动情况，及时排除放散故障，以达到钢轨纵向位移合理，盈利放散均匀，锁定轨温准确的目的。

应力放散计算包括：放散量、预留轨缝及锯轨量。放散量为

$$\Delta L=\alpha L(t_2-t_1) \tag{8-3}$$

式中：ΔL 为放散量；α 为钢的线膨胀系数；L 为需要放散的钢轨长度；t_1 为预计放散后的锁定轨温；t_2 为原锁定轨温。

因为经列车长时间碾压后，钢轨产生爬行，不仅要考虑原锁定轨温不均匀爬行的影响，还有可能因钢轨长时间碾压后，出现塑性变形，使原锁定轨温降低。因此原锁定轨温应为：

$$t_2=t_{原锁}\pm\Delta t \tag{8-4}$$

式中：$t_{原锁}$ 为原铺设时的锁定轨温；Δt 为由固定区始、终点爬行量差值换算的轨温变化。

$$\Delta t=(l_{始}-l_{终})/\alpha L' \tag{8-5}$$

式中：L' 为固定区长度；$l_{始}$，$l_{终}$ 分别为固定区始(以列车运行方向为始端)、终端的观测爬行量。

若 $l_{始}>l_{终}$，说明由于纵向拉力使钢轨拉长了，原锁定轨温 t_2 提高了；反之若 $l_{终}>l_{始}$，t_2 下降了。

为了调整轨缝，需要在缓冲区换上适当的钢轨，因为备用轨多为标准轨，因此，需要锯轨，其锯轨量为

$$\lambda=\Delta L+\left(\sum a_{预}-\sum a_{原}\right)\pm b \tag{8-6}$$

式中：$\sum a_{预}$、$\sum a_{原}$ 分别为缓冲区预留轨缝总和、原轨缝总和；b 为整治线路爬行时钢轨的移动量，如与应力放散方向相反，b 为正，反之为负。

无缝线路应力调整是指固定区出现严重的不均匀纵向位移(例如每 100 m 内出现 10 mm 以上的不均匀纵向位移)，或出现过大过小的轨缝，钢轨伸缩不正常。从整段无缝线路角度看，钢轨长度没有改变，这种局部应力不均匀，只需在接近或略高于实际锁定轨温条件下，松开局部扣件和防爬器，用列车碾压或滚筒法进行钢轨应力调整。若轨缝过大或过小，伸缩不正常时，可松开接头夹板、扣件利用轨温差进行调整。

8.5.4 胀轨跑道原因及其防止措施

1. 胀轨跑道产生的原因

无缝线路的稳定性是建立在温度压力与线路各种阻力的相互平衡基础上的。温度压力增加，轨道的原始不平顺增大，扣件、道床横向阻力或轨道框架刚度下降，都可能导致胀轨跑道。诱发胀轨跑道的因素主要有以下几点：

①钢轨不正常的收缩，产生严重不均匀纵向位移，造成局部锁定轨温过多降低。

②在进行线路修理时，超温、超长、超高等违章作业，或是作业后的道床阻力、结构强度未能恢复到应有程度。据统计分析，70% 以上的胀轨跑道事故都发生在作业中或作业后的当天或第二天。

③线路设备状态不良，尤其是道床密实度、断面尺寸等不符合标准，阻力严重下降。

④扣件压力不足，道钉浮起，造成轨道框架刚度降低。

⑤线路方向严重不良，钢轨碎弯多，增加了轨道原始不平顺。

2. 预防胀轨跑道的主要措施

①预防无缝线路胀轨跑道，是发挥无缝线路优越性，保证行车安全的重要工作，工务各级组织必须加强对防胀工作的领导，强化职工的防胀意识，实行专业化管理，层层落实防胀责任制，根据实际情况和存在问题制订对策，组织实施。

②防胀工作是一系统工程，并贯穿无缝线路的计划、施工、养护全过程，应做到设计优化、施工优质、养护精心。例如锁定轨温准确是无缝线路科学防护的基础，要做到这一点，在设计时就要合理选定中和轨温和锁定轨温范围，焊轨厂在焊轨过程中要按照工艺要求准确设标，大修队在施工中要准确丈量轨长，准确合拢，按设计规定锁定线路，及时埋设爬行观测和测标的取标测算，分析研究锁定轨温有无变化，对锁定轨温不明、不准、偏高、偏低、不匀的线路要及时组织放散，重新设定锁定轨温。

③要经常保持无缝线路设备状态良好，保证线路有足够的抵抗轨道弯曲变形的能力和稳定性。道床断面的几何尺寸应符合设计标准，并使道床保持丰满、密实，排水良好。道砟一经松动要及时夯拍，尽快恢复道床阻力。

混凝土枕扣件应齐全，并经常保持状态良好，是指达到紧、密、靠、正、润的要求。

缓冲区接头应采用 10.9 级螺栓，绝缘接头应采用高强度绝缘接头(跨区间和全区间无缝线路应采用胶接绝缘接头)，扭矩应保持在 700 ~900 N·m。

无缝线路的方向应保持顺直，线路方向及各项几何尺寸偏差应保持在保养限值以内：钢轨硬弯应及时校直，长轨条的焊缝出现凹凸应打磨、焊补平直。

④无缝线路的维修计划应根据季节特点、线路状态和锁定轨温合理安排，高温季节不要进行影响线路稳定性的作业，冬季作业要注意钢轨长度的变化引起锁定轨温下降。

⑤无缝线路的养护维修必须严格遵守《铁路线路修理规则》有关作业轨温条件的规定，并认真执行“一准、二清、三测、四不超、五不走”的制度。

一准：要准确掌握实际锁定轨温。

二清：综合维修、成段保养作业半日一清，零星保养、临时补修一撬一清。

三测：作业前、作业中、作业后测量轨温。

四不超：作业前不超温，扒砟不超长，起道不超高，拨道不超量。

五不走：扒开道床未回填不走，作业后道床为夯拍不走，未组织回检不走，线路质量未达到作业标准不走，发生异常情况未处理好不走。

⑥当气温高达 35℃及以上时，应加强添乘检查并增加巡道次数，认真监视线路方向变化，以便迅速采取措施。

⑦加强技术管理，建立无缝线路技术档案。工务段要以夏防胀、冬防断为目标做好技术管理和分析研究工作。工务段、工区应分别建立无缝线路设备图表和技术卡片，并依据春秋季设备检查资料及时修改补充。工区要认真做好爬行观测和记录。线路大修队要建立铺设无缝线路的技术资料表，对联合接头的焊接、铺轨合拢、锁定轨温的核定等项，要如实记入表中，验交时移交工务段。

⑧凡发生胀轨跑道故障，工务段应及时派人赶赴现场，调查情况，查找原因，总结教训，

提出防范措施。故障情况及处理结果应记入无缝线路技术档案。

3. 胀轨跑道后的处理

①无缝线路发生胀轨跑道时，首先应按线路故障防护办法设置停车信号防护，迅速采取降温、拨道等紧急措施，消除故障。

②当线路方向有显著不良时，应加强巡查或派专人监视，必要时应设置减速或停车信号防护。

③养护维修作业中，发现轨向、高低不良，起道、拨道省力，轨端道砟离缝，必须停止作业，及时采取防胀措施。线路轨向不良，用 10 m 弦测量两股钢轨的轨向偏差，当平均值达到 10 mm 时，必须设置慢行信号，并采取夯拍道床、填满枕盒道砟和堆高砟肩等措施。当两股钢轨的轨向偏差平均值达到 12 mm，在轨温不变的情况下，过车后线路弯曲变形突然扩大时，必须立即设置停车信号防护，及时通知车站，并采取钢轨降温等紧急措施，消除故障后放行列车。

④发现胀轨跑道时必须立即拦停列车。有条件时可采取浇水或喷洒液态二氧化碳等办法降低钢轨温度，整正线路，夯拍道床，按 5 km/h 放行列车。现场派人监视线路，并不间断地采取降温措施。无降温条件或降温无效时，应立即截断钢轨(普通线路应拆开钢轨接头)放散应力，整正线路，夯拍道床，首列放行列车速度不得超过 5 km/h，并派专人看守，待轨温降至接近原锁定轨温时，再恢复线路和正常行车速度。

无缝线路发生胀轨跑道时，应对胀轨跑道情况按规定内容做好登记。

8.5.5 无缝线路钢轨重伤和折断的处理

探伤检查发现钢轨重伤时，应及时切除重伤部分，实施焊复。探伤检查发现钢轨焊缝重伤时，应及时组织加固处理或实施焊复。

钢轨折断的处理要求如下：

钢轨折断后，应及时立即处理，并记录现场情况，如断缝值和断轨时轨温等数据。断轨处理包括：

①紧急处理——当钢轨断缝不大于 50 mm时，应立即进行紧急处理。在断缝处上好夹板或臌包夹板(图 8－22)，用急救器固定，为防止断缝扩大，在断缝前后各 50 m 拧紧扣件，并派人看守，限速 5 km/h放行列车。如断缝小于 30 mm 时，放行列车速度为 15～25 km/h。有条件时应在原位焊复，否则应在轨端钻孔，上好夹板或臌包夹板，拧紧接头螺栓，然后可适当提高行车速度。

图 8－22 臌包夹板

②临时处理——钢轨折损严重或断缝大于 50 mm，以及紧急处理后，不能立即焊接修复时，应封锁线路，切除伤损部分，两锯口间插入长度不短于 6 m 的同型号钢

轨，轨端钻孔，安装接头夹板，用 10.9 级螺栓拧紧。在短轨前后各 50 m 范围内，拧紧扣件后，按正常速度放行列车，但不得大于 160 km/h。

临时处理或紧急处理时，应先在断缝两侧轨头非工作边作出标记，标记间距离约为 8 m，并准确丈量两标记间的距离和轨头非工作边一侧的断缝值，作好记录。

③永久处理——对紧急处理或临时处理的处所，应及时插入短轨进行焊复，恢复无缝线路轨道结构。

a. 采用小型气压焊或移动式接触焊时，插入短轨长度应等于切除钢轨长度加上 2 倍顶锻量。先焊好一端，焊接另一端时，先张拉钢轨，使断缝两侧标记的距离等于原丈量距离减去断缝值加顶锻量后再焊接。

b. 采用铝热焊时，插入短轨长度等于切除钢轨长度减去 2 倍预留焊缝值。先焊好一端，焊接另一端时，先张拉钢轨，使断缝两侧标记的距离等于原丈量距离减去断缝值后再焊接。

c. 在线路上焊接时，气温不应低于 0℃。放行时，焊缝温度应低于 300℃。

进行焊复处理时，应保持无缝线路锁定轨温不变，并如实记录两标记间钢轨长度在焊复前后的变化量。

8.5.6　跨区间和桥上无缝线路养护维修

在跨区间无缝线路上的无缝道岔尖轨及其前方 25 m 范围内综合维修，作业轨温范围为实际锁定轨温 ±10℃。应加强胶接绝缘接头的养护，做好轨端肥边打磨和捣固工作。

胶接绝缘接头拉开时，应立即拧紧接头两端各 50 m 线路的钢轨扣件，并加强爬行观测。当绝缘接头失效时，应立即更换，进行永久处理。如暂时不能永久处理，可更换为普通绝缘，进行临时处理。进行永久处理时，应保证修复后无缝线路锁定轨温不变。

当无缝道岔的辙叉、尖轨及钢轨伤损或磨耗超限需要更换时，可更换为普通辙叉、尖轨及钢轨，采用冻结接头进行临时处理，并尽快恢复原结构。

桥上无缝线路养护维修应注意做好以下工作：

①按照设计文件规定，保持扣件布置方式和拧紧程度。

②单根抽换桥枕应在实际锁定轨温 +10 ~ -20℃范围内进行，起道量不应超过 60 mm。

③上盖板油漆、更换铆钉或成段更换、方正桥枕等需要起道作业时，应在实际锁定轨温 +5 ~ -15℃范围内进行。

④对桥上钢轨焊缝应加强检查，发现伤损应及时处理。

⑤对桥上伸缩调节器的伸缩量应定期检查，发现异常应及时分析原因并整治。伸缩调节器的尖轨与基本轨出现肥边，应及时打磨。

⑥桥上无缝线路应定期测量轨条的位移量，并做好记录。固定区位移量超过 10 mm 时，应分析原因，及时整治。

⑦采用分开式扣件的桥面，拧紧扣件应符合设计规范，桥上禁止安装防爬器。

⑧对长大桥上的铝热焊接头，应加强检查，发现损伤要及时处理。

⑨长度超过 200 m 的无砟桥，两端桥头 50 m 范围内线路作业轨温与桥上相同。

⑩变更有特殊设计桥上无缝线路锁定轨温时，应有充分根据，并报请铁路局审批。

每年春、秋季应在允许作业轨温范围内逐段整修扣件及接头螺栓，整修不良绝缘接头，对接头螺栓及扣件进行除垢涂油，并复紧至达到规定标准。使用长效油脂时，按油脂实际有效期安排除垢涂油工作。

8.6 高速铁路轨道结构的修理特点

高速铁路线路区别于一般铁路线路的主要特点是高平顺性。目前理论和实践都证明，只有在高平顺的轨道条件下才能实现列车的高速运行。因此，高速铁路修理的核心是解决高速铁路平顺性的问题。

对于轨道的平顺性，日常维修只能保证通车时的标准，一般不可能达到更高的水平，因此路基、桥梁和隧道等轨道下部基础的稳定性和平顺性是轨道结构平顺的前提条件，轨下结构的质量和性能必须在高速运营前一次性达到标准，应在设计、施工、生产等各个环节严格把关。

高速铁路制订一套科学的轨道状态评价与管理技术标准，即对局部轨道状态进行评价和管理，也对区段的轨道整体状态进行科学的评价。制订维修作业应达到的质量目标。用幅值及其变化率、谐振波形评价轨道的局部的平顺性，确定日常养护维修、紧急补修或限速地点；用标准差等指标评价 200 ~ 500 m 区段轨道的平顺性，确定需要成段维修的区段；以功率谱等指标科学地评定不平顺波长的数值、周期性谐波以及钢轨波浪磨耗等病害成因。

高速铁路除目前对轨道质量状态控制的指标外，还以车体振动加速度和转向架振动加速度来评价轨道质量状态。

由于对高速列车舒适性的影响显著，长波不平顺的检测数据也用来评价、管理和维修轨道。应注重加强与钢轨平直度和轨头表面状态有关的短波不平顺的控制，提高钢轨的打磨质量，以免高速行车带来过大的冲击。

高速铁路的运营条件、作业方式和管理模式与目前铁路相比存在很大差异，需对目前轨道的修理的修程和修制进行优化和调整。轨道几何尺寸允许偏差等影响轨道状态、舒适和经济指标的参数标准还有待大量的理论和测试研究。目前，采用大型养路机械实现轨道结构的高精度维修。

无砟轨道在国外被称为“少维修”轨道。其修理包括不平顺的整修和轨道结构及部件的修理。无砟轨道的特点是高平顺性，但一旦出现不平顺，治理较为困难。当轨道不平顺较小时，可以通过钢轨扣件和轨下橡胶垫进行调整。当轨道不平顺较大时，则需要在轨道结构上调整。目前成熟的无砟轨道都有应对大的不平顺的调整方法。如板式轨道可在轨道板与砂浆垫层之间灌注填充材料进行调整。如果是由于路基沉陷所引起的过大的不平顺，这需要彻底整治。无砟轨道的修理作业还包括无砟轨道整体道床的裂纹整治、几何形位的整正以及钢轨打磨或更换等。无砟轨道整体道床的裂纹如果影响结构承载能力，则必须更换，否则可采用涂抹环氧树脂等方法进行补修。无砟轨道几何形位的整正包括轨向、水平、高低的调整。

提高道岔区的平顺性。道岔区钢轨断面、轨枕长度、轨道基础刚度都有变化，道岔结构本身就具有不平顺性，是高速道的薄弱部位，较区间轨道更难保持高平顺。采用平顺性好，不会引起轮轨冲击的大号码可动心轨道岔；道岔区轨道基础刚度的变化应尽量平缓；增加道岔区底砟厚度，分层振动压实；研制采用不扰动道床的大号码道岔铺设机具；采用作业精度高的道岔整道机，精确校正道岔区的几何尺寸；在道岔设计、制造、施工铺设等各个环节，都采取措施提高道岔结构本身和道岔区轨道的平顺性。

重点与难点

1. 铁路线路维修与线路设备大修。
2. 轨道结构常见病害及维护措施。
3. 高速铁路轨道结构的修理特点。

思考与练习

1. 线路设备修理应遵循哪些原则?
2. 铁路轨道静态与动态不平顺检测手段与质量评定方法是什么?
3. 什么是线路大修? 线路大修包含哪些内容?
4. 什么是线路维修? 线路维修包含哪些内容?
5. 无缝线路应力放散的方法有哪些? 如何进行应力放散计算?
6. 胀轨跑道原因及其防止措施有哪些?
7. 结合无缝线路的有关理论，阐述无缝线路养护维修的特点。
8. 查阅资料，阐述目前国内外线路检测的方法和发展方向。
9. 高速铁路轨道结构的修理特点有哪些?

第 9 章 轨道交通环境振动与噪声

9.1 概述

在当今社会，大力发展轨道交通运输，建立四通八达的铁路交通网对国民经济的快速发展和人民生活水平的提高具有重要的现实意义，但是轨道交通在方便沿线居民出行带动地方经济发展的同时，其引起的环境振动与噪声问题也越来越受到关注。这是因为，过去城市建筑群相对稀疏，交通轨道引起的振动对周围环境的影响未成为人们关注的热点问题，而现在，随着城市建设的迅猛发展，城市轨道交通正从地下、地面和空中高架轨道逐步深入到城市中密集的居民点、商业中心和工业区。如在我国北京、上海、广州等大城市，高架轨道离建筑物的最短距离只有几米，有的紧挨建筑物甚至从建筑物中穿过，与此同时，轨道线发车密度、列车轴重和列车运行时速不断提高，使得环境振动和噪声问题影响日益严重。目前，环境振动与噪声污染已被公认为七大环境公害之一，其危害影响主要体现在以下几个方面：

①噪声影响范围广，污染面积大，持续时间长。

②振动噪声严重影响人们的正常生活，频发环境投诉问题，时有群体性事件发生，振动噪声控制技术影响线路规划建设。

③振动影响临线建筑特别是古建筑的使用寿命和安全。

④振动影响精密仪器仪表的正常使用。

总之，轨道交通引起的环境振动噪声问题形势紧迫，为了能够保障轨道交通绿色、健康和谐的快速发展，控制轨道交通振动噪声污染已刻不容缓。

9.2 铁路环境振动预测与评价

9.2.1 影响环境振动的因素和振动评价标准

列车在线路上运行时，由于轮轨间的冲击作用而引起轨道振动，振动波通过轨道基础传递到周围的地层，并经过大地向四周传播，激发周边建筑物产生振动，将进一步诱发室内结构的二次振动和振动噪声。影响铁路环境振动的因素有：列车类型、轴重、行车速度、车轮和轨道表面的不平顺以及轨道的结构类型、阻尼和弹性及振源的频率等。按照振动产生、传播和接受这一过程可以将环境振动影响因素分为四类，即车辆参数和运营条件、轨道结构、传播路径及受振建筑物，见表 9－1。

表 9－1　影响环境振动的因素

项目	影响因素
车辆参数和运营条件	列车悬挂系统、列车类型、轴重、列车速度、车轮踏面不平顺
轨道结构	轨道支撑系统(有砟轨道、无砟轨道、减振型轨道等)、轨道结构形式(地面、高架轨道或地铁)、钢轨表面不平顺、振源的深度(主要指地铁)
传播路径	传播路径介质类型、有无岩石层、土层的分层情况、地下水位状况、霜冻深度
建筑物结构形式	建筑物基础类型、建筑物的楼层数、建筑物中是否有吸声材料

列车诱发的环境振动必然会对铁路沿线建筑物的安全以及人们的日常生活造成干扰，表 9－2 列出了人体对不同振动级、噪声级的反应。

表 9－2　人体对地面振动诱发的不同噪声级和振动级的反应

振动速度级	噪声级		人体反应情况
	低频段	高频段	
65 dB	25 dB	40 dB	大多数人可以接受的振动限值，对应的低频段噪声通常可以感受得到，中频段的噪声开始影响睡眠
75 dB	35 dB	50 dB	振动处于人们不能接受和勉强接受的分界线上，大多数人不能忍受该振动级，低频段噪声不影响睡眠，而中频段噪声对大多数休息区有一定影响
85 dB	45 dB	60 dB	只有每天发生的振动事件不频繁的情况下，人们才可以忍受该振动级，低频段的噪声将影响睡眠，中频段的噪声会严重影响人们的日常生活，即使是在昼间工作区，如学校和教堂等也是如此

1. 我国环境振动标准

我国于 1988 年制定了《城市区域环境振动评价标准》(GB 10070—88)，见表 9－3。

表 9－3　城市各类区域铅垂向 Z 振级标准值(dB)

适用地带范围	昼间	夜间
特殊住宅区	65	65
居民、文教区	70	67
混合区、商业中心区	75	72
工业集中区	75	72
交通干线道路两侧	75	72
铁路干线两侧	80	80

铅垂向 Z 振级定义如下：

$$VL_Z = 20\lg(a'_{rms}/a_0) \tag{9-1}$$

$$a'_{rms} = \sqrt{\sum a_{frms}^2 \cdot 10^{0.1c_f}} \tag{9-2}$$

其中 a_0 为基准加速度，一般取 $a_0=10^{-6}\,\mathrm{m/s^2}$；$a'_{rms}$ 为修正的加速度有效值（m/s²）；a_{frms} 表示频率为 f 的振动加速度有效值；c_f 为垂直方向振动加速度的感觉修正值，具体取值见表 9－4。

表 9－4 ISO2631/1—1985 规定的垂直与水平振动加速度的感觉修正值

1/3 倍频带中心频率（Hz）		1	2	4	6.3	8	16	31.5	63	90
垂直方向	修正值（dB）	－6	－3	0	0	0	－6	－12	－18	－21
	容许偏差（dB）	+2 －5	+2 －2	+1.5 －1.5	+1 －1	0 －2	+1 －1	+1 －1	+1 －2	+1 －3
水平方向	修正值（dB）	3	3	－3	－7	－9	－15	－21	－27	－30
	容许偏差（dB）	+2 －5	+2 －2	+1.5 －1.5	+1 －1	+1 －1	+1 －1	+1 －1	+1 －2	+1 －3

2. 国外环境振动标准

有关振动对人体或建筑物的影响评估，目前较常为工程界引用的标准分别是德国的 DIN4150（1986）、国际标准化组织的 ISO2631（1985）及美国联邦铁路管理局（FRA）提出的标准。DIN4150 是根据振动特性，如振源形式、强度、频率分布、作用时间及居民生理和心理健康状况与居家环境等因素，所建立的一套较严谨的评估规范，其限值见表 9－5。

表 9－5 最大容许振动限值

	频率（Hz）	区域振幅（in）		
		住宅	商业	工业
连续振动	10 及以下	0.0005	0.0010	0.0022
	10～20	0.0004	0.0008	0.0016
	20～30	0.0003	0.0005	0.0010
	30～40	0.0002	0.0004	0.0006
	40～50	0.0001	0.0003	0.0005
	50～60	0.0001	0.0002	0.0004
	60 以上	0.0001	0.0001	0.0004
	频率（Hz）	区域振幅（in）		
		住宅	商业	工业
冲击振动	10 及以下	0.0010	0.0020	0.0044
	10～20	0.0008	0.0016	0.0032
	20～30	0.0006	0.0010	0.0020
	30～40	0.0004	0.0008	0.0012
	40～50	0.0002	0.0006	0.0010
	50～60	0.0002	0.0004	0.0008
	60 以上	0.0002	0.0002	0.0008

国际标准化组织 ISO2631 规定的人体对振动的各种反应评估指标列于表 9－6。

表 9－6　建筑物对振动的反应评估指标

振度	振动状态	最大振动加速度（cm/s^2）	受损伤的状况	振动级（dB）
0	无感觉	0.8 以下	人体没有感觉，振动计有记录	55
1	微振	0.8～2.5	静止的人或对振动特别敏感的人会感觉到	55～65
2	轻振	2.5～8	大部分人都可以感觉到，门会轻微振动	65～75
3	弱振	8～25	住宅会轻摇，门会发出振动的声音，电灯会摇晃，水中可以看出振动的情形	75～85

美国联邦铁路管理局（FRA）根据建筑物的使用类型和列车的运营频率规定了不同类型建筑的振动标准和二次结构噪声标准，如表 9－7 所示。

表 9－7　FRA 不同类型建筑物的振动标准和二次结构噪声标准

受振区域	振动标准 dB(A)		噪声标准 dB(A)	
	频发	非频发	频发	非频发
振动敏感建筑物	65	65	N/A	N/A
居民区或休息区	72	80	35	43
主要是白天使用的建筑物	75	83	40	48

注：1. 频发情况是指每天列车经过的趟数超过 70 次。2. 非频发情况是指每天列车经过的趟数少于 70 次。3. 此影响标准只应用于一般建筑物，对振动敏感建筑物和实验室需要进行详细的评估。4. 振动敏感设备对二次结构噪声不敏感。

美国 FRA 振动评价标准选用的评价量是振动速度级，其计算公式为：

$$L_v = 20 \times \lg\left[\frac{v}{v_{\text{ref}}}\right] \tag{9-3}$$

其中：L_v 为振动速度级；v 为均方根速度值；v_{ref} 为参考速度，美国标准中的参考速度为2.54×10^{-8} m/s。

9.2.2　铁路环境振动评价方法

由于影响铁路交通诱发环境振动的因素较多，目前还没有一种通用的铁路环境振动预测和评价方法，应用较广的有美国高速铁路噪声与振动影响评价方法。该评价方法是由美国联邦铁路管理局组织相关机构对美国和欧洲各国铁路进行调查统计，在大量实测数据的基础上总结出的一套比较完整和实用的噪声和振动评价方法。本节将结合我国铁路的实际对该方法进行介绍。

1. 振动评价流程

铁路环境振动是一个非常复杂的过程，涉及到列车、轨道、路基、大地和建筑物等诸多因素，因此要非常准确地预测和评价铁路沿线众多建筑物的振动级通常是很困难的。FRA 将振动评价过程分为三个步骤：筛选、初步评价和详细评价。图 9－1 所示为振动评价的流程图。

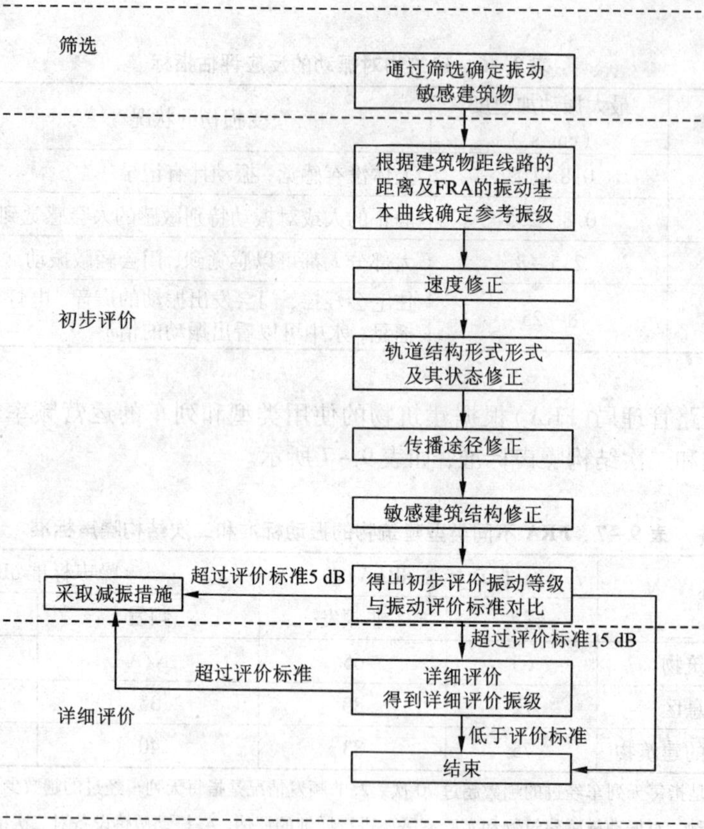

图 9－1　铁路环境振动评价流程图

2. 筛选

筛选是根据实际测量所得到的经验值，确定一个距离，将铁路沿线可能受到振动影响的建筑物筛选出来，筛选标准见表 9－8。

表 9－8　铁路环境振动评价筛选距离(适用于轮轨高速铁路)

建筑物类型	列车通过的频发程度*	筛选距离 (ft)①		
		列车速度(mi/h)		
		小于 100	100～200	200～300
居住区	频发	120	220	275
	非频发	60	100	140
非居住区	频发	100	160	220
	非频发	20	70	100

注：* 频发指每天通过列车趟数超过 70 次，非频发指每天通过列车趟数少于 70 次。

① 1 ft＝0.3048 m；1 mi＝1.609 344 km。

3. 初步评价

初步评价是针对每一个振动敏感建筑物，根据列车速度、轨道结构、建筑结构类型和距离等因素，估计出建筑物的振动级，以判定建筑物振动是否超过标准。

(1)高速列车诱发地面振动基本曲线

FRA 根据大量的实测资料，得到了高速列车诱发地面振动基本曲线，如图 9－2 所示。它表示当列车以参考速度 241.5 km/h 运行，一般轨道结构状况，离开轨道中心不同距离处大地表面的振动级。初步评价是根据振动基本曲线，确定敏感建筑物在参考速度下、不同距离处的振动级，再根据实际的列车速度、轨道结构形式、轨道状态、传播途径及敏感建筑结构类型等因素对振动级进行修正，最后得到敏感建筑物的振动级。

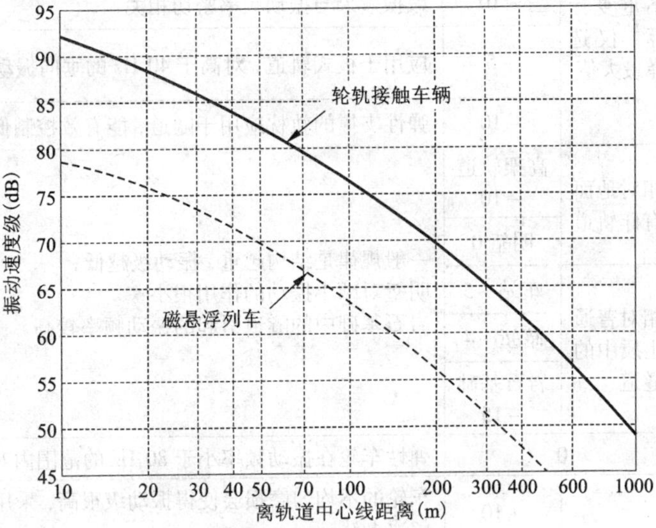

图 9－2　高速列车诱发地面振动基本曲线

(2)速度修正

高速列车诱发的地面振动级与车速成 20 倍的对数关系，即，速度每增加一倍，振动级增加 6 dB。对于列车速度在 120～483 km/h 范围内，速度修正公式如下

$$VL_{\text{ajustment}} = 20\lg\left(\frac{v}{v_{\text{ref}}}\right) \tag{9-4}$$

(3)轨道结构形式与轨道状态修正

表 9－9 列出了与轨道结构形式与轨道状态相关的各项修正及其说明。

初步评价方法是建立在实测基础上的一种保守的估计方法，当估计的振动级超过振动标准时很有可能实际并不超标。因此，美国 FRA 的评价方法规定，当初步评价的振动级超过振动标准 1～5 dB 时，必须对建筑物进行详细评价。详细评价可以采用现场测试或数值模拟的方法进行。

表9－9　轨道结构形式与轨道状态修正

项目	修正值(dB)		说明
弹性车轮	0		弹性车轮在振动频率小于80 Hz的范围内对振动几乎无影响
磨损的车轮	不重复计算，仅选择最大值	+10	车轮的不均匀磨损会使得振动级很高，采用车轮打磨是有效的解决办法
钢轨的磨耗和轨道不平顺		+10	当车轮与钢轨磨耗同时存在时，只选择其中之一进行修正。轨道的不平顺是普遍存在的问题，定期打磨钢轨可以消除钢轨磨耗
道岔和其他的特殊轨道结构		+10	当车轮通过普通岔心时，会与钢轨发生碰撞，导致振动级明显增加。可动心轨是有效的解决办法
浮置板轨道	不重复计算，仅选择最大值	－15	浮置板轨道的减振效果与振动频率关系很大
道砟垫		－10	减振效果与振动频率密切相关
高弹性扣件		－5	应用于板式轨道，对高于40 Hz的垂向振动有很好的减振效果
弹性支撑的轨枕		－10	弹性支撑的轨枕应用于隧道，能有效控制低频振动
轨道结构类型	相对地面有砟轨道	高架轨道 －10	一般规律是结构越重，振动级越低； 明堑对减小振动的作用很小； 岩石基础中的隧道引起的振动频率较高
		明堑 0	
	相对普通土质中的隧道	车站 －5	
		暗堑 －4	
		岩石基础 －15	
弹性车轮	0		弹性车轮在振动频率小于80 Hz的范围内对振动几乎无影响
磨损的车轮	不重复计算，仅选择最大值	+10	车轮的不均匀磨损会使得振动级很高，采用车轮打磨是有效的解决办法
钢轨的磨耗和轨道不平顺		+10	当车轮与钢轨磨耗同时存在时，只选择其中之一进行修正。轨道的不平顺是普遍存在的问题，定期打磨钢轨可以消除钢轨磨耗
道岔和其他的特殊轨道结构		+10	当车轮通过普通岔心时，会与钢轨发生碰撞，导致振动级明显增加。可动心轨是有效的解决办法
浮置板轨道	不重复计算，仅选择最大值	－15	浮置板轨道的减振效果与振动频率关系很大
道砟垫		－10	减振效果与振动频率密切相关
高弹性扣件		－5	应用于板式轨道，对高于40 Hz的垂向振动有较好减振效果
弹性支撑式轨枕		－10	弹性支撑的轨枕应用于隧道，能有效控制低频振动
轨道结构类型	相对地面有砟轨道	高架轨道 －10	一般规律是结构越重，振动级越低； 明堑对减小振动的作用很小； 岩石基础中的隧道引起的振动频率较高
		明堑 0	
	相对普通土质中的隧道	车站 －5	
		暗堑 －4	
		岩石基础 －15	

(4) 传播途径的修正

FRA 评价方法规定，当振动传播的介质为“有利”振动传播时，振动级可增加 10 dB。通常振动波在大地中的传播特性是很复杂的，需要详细的地质资料才能较准确地确定振动衰减值。

(5) 敏感建筑结构的修正

振动波由大地传到建筑物的基础，能量会减弱。不同类型的建筑物能量减弱的效果不同，表 9 - 10 所示为不同类型建筑物结构及基础的修正值。基本规律是建筑物结构越重，振动衰减越大。振动沿建筑物楼层从底层传递到顶层也会衰减。美国标准规定，1 ~ 5 层之间每层衰减 2 dB；6 ~ 10 层之间每层衰减 1 dB。

通过上述各项修正，最终可以得到高速列车诱发地面振动初步评价的振动级。需要注意的是在下列两种情况下须对敏感建筑物做进一步的详细评价：一是振动级超过振动标准 1 ~ 5 dB，二是敏感建筑物为重要建筑物。当预测的振动级超过振动标准 5 dB 以上时，必须采取减振措施。对初步评价得到的振动级，根据表 9 - 11 进行修正，即可得到建筑物二次振动诱发的结构噪声。

表 9 - 10　传播途径的修正

<table>
<tr><th>项目</th><th colspan="3">修正值(dB)</th><th>说明</th></tr>
<tr><td>有利于振动有效传播的地质条件</td><td colspan="3">+10</td><td></td></tr>
<tr><td rowspan="5">传播途径</td><td rowspan="5">在岩石层中传播</td><td>距离(ft)</td><td>修正值(dB)</td><td rowspan="5">振动在岩层中传播比在土中传播衰减要小</td></tr>
<tr><td>50</td><td>+2</td></tr>
<tr><td>100</td><td>+4</td></tr>
<tr><td>150</td><td>+6</td></tr>
<tr><td>200</td><td>+9</td></tr>
<tr><td rowspan="6">建筑结构及基础的修正</td><td colspan="2">木结构</td><td>-5</td><td rowspan="6">一般规律是建筑物结构越重，振动级越低</td></tr>
<tr><td colspan="2">1 ~ 2 层砖石结构</td><td>-7</td></tr>
<tr><td colspan="2">2 ~ 4 层砖石结构</td><td>-10</td></tr>
<tr><td colspan="2">采用桩基础的大型建筑物</td><td>-10</td></tr>
<tr><td colspan="2">采用扩展基础的大型建筑物</td><td>-13</td></tr>
<tr><td colspan="2">基础在岩石上的建筑物</td><td>0</td></tr>
</table>

表 9 - 11　建筑物二次振动诱发的结构噪声修正

<table>
<tr><th>项目</th><th colspan="2">修正值(dB)</th><th>说明</th></tr>
<tr><td rowspan="4">辐射噪声</td><td colspan="2">与地面振动的频率有关</td><td rowspan="4">普通路基的地面轨道、减振轨道或修建在沙土中的隧道振动的频率范围属于低频；
高黏性或刚度很大的路基地面轨道其振动的频率范围属于中频；
修建在岩石中的隧道振动的频率范围属于高频</td></tr>
<tr><td>低频(<30 Hz)</td><td>-50</td></tr>
<tr><td>中频(30 ~ 60 Hz)</td><td>-35</td></tr>
<tr><td>高频(>60 Hz)</td><td>-20</td></tr>
</table>

4. 详细评价

详细评价是通过各种有效的手段对重要敏感建筑物或振动级超过振动标准 1 ~ 5 dB 的敏感建筑物做进一步的评价。目前国际上还没有一种通用的方法，大多采用的是数值方法，如有限元法等。

9.3 高速铁路环境噪声预测与评价

高速铁路环境振动噪声预测研究是国际学术界和各国政府关心的一大课题。在欧美国家，高速铁路噪声早已引起各国政府、铁路运输部门、研究机构和高等院校的高度重视，政府发布的环境噪声绿皮书都对高速铁路噪声给予了充分的叙述。美、日、法、英、德等国都建立了适合本国情况的高速铁路环境振动噪声预测模型，并将模型应用于高速铁路既有线环境噪声评估及新线设计中环境噪声的预测，取得了良好的社会经济效益。国内由于以前列车速度普遍较低，铁路环境噪声并不突出而未引起人们的充分重视，这方面系统的、有成效的定量研究还不多见。截止 2016 年底中国高铁的运营里程已超过 2 万公里，达到世界高铁运营里程总数的 60% 以上，随着列车速度的迅速提高和人们环保意识的增强以及国家对环境保护的日益重视，高速铁路噪声评价与控制已成为亟待研究的课题。

9.3.1 离开高速铁路 15 m 处的暴露声级

高速铁路的噪声源包括高速列车的牵引噪声、轮轨噪声和空气动力学噪声。世界各国高速列车主要有下列五种形式：

电气化轮轨系统中速列车，$v = 200 - 250$ km/h；

内燃牵引轮轨系统中速列车，$v = 200 - 250$ km/h；

动车组轮轨系统中速列车，$v = 200 - 250$ km/h；

电气化轮轨系统高速列车，$v = 250 - 400$ km/h；

磁悬浮列车，$v \geqslant 400$ km/h。

世界各国中、高速列车离开铁路轨道中心 15 m 处的暴露声级见表 9 - 12，该表是在大量实测数据基础上，通过理论分析和数据拟合而得到的。我国秦沈客运专线动力集中型电动车组的暴露声级也建议在该表中，该声级又称参考暴露声级。参考暴露声级与列车长度、列车速度及运输条件有关，这些条件包括：每趟列车的客车数 N_c，每趟列车的机车数 N_p，单节客车的长度 $\bar{l}_c$，单台机车的长度 $\bar{l}_p$ 及列车速度 v。

实际运营中的列车长度和速度一般不同于表 9 - 12 中的数据，因此在应用表 9 - 12 时必须进行修正。一般的规律是，每趟列车的动车数或车辆数若有 40% 的变化时，或列车速度有 15% 的变化，其噪声级约相差 2 dB(A)。

当实际列车长度和速度与表 9 - 12 中给定的长度和速度不同时，按如下公式修正

$$SEL_{\text{ref},\,i}^{m} = SEL_{\text{ref},\,i} + 10\lg\left(\frac{l}{l_{\text{ref},\,i}}\right) + K\lg\left(\frac{V}{V_{\text{ref},\,i}}\right) \tag{9-5}$$

式中：$SEL_{\text{ref},\,i}^{m}$ 为第 i 个子噪声源的修正参考暴露声级；$SEL_{\text{ref},\,i}$ 为第 i 个子噪声源的参考暴露声级；$l_{\text{ref},\,i}$ 为第 i 个子噪声源的参考列车长度；K 为列车速度修正系数；i 为牵引噪声、轮轨噪声

或空气动力学噪声；$V_{ref,i}$ 为第 i 个子噪声源的参考列车速度，见表 9-12；l 可以是机车长度 l_p 或列车长度 l_t，由下式计算得到

$$l_p = N_p \times \bar{l}_p,\quad l_t = N_p \times \bar{l}_p + N_c \times \bar{l}_c$$

9.3.2 噪声的衰减

在计算高速铁路噪声时，应考虑地面、地形、屏障、房屋建筑等对噪声的衰减作用。

1. 地面衰减

地面衰减用衰减系数 G 表示，见图 9-3，各种不同情况下地面衰减系数 G 按式(9-6)计算。

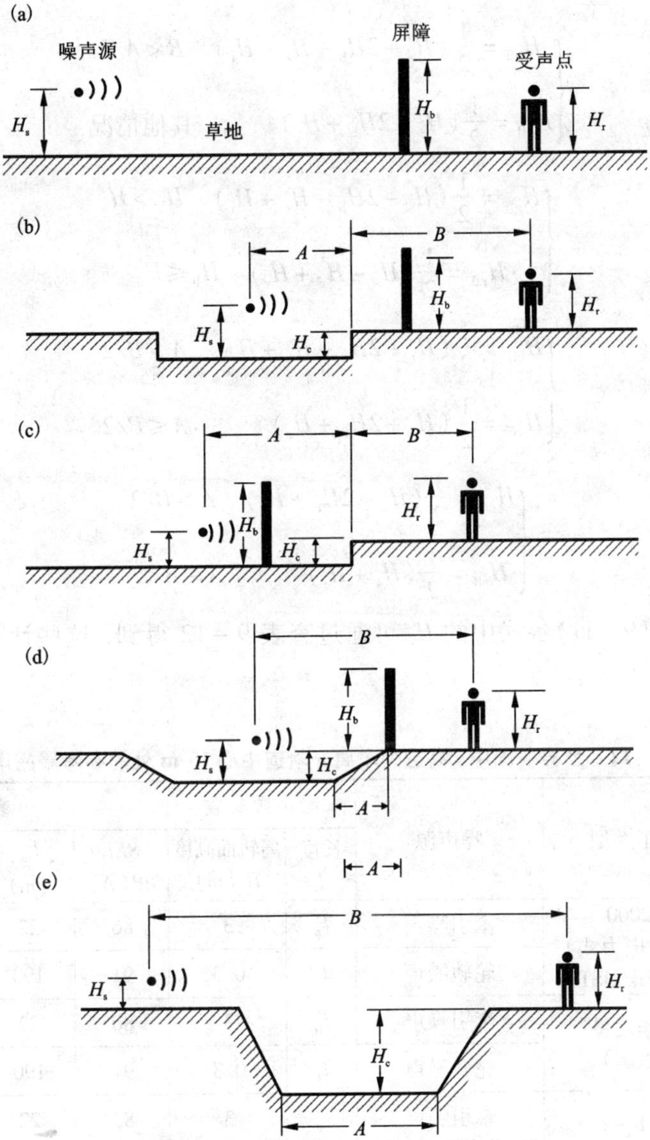

图 9-3　有效传播高度 H_{eff} 计算方法

$$G=\begin{cases}0.66 & H_{\mathrm{eff}}\leqslant 1.5\\ 0.75\left(1-\dfrac{H_{\mathrm{eff}}}{12.6}\right) & 1.5<H_{\mathrm{eff}}\leqslant 12.6\quad（适用于“软”地面）\\ 0 & H_{\mathrm{eff}}>12.6\end{cases}\tag{9-6}$$

$$G=0（适用于“硬”地面）$$

其中：H_{eff}为有效传播高度（m）。根据图 9－3 不同的地形情况，H_{eff}应选用相应的计算式(9－7)～式(9－11)。

$$H_{\mathrm{eff}}=\frac{1}{2}(H_{\mathrm{s}}+2H_{\mathrm{b}}+H_{\mathrm{r}})\tag{9-7}$$

$$\begin{cases}H_{\mathrm{eff}}=\dfrac{1}{2}(H_{\mathrm{s}}+2H_{\mathrm{b}}+H_{\mathrm{c}}+H_{\mathrm{r}}) & B<A/2\\ H_{\mathrm{eff}}=\dfrac{1}{2}(H_{\mathrm{s}}+2H_{\mathrm{b}}+H_{\mathrm{r}}) & 其他情况\end{cases}\tag{9-8}$$

$$\begin{cases}H_{\mathrm{eff}}=\dfrac{1}{2}(H_{\mathrm{s}}+2H_{\mathrm{b}}-H_{\mathrm{c}}+H_{\mathrm{r}}) & H_{\mathrm{b}}>H_{\mathrm{c}}\\ H_{\mathrm{eff}}=\dfrac{1}{2}(H_{\mathrm{s}}+H_{\mathrm{c}}+H_{\mathrm{r}}) & H_{\mathrm{b}}\leqslant H_{\mathrm{c}}\end{cases}\tag{9-9}$$

$$\begin{cases}H_{\mathrm{eff}}=\dfrac{1}{2}(H_{\mathrm{s}}+2H_{\mathrm{b}}+H_{\mathrm{c}}+H_{\mathrm{r}}) & A>B/2\\ H_{\mathrm{eff}}=\dfrac{1}{2}(H_{\mathrm{s}}+2H_{\mathrm{b}}+H_{\mathrm{r}}) & A\leqslant B/2\end{cases}\tag{9-10}$$

$$\begin{cases}H_{\mathrm{eff}}=\dfrac{1}{2}(H_{\mathrm{s}}+2H_{\mathrm{c}}+H_{\mathrm{r}}) & A>B/2\\ H_{\mathrm{eff}}=\dfrac{1}{2}(H_{\mathrm{s}}+H_{\mathrm{r}}) & A\leqslant B/2\end{cases}\tag{9-11}$$

式(9－7)～式(9－11)各式中的H_{s}可通过查表 9－12 得到，这些计算式也适用$H_{\mathrm{b}}=0$的情况。

表 9－12　世界各国中、高速列车离开轨道中心 15 m 处的参考暴露声级

牵引形式	列车类型	噪声源	噪声源参数		参考值			
			长度 l	离轨面高度 H_{s}(m)	SEL dB(A)	l_{ref} (m)	v_{ref} (km/h)	K
中速列车电力牵引	X2000 Talgo(电力式) Amtrak HST	牵引噪声	l_{p}	3	86	22	32	15
		轮轨噪声	l_{t}	0.3	91	190	144	20
动力集中型电动车组	“中华之星”（中国）	牵引噪声	l_{p}	3	80	22	32	15
		轮轨噪声	l_{t}	0.3	91	190	144	20
中速列车内燃牵引	RTL－2 Talgo(涡轮式)	牵引噪声	l_{p}	3	83	22	32	10
		轮轨噪声	l_{t}	0.3	91	190	144	20

续表 9 - 12

牵引形式	列车类型	噪声源		噪声源参数		参考值			
				长度 l	离轨面高度 H_s(m)	SEL dB(A)	l_{ref} (m)	v_{ref} (km/h)	K
中速列车动车组	Pendolino IC - T	牵引噪声		l_p	3	86	22	32	1
		轮轨噪声		l_t	0.3	91	190	144	20
高速列车电力牵引	TGV 欧洲之星 ICE 新干线	牵引噪声		l_p	3.6	86	22	32	0
		轮轨噪声		l_t	0.3	91	190	144	20
		空气动力噪声	列车噪声	l_p	3	89	22	288	60
			车轮区	l_t	1.5	89	190	288	60
			受电弓	点源	4.5	86	-	288	60
磁悬浮	TR07	牵引噪声		l_p	0	72	25	32	3
		导向 - 结构噪声		l_t	-1.5	73	25	96	17
		空气动力噪声	列车噪声	l_p	1.5	78	6	192	50
			涡轮边界层噪声	l_t	3	78	25	192	50

2. 声屏障衰减

声屏障计算简图见图 9 - 4，各种情况下的声屏障衰减值 A_b 按下列公式计算。

$$A_b = \min\left\{15,\quad 20\lg\frac{4.58\sqrt{\delta}}{\text{th}(8.14\sqrt{\delta})}+5\right\}\text{适用于计算牵引噪声} \tag{9-12}$$

$$A_b = \min\left\{20,\quad 20\lg\frac{6.46\sqrt{\delta}}{\text{th}(11.45\sqrt{\delta})}+5\right\}\text{适用于计算轮轨噪声} \tag{9-13}$$

$$A_b = \min\left\{15,\quad 20\lg\frac{2.28\sqrt{\delta}}{\text{th}(4.05\sqrt{\delta})}+5\right\}\text{适用于计算空气动力学噪声} \tag{9-14}$$

考虑屏障和地面吸收衰减作用后的声级修正值 A_s 为

$$A_s = A_b + 10(G_B - G_{NB})\lg\frac{D}{15} \tag{9-15}$$

式中：D 为声源与受声点间的最短距离；δ 为声程差，按下式计算

$$\delta = A + B - C \tag{9-16}$$

$$A = \sqrt{D_{sb}^2 + (H_b - H_s)^2}$$

$$B = \sqrt{D_{br}^2 + (H_b - H_r)^2}$$

$$C = \sqrt{(D_{sb} + D_{br})^2 + (H_s - H_r)^2}$$

G_B 和 G_{NB} 分别为考虑了和未考虑（即令 $H_b = 0$）屏障作用的地面衰减系数，其计算式均为式(9 - 6)。

屏障包括人工修建的声屏障和自然地形构造的屏障，如路堤、路堑，其计算简图见图 9 - 5。

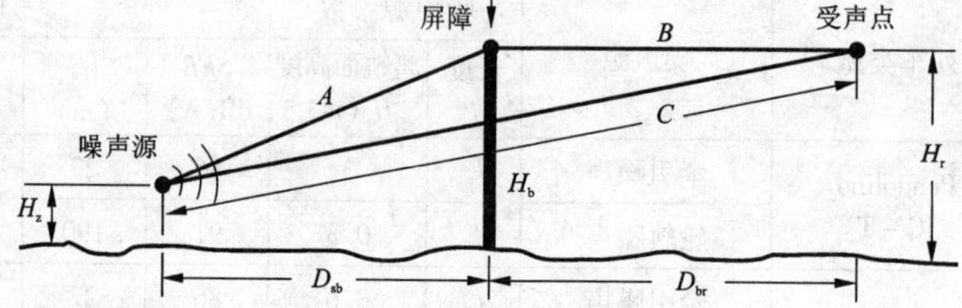

图 9－4　声屏障计算简图

3. 附加衰减

房屋建筑和树木也影响声音的传播，由这些因素引起的衰减称附加衰减，附加衰减 A_e 按下列公式计算

$$A_e = \max\{A_h, A_t\} \tag{9-17}$$

其中：A_h 为房屋建筑引起的衰减；A_t 为树木引起的衰减。

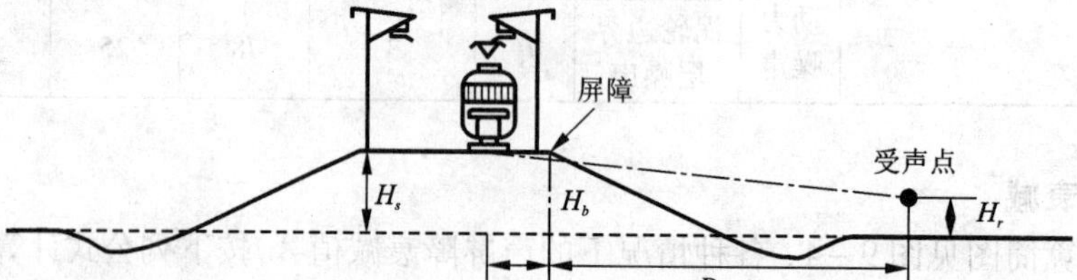

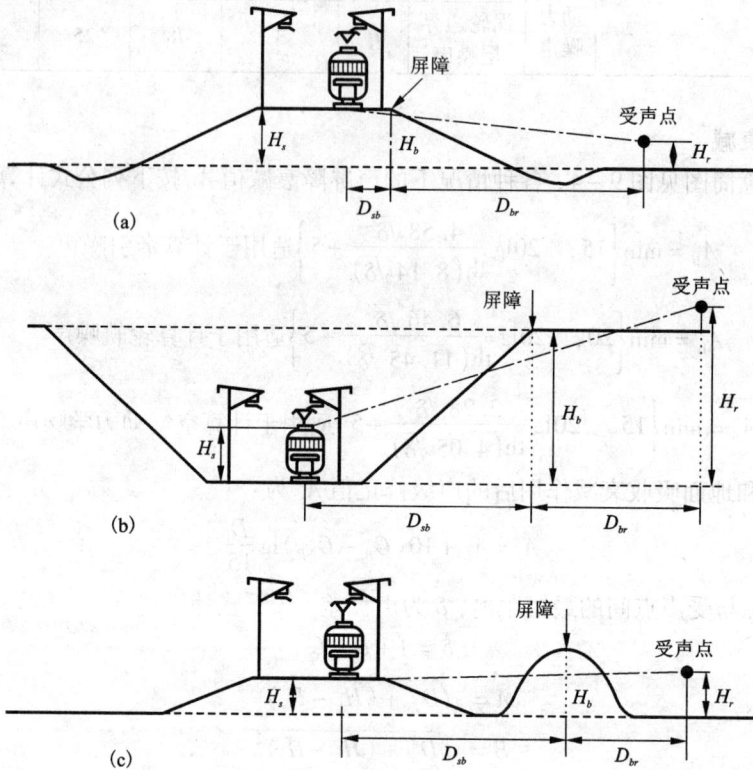

图 9－5　路堤、路堑作为声屏障时的计算简图

$$A_h=\begin{cases}\min\{10,\ 1.5(R-1)+5\} & \text{房屋间距小于房屋长度的35\%时}\\ \min\{10,\ 1.5(R-1)+3\} & \text{房屋间距处于房屋长度的35\%～65\%时}\\ 0 & \text{房屋间距大于房屋长度的65\%时}\end{cases}\tag{9-18}$$

$$A_t=\begin{cases}\min\left\{10,\ \dfrac{W}{6}\right\} & \text{树木宽度大于30 m且浓密不见光}\\ 0 & \text{其他情况}\end{cases}\tag{9-19}$$

式中：R 为房屋的排数；W 为树木的宽度(m)。

9.3.3　暴露声级与等效连续声级

1. 暴露声级、等效连续声级与最大声级

暴露声级 SEL 定义为

$$SEL = 10\lg\left\{\int_{t_1}^{t_2}10^{\frac{L_A(t)}{10}}\mathrm{d}t\right\}\tag{9-20}$$

式中：$L_A(t)$ 为 t 时刻的A声级。

一小时等效连续声级 $L_{eq}(h)$ 定义为

$$L_{eq}(h) = 10\lg\left\{\frac{1}{T}\int_{t_1}^{t_2}10^{\frac{L_A(t)}{10}}\mathrm{d}t\right\}\tag{9-21}$$

式中：$T=3600$ s。

一小时等效连续声级与暴露声级的关系

$$L_{eq}(h)=SEL-10\lg T=SEL-35.6\tag{9-22}$$

列车噪声暴露声级与最大声级的关系[1]

$$SEL=L_{max}+10\lg\left(\frac{5.33l}{v}\right)-10\lg(2\alpha+\sin2\alpha)+3.3\text{(偶极子声源)}\tag{9-23}$$

$$SEL=L_{max}+10\lg\left(\frac{5.33l}{v}\right)-10\lg(2\alpha)+3.3\text{(单极子声源)}\tag{9-24}$$

式中：L_{max} 为列车噪声最大声级；$\alpha=\arctan\dfrac{l}{2D}$，$l$ 为列车噪声线声源长度(m)；v 为列车速度(km/h)。

2. 暴露声级与等效连续声级的计算

对于一个典型的子声源，暴露声级 SEL_i 与距离间的关系按下式计算

$$SEL_i=SEL^m_{ref,\ i}-10\lg\left(\frac{D}{15}\right)-10G\lg\left(\frac{D}{8.8}\right)-A_s\ \text{适用于计算牵引噪声}\tag{9-25}$$

$$SEL_i=SEL^m_{ref,\ i}-10\lg\left(\frac{D}{15}\right)-10G\lg\left(\frac{D}{12.8}\right)-A_s\ \text{适用于计算轮轨噪声}\tag{9-26}$$

$$SEL_i=SEL^m_{ref,\ i}-10\lg\left(\frac{D}{15}\right)-A_s\ \text{适用于计算空气动力学噪声}\tag{9-27}$$

式中：A_s 为考虑屏障和地面吸收衰减作用后的声级修正值。

对于 n 个子噪声源的情况，总暴露声级为

$$SEL = 10\lg\left(\sum_{i=1}^{n}10^{\frac{SEL_i}{10}}\right)\tag{9-28}$$

由此可计算一小时等效连续噪声级为

$$L_{eq}(h)=SEL+10\lg(M)-35.6-A_e \tag{9-29}$$

式中：M 为每小时通过的列车数；A_e 为附加衰减。

一昼夜等效连续噪声级为

$$L_{dn}=10\lg(15\times10^{\frac{L_d}{10}}+9\times10^{\frac{L_n+10}{10}})-13.8 \tag{9-30}$$

式中：L_d 为 7:00—22:00 的 $L_{eq}(d)$，

$$L_{eq}(d)=L_{eq}(h)\big|_{M=M_d} \tag{9-31}$$

L_{eq}为 22:00—7:00 的 $L_{eq}(n)$，

$$L_{eq}(n)=L_{eq}(h)\big|_{M=M_n} \tag{9-32}$$

式中：M_d 为 7:00—22:00 每小时通过的平均列车数；M_n 为 22:00—7:00 每小时通过的平均列车数。

3. 算例

算例 1 设备条件：电力牵引轮轨系统高速列车，机车两台，长 $l_p=2\times22=44$ m，客车 8 辆，长 $8\times18.3=146.4$ m，$v=288$ km/h；运输条件：7:00—22:00，$M_d=4/h$，22:00—24:00 及 5:00—7:00，$M_n=1/h$。如图 9-6 所示，$A=31.5$ m，$B=60$ m，$H_r=1.5$ m，$H_b=0$，$H_c=14.7$ m，$H_s=0.3$，3.6 m。

求：60 m 处的总暴露声级与等效连续声级（不计附加衰减）。

解：(1)计算地面衰减系数，查表 9-12，运用式(9-10)，计算 H_{eff}

$$H_{eff}=\frac{1}{2}(H_s+2H_b+H_c+H_r)=\frac{1}{2}(0.3+14.7+1.5)=8.25\ \text{m}\quad 轮轨噪声$$

$$H_{eff}=\frac{1}{2}(3.6+14.7+1.5)=9.9\ \text{m}\quad 牵引噪声$$

根据式(9-6)，有

$$G=0.75\left(1-\frac{H_{eff}}{12.6}\right)=0.75\left(1-\frac{8.25}{12.6}\right)=0.26\quad 轮轨噪声$$

$$G=0.75\left(1-\frac{9.9}{12.6}\right)=0.16\quad 牵引噪声$$

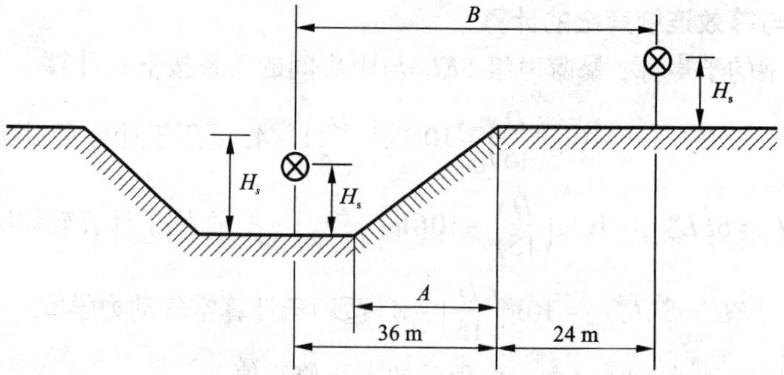

图 9-6 路堑计算简图

参看图 9-4，由已知条件，有：$D_{sb}=36$ m，$D_{br}=24$ m，$H_r=16.2$ m，$H_b=H_c=14.7$ m，$H_s=3.6$，0.3，3，1.5，4.5 m 分别对应轮轨、牵引和空气动力（列车噪声、车轮区、受电弓）

噪声源距轨面高度，见表9-12。

根据式(9-16)，可计算出A，B，C，δ如表9-13所示。

表9-13　A，B，C，δ计算值

参数	牵引噪声	轮轨噪声	列车噪声	车轮区噪声	受电弓噪声
A	37.68	38.76	37.86	38.34	37.41
B	24.06	24.06	24.06	24.06	24.06
C	61.32	62.07	61.44	61.77	61.14
δ	0.42	0.75	0.48	0.63	0.33

将表9-13中的声程差δ代入式(9-12)、(9-13)、(9-14)三式，有：$A_b=14.4$(牵引噪声)，$A_b=20.0$(轮轨噪声)，$A_b=8.9$(列车噪声)，$A_b=10.1$(车轮区噪声)，$A_b=7.6$(受电弓噪声)。由于无人工屏障，因此$G_B=G_{BN}$，即$G_B-G_{BN}=0$，由(9-15)式可得：$A_s=A_b=14.4$(牵引噪声)，$A_s=A_b=20.0$(轮轨噪声)，$A_s=A_b=8.9$(列车噪声)，$A_s=A_b=10.1$(车轮区噪声)，$A_s=A_b=7.6$(受电弓噪声)。

运用式(9-5)和表9-12可得到各子噪声源在15 m处的修正参考暴露声级如下：$SEL^m_{ref,\ p}=89$ dB(A)(牵引噪声)，$SEL^m_{ref,\ w}=97$ dB(A)(轮轨噪声)，$SEL^m_{ref,\ t}=92$ dB(A)(列车噪声)，$SEL^m_{ref,\ wr}=89$ dB(A)(车轮区噪声)，$SEL^m_{ref,\ pa}=86$ dB(A)(受电电弓噪声)。

各子噪声源与距离的关系见式(9-25)、式(9-26)、式(9-27)三式，总暴露声级SEL等于各子噪声级的对数和，按(9-28)式计算。根据(9-25)~式(9-28)四式，可得到总暴露声级与距离的关系曲线，见图9-7。由图可见，当$B=60$ m，$SEL=80$ dB(A)。

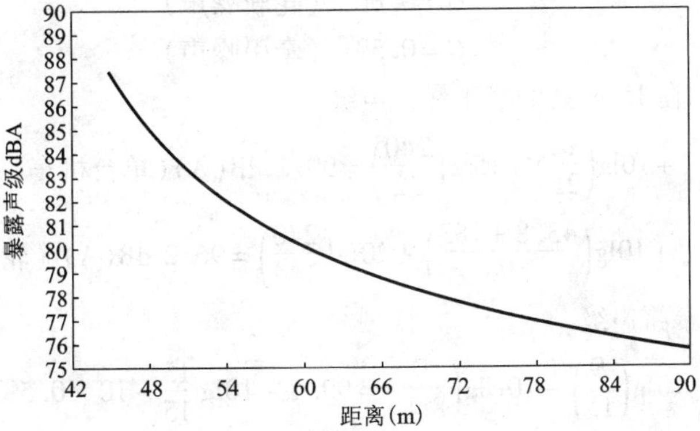

图9-7　总暴露噪声级与距离的关系曲线

再由式(9-30)~(9-32)三式，可得到受声点处等效连续声级如下：

$$L_{eq}(d)=80+10\lg4-35.6=51\ \text{dB(A)}$$

$$L_{eq}(n)=80+10\lg1-35.6=45\ \text{dB(A)}$$

$$L_{eq}(dn)=10\lg(15\times10^{5.1}+9\times10^{5.5})-13.8=52\ \text{dB(A)}$$

算例2 已知条件：电力牵引，$v=240$ km/h，无屏障，轨道处于0.9 m高的路堤上，受声点高1.5 m，如图9－8所示。2台机车，首尾布置，机车总长 $l_p=2\times22=44$ m，客车10辆，总长 $l_c=10\times18.3=183(\text{m})$。

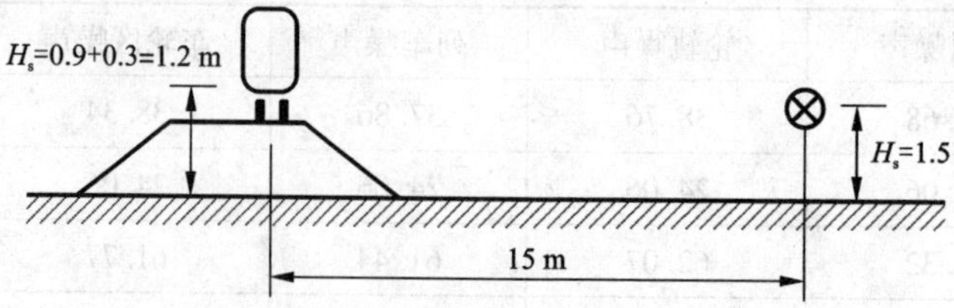

图9－8 轨道处于0.9 m高的路堤上，受声点高1.5 m

求15 m处的最大声级 $L_{\max}$。

解：查表9－12，得牵引噪声和轮轨噪声参考暴露声级为

$SEL_{\text{ref, p}}=86$ dB(A)，$SEL_{\text{ref, w}}=91$ dB(A)

计算地面衰减系数，由于 $H_b=0$，根据

$$H_{\text{eff}}=\frac{1}{2}(H_s+2H_b+H_r)$$

有

$$H_{\text{eff}}=\frac{1}{2}(0.9+0.3+1.5)=1.35 \quad (\text{轮轨噪声})$$

$$H_{\text{eff}}=\frac{1}{2}(0.9+3+1.5)=2.7 \quad (\text{牵引噪声})$$

根据式(9－6)，可得

$$G=0.66 \quad (\text{轮轨噪声})$$
$$G=0.59 \quad (\text{牵引噪声})$$

计算各子噪声源在15 m处的修正暴露声级

$$SEL^m_{\text{ref, p}}=SEL_{\text{ref, p}}+10\lg\left(\frac{22}{22}\right)+15\lg\left(\frac{240}{32}\right)=99.1\ \text{dB(A)}(\text{单台机车})$$

$$SEL^m_{\text{ref, w}}=SEL_{\text{ref, w}}+10\lg\left(\frac{43.8+183}{190}\right)+20\lg\left(\frac{240}{144}\right)=96.2\ \text{dB(A)}(\text{轮轨噪声})$$

计算15 m处的暴露声级

$$SEL_{\text{p}}=SEL^m_{\text{ref, p}}-10\lg\left(\frac{D}{15}\right)-10G\lg\left(\frac{D}{8.8}\right)=99.1-10\lg\frac{15}{15}-10\times0.59\lg\frac{15}{8.8}=97.7\ \text{dB(A)}$$

(牵引噪声)

$$SEL_{\text{w}}=SEL^m_{\text{ref, w}}-10\lg\left(\frac{D}{15}\right)-10G\lg\left(\frac{D}{12.8}\right)=96.2-10\lg\frac{15}{15}-10\times0.66\lg\frac{15}{12.8}=95.7\ \text{dB(A)}$$

(轮轨噪声)

计算15 m处的最大声级 $L_{\max}$

$$\alpha=\arctan\frac{L}{2D}=\begin{cases}0.63\text{rad} & \text{牵引噪声，单台机车}\\ 1.4\text{rad} & \text{轮轨噪声}\end{cases}$$

$$L_{\max,\ p} = SEL - 10\lg\frac{5.33 l_p}{v} + 10\lg(2\alpha) - 3.3$$

$$= 97.7 - 10\lg\frac{5.33\times22}{240} + 10\lg(2\times0.63) - 3.3 = 98.5\ \text{dB(A)}$$

$$L_{\max,\ w} = SEL - 10\lg\frac{5.33 l_t}{v} + 10\lg(2\alpha + \sin2\alpha) - 3.3$$

$$= 95.7 - 10\lg\frac{5.33\times227}{240} + 10\lg\left[2\times1.44 + \sin\left(2\times1.44\ \frac{\pi}{180}\right)\right] - 3.3 = 90.3\ \text{dB(A)}$$

$$L_{\max} = \max\{L_{\max,\ p}\quad L_{\max,\ w}\} = 98.5\ \text{dB(A)}$$

9.3.4　高速铁路环境噪声预测与评价方法

1. 高速铁路噪声预测与评价流程

高速铁路噪声预测与评价流程见图9-9，其内容包括：现场调研，敏感点的选取，既有噪声的测量，预测方法的选择，评价标准，各敏感点噪声评价，及对超过标准的敏感点提出降噪措施。

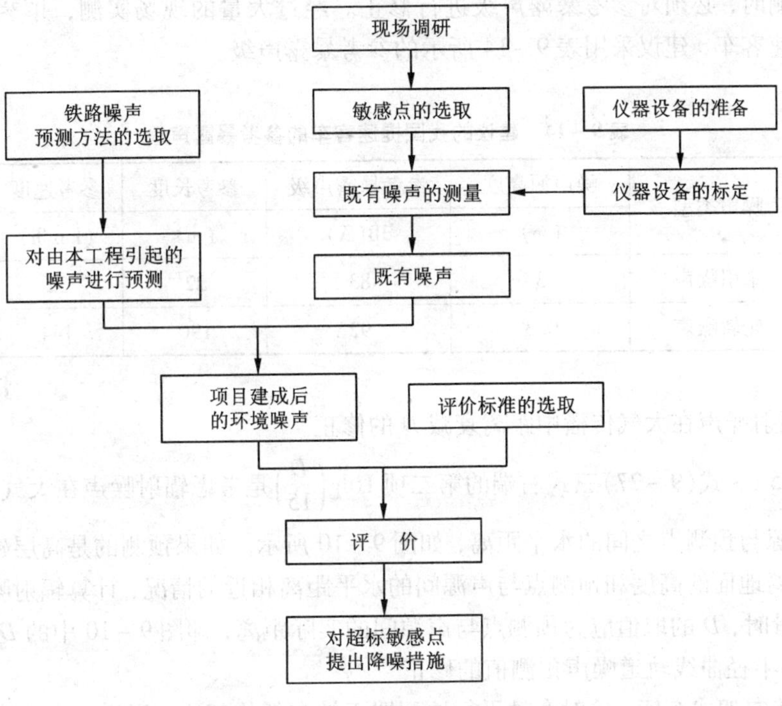

图9-9　噪声评价与控制流程图

2. 高速铁路噪声的预测

高速铁路噪声的预测可分为如下步骤：

①根据表9-12，计算牵引噪声、轮轨噪声、空气动力噪声在15 m处的暴露声级，并根据列车的实际长度和速度运用式(9-5)对暴露声级进行修正。

②根据预测点与线路之间的距离及地形情况，计算地面衰减、声屏障衰减和附加衰减等；

③分别按式(9－25)～式(9－27)计算牵引噪声、轮轨噪声、空气动力噪声子噪声源的暴露声级。

④根据式(9－28)计算总暴露声级。

⑤根据式(9－29)～式(9－32)计算一小时、一昼夜、昼间和夜间等效连续声级。

3. 铁路噪声预测方法的其他修正

表9－12给出的是世界各国中、高速典型列车离开轨道中心15 m处的参考暴露声级，应用于我国铁路噪声预测时，需要根据我国铁路和列车的实际情况，对表中涉及的某些参考量及数值进行修正，使预测结果更加准确和可靠。修正内容主要包括：参考暴露声级(*SEL*)，距离衰减(*D*)的修正、小半径曲线(*R*)的修正和高架桥修正。

(1)参考暴露声级

表9－12中使用到的参数包括参考暴露声级SEL_{ref}、列车参考长度V_{ref}、参考速度v_{ref}及速度系数*K*，这些值的确定对高速铁路噪声预测的准确性起到至关重要的作用。表9－12主要考虑了欧美国家铁路和机车牵引方式，而在我国的铁路运输中，普遍存在着客、货列车共线情况，且客、货列车主营车型和线路情况与欧美国家均有差异。因此在应用该表对国内铁路环境噪声预测时，必须对参考暴露声级进行修正。经过大量的现场实测，并参考有关资料，对我国的提速客车，建议采用表9－14所示的参考暴露声级。

表9－14 建议的我国提速客车的参考暴露声级

列车类型	噪声类型	噪声源高度(m)	参考暴露声级dB(A)	参考长度(m)	参考速度(km/h)	速度系数*K*
提速客车	牵引噪声	3	83	22	32	15
	轮轨噪声	0.3	92	190	144	20

(2)对辐射噪声在大气传播中距离衰减*D*的修正

式(9－25)～式(9－27)三式右端的第二项$10\lg\left(\dfrac{D}{15}\right)$是考虑辐射噪声在大气中的衰减量，其中*D*为声源与预测点之间的水平距离，如图9－10所示。如果预测的是高层建筑或预测点(或声源)距离地面的高度和预测点与声源间的水平距离相近的情况，计算辐射噪声在大气传播中的衰减量时，*D*的取值应为预测点与声源间的实际距离，即图9－10中的D_1。

(3)对小半径曲线轨道噪声预测值的修正

一般的转向架式车辆，轮对车轴平行地配置于转向架构架中，当运行在小半径曲线轨道上时，车轮沿曲线钢轨并非纯滚动运行，而是要产生局部的横向滑动，轮缘与钢轨侧面发生摩擦和切削作用。正是这种在曲线上车轮对轨道的激烈摩擦和切削作用，形成了一种高音调的啸叫声。现有的各种铁路噪声预测方法考虑的是直线轨道，因此在对小半径曲线附近的敏感点进行铁路噪声预测时，会产生一定的误差。为修正这种误差，需对预测结果根据曲线半径值进行修正。根据对我国部分线路小半径曲线的现场测试结果和参考国外相关文献资料，提出下列修正值，见表9－15。

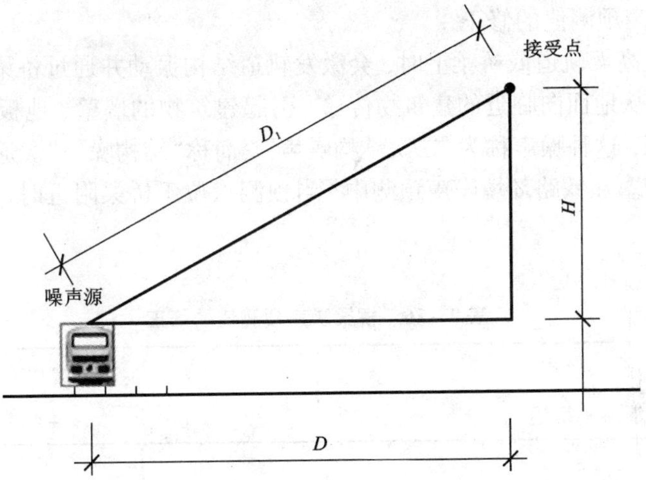

图 9－10　距离衰减示意图

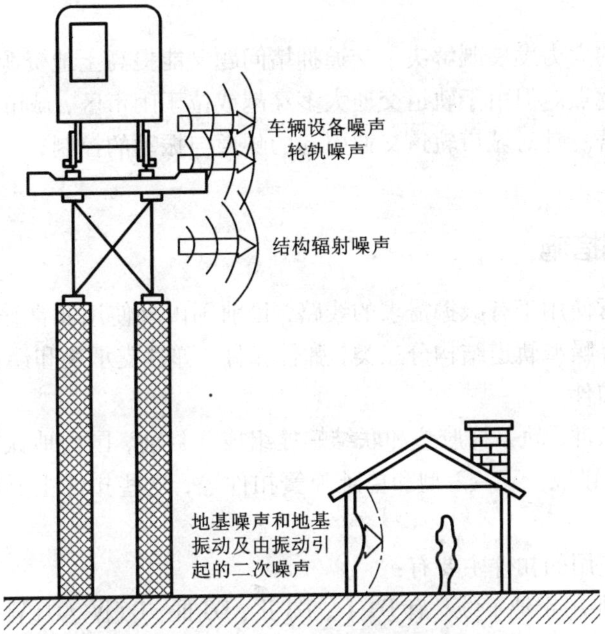

图 9－11　桥梁振动诱发的结构噪声

表 9－15　小半径曲线轨道噪声预测值的修正

轨道半径 R(m)	修正量 dB(A)
$R \leqslant 300$	+8
$300 < R < 500$	+3
$R \geqslant 500$	0

(4)对桥梁噪声预测值的修正

当列车运行在高架轨道或桥梁上时，会激发轨道结构振动并通过桥梁各个构件，如承重梁、墩台等将振动从地面向临近的建筑物传递，引起建筑物的墙壁、地板及天花板的振动而产生一种低频噪声，这种噪声称为“二次结构噪声”，简称“结构噪声”。通常桥梁产生比地面铁路高得多的噪声。在铁路环境噪声预测中，当预测点位于桥梁附近时，应按表9-16进行修正。

表9-16 桥梁噪声预测值的修正

桥梁形式	修正量dB(A)
混凝土桥梁	+4

9.4 轨道交通环境振动与噪声控制技术

城市轨道交通的大力发展既解决了交通拥堵问题又能提高土地资源利用，具有其他交通方式所无法比拟的优点。但由于轨道交通大多穿越或位于闹市区，城市轨道交通引起的环境振动与噪声日益显著。针对城市轨道交通引起的噪声与振动的控制，已是国内外环保领域的热点。

9.4.1 振动控制措施

振动控制措施常使用于有减振需求的线路，目前国内外使用非常普遍，已经是一项较为成熟的技术。减振降噪型轨道结构分三类：弹性扣件、弹性支承块和浮置板。

1. 轨道减振器扣件

钢轨扣件由扣压件、轨下橡胶垫和联结螺栓组成。目前，国内地铁通常采用的扣件形式主要有DTⅠ型~DTⅦ型、WJ-2型和单趾弹簧扣件等，这些扣件主要用于一般减振要求的路段。

我国地铁线路使用的扣件主要有：

①DT系列，主要用于地下线，有DTⅠ、DTⅡ、DTⅢ、DTⅣ、DTⅦ等。上海地铁采用了DTⅢ型扣件。该扣件采用二级减振，在钢轨和铁垫板下都设绝缘橡胶板，扣件的弹性、减振效果较好。

②WJ型扣件，WJ型扣件主要用于高架线，常见有WJ-2、WJ-4、WJ-7、WJ-8型等，WJ-2型扣件用于桥上无砟轨道。

③Cologne Egg弹性扣件(又称轨道减振器)。Cologne Egg弹性扣件是在减振要求较高地段采用的轨道减振器扣件。该扣件的承轨板与底座之间用减振橡胶硫化粘贴在一起，利用橡胶圈的剪切变形获得较低竖向刚度。

④弹条扣件。弹条扣件常用的有弹条Ⅰ型、Ⅱ型、Ⅲ型，有弹性分开式和弹性不分开式两种。弹条Ⅱ型一、二阶弹性分开式，常用于桥上板式轨道，与WJ-7类似，适用于地下线一般减振地段。

⑤特殊扣件。特殊扣件主要有先锋扣件。先锋扣件一般由橡胶支撑块、铸铁底板、侧挡板、挡肩、轨距锁紧块、耦合垫板、锚固系统、锁紧弹条以及防撞垫板等组成。

2. 弹性支承块轨道结构(LVT)

(1)国内外低振动轨道结构使用简况

弹性支承块轨道(Low Vibration Track，简为 LVT)，具有较好的减振性能，降低轮轨之间的动力作用，使列车运行平稳。据瑞士联邦铁路的轨道检查记录显示，运营了 1 ~ 7 年的 LVT 几何状态仍可保持在标准范围之内。

由于 LVT 的减振降噪效果较为明显，因此，城市轨道交通中对振动和噪声敏感的地段，特别是高架结构，弹性支承块式无砟轨道结构是一种比较理想的选择方案。

(2)LVT 的结构

LVT 结构由弹性支承块、道床板和混凝土底座及配套扣件构成。弹性支承块由橡胶靴套包裹的钢筋混凝土支承块以及块下大橡胶垫板组成。

LVT 结构的垂向弹性由轨下和块下双层弹性橡胶垫板提供，最大程度地模拟了传统弹性点支承碎石道床的结构和受荷响应特性，并使得轨道纵向弹性点支承刚度趋于一致。通过双层弹性垫板刚度的合理选择，可使轨道的组合刚度接近有砟轨道的刚度。支承块外设橡胶靴套提供了轨道的纵、横向弹性变形，使这种轨道结构在承载能力和振动能量吸收诸方面更接近坚实均匀基础上的碎石道床轨道，以适应低振动、低噪音的要求。双层弹性垫板的轨道振动特性可使轨道的几何形位在长时间内保持稳定。

3. 梯形轨枕

梯形轨枕原是日本的减振轨道技术，该轨道系统自 1996 年起在日本 JR 东日本、JR 北海道等地应用。2005 年第一次在北京地铁 5 号线试验铺设后，取得了很好的减振效果。目前已在中国北京、上海、广州和深圳等轨道交通中得到广泛应用。梯形轨枕轨道是第二代板式轨道，它既能够发挥轨枕的特性，大幅度提高荷载的分散能力，又可补充钢轨本身的刚性和质量的性能特点。特别是无砟整体道床式梯形轨枕轨道，不但充分发挥了复合轨道高刚性的特点，还使轨道构造具有充分的弹性。利用减振材料等间隔支撑结构，使其浮于混凝土整体道床之上，实现了轻量级质量弹簧系统的构想，达到了减少支撑弹簧数量的目的。这种设计，还可在很大程度减小结构噪音，成为一种“低噪音、低振动的轨道构造”。梯形轨枕既可应用在无砟轨道，同时也可应用在有砟道床；可极大降低有砟道床的维修养护量。

4. 浮置板式轨道结构

浮置板的原理是增大振动体的振动质量和弹性，利用其惯性力吸收冲击荷载，从而起到隔振作用。这种隔振系统在共振频率下的放大倍数很低，所以减振降噪效果非常显著。浮置板轨道结构系统采用三层水平垫板(钢轨下橡胶垫板、铁垫板下橡胶垫板、板下橡胶垫板)和一层侧向垫板。道岔处经验算横向刚度后也可采用上述措施。最早采用浮置板式轨道结构的是联邦德国。德国先开发的是有道砟的浮置板轨道结构。在多特蒙德的一座轻轨铁路隧道内铺设了试验段。此后，在科隆地铁以及迪塞尔多夫的轻轨上铺设了无砟浮置板式轨道。由于其良好的减振降噪性能，这种结构在华盛顿、亚特兰大、多伦多、布鲁塞尔等地均有铺设。我国第一次采用浮置板式轨道结构的城市轨道交通线路是广州地铁 1 号线。

5. 其他减振降噪方式

(1)减振垫

减振垫一般采用高分子材料，如聚氨酯、天然橡胶、氯丁橡胶等。通常做成支承或连接件，广泛用于各种车辆、船舶、机械、桥梁、建筑中，以消除或减缓振动的影响。目前，减振材料在德国、瑞士等很多国家的建筑物、地面振动防护方面均有应用，效果较好。减振垫在我国也有成熟的应用。如在重庆地铁 6 号线的黄茅坪站至高义口站区段，使用了奥地利 Getner Werstoffe GmbH 生产的聚氨酯微孔弹性体减振材料，具有较好的减振效果。

(2)Edilon 钢轨埋置式板式轨道结构

荷兰 Edilon 公司研制了一种以纵向连续支承取代传统的分散点支承，增加了轨底支承系统应力水平的埋置式轨道结构(Embedded Rail Structure，ERS)。从 1976 年开始，荷兰就铺设了埋置式轨道结构。实践证明，由于这种轨道结构在钢轨周围使用了一种称为 Edilon Corkelast 的材料，取得了较好的隔声和隔振效果。该类型的轨道结构使用 20 年来，养护维修工作量相当少。近几年，在荷兰阿姆斯特丹至比利时边境修建了 3 km 试验段，效果良好。

(3)D 型可更换式弹性直结轨道

这种轨道结构大量应用于日本的高速铁路和地铁系统，使用历史已有 20 多年。其特点是：可以不破坏周边混凝土而方便地进行轨枕下胶垫的更换及高低调整，并且可以根据用途来选择各胶垫的弹性。其轨枕下胶垫作为地层振动对策和噪声对策所采用的刚度是不同的，减振箱内各侧面的刚度要比枕下胶垫刚度大得多。根据振动的 1/3 倍频程的频谱分析图可知：在 500 Hz 以上时可望有 30 dB 左右的减振效果，有利于降低向外传递的振动和噪声，缓解对轨道结构和桥梁结构的损害。

(4)减振降噪型钢轨

当列车车轮滚过钢轨顶面时，由于钢轨腹板的厚度较薄，轨腰产生振动，这一振动向空气辐射而产生噪声。为了最大限度地减小钢轨腹板振动引起的噪声，在钢轨腹部粘贴了减振橡胶。一般是在钢轨腹部粘上橡胶后再粘上一钢板，以增加振动质量，起到衰减作用。要求使用高阻尼橡胶增大振动衰减作用，达到降噪的目的。

9.4.2 噪声控制措施

城市轨道交通噪声的来源主要有轮轨噪声、动力系统噪声、特定结构噪声以及气动噪声等。通过大量的理论和实验表明，轮轨噪声是城市轨道交通噪声的主要来源。轮轨噪声包括，轨道列车通过半径很小的曲线产出的“尖啸声”；车轮滚过钢轨接头时所发出的“撞击声”；车轮与钢轨接触面之间的微小不平造成有节奏的“轰隆声”亦称滚动噪声。针对城市轨道交通引起的噪声，目前较常用的控制措施有声屏障、隔声窗、新型桥梁、降噪车轮或通过改善轨道的形态达到降低噪声的目的。

1. 声屏障

声屏障作为传播途径控制噪声的有效手段，广泛地运用于道路、轨道交通中需要降噪的地方。对于城市轨道交通而言，声屏障距离声源近，适合使用声屏障。对于北京市目前的轨道交通地面段都不同程度地使用了声屏障，特别是地铁 5 号线，大量地使用了声屏障进行降噪。从声屏障的原理和使用的效果来看，声屏障的隔声效果一般为 5 ~ 12 dB。

2. 隔声窗

环境噪声的治理，一般优先考虑声源降噪，其次是传播途径降噪，最后是接受点的保护。隔声窗是一种对接受点进行保护的一种降噪措施，属于被动降噪。近些年来，随着社会对窗户的节能作用的重视，具有节能作用的双层窗户越来越广泛。双层窗在满足节能的要求时，同时能隔绝室外的一部分噪声。根据调研，常用的隔声窗的隔声能力一般为 25 ~ 40 dB。

重点与难点

1. 国内外常用的环境振动噪声评价标准。
2. 环境振动的初步预测方法。
3. 环境噪声的初步预测方法。

思考与练习

选择一条邻近的高速铁路，利用本章的学习内容，对高速铁路引起的环境振动与噪声进行预测。

参考文献

[1] 高亮. 轨道工程[M]. 第2版. 北京：中国铁道出版社，2015.
[2] 练松良. 轨道工程[M]. 北京：人民交通出版社，2009.
[3] 卢祖文. 客运专线铁路轨道[M]. 北京：中国铁道出版社，2005.
[4] 赵国堂. 高速铁路无砟轨道结构[M]. 北京：中国铁道出版社，2006.
[5] 何华武. 中国铁路既有线200 km/h等级提速技术[M]. 北京：中国铁道出版社，2007.
[6] 卢耀荣. 无缝线路研究与应用[M]. 北京：中国铁道出版社，2004.
[7] 高亮. 高速铁路无缝线路关键技术研究与应用[M]. 北京：中国铁道出版社，2012.
[8] 童大埙. 铁路轨道[M]. 北京：中国铁道出版社，1998.
[9] 郝瀛. 铁道工程[M]. 北京：中国铁道出版社，2001.
[10] 广钟岩，高惠安. 铁路无缝线路[M]. 第4版. 北京：中国铁道出版社，2005.
[11] TB 10621—2014. 高速铁路设计规范[S].
[12] GB/T 2585—2007. 铁路用热轧钢轨[S].
[13] GB/T 3276—2011. 高速铁路用钢轨[S].
[14] GB/T 1632—2005. 钢轨焊接[S].
[15] GB/T 2344—2012. 43 kg/m ~ 75 kg/m钢轨订货技术条件[S].
[16] 铁运[2006]146号. 铁路线路修理规则[S].
[17] TB 10082—2005. 铁路轨道设计规范[S].
[18] GB/T 50090—2006. 铁路线路规范设计[S].
[19] TB 10015—2012. 铁路无缝线路设计规范[S].
[20] 铁建设[2008]7号. 客运专线铁路工程竣工验收动态监测指导意见[S].
[21] 陈秀方. 轨道工程[M]. 北京：中国工业建筑出版社，2006.
[22] 李明华. 铁道工务[M]. 北京：中国铁道出版社，2006.
[23] 雷晓燕，圣小珍. 铁路交通噪声与振动[M]. 北京：科学出版社，2004.
[24] 雷晓燕. 轨道力学与工程新方法[M]. 北京：中国铁道出版社，2002.
[25] 铁道部运输局. 高速铁路线路维修岗位[M]. 北京：中国铁道出版社，2012.
[26] TB/T 1778—2010. 钢轨伤损分类[S].
[27] 铁道部工程管理中心. 客运专线铁路无砟轨道施工手册[M]. 北京：中国铁道出版社，2010.
[28] 铁道部运输局. 高速铁路工务知识读本[M]. 北京：中国铁道出版社，2011.
[29] 刘学毅，赵坪锐，杨荣山，王平. 客运专线无砟轨道设计理论与方法[M]. 成都：西南交通大学出版社，2010.
[30] 易思蓉. 铁路选线设计[M]. 第3版. 成都：西南交通大学出版社，2009.
[31] 钱立新. 世界高速铁路技术[M]. 北京：中国铁道出版社，2003.
[32] 王其昌，韩启孟. 板式轨道设计与施工[M]. 成都：西南交通大学出版社，2002.